中等职业教育规划教材 ZHONGDENG ZHIYE JIAOYU GUIHUA JIAOCAI

计算机应用基础

（Windows 7+Office 2010）

肖犁 汤淑云 叶爱英 ◎ 主编
侯丽艳 刘晓平 曾锦璋 龙琼芳 ◎ 副主编

JISUANJI YINGYONG JICHU

人民邮电出版社
北京

图书在版编目（CIP）数据

计算机应用基础 : Windows 7+Office 2010 / 肖犁，汤淑云，叶爱英主编. -- 北京 : 人民邮电出版社，2014.9（2021.8重印）
中等职业教育规划教材
ISBN 978-7-115-36105-9

Ⅰ. ①计… Ⅱ. ①肖… ②汤… ③叶… Ⅲ. ①Windows操作系统－中等专业学校－教材②办公自动化－应用软件－中等专业学校－教材 Ⅳ. ①TP316.7②TP317.1

中国版本图书馆CIP数据核字(2014)第129726号

内 容 提 要

本书根据教育部2009年颁布的《中等职业学校计算机应用基础教学大纲》的要求编写而成。全书共分6个项目，包括计算机基础知识、操作系统Windows 7、文字处理软件Word 2010应用、电子表格处理软件Excel 2010应用、演示文稿软件PowerPoint 2010应用、互联网(Internet)应用等内容。为适应中等职业教育的需要，本书注重计算机应用技能的训练，在满足教学大纲要求的同时，也考虑了计算机应用技能证书和职业资格证书考试的需要。为配合教学工作，本书各项目都附有拓展实训。

本书可作为中等职业学校“计算机应用基础”课程的教材，也可作为其他学习计算机应用基础知识人员的参考书。

◆ 主　　编　肖　犁　汤淑云　叶爱英
副 主 编　侯丽艳　刘晓平　曾锦璋　龙琼芳
责任编辑　王　平
责任印制　杨林杰

◆ 人民邮电出版社出版发行　　北京市丰台区成寿寺路11号
邮编　100164　　电子邮件　315@ptpress.com.cn
网址　http://www.ptpress.com.cn
北京七彩京通数码快印有限公司印刷

◆ 开本：787×1092　1/16
印张：19.75　　　　2014年9月第1版
字数：487千字　　　2021年8月北京第17次印刷

定价：45.00元

读者服务热线：(010)81055256　印装质量热线：(010)81055316
反盗版热线：(010)81055315

前 言

“计算机应用基础”课程是中等职业学校学生必修的一门公共基础课程，具有与语文、数学等其他公共基础课程同等重要的地位。本教材紧紧围绕教育部颁布的《中等职业学校计算机应用基础教学大纲》进行编写。通过本课程的学习，使学生掌握必备的计算机应用基础知识和基本技能，培养学生应用计算机解决工作与生活中实际问题的能力；使学生初步具有应用计算机学习的能力，为其职业生涯发展和终身学习奠定基础；提升学生的信息素养，使学生了解并遵守相关法律法规、信息道德及信息安全准则，培养学生成为信息社会的合格公民。

本书的教学目标

（1）使学生进一步了解、掌握计算机应用基础知识，提高学生的计算机基本操作、办公应用、网络应用、多媒体技术应用等方面的技能，使学生初步具有利用计算机解决学习、工作、生活中常见问题的能力。

（2）使学生能够根据职业需求合理运用计算机，体验使用计算机技术获取信息、处理信息、分析信息、发布信息的过程，逐步养成独立思考、主动探究知识的学习习惯，培养严谨的科学态度和团队协作意识。

（3）使学生树立知识产权意识，了解并能够遵守社会公共道德规范和相关法律法规，自觉抵制不良信息，依法进行信息技术活动。

本书的特点

（1）以“项目驱动”和“任务驱动”构建教材体系，突出实用性和针对性，注重计算机基本操作能力的训练，结合《全国计算机等级考试（一级）》的要求，以任务的形式贯穿每个项目内容。在项目最后有相应的“拓展实训”与“思考与练习”，并配有电子素材供使用和下载。

（2）书中选取的内容与呈现方式体现“以就业为导向，以学生为主体”的原则，选取与学习、工作、生活相关的案例，注重实践技能的培养，以适应当前职业教育改革方向和人才培养模式的变化。

（3）采用“项目驱动”、“任务驱动”教学法进行编写，以生产、生活中常见的案例引导学生从简到繁、由易到难、循序渐进地完成相关的任务，从而培养学生清晰的学习思路，同时，使学生在这一过程中掌握相关的操作技能。通过学习，学生可以把学习、生活、娱乐融于一体，学以致用，大大提高学习兴趣。

本书由肖犁、汤淑云和叶爱英任主编，由侯丽艳、刘晓平、曾锦璋和龙琼芳任副主编。在本书的编写过程中得到了许多专家的热情帮助，在此表示衷心的感谢。

由于编者水平有限，书中难免存在不足之处，敬请读者指正。

编　者

2014年3月

目　录

项目 1 计算机基础知识

项目背景

计算机的高速发展，使它不仅成为目前使用最广泛的现代化工具，而且已经成为信息社会的重要支柱。计算机在人们的工作和生活中有着越来越重要的作用，掌握计算机尤其是微型计算机的使用不仅是每个人的基本素质，也是今后谋生的一项重要技能。

能力目标

- 了解计算机的发展、特点、分类和应用。
- 掌握不同进制之间的相互转换。
- 掌握西文字符、汉字编码及编码间的换算。
- 掌握计算机系统的组成。
- 掌握计算机硬件系统、软件系统的组成和功能。
- 了解计算机安全和多媒体技术的相关知识。

任务 1 计算机的发展及应用领域

【任务描述】

电子计算机是一种能预先存储程序，并自动、高速、精确地进行信息处理的现代电子设备。

电子计算机是 20 世纪人类最伟大的技术发明之一。自 1946 年 2 月诞生至今，计算机及其应用已经渗透到社会的各个领域，它改变了人类处理信息的方式和范围，影响了人类生活的方方面面，推动了社会的进步和科技的发展。本任务将介绍计算机的发展、特点、分类和应用。

【任务实现】

1. 计算机的发展史

1946 年 2 月 14 日，世界上第一台电子计算机——电子数字积分计算机（Electronic Numerical Integrator and Calculator，ENIAC）诞生在美国宾夕法尼亚大学。它是为计算弹道和射击表面而

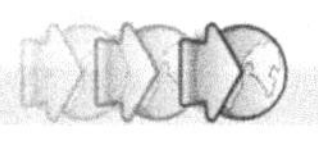

设计的，主要元件是电子管，每秒钟能完成 5000 次加法运算或 400 次乘法运算，使用了 18800 只电子管，10000 只电容，1500 个继电器，占地面积达 170 平方米，重达 30 吨。ENIAC 的问世，使科学家们从繁重的计算工作中解放出来，标志着具有划时代伟大意义的电子计算机时代的到来。

根据计算机所采用电子元件的不同，人们把计算机划分为电子管、晶体管、集成电路、大规模及超大规模集成电路四代。

（1）第一代电子管计算机（1946 ~ 1958）。第一代计算机是电子管计算机，其逻辑元件是电子管。由于当时电子技术的限制，运算速度为每秒几千次到几万次，内存储器容量也非常小，使用机器语言和汇编语言编写程序。第一代计算机体积庞大、造价昂贵、速度低、存储容量小、可靠性差、操作繁琐、耗电大、不易掌握，主要应用于军事目的和科学研究。

（2）第二代晶体管计算机（1958 ~ 1964）。第二代计算机是晶体管计算机，其逻辑元件是晶体管。与电子管计算机相比，晶体管计算机体积小、成本低、重量轻、功耗小、速度高、功能强、可靠性高，使用 Basic、FORTRAN 等高级程序设计语言，其应用范围扩展到数据处理和事物管理等领域。

（3）第三代集成电路计算机（1964 ~ 1971）。第三代计算机是集成电路计算机，其逻辑元件是中小规模集成电路。集成电路是使用特殊的工艺将完整的电子线路做在一个只有邮票四分之一大小的硅片上。与晶体管计算机相比，集成电路计算机的体积、重量、功耗都进一步减小，运算速度、逻辑运算功能和可靠性都进一步提高，提出了结构化、模块化的程序设计思想，出现了结构化的程序设计语言 Pascal。

（4）第四代大规模及超大规模集成电路计算机（1971 ~ 至今）。第四代计算机是大规模及超大规模集成电路计算机，其逻辑元件是大规模及超大规模集成电路。随着集成电路技术的不断发展，20 世纪 70 年代初期出现了可容纳数千个至数万个晶体管的大规模集成电路（LSI），70 年代末期又出现了一个芯片上可容纳几万到几十万个晶体管的超大规模集成电路（VLSI）。与集成电路计算机相比，大规模及超大规模集成电路计算机的存取速度和存储容量大幅度上升，外部设备的种类和质量都有很大提高，体积、重量、功耗进一步减少。计算机正朝着巨型化、微型化、智能化、网络化等方向发展，其应用范围不断向社会各个方面渗透。

2. 计算机的特点

计算机的主要特点表现在以下几个方面。

（1）运算速度快。计算机的运算速度（MIPS）是指计算机在单位时间内执行的指令数，可以用每秒钟完成多少次操作来描述。计算机高速运算的能力极大地提高了工作效率，把人们从浩繁的脑力劳动中解放出来，过去用人工旷日持久才能完成的计算，计算机在“瞬间”即可完成。

（2）计算精度高。计算机采用二进制数字进行计算，因此计算精度主要由表示数据的字长决定。随着字长的增长和计算技术的不断改进，计算精度越来越高，可根据需要获得千分之一到几百万分之一，甚至更高的精度。

（3）存储容量大。计算机的存储器类似于人的大脑，可以记忆大量的数据和信息。随着微电子技术的不断发展，存储器的容量将越来越大。

（4）具有逻辑判断功能。计算机的运算器除了能够完成基本的算术运算外，还具有进行比较、判断等逻辑运算功能。这种能力是计算机处理逻辑推理问题的前提。

（5）具有自动控制能力。存储程序控制是计算机最突出的特点之一，是计算机能自动工

作的基础。计算机在人们预先编制好的程序控制下，能自动、连续地工作，完成预定的处理任务，不需要人工干预，工作完全自动化。

（6）通用性强。计算机能广泛地应用于各个领域，同一台计算机，只要编制和运行不同的应用软件或连接不同的设备，就可以完成不同的任务。

3. 计算机的分类

计算机的分类方法有很多，比较常用的分类方法有以下几种。

（1）按处理数据的形态分类。按处理数据的形态分类，可以将计算机分为数字计算机、模拟计算机和混合计算机。数字计算机所处理的数据都是用“0”和“1”表示的二进制，是不连续的数字量，其运算过程按数字位进行计算，处理的结果以数字的形式输出，计算精度高、存储量大、通用性强。模拟计算机所处理的数据是连续的，所有的处理过程均需模拟电路来实现，由于电路结构复杂，抗外界干扰能力差，其计算精度较低，通用性差。混合计算机综合了数字计算机和模拟计算机的优点。

（2）按使用范围分类。按使用范围分类，可以将计算机分为通用计算机和专用计算机。通用计算机是指各行业、各种工作环境都能使用的计算机，其功能齐全，适应性强，目前人们所使用的大都是通用计算机。专用计算机是为解决某一特定问题而设计、制造的计算机，其功能单一，拥有固定的存储程序，如控制轧钢过程的计算机、计算导弹弹道的计算机等。

（3）按性能分类。按照计算机的字长、存储容量、运算速度、外部设备等性能分类，可以将计算机分为巨型机、大型机、小型机、微型机和工作站。

① 巨型计算机即超级计算机，其运算速度快、存储量大、结构复杂、价格昂贵、多用于国家高科技领域和尖端技术研究，是一个国家科研实力的体现。

② 大型计算机规模次于巨型机，有比较完善的指令系统和丰富的外部设备，主要用于计算机网络和大型计算中心。目前，全球绝大多数企业的数据存储在大型机上。

③ 小型计算机较之大型机成本较低，维护也较容易，可用于科学计算和数据处理，也可用于生产过程自动控制和数据采集及分析处理等。

④ 微型计算机简称“微机”，俗称电脑，其特点是体积更小、价格更低、灵活性更好、使用更加方便。

⑤ 工作站是一种高档的微型计算机，通常配有高分辨率的大屏幕显示器及大容量的内外存储器，并且具有较强的信息处理功能和高性能的图形、图像处理功能以及联网功能。

4. 计算机的应用

计算机用途广泛，归纳起来有以下几个方面。

（1）科学计算（数值计算）。科学计算即数值计算，是指应用计算机处理科学研究和工程技术中所遇到的数学计算。诸如卫星运行轨迹、气象预报、地震预测、石油勘探等涉及庞大而复杂的数学计算问题，简单的计算工具难以胜任，而用计算机来处理却非常容易。

（2）数据处理（信息处理）。数据处理的目的是从大量的、可能是杂乱无章的、难以理解的数据中抽取并推导出有价值、有意义的数据。在计算机应用领域中，科学计算所占的比重很小，而通过计算机数据处理进行信息管理已成为主要应用，如图书检索、仓库管理、财会管理、交通运输管理，技术情报管理等。

（3）实时控制（过程控制）。实时控制是指用计算机及时采集、检测被控对象运行情况的数据，按最优值迅速地对被控对象进行自动调节或自动控制。利用计算机进行实时控制，既可提高自动化水平、保证产品质量，也可减轻劳动强度、降低生产成本。因此，计算机实时控制已在机械、冶金、石油、化工、纺织、水电、航天等工业得到广泛应用。

（4）计算机辅助技术。计算机辅助技术（Computer Aided Technologies）是机械设计制造领域的高新技术，是现代设计技术和先进制造技术的典型代表。它包括了计算机辅助设计（CAD）、计算机辅助制造（CAM）、计算机辅助教学（CAI）、计算机辅助测试（CAT）、计算机辅助工艺规划（CAPP）、计算机辅助质量控制（CAQ）、计算机集成制造系统（CIMS）等。

（5）人工智能。人工智能（Artificial Intelligence，AI）研究如何让计算机去完成以往需要人的智力才能胜任的工作，也就是研究如何应用计算机的软硬件来模拟人类某些智能行为的基本理论、方法和技术。

（6）计算机仿真。计算机仿真是用计算机科学和技术的成果建立被仿真的系统的模型，并在某些实验条件下对模型进行动态实验的一门综合性技术，被广泛应用于航空、航天、兵器、国防、船舶、电力、石化等行业。

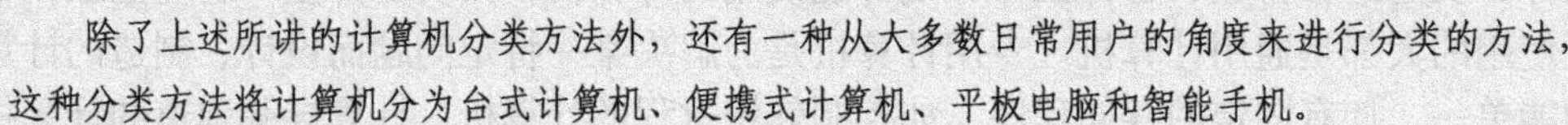

除了上述所讲的计算机分类方法外，还有一种从大多数日常用户的角度来进行分类的方法，这种分类方法将计算机分为台式计算机、便携式计算机、平板电脑和智能手机。

知识链接

任务2 计算机中信息的表示方式

【任务描述】

计算机要处理多种多样的信息，如数值、字符、图形、图像和声音等，但是计算机无法直接“理解”这些信息，所以计算机需要采用数字化编码的形式对这些信息进行存储、处理、和传送。通过对本任务的学习，可以了解常用数制及其相互之间的转换，以及数值、字符、图像、声音等各种丰富多彩的外部信息在计算机中的表示方法。

【任务实现】

1. 计算机中信息的表示方式

在计算机存储器内部，所有的数值、字符、图形、图像、声音、视频等信息都被表示成由 0 和 1 组成的二进制编码。例如人们输入计算机的十进制被转换成二进制进行计算，计算后的结果又由二进制转换成十进制，这些都是由计算机自动完成的。

2. 有关数制的基本概念

（1）数码：是数制中表示基本数值大小的不同数字符号。例如十进制有 0、1、2、3、4、5、6、7、8、9 共 10 个数码，二进制有 0、1 共 2 个数码。

（2）数制：计数的规则，指用一组固定的符号和统一的规则来表示数值的方法，如十进制有 0、1、2、3、4、5、6、7、8、9 这 10 个数。在计数过程中采用进位的方法，则被称为进位计数制。进位计数制有数位、基数、位权 3 个要素。

（3）数位：是指数码在一个数中所处的位置。

（4）基数：基数是数制所使用数码的个数，常用 R 来表示。例如二进制数码的个数为 2，所以基数为 2，可以表示为 R=2；十进制数码的个数为 10，所以基数为 10，可以表示为 R=10。

（5）位权：数制中每一固定位置对应的单位值称为位权。整数部分第 n 位数码的位权等于基数的 n-1 次方，例如十进制数 123，它的基数 R=10，从高位到低位的位权分别为 10^2、10^1、10^0；二进制数 1011 从高位到低位的位权分别为 2^3、2^2、2^1、2^0，如表 1-1、表 1-2 所示。

表 1-1 十进制的位权

十进制数	1	2	3
数位（n）	3	2	1
基数（R）	10	10	10
位权（R^{n-1}）	10^2	10^1	10^0

表 1-2 二进制的位权

二进制数	1	0	1	1
数位（n）	4	3	2	1
基数（R）	2	2	2	2
位权（R^{n-1}）	2^3	2^2	2^1	2^0

（6）计算机中常用数制的后缀表示。为区分不同数制的数，约定对于任意 R 进制的数 N，记作$(N)_R$，如$(1010)_2$、$(980)_{10}$、$(371)_8$、$(69)_{16}$，分别表示二进制 1010、十进制 980、八进制 371 和十六进制 69。不用括号和下标表示的数，默认为十进制，如 387。还有一种表示方式就是在数的后面加上一个大写字母，如 1010B、980D、371O 和 69H，其中 D 表示十进制、B 表示二进制、O 表示八进制、H 表示十六进制。

（7）按权展开式。任何一个数制都可以表示为各位数码本身的值与其位权的乘积之和。

例 1 $(123)_{10}=1\times10^2+2\times10^1+3\times10^0$

例 2 $(1011)_2=1\times2^3+0\times2^2+1\times2^1+1\times2^0$

例 3 $(123)_8=1\times8^2+2\times8^1+3\times8^0$

例 4 $(123)_{16}=1\times16^2+2\times16^1+3\times16^0$

例 5 $78.56\text{D}=7\times10^1+8\times10^0+5\times10^{-1}+6\times10^{-2}$

例 6 $111.011\text{B}=1\times2^2+1\times2^1+1\times2^0+0\times2^{-1}+1\times2^{-2}+1\times2^{-3}$

例 7 $111.011\text{Q}=1\times8^2+1\times8^1+1\times8^0+0\times8^{-1}+1\times8^{-2}+1\times8^{-3}$

例 8 $19.48\text{H}=1\times16^1+9\times16^0+4\times16^{-1}+8\times16^{-2}$

3. 计算机常用的进制数

日常生活中有很多的数制，如 1 小时等于 60 分钟，1 分钟等于 60 秒的六十进制；一年有 12 个月的十二进制；一天有 24 小时的二十四进制等，而计算机常用的数制有十进制、二进制、八进制和十六进制。

（1）十进制及其特点。

① 基数 R=10，具有 0、1、2、3、4、5、6、7、8、9 共 10 个数码。

② 运算规则为“逢十进一，借一当十”。

③ 书写格式：123 或$(123)_{10}$或 123D

（2）二进制及其特点。

① 基数 R=2，具有 0、1 共 2 个数码。

② 运算规则为“逢二进一，借一当二”。

③ 书写格式：$(1010)_2$或 1010B

（3）八进制及其特点。

① 基数 R=8，具有 0、1、2、3、4、5、6、7 共 8 个数码。

② 运算规则为“逢八进一，借一当八”。

③ 书写格式：$(241)_8$或 241O

（4）十六进制及其特点。

① 基数 R=16，具有 0、1、2、3、4、5、6、7、8、9、A、B、C、D、E、F 共 16 个数码，其中 A、B、C、D、E、F 分别代表十进制数 10、11、12、13、14、15。

② 运算规则为"逢十六进一，借一当十六"。

③ 书写格式：$(2A3)_{16}$或 2A3H

（5）计算机常用进制转换表。

表 1-3　计算机常用进制转换表

十进制	二进制	八进制	十六进制	十进制	二进制	八进制	十六进制
0	0	0	0	8	1000	10	8
1	1	1	1	9	1001	11	9
2	10	2	2	10	1010	12	A
3	11	3	3	11	1011	13	B
4	100	4	4	12	1100	14	C
5	101	5	5	13	1101	15	D
6	110	6	6	14	1110	16	E
7	111	7	7	15	1111	17	F

4. 非十进制转换成十进制

非十进制转换为十进制的方法是：将非十进制数按权展开，然后各项相加，就得到相应的十进制数。

（1）二进制转换成十进制。

例 9　将$(1011)_2$转换为十进制。

解：$(1011)_2 = 1\times 23 + 0\times 2^2 + 1\times 2^1 + 1\times 2^0 = 8 + 0 + 2 + 1 = (11)_{10}$

例 10　将 111.01B 转换为十进制。

解：$111.01B = 1\times 2^2 + 1\times 2^1 + 1\times 2^0 + 0\times 2^{-1} + 1\times 2^{-2} = 4 + 2 + 1 + 0 + 0.25 = (7.25)_{10}$

（2）八进制转换成十进制。

例 11　将$(123)_8$转换为十进制。

解：$(123)_8 = 1\times 8^2 + 2\times 8^1 + 3\times 8^0 = 64 + 16 + 3 = (83)_{10}$

例 12　将 111.1 O 转换为十进制。

解：$111.1O = 1\times 8^2 + 1\times 8^1 + 1\times 8^0 + 1\times 8^{-1} = 64 + 8 + 1 + 0.125 = (73.125)_{10}$

（3）十六进制转换成十进制。

例 13　将$(123)_{16}$转换为十进制。

解：$(123)_{16} = 1\times 16^2 + 2\times 16^1 + 3\times 16^0 = 256 + 32 + 3 = (291)_{10}$

例 14　将 19.4H 转换为十进制。

解：$19.4H = 1\times 16^1 + 9\times 16^0 + 4\times 16^{-1} = 16 + 9 + 0.25 = (25.25)_{10}$

5. 十进制整数转换成非十进制整数

将十进制整数转换成非十进制整数采用"除 R 取余法"。

（1）十进制整数转换成二进制整数。将十进制整数转换成二进制整数采用“除 2 取余法”，即把十进制整数除以 2，得到商和余数，再将所得的商除以 2，再次得到新的商和余数，如此不断地用所得的商除以 2，直到商等于 0 为止，每次相除后，得到的余数为对应二进制的相应位。第一次相除得到的余数为最低位，最后一次相除得到的余数为最高位。

例 15　将$(27)_{10}$转换为二进制。

除数	被除数/商	余数	
2	27		
2	13	1	最低位
2	6	1	↑
2	3	0	↑
2	1	1	↑
	0	1	最高位

所以，$(27)_{10}$ = $(11011)_{2}$ 或　$(27)_{10}$ = 11011B。

例 16　将 105D 转换为二进制。

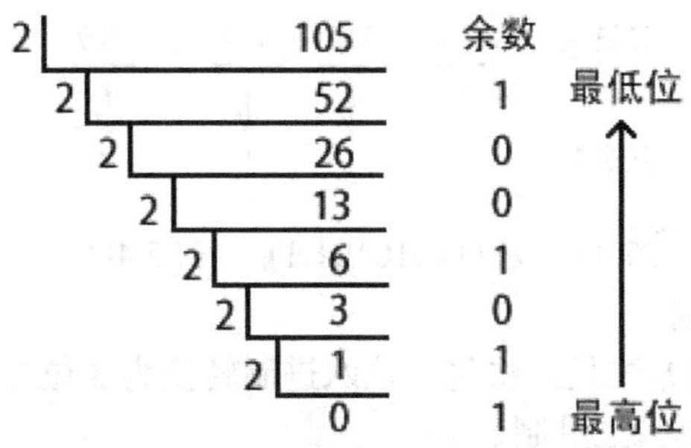

所以，105D = $(1101001)_{2}$ 或 105D =1101001B。

（2）十进制整数转换成八进制整数。将十进制整数转换成八进制整数采用“除 8 取余法”。

例 17　将 99D 转换为八进制。

除数	被除数/商	余数	
8	99		
8	12	3	最低位
8	1	4	↑
	0	1	最高位

所以，99D = $(143)_{8}$ 或 99D =143O

（3）十进制整数转换成十六进制整数。将十进制整数转换成十六进制整数采用“除 16 取余法”。

例 18　将$(135)_{10}$转换为十六进制。

除数	被除数/商	余数	
16	135		
16	8	7	最低位 ↑
	0	8	最高位

所以，$(135)_{10}$ = $(87)_{16}$　或 $(135)_{10}$ = 87H。

6. 二、八、十六进制之间的相互转换

二进制数的编码存在这样一个规律：n 位二进制数最多能表示 2^n 种状态，如 3 位二进制数 $2^3=8$、$2^4=16$。

（1）二、八进制之间的相互转换。

① 二进制转换为八进制。二进制转换为八进制的方法是：以小数点为分界点，整数部分的二进制从低位到高位每 3 位分为一组，高位不足 3 位时在前面补“0”；小数部分的二进制从高位到低位每 3 位分为一组，低位不足 3 位时在后面补“0”，然后把每组的二进制数转换成八进制数（参照表 1-4）。

表 1-4 二、八进制转换表

八进制	0	1	2	3	4	5	6	7
二进制	000	001	010	011	100	101	110	111

例 19 将$(11010101.1)_2$转换为八进制。

二进制	011	010	101	.	100
	↓	↓	↓		↓
八进制	3	2	5	.	4

所以，$(11010101.1)_2 = (325.4)_8$ 或 $(11010101.1)_2 =$ 325.4O

② 八进制转换为二进制

八进制转换为二进制的方法是：将每一位八进制转换为 3 位二进制即可。

例 20 将 425.73O 转换为二进制。

八进制	4	2	5	.	7	3
	↓	↓	↓		↓	↓
二进制	100	010	101	.	111	011

所以，425.73O = $(100010101.111011)_8$ 或 425.73O = 100010101.111011B。

（2）二、十六进制之间的相互转换。

① 二进制转换为十六进制。二进制转换为十六进制的方法是：以小数点为分界点，整数部分的二进制从低位到高位每 4 位分为一组，高位不足 4 位时在前面补“0”；小数部分的二进制从高位到低位每 4 位分为一组，低位不足 4 位时在后面补“0”，然后把每组二进制数转换成十六进制数（参照表 1-5）。

表 1-5 二、十六进制转换表

十六进制	0	1	2	3	4	5	6	7
二进制	0000	0001	0010	0011	0100	0101	0110	0111
十六进制	8	9	A	B	C	D	E	F
二进制	1000	1001	1010	1011	1100	1101	1110	1111

例 21 将 11010101101.11B 转换为十六进制。

二进制	0110	1010	1101	.	1100
	↓	↓	↓		↓
十六进制	6	A	D	.	C

所以，11010101101.11B= $(6AD.C)_{16}$ 或 11010101101.11B = 6AD.CH。

② 十六进制转换为二进制。十六进制转换为二进制的方法是：将每一位十六进制转换为4位二进制即可。

例 22 将 $(4A.7E)_{16}$ 转换为二进制。

十六进制	4	A	.	7	E
	↓	↓		↓	↓
二进制	0100	1010	.	0111	1110

所以，$(4A.7E)_{16}$ = $(1001010.0111111)_2$ 或 $(4A.7E)_{16}$ = 1001010.0111111B。

使用二进制来表示计算机信息有以下 3 个原因。

（1）符合电学的基本原理：二进制只有 0 和 1 两个状态，能够表示 0、1 两种状态的电子器件很多，便于硬件的物理实现。

（2）简易性：二进制的运算规则简单，可以简化计算机的硬件结构，提高可靠性和运算速度。

（3）逻辑性：二进制的 0、1 和逻辑代数的假（False）、真（True）相对应，非常有利于各种逻辑运算。

知识链接

任务 3 计算机中字符的编码

【任务描述】

计算机中的信息都是用二进制编码表示的，用以表示字符的二进制编码称为字符编码（Character Code）。本任务介绍几种计算机常用的字符编码。

【任务实现】

1. 西文字符编码

计算机常用的字符编码有 EBCDIC（Extended Binary Coded Decimal Interchange Code）码和 ASCII（American Standard Code for Information Interchange）码。微型计算机一般采用 ASCII 码。

ASCII 码是美国标准信息交换码，是目前国际标准化组织确定的国际标准。ASCII 码有 7 位码和 8 位码两种形式。7 位码是标准的 ASCII 码，共有 128（2^7）个字符，包括 52 个大小写英文字母、10 个阿拉伯数字、34 个控制字符以及各种运算符、标点符号等。扩充 ASCII 字符集为 8 位码，最多可以对 256（2^8）个字符进行编码。

7 位标准 ASCII 码字符集如表 1-6 所示。

表 1-6　标准 ASCII 字符集

低 4 位码	高 3 位码（$D_6D_5D_4$）							
（$D_3D_2D_1D_0$）	000	001	010	011	100	101	110	111
0000	NUL	DLE	SP	0	@	P	`	p
0001	SOH	DC1	!	1	A	Q	a	q
0010	STX	DC2	"	2	B	R	b	r
0011	ETX	DC3	#	3	C	S	c	s
0100	EOT	DC4	$	4	D	T	d	t
0101	ENQ	NAK	%	5	E	U	e	u
0110	ACK	SYN	&	6	F	V	f	v
0111	BEL	ETB	‘	7	G	W	g	w
1000	BS	CAN	(	8	H	X	h	x
1001	HT	EM	)	9	I	Y	i	y
1010	LF	SUB	*	:	J	Z	j	z
1011	VT	ESC	+	;	K	[	k	{
1100	FF	FS	,	<	L	\	l		
1101	CR	GS	-	=	M	]	m	}
1110	SO	RS	.	>	N	^	n	~
1111	SI	US	/	?	O	_	o	DEL

例 1　比较 5、a、D 的大小。

解：a 的 ASCII 码为$(1100001)_2 = (97)_{10}$

D 的 ASCII 码为$(1000100)_2 = (68)_{10}$

所以，5<D<a。

例 2　大写 A 与小写 a 之间相差多少？大写 B 与小写 b 之间相差多少？

解：A 的 ASCII 码为$(1000001)_2 = (65)_{10}$

a 的 ASCII 码为$(1100001)_2 = (97)_{10}$

B 的 ASCII 码为$(1000010)_2 = (66)_{10}$

b 的 ASCII 码为$(1100010)_2 = (98)_{10}$

所以，大写 A 与小写 a 之间相差 32，大写 B 与小写 b 之间相差 32。

2. 汉字编码

汉字编码（Chinese Character Encoding）是为汉字设计的一种便于将汉字输入计算机的代码。汉字信息处理系统一般包括编码、输入、存储、编辑、输出和传输，其中编码是关键，不解决这个问题，汉字就不能进入计算机。

根据应用目的的不同，汉字编码分为汉字交换码、汉字输入码、汉字机内码和汉字字形码。

（1）汉字交换码。汉字交换码是指不同的具有汉字处理功能的计算机系统之间在交换汉字信息时所使用的代码标准。

① 国标码。我国于 1981 年 5 月制定了国家标准《信息交换用汉字编码字符集——基本集》，代号 GB2312——80，即国标码。该字符集共收录了 7445 个字符编码，包括 6763 个汉字和 682 个非汉字图形符号（标点符号、数种西文字母、图形、数码等）。6763 个汉字按其使用频率和用途，又可分为一级常用汉字 3755 个，二级常用汉字 3008 个，其中一级常用汉字按拼音字母顺序排列，二级常用汉字按偏旁部首排列。

国标码采用两个字节对每个汉字进行编码，每个字节各取七位，每个字节的最高位用 0 来代替，如表 1-7 所示。

表 1-7　国标码的格式

b7	b6	b5	b4	b3	b2	b1	b0	b7	b6	b5	b4	b3	b2	b1	b0
0	X	X	X	X	X	X	X	*0*	X	X	X	X	X	X	X

例如：“学”的国标码为$(0\ 1010001\ 0\ 0100111)_2$，表示成十六进制为 5127H。

② 区位码。类似于西文的 ASCII 表，汉字也有一个国标码表，把国标码 GB2312—80 中的 7445 个汉字、图形符号排列在一个 94 行×94 列的阵列中，在此正方形矩阵中，每一行称为“区”，每一列称为“位”，区和列的序号范围均是 01～94。该阵列共有 94×94=8836 个位置，其中 7445 个汉字和图形符号每一个占一个位置后，还剩下 1391 个空位，这 1391 个位置空下来备用。

一个汉字在阵列中的位置用它所在的区码和位码的组合（即区位码）来确定。区位码的形式是：高两位为区码，低两位为位码，如“学”字的区码为 49，位码为 07，它的区位码即为 4907；“万”字区位码为 4582；“※”的区位码为 0189。

实际上，区位码也是一种输入法，其最大的优点是一字一码无重码，最大的缺点是难以记忆。

③ 区位码和国标码的换算关系。区位码无法用于汉字通信，因为它可能与通信使用的控制码发生冲突，所以 ISO2022 规定每个汉字的区码和位码必须分别加上十进制数 32。

具体方法是：将两位十进制的区码和位码分别转换成十六进制数，然后再分别加上 20H（由十进制数 32 转换而来）。例如“国”字在阵列中的位置为 25 行 90 列，其区位码为 2590，国标码是 397AH。

例 3　“学”字的区位码为 4907，求它的国标码。

解：区码 49 转换成十六进制为 31H

位码 07 转换成十六进制为 07H

区位码 4907 转换成十六进制为 3107H

国标码 = 3107H + 2020H = 5127H

例 4　“大”字的区位码为 2083，求它的国标码。

解：区码 20 转换成十六进制为 14H

位码 83 转换成十六进制为 53H

区位码 2083 转换成十六进制为 1453H

国标码 = 1453H + 2020H = 3473H

（2）汉字输入码。汉字输入码是为将汉字输入到计算机而设计的代码，也称外码。常用

的汉字输入码有拼音码、五笔字型码、自然码、表形码、认知码、区位码和电报码等，一种好的编码应有编码规则简单、易学好记、操作方便、重码率低、输入速度快等优点。

根据汉字的发音进行编码的，称为音码，如全拼输入法、双拼输入法。根据汉字的字形结构进行编码的，称为形码，如五笔字型输入法、仓颉输入法、郑码输入法。以拼音（通常为拼音首字母或双拼）加上汉字笔画或者偏旁为编码方式的输入法，称为音形码输入法，包括音形码和形音码两类，如自然码输入法、二笔输入法。

（3）汉字机内码。汉字机内码是计算机内部存储、处理加工和传输汉字时所用的由 0 和 1 组成的代码，又称“汉字 ASCII 码”，简称“内码”。机内码是汉字最基本的编码，不管采用什么样的汉字输入法（例如拼音输入法、五笔字型输入法等）来输入一个汉字，其机内码都是相同的。

汉字机内码的基础是国标码，采用两个字节对每个汉字内码进行编码，每个字节各取七位，每个字节的最高位用 1 来代替，如表 1-8 所示。

表 1-8　机内码的格式

b7	b6	b5	b4	b3	b2	b1	b0	b7	b6	b5	b4	b3	b2	b1	b0
1	X	X	X	X	X	X	X	*1*	X	X	X	X	X	X	X

例如：“学”的机内码为$(\mathit{1}\ 1010001\ \mathit{1}\ 0100111)_2$，表示成十六进制为 D1A7H。

机内码是变形的国标码，相当于在国标码上加了$(10000000)_2$，十六进制表示加上了 80H，因此机内码和国标码存在如下的换算关系。

汉字机内码 ＝ 国标码 ＋8080H

例 5　“学”字的国标码是 5127H ，求它的机内码。

解：“学”字的机内码 = 5127H + 8080H = D1A7H

例 6　“大”字的国标码是 3473H，求它的机内码。

解：“大”字的机内码 = 3473H + 8080H = B4F3H

例 7　“万”字区位码为 4582，求它的机内码。

解：区码 45 转换成十六进制为 2DH

位码 82 转换成十六进制为 52H

区位码 4582 转换成十六进制为 2D52H

国标码 = 2D52H + 2020H = 4D72H

“万”字的机内码 = 4D72H + 8080H = CDF2H

（4）汉字字型码。汉字字型码是汉字的输出码，用于汉字在显示屏或打印机输出，无论汉字的笔画多少，每个汉字都可以写在同样大小的方块中。

汉字字型码通常有点阵和矢量两种表示方式。

用点阵表示字型时，根据输出汉字的要求不同，点阵的多少也不同。简易型汉字为 16×16 点阵，提高型汉字为 24×24 点阵、32×32 点阵、48×48 点阵等。点阵规模越大，字型越清晰美观，所占存储空间也越大。

用矢量表示字型时，存储的是描述汉字字型的轮廓特征，当要输出汉字时，通过计算机的计算，由汉字字型描述生成所需大小和形状的汉字点阵。矢量字型描述与最终文字显示的

大小、分辨率无关，因此可以产生高质量的汉字输出。Windows 中使用的 TrueType 技术就是汉字的矢量表示方式。

例 8 计算一个 16×16 点阵汉字所需多少字节的存储空间？

解：$16\times16\div8=32$ 字节

例 9 用 32×32 点阵存储 100 个汉字，所需多少字节的存储空间？

解：$32\times32\div8\times100=12800$ 字节

计算机中最小的数据单位是二进制的位（bit），每 8 位等于 1 字节（Byte）。字节是计算机中用来表示存储容量的基本单位。计算机内存的存储容量、磁盘的存储容量都是以字节为单位表示的，并且内存是以字节为单位进行编址的。

一个 ASCII 码占用 1 字节，一个汉字占用 2 字节。

除了用字节表示存储容量外，还有千字节（KB）、兆字节（MB）、吉字节（GB）、太字节（TB）及拍字节（PB）等计算机常用的存储单位，它们之间的换算关系如下：

1 Byte = 8 bit

1 KB = 2^{10} B = 1024 B

1 MB = 2^{20} B = 1024 KB = 1024 × 1024 B

1 GB = 2^{30} B = 1024 MB = 1024 × 1024 × 1024 B

1 TB = 2^{40} B = 1024 GB = 1024 × 1024 × 1024 × 1024 B

1 PB = 2^{50} B = 1024 TB = 1024 × 1024 × 1024 × 1024 × 1024 B

知识链接

例 10 存储 2048 个汉字，需要多少 KB 的存储空间？

解：$2\times2048\div1024=4$KB

一般来说，计算机在同一时间内处理的一组二进制数称为一个计算机的“字”，而这组二进制数的位数就是“字长”，它是 CPU 一次能并行处理的二进制位数。字长是 CPU 的主要技术指标之一，字长总是 8 的整数倍，通常 PC 机的字长为 16 位（早期）、32 位、64 位。在其他技术指标相同时，字长越大计算机处理数据的速度就越快。

任务 4 计算机的系统组成

【任务描述】

一个完整的计算机系统由硬件系统和软件系统两大部分组成。硬件系统是构成计算机系统的各种物理设备的总称，是计算机系统的物质基础。软件系统是为运行、管理和维护计算机而编制的程序和各种文档的总和。硬件没有软件的支持就无法实现信息处理任务，软件则要依赖硬件来执行，它们之间相辅相成，缺一不可。本任务介绍计算机的硬件系统和软件系统。

【任务实现】

1. 计算机的硬件系统

计算机的硬件系统通常由运算器、控制器、存储器、输入设备和输出设备五大部分组成。

（1）运算器。运算器是执行算术运算和逻辑运算的部件，又称算术逻辑部件（ALU），

它的任务是对信息进行加工处理。运算器的基本操作包括加、减、乘、除四则运算，与、或、非、异或等逻辑操作，以及移位、比较和传送等操作。

（2）控制器。控制器是计算机的指挥中心，负责决定执行程序的顺序，给出执行指令时机器各部件需要的操作控制命令，协调和指挥整个计算机系统的工作。

控制器从内存中按顺序取出各条指令，每取出一条指令，就分析这条指令，然后根据指令的功能向各部件发出控制命令，控制它们执行这条指令中规定的任务。当各部件执行完控制器发出的命令之后，都会发出对执行情况的“反馈信息”。当控制器得知一条指令执行完后，会自动按顺序取出下一条要执行的指令，重复上面的工作过程，只不过对不同的指令发出不同的控制命令而已。

（3）存储器。存储器是用来存储程序和数据的记忆装置，是计算机中各种信息的存储和交流中心。存储器有“取数”和“存数”功能。从存储器中取出原记录内容而不破坏其信息，这种取数操作称为存储器的“读”；把原来保存的内容抹去，重新记录新的内容，这种存数操作称为存储器的“写”。

存储器分为两大类：内存储器和外存储器。CPU 能直接访问内存储器中的数据，不能直接访问外存储器中的数据，外存储器中的数据只有先调入内存中才能被 CPU 访问、处理。

（4）输入设备。输入设备是用来向计算机输入数据和信息的设备，是用户和计算机系统之间进行信息交换的主要装置之一，用于把原始数据和处理这些数据的程序输入到计算机中。常见的输入设备有键盘、鼠标、摄像头、扫描仪、光笔、手写输入板、游戏杆、语音输入装置等。

（5）输出设备。输出设备是计算机的终端设备，用于接收计算机数据的输出显示、打印、声音、控制外围设备操作等，也是把各种计算结果数据或信息以数字、字符、图像、声音等形式表示出来。常见的输出设备有显示器、打印机、绘图仪、影像输出系统、语音输出系统、磁记录设备等。

2. 计算机的软件系统

计算机的软件系统可分为系统软件和应用软件两大类。

（1）系统软件。系统软件是管理、监控和维护计算机各种资源，使其充分发挥作用，提高工作效率，方便用户使用的各种程序的集合。可以将系统软件看作用户与硬件系统的接口，为用户和应用软件提供控制与访问硬件的手段。

按系统软件的不同用途，可将系统软件分为操作系统、语言处理系统、数据库管理系统和服务性程序。

① 操作系统。操作系统（Operating System，OS）是管理和控制计算机硬件与软件资源的计算机程序，是直接运行在“裸机”上的最基本的系统软件，任何其他软件都必须在操作系统的支持下才能运行。

操作系统是用户和计算机的接口，同时也是计算机硬件和其他软件的接口，它具有处理器管理、作业管理、存储器管理、设备管理、文件管理五大功能。

微型计算机上常用的操作系统有 DOS、Windows、UNIX、Linux 和 NetWare 等，其中图形界面、多任务的 Windows 操作系统使用最为广泛。

操作系统依据同时管理用户的多少分为单用户操作系统和多用户操作系统。DOS 是单用户、单任务的操作系统，Windows 是单用户、多任务的操作系统，UNIX 是多用户、多任务的操作系统。

② 语言处理系统。语言处理系统包括汇编程序与用各种高级编写语言的解释程序和编译程序，其任务是将使用汇编语言或高级语言编写的源程序翻译成能被计算机硬件直接识别和执行的机器指令代码。没有语言处理系统的支持，用户编写的应用软件就无法被计算机接受，也不能被执行。

③ 数据库管理系统。计算机经常需要处理大量的数据，如财务管理、图书资料管理、仓库管理、档案管理等方面的数据，如何存储和利用这些数据，如何使多个用户共享同一数据资源，都是数据处理必须解决的重要问题，数据库管理系统（DataBase Management System，DBMS）就是为此而设计的系统软件。

常见的数据库管理系统有 Sybase、DB2、Oracle、MySQL、Access、Visual Foxpro、SQL Server、Informix 等。

④ 服务性程序。一个完善的计算机系统往往要配置很多服务性程序，也称实用程序，它们或者包含在操作系统内，或者可被操作系统调用，如界面工具程序、编辑程序、连接装配程序、诊断程序、系统维护程序等。

（2）应用软件。应用软件（Application Software）是为满足用户不同领域、不同问题的应用需求而设计的程序的集合。

按应用软件的功能，可将应用软件分为通用软件和专用软件。

① 通用软件。通用软件是为解决某一类问题而设计的，而这类问题是许多人都要遇到和解决的，如字处理软件、报表处理软件、网络软件、游戏软件、多媒体应用软件、辅助设计与辅助制造（CAD/CAM）软件、绘图软件等。

② 专用软件。专用软件是根据某一特殊需要和功能而设计的软件。这类软件具有专一性，即只能用于该特殊问题，是市场上无法购买到的，比如为某银行编写的数据库软件，为某工厂编写的生产控制软件等。

3. 计算机系统的组成图示

计算机系统的组成如图 1.1 所示。

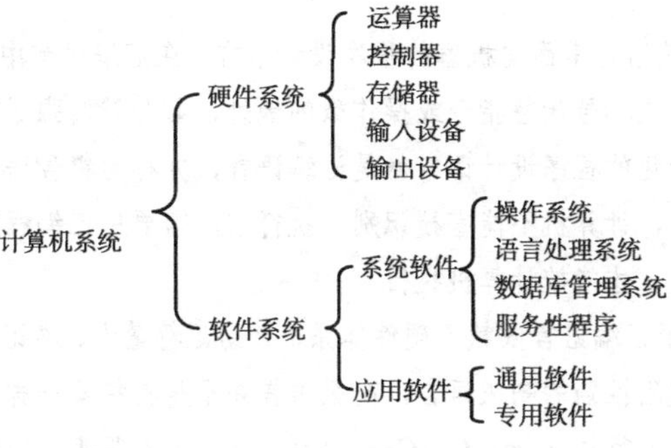

图 1.1　计算机系统的组成

1. 冯·诺依曼体系结构

计算机之所以能够按照人们的安排自动运行，是因为采用了“存储程序”的工作原理。这一原理是1946年美籍匈牙利数学家冯·诺依曼提出的，该原理确立了现代计算机的基本组成和工作方式。

冯·诺依曼理论总结起来有以下3点。

（1）计算机由运算器、控制器、存储器、输入设备、输出设备五大基本部件组成，并规定了这五个部件的基本功能。

（2）采用二进制作为数字计算机的数制基础。

（3）预先编制程序，然后由计算机按照人们事前制定的顺序来执行，即“存储程序”的工作原理。

自第一台计算机诞生至今，虽然计算机的设计和制造技术都有很大的发展，但仍没有脱离冯·诺依曼计算机的基本思想。

2. 计算机指令、程序和程序设计语言

（1）计算机指令。计算机指令就是指挥计算机工作的指示和命令。通常一条指令包括两方面的内容：操作码和地址码。操作码决定要完成的操作，地址码是指参与运算的数据及其所在的单元地址。一台计算机所能执行的各种不同指令的集合，称为计算机的指令系统，每一台计算机均有自己特定的指令系统，其指令内容和格式有所不同。

（2）程序。程序是为解决某一问题而设计的一系列有序的指令或语句的集合，是由软件开发人员根据用户需求开发的、用程序设计语言描述的适合计算机执行的指令（语句）序列。

（3）程序设计语言。程序设计语言用于书写计算机程序，是人们用以同计算机交流的语言。程序设计语言通常分为机器语言、汇编语言和高级语言三类。

① 机器语言。机器语言是用二进制代码表示的、计算机能直接识别和执行的语言。用机器语言编写的程序称为机器语言程序，具有灵活、直接执行和速度快等优点，缺点是可读性差、不易记忆、可移植性差等。

② 汇编语言。汇编语言是面向机器的程序设计语言。在汇编语言中，用助记符代替机器指令的操作码，用地址符号或标号代替指令或操作数的地址，如此就增强了程序的可读性并且降低了编写难度，像这样符号化的程序设计语言就是汇编语言，亦称为符号语言。用汇编语言编写的程序称为汇编语言源程序，计算机不能直接识别、执行它，需要用汇编程序或者汇编语言编译器将其转换成机器语言程序，才能被计算机执行。

③ 高级语言。由于汇编语言依赖于硬件体系，其助记符量大、难记，于是人们又发明了更加易用、可移植性好、通用性强的高级语言。高级语言并不是特指某一种具体的语言，而是包括很多的编程语言，如目前流行的Java、C、C++、C#、VC、VB等等。用高级语言编写的程序称为高级语言源程序，计算机不能直接识别、执行高级语言源程序，需要用“解释”或“编译”的方法把高级语言源程序翻译成机器语言程序才能被计算机执行。对源程序进行“解释”和“编译”的程序分别叫做解释程序和编译程序。

知识链接

任务5 微型计算机的硬件系统

【任务描述】

微型计算机简称微机，俗称电脑，其准确的称谓是微型计算机系统，是由大规模集成电路组成且体积较小的电子计算机。微型计算机的硬件系统主要包括主板、中央处理器、内存储器、外存储器、输入设备、输出设备、总线等。本任务介绍微型计算机的硬件系统。

【任务实现】

1. 主板

主板，又叫主机板（Mainboard）、系统板（Systemboard）或母版（Motherboard），安装在机箱内，是微机最基本的也是最重要的核心部件。主板一般为矩形电路板，上面安装了组成计算机的主要电路系统，有 BIOS 芯片、CPU 插座、内存插槽、键盘和鼠标接口、PCI 扩展槽、AGP 扩展槽、指示灯插接件、主板及插卡的直流电源供电接插件等元件，如图 1.2 所示。

图 1.2　主板的构成

主板的类型和档次决定着整个微机系统的类型和档次，主板的性能影响着整个微机系统的性能。国内比较著名的主板品牌有华硕、微星、技嘉、华擎等。

2. 中央处理器

中央处理器（CPU）是一块超大规模的集成电路，如图 1.3 所示。CPU 是计算机的核心部件，又称为微处理器，主要包括运算器（ALU）和控制器（CU）两大部件。

图 1.3 Intel 公司的系列 CPU

在微型计算机中，计算机的所有操作都受 CPU 控制，CPU 要根据指令的功能，产生相应的操作控制信号，发给相应的部件，从而控制这些部件按指令的要求进行动作。

CPU 可以直接访问内存储器，并和内存储器一起构成计算机的主机。

CPU 的性能指标直接决定了微机系统的性能指标，而 CPU 的性能主要体现在其运行程序的速度上，影响运算速度的性能指标包括时钟主频、字长、Cache 容量等。

3. 存储器

按存储器在计算机系统中的作用将存储器分为内存储器和外存储器，其用途和特点如表 1-9 所示。

表 1-9 存储器的用途及其特点

名称	简称	用途	特点
内存储器（主存储器）	内存、主存	存放当前运行的程序和数据	存取速度较快，存储容量不大，位成本较高
外存储器（辅助存储器）	外存、辅存	存放暂时不用的程序和数据，如系统程序、大型数据文件及数据库等	存储容量大，位成本低

（1）内存储器。微型计算机的内存储器是由半导体器件构成的。从使用功能上分为随机存储器和只读存储器。

① 随机存储器。随机存储器（Random Access Memory），简称 RAM，也叫读写存储器。RAM 中存放着当前运行的程序、数据、中间结果和与外存交换的数据，CPU 根据需要能直接读/写 RAM 中的数据。

RAM 有以下两个主要特点。

- RAM 中的信息既可以读出，也可以写入。读出时并不损坏原来存储的内容，只有写入时才修改原来所存储的内容。
- 一旦断电，RAM 中的信息立即消失，且无法恢复。由于它的这一特性，也称 RAM 为临时存储器。

RAM 可分为动态随机存储器（Dynamic RAM）和静态随机存储器（Static RAM），其用途和特点如表 1-10 所示。

表 1-10 动、静态存储器的用途及其特点

名称	简称	用途	特点
动态随机存储器	DRAM	用作内存	（相对于 SRAM 而言）集成度高，价格低，存取速度慢，需要定期刷新才能保存信息
静态随机存储器	SRAM	用作高速缓冲存储器（Cache）	集成度低，价格高，存取速度快，存储容量小，不需要定期刷新

高速缓冲存储器（Cache）是内存与 CPU 交换数据的缓冲区，处于中央处理器与内存储器之间（有的制作在 CPU 芯片内部），用于解决 CPU 与内存速度不匹配的问题。

② 只读存储器。只读存储器（Read Only Memory），简称 ROM。ROM 的特点是只能做读出操作不能做写入操作。ROM 中的信息是采用掩膜技术由厂家一次性写入的，用来存放专用的、固定的程序和数据（如常驻内存的监控程序、基本输入/输出系统等），因而 ROM 中的信息是永久性的，不会因断电而丢失。

随着半导体技术的不断发展，出现了多种形式的 ROM，如可编程只读存储器（PROM）、可擦除的可编程只读存储器（EPROM）、掩膜型只读存储器（MROM）等。

（2）外存储器。外存储器是指除内存及 CPU 缓存以外的储存器。外存储器存储容量大、价格较低、能长期保存信息，也称它为永久性存储器。CPU 不能直接访问外存，外存中的信息必须调入内存后才能被 CPU 访问，存取速度比内存慢。常见的外存储器有软盘、硬盘、光盘、优盘、移动硬盘、SD 卡等。

① 软盘。软盘（Floppy Disk）是 PC 机中最早使用的可移动介质。软盘存取速度慢、容量小，但可装可卸、携带方便。以 3.5 英寸软盘为例，如图 1.4 所示，其上、下两面各被划分为 80 个磁道，每个磁道被划分为 18 个扇区，每个扇区的存储容量固定为 512B。

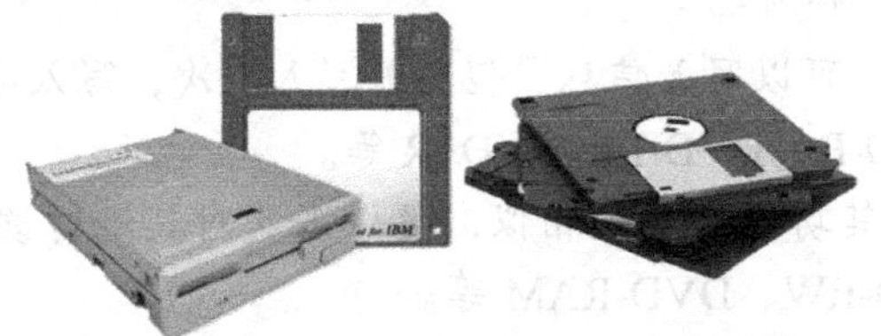

图 1.4　3.5 英寸软盘的正面、背面

3.5 英寸软盘容量 = 80（磁道）× 18（扇区）× 512 B (扇区的大小) × 2（双面）
= 1440 × 1024 B
= 1440 KB
= 1.44MB

软盘最外圈的磁道为 0 磁道，最内圈的磁道为 79 磁道。其中，0 磁道最重要，一旦 0 磁道损坏，软盘就不能使用了。

② 硬盘。硬盘是电脑主要的存储媒介之一，由一个或者多个铝制或者玻璃制的碟片组成，这些碟片表面覆盖着铁磁性材料。绝大多数硬盘都是固定硬盘，被永久性地密封固定在硬盘驱动器中，如图 1.5 所示。

图 1.5 硬盘的正面和背面

硬盘通常由重叠的一组盘片构成，每个盘面都被划分为数目相等的磁道，并从外圈的“0”开始编号，具有相同编号的磁道形成一个圆柱，称为磁盘的柱面。磁盘的柱面数与一个盘单面上的磁道数是相等的。无论是双盘面还是单盘面，每个盘面都有一个磁头，所以，盘面数等于磁头数。磁盘驱动器在向磁盘读取和写入数据时，以扇区为单位，每个扇区可以存放 512B 的信息。因此，硬盘的容量 = 柱面数 × 磁头数 × 扇区数 × 512B。

③ 光盘。光盘是利用激光原理进行读、写的设备，是迅速发展的一种辅助存储器，可以存放各种文字、声音、图形、图像和动画等多媒体数字信息。光盘凭借其大容量得以广泛使用，我们听的 CD，看的 VCD、DVD 都是光盘。

光盘有只读型光盘、一次写入型光盘和可重写型光盘三种。

- 只读型光盘：盘片上的信息只能读出，不能写入，如 CD-ROM、DVD-ROM、CD-Video、DVD-Video 等，如图 1.6 所示。

图 1.6 CD-ROM、DVD-ROM 及其驱动器

- 一次写入型光盘：可以写入信息，但只能写入一次，写入的信息只能读出，不能修改或删除，如 CD-R、DVD-R、DVD+R 等。
- 可重写型光盘：其功能与磁盘相似，可以多次对其进行读/写操作，如 CD-RW、DVD+RW、DVD-RW、DVD-RAM 等。

CD 盘片的最大容量大约为 700MB，DVD 盘片单面容量 4.7GB，最多能刻录约 4.59GB 的数据（因为 DVD 的 1GB=1000MB，而硬盘的 1GB=1024MB），双面容量 8.5GB，最多能刻录约 8.3 GB 的数据。

④ 优盘。优盘（U 盘），如图 1.7 所示，全称 USB 闪存驱动器（USB Flash Disk），是一种使用 USB 接口的无需物理驱动器的微型高容量移动存储产品，通过 USB 接口与电脑连接，实现即插即用。

图 1.7 U 盘的外观

U 盘容量有 2GB、4GB、8GB、16GB、32GB、64GB 等，其优点是外形小巧、携带方便、存储容量大、价格便宜、性能可靠。

⑤ 移动硬盘。顾名思义，移动硬盘（Mobile Hard Disk）是以硬盘为存储介质，与计算机之间交换大容量数据，强调便携性的存储产品，如图 1.8 所示。市场中的移动硬盘能提供

320GB、500GB、600GB、640GB、900GB、1000GB（1TB）、1.5TB、2TB、2.5TB、3TB、3.5TB、4TB 等容量，最高可达 12TB。

图 1.8 移动硬盘的外观

⑥ SD 卡。SD（Security Data）卡，安全数码卡，是一种基于半导体快闪记忆器的新一代记忆设备。它被广泛地应用于便携式装置上，例如智能手机、数码相机、个人数码助理（PDA）和多媒体播放器等。

4. 输入设备

输入设备（Input Device）是用户和计算机系统之间进行信息交换的主要装置之一。键盘、鼠标、摄像头、扫描仪、传真机、条形码阅读器、光笔、手写输入板、游戏杆、麦克风、录音笔等都属于输入设备。

（1）键盘。键盘（Keyboard）是常用的输入设备，它是由一组开关矩阵组成，包括数字键、字母键、符号键、功能键及控制键等，如图 1.9 所示。每一个按键在计算机中都有它的唯一代码，当按下某个键时，键盘接口将该键的二进制代码送入计算机主机中，并将按键字符显示在显示器屏幕上。

图 1.9　标准的 104 键键盘外观

（2）鼠标。鼠标是一种手持式坐标定位部件，使用它可以在屏幕上快速、准确地移动和定位坐标。因其形似老鼠而得名“鼠标”，标准称谓是“鼠标器”，英文名“Mouse”，如图 1.10 所示。

鼠标器有以下几种分类方法。

① 按其工作原理，可分为机械鼠标、光机鼠标（光学机械鼠标）和光电鼠标。

② 按其外形，可分为两键鼠标、三键鼠标、滚轴鼠标和感应鼠标。

③ 按其接口类型，可分为串口鼠标、PS/2 鼠标、总线鼠标和 USB 鼠标。

图 1.10　鼠标器外观

（3）其他输入设备。扫描仪、传真机、条形码阅读器、字符和标记识别设备等是扫描输入设备，如图 1.11 所示。麦克风、录音笔等是语音输入设备。

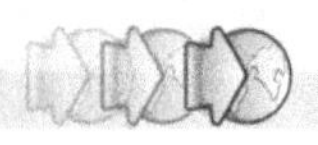

扫描仪

传真机

条形码阅读器

图 1.11　常见扫描输入设备外观

5. 输出设备

输出设备（Output Device）是计算机的终端设备，其功能是将内存中计算机处理后的信息以能为人或其他设备所接受的形式输出。常见的输出设备有显示器、打印机、绘图仪、音箱、耳机、投影仪等。

（1）显示器。

显示器（Display）又称监视器,是实现人机对话的主要工具。它既可以显示键盘输入的命令或数据，也可以显示计算机数据处理的结果。

显示器有以下几种分类方法。

① 按所用的显示器件，可分为阴极射线管（CRT）显示器（见图 1.12），液晶（LCD）显示器（见图 1.13）和等离子（PDP）显示器。CRT 显示器多用于普通微机或终端，LCD 和 PDP 显示器主要用于笔记本电脑。

图 1.12　CRT 显示器外观

图 1.13　LCD 显示器外观

② 按所显示的信息内容，可分为字符显示器和图形显示器。

③ 按所显示的颜色，可分为单色（黑白）显示器和彩色显示器。

分辨率是衡量显示器的一个重要指标。通常情况下，图像的分辨率越高，所包含的像素就越多，图像就越清晰，印刷的质量也就越好，但文件占用的存储空间也会增加。

（2）打印机。打印机能将计算机处理的结果以字符、图形等形式记录在纸上，以便长期保存。

打印机有以下几种分类。

① 按打印工作方式，可分为串行式打印机和行式打印机。

② 按打印原理，可分为击打式打印机和非击打式打印机。其中，击打式又分为字模式打印机和针式打印机（又称点阵式打印机，如图 1.14 所示）；非击打式又分为喷墨打印机、激光打印机、热敏打印机和静电打印机。当前较流行的打印机是喷墨打印机（如图 1.15 所示）和激光打印机（如图 1.16 所示）。

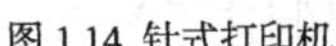
图 1.14 针式打印机

图 1.15 喷墨打印机

图 1.16 激光打印机

（3）其他输出设备。

绘图仪是一种图形输出设备，可将计算机的输出信息以图形的形式输出，如图 1.17 所示。音箱或耳机是语音输出设备。投影仪又称投影机，是微型计算机输出视频的重要设备，如图 1.18 所示。

图 1.17 绘图仪外观

图 1.18 投影仪外观

6. 总线

通常意义上所说的总线（Bus），是 CPU、内存、输入、输出设备等各个部件之间传输信息的公共通道。按照所传输的信息种类，总线可分为数据总线（Data Bus，DB）、地址总线（Address Bus，AB）和控制总线（Control Bus，CB），分别用来传输数据、地址和控制信号。

（1）外存储器、输入设备和输出设备构成外部设备，简称“外设”。

（2）磁盘驱动器、网络设备既是输入设备又是输出设备。

（3）微型计算机系统的主要性能指标主要有字长、时钟主频、存储容量、运算速度、存储周期等。

① 字长。CPU 在单位时间内能一次处理的二进制数的位数叫作字长。字长越长，处理数据的速度越快，计算机的硬件代价也相应地增大。字长为 8 的整数倍，目前微型计算机的字长以 32 位为主，小型机、网络服务器和大型机以 64 位为主。

② 时钟主频。时钟主频，简称主频，用来表示 CPU 的运算速度，单位有 MHz、GHz 等。时钟主频越高，CPU 处理数据的速度越快。

③ 存储容量。存储容量是指存储器可以容纳的二进制信息量，用存储器中存储地址寄存器 MAR 的编址数与存储字位数的乘积表示。存储容量的单位有 Byte、KB、MB、GB、TB 等。

④ 运算速度。运算速度是指每秒钟所能执行的指令条数，其单位是 MIPS（百万条指令/ 秒）。运算速度是评价计算机性能的重要指标。微机一般采用时钟主频来描述运算速度，主频越高，运算速度就越快。

⑤ 存储周期。存储周期是指存储器连续启动两次写操作（或读操作）所需间隔的最小时间，单位以纳秒（ns）度量。内存的存取周期一般为 60 ~ 120ns。存储周期越短，则存取速度越快。

此外，可靠性、可用性、可维护性、兼容性、性能价格比、安全性等也都是计算机的技术指标。

知识链接

任务6 计算机安全

【任务描述】

2003 年 1 月 25 日，突如其来的“蠕虫王”病毒，在互联网世界制造了类似于“9.11”的恐怖袭击事件，很多国家的互联网都受到了严重影响。同样，2007 年 1 月初，“熊猫烧香”病毒肆虐网络，再次为计算机网络安全敲响了警钟。

现在，人们对计算机的需求和依赖性越来越大，计算机安全就显得越来越重要。物理安全、系统安全、黑客攻击和病毒威胁是计算机系统面临的主要威胁。其中，病毒是计算机安全的最大威胁。本任务主要介绍计算机病毒及其防治。

【任务实现】

1. 计算机病毒的概念

计算机病毒是人为蓄意编制的、具有破坏性的程序。计算机病毒只有当它在计算机内得以运行时，才具有传染性和破坏性等特性。

2. 计算机病毒的特点

（1）传染性。传染性是计算机病毒的一个重要特点，也是确定一个程序是否为计算机病毒的首要条件。计算机病毒一旦进入计算机并得以执行，就会把自身复制到内存、硬盘，甚至传染到所有文件中。网络中的病毒可传染给联网的所有计算机系统，已染病毒的软盘、U 盘可使所有使用该盘的计算机系统受到传染。

（2）破坏性。计算机病毒的破坏性表现为：占用系统资源，降低计算机系统的工作效率。破坏的程度因其病毒种类的不同而差别很大：有的病毒仅干扰软件的运行而不破坏该软件；有的病毒无限制地侵占系统资源，使系统无法运行；有的病毒破坏程序或数据，使之无法恢复；有的恶性病毒破坏整个系统，使系统无法启动。

（3）潜伏性。计算机病毒进入系统后一般不会马上发作，可以在几周或者几个月甚至几年内隐藏在合法文件中对其他系统进行传染，而不被人发现。一旦触发条件得到满足（如时间、日期、文件类型或某些特定数据等），便表现其破坏作用。潜伏性越好，其在系统中存在的时间就会越长，病毒的传染范围就会越大，破坏性也越大。

（4）隐蔽性。计算机病毒一般是具有很高编程技巧、短小精悍的程序。通常附在正常程序中或磁盘较隐蔽的地方，也有个别的以隐藏文件形式出现，目的是不让用户发现它的存在。

（5）寄生性。计算机病毒一般不独立存在，而是寄生在磁盘系统区或文件中。

（6）针对性。计算机病毒一般都是针对于特定的操作系统，如 Windows 2000、Windows XP，或者针对特定的应用程序，如 Outlook、IE、服务器等，具有非常强的针对性。

3. 计算机病毒的分类

计算机病毒的种类繁多，从不同的角度可以划分不同的类型，下面介绍几种较常用的分类方法。

（1）按寄生方式，分为引导型病毒、文件型病毒和混合型病毒。

引导型病毒是指寄生在磁盘引导区或主引导区的计算机病毒，如大麻病毒、2708 病毒、火炬病毒、小球病毒、Girl 病毒等。

文件型病毒是指能够寄生在文件中的计算机病毒。这类病毒程序感染可执行文件或数据文件，如1575/1591病毒、848病毒（感染.COM和.EXE等可执行文件）、Macro/Concept和Macro/Atoms等宏病毒（感染.DOC文件）。

混合型病毒是指具有引导型病毒和文件型病毒寄生方式的计算机病毒。这种病毒既感染磁盘的引导记录，又感染可执行文件，如Flip病毒、新世际病毒、One-half病毒等。

（2）按破坏性，分为良性病毒和恶性病毒。

良性病毒并不彻底破坏系统和数据，但会大量占用CPU时间，增加系统开销，降低系统工作效率。这类病毒有小球病毒、1575/1591病毒、救护车病毒、扬基病毒、Dabi病毒等。

恶性病毒是指那些一旦发作后，就会破坏系统或数据，造成计算机系统瘫痪的计算机病毒。这类病毒有黑色星期五病毒、火炬病毒、米开朗·基罗病毒等。

（3）按链接方式，分为源码型病毒、嵌入型病毒、外壳型病毒和操作系统型病毒。

源码型病毒攻击高级语言编写的程序，该病毒在高级语言所编写的程序编译前插入到源程序中，经编译成为合法程序的一部分。若不进行编译和链接，病毒就无法传染扩散。

嵌入型病毒是将自身嵌入到现有程序中，把计算机病毒的主体程序与其攻击的对象以插入的方式链接。这种计算机病毒是难以编写的，一旦侵入程序体后也较难消除。

外壳型病毒寄生在宿主程序的前面或后面，并修改程序的第一个执行指令，使病毒先于宿主程序执行，并随着宿主程序的使用而传染扩散。目前流行的文件型病毒几乎都是外壳型病毒。

操作系统型病毒用自己的程序意图加入或取代部分操作系统进行工作，具有很强的破坏力，可以导致整个系统的瘫痪。圆点病毒和大麻病毒就是典型的操作系统型病毒。

（4）按激活时间，可分为定时病毒和随机病毒。

定时病毒仅在某一特定时间才发作。随机病毒一般不是由时钟来激活的，具有随机性，没有一定的规律。

4. 计算机病毒的传染途径

计算机病毒有两种主要的传染途径：一是通过移动存储设备传染，如软盘、光盘、U盘、移动硬盘等；二是通过计算机网络传染，这种途径的病毒传染能力更强，破坏力更大。

5. 计算机病毒的预防

鉴于计算机新病毒的不断出现，检测和清除病毒的方法和工具总是落后一步，预防病毒就显得更加重要了。

计算机用户应该养成如下良好的用机习惯。

（1）注意对系统文件、重要可执行文件和数据进行写保护。

（2）不使用来历不明的程序或数据。

（3）尽量不用软盘、U盘进行系统引导。

（4）不轻易打开来历不明的电子邮件。

（5）使用新的计算机系统或软件时，要先杀毒、后使用。

（6）备份系统和参数，建立系统的应急计划等。

（7）专机专用。

（8）安装杀毒软件。

（9）分类管理数据。

6. 计算机病毒的检测和清除

随着计算机病毒的日益增多和破坏性的不断增强，反病毒技术也在迅速发展。检测并清除计算机病毒的方法很多，常用的方法是使用杀毒软件。

目前流行的杀毒软件主要有：小红伞(AVIRA)、ESET NOD32、卡巴斯基、金山独霸、360 杀毒、瑞星、卡巴斯基、诺顿等。

因为杀毒软件是对已知病毒进行特征分析后编制的，因此具有被动性和滞后性，只能检测并清除已经认识的病毒，对于新出现的病毒或某些病毒的变种则无能为力。所以，杀毒软件需要不断升级，清除病毒时也应选择最新版本的杀毒软件。

除使用杀毒软件之外，还可以使用防病毒卡进行病毒的防治。防病毒卡是病毒防护的硬件产品，将病毒防护程序固化，就成为防病毒卡，如瑞星卡、求真卡等。防病毒卡对一定范围内新出现的病毒具有防护能力，但不具备消除能力，携带和升级也没有杀毒软件方便。

7. 计算机硬件系统的安全使用

（1）计算机合适的工作温度在 15 ~ 35℃之间，相对湿度一般不能超过 80%。

（2）计算机一般使用 220V、50Hz 的交流电源，计算机工作时供电不能间断。

（3）注意正常开、关机。开机时，先开外部设备，再开主机；关机时，先关主机，再关外部设备。

（4）注意正确使用设备，如不要随意搬动工作中的计算机、不要强行插拔移动设备等。

（5）保持计算机使用环境的清洁。

（6）计算机应避免强磁场的干扰。

防火墙（Firewall）依照特定的规则，允许或是限制传输的数据通过，是一种位于内部网络与外部网络之间的网络安全系统，实际上是一种隔离技术。防火墙具有很好的保护作用，入侵者必须首先穿越防火墙的安全防线，才能接触目标计算机。

防火墙可以是一种硬件、固件或者是安装在一般硬件上的一套软件。例如，专用防火墙设备是硬件形式的防火墙；包过滤路由器是嵌有防火墙固件的路由器；代理服务器等软件是软件形式的防火墙。

知识链接

任务 7 多媒体技术

【任务描述】

多媒体技术的发展改变了计算机的使用领域，使计算机由办公室、实验室中的专用品变成了信息社会的普通工具，并广泛应用于工业生产管理、学校教育、公共信息咨询、商业广告、军事指挥与训练、家庭生活与娱乐等领域。本任务介绍多媒体技术、特点及其应用。

【任务实现】

1. 媒体、多媒体及多媒体技术的概念

（1）媒体。所谓媒体（Medium），是指传播信息的媒介，通俗的说法是宣传的载体或平台，如日常生活中的报纸、杂志、广播、电影和电视等。报纸和杂志以文字、图形等作为媒体；广播以声音作为媒体；电影和电视是以文字、声音、图形和图像作为媒体。

媒体在计算机领域中有两种含义：一是承载信息的载体，如磁带、磁盘、光盘和半导体存储器等；二是传播信息的载体，如数字、文字、声音、图像等。多媒体技术中的媒体指的是后者。

（2）多媒体。多媒体（Multimedia）是融合两种以上媒体的人机交互式信息交流和传播媒体，是计算机和视频技术的结合，一般理解为多种媒体的综合。使用的媒体包括文字、图片、照片、声音（包含音乐、语音旁白、特殊音效）、动画和影片等。

（3）多媒体技术。多媒体技术是指利用计算机交互式综合技术和数字通信技术，将各种信息媒体综合为一体，使它们建立起逻辑联系，集成为一个交互系统，并进行加工、处理的技术。

2. 多媒体的特性

与传统媒体相比，多媒体具有以下特性。

（1）数字化。数字化是指多媒体中的各种媒体都是以数字形式存放在计算机中的。

（2）集成性。集成性是指将多媒体信息有机地组织在一起，使文字、声音、图形、图像一体化，综合表达某个完整信息。集成性不仅是指各种媒体的集成，还包含多媒体信息的集成，同时也是多种技术的系统的集成。

（3）交互性。交互性是指用户可以与计算机的多种信息媒体进行交互操作，从而为用户提供更加有效地控制和使用信息的手段。没有交互性的系统不是多媒体系统。

（4）实时性。实时性是指当用户给出操作命令时，相应的多媒体信息都能够得到实时控制。

（5）多样性。多样性指信息媒体的多样化和媒体处理方式的多样化。多媒体计算机可以综合处理文本、图形、图像、声音和视频等多种形式的信息媒体，能对输入的信息加以变换、创作和加工。

其中，集成性、交互性和实时性是多媒体最重要的特性，是其精髓所在。

3. 多媒体技术的应用

多媒体技术已成为信息社会的主导技术之一，其典型的应用主要有以下几方面。

（1）教育培训。多媒体教学是多媒体的主要应用对象，利用多媒体技术编制的教学、测试和考试课件能创造出图文并茂、绘声绘色、生动逼真的教学环境和交互式学习方式，从而大大激发学生的学习积极性和主动性，提高教学质量。

（2）信息咨询。公司、企业、学校、部门甚至个人都可以建立自己的信息网站，进行自我展示并提供信息服务。旅游、邮电、交通、商业、气象等公共信息都可存放在多媒体系统中，向公众提供多媒体咨询服务。

（3）家庭娱乐。音乐、影视、游戏等家庭娱乐是多媒体技术应用较广的领域。

（4）电子出版物。电子出版物不仅包括只读光盘这种有形载体，还包括网络电子出版物这种在网络上传播的无形载体。

（5）广播电视、通信领域。目前，多媒体技术在广播电视、通信领域的应用已经取得许多新进展，多媒体会议系统、多媒体交互电视系统、多媒体电话、远程教学系统和公共信息查询等一系列应用正改变着我们的生活。

（6）网络及通信。多媒体通信技术可以把电话、电视、图文传真、音响、摄像机等各类电子产品与计算机融为一体，完成多媒体信息的网络传输、音频播放和视频显示。

目前，多媒体技术正向着高分辨率、高速度、操作简单、高维化、智能化和标准化的方向发展，它将集娱乐、教学、通信、商务等功能于一体，对它的应用几乎渗透到社会生活的

方方面面。

4. 多媒体信息的文件格式

（1）图像文件格式。常见的图像文件格式有 BMP、WMF、GIF、JPEG、TIFF、PSD、CDR、SVG 等，如表 1-11 所示。

表 1-11 常见的图像文件格式

文件格式	扩展名	说明
BMP	.bmp	PC 上最常用的位图格式，有压缩和不压缩两种形式。该格式在 Windows 环境下相当稳定，在文件大小没有限制的场合中运用极为广泛
WMF	.wmf	Windows 图元文件，具有文件短小、图案造型化的特点。Microsoft Office 的剪贴画就是该格式的图像文件
GIF	.gif	在各种平台的各种图形处理软件上均可处理的经过压缩的图形格式，支持多图像文件和动画文件
JPEG	.jpg .jpeg	一种流行的图像文件压缩格式，可以大幅度地压缩静态图形文件。对于同一幅画面，JPG 格式存储的文件是其他类型图形文件的 1/10 ~ 1/20。由于 JPEG 是有损压缩，压缩过程中有些数据会丢失，可能会造成图形质量下降
TIFF	.tif .tiff	苹果机中广泛使用的图像格式
PSD	.psd	Photoshop 的标准文件格式。用 PSD 格式保存图像时，图像没有经过压缩。所以，当图层较多时，会占很大的存储空间
CDR	.cdr	CorelDraw 软件使用中的一种图形文件保存格式
PNG	.png	便携式网络图形，是一种无损压缩的位图图形格式
SVG	.svg	目前最火热的图像文件格式，是可缩放的矢量图形

（2）音频文件格式。

常见的音频文件格式主要有 WAV、VOC、MP3、MIDI 等，如表 1-12 所示。

表 1-12 常见的音频文件格式

文件格式	扩展名	说明
WAV	.wav	微软公司开发的用于保存 Windows 平台的音频信息资源，被 Windows 平台及其应用程序所支持
VOC	.voc	Creative 公司波形音频文件格式，也是声霸卡（sound blaster）使用的音频文件格式
MP3	.mp3	利用 MPEG Audio Layer 3 的技术，将音乐以 1：10 甚至 1：12 的压缩率压缩成容量较小的文件，是使用用户最多的有损压缩数字音频格式
MIDI	.mid	由全球的数字电子乐器制造商建立起来的一个通信标准，以规定计算机音乐程序、电子合成器和其他电子设备之间交换信息与控制信号的方法。按照 MIDI 标准，可用音序器软件编写或由电子乐器生成 MIDI 文件

（3）视频文件格式。常见的视频文件格式主要有 AIV、MPEG、MOV、RM、ASF、WMV 等，如表 1-13 所示。

表 1-13 常见的视频文件格式

文件格式	扩展名	说明
AVI	.avi	一种音视频交叉记录的数字视频文件格式，一般采用帧内有损压缩，可以用一般的视频编辑软件如 Adobe Premiere 进行再编辑和处理。这种文件格式的优点是图像质量好，可以跨平台使用，缺点是文件体积较大
MPEG	.mpeg .mpg .dat	家庭使用的 VCD、SVCD 和 DVD 使用的就是 MPEG 格式文件
MOV	.mov	Apple 公司开发的一种视频文件格式，默认的播放器是 Quick Time Player，具有较高的压缩比和较好的视频清晰度，并且可以跨平台使用
RM	.rm	Real Networks 公司开发的一种流媒体文件格式，是目前主流的网络视频文件格式，使用的播放器为 Real Player
ASF	.asf	微软公司前期的流媒体格式，采用 MPEG-4 压缩算法
WMV	.wmv	微软公司推出的采用独立编码方式的视频文件格式，是目前应用最广泛的流媒体视频格式之一

5. 多媒体软件

市场上流行的多媒体软件很多，PowerPoint、Photoshop、Flash、Authorware、ToolBook、Director 等软件是目前最常用的多媒体软件。

1. A/D 转换器和 D/A 转换器

模数转换器即 A/D 转换器，或简称 ADC，是将一个输入电压信号转换为一个输出数字信号的电子元件。

数模转换器即 D/A 转换器，简称 DAC，是将二进制数字量形式的离散信号转换成以标准量（或参考量）为基准的模拟量的器件。

使用模数转换器（A/D 转换器）可将音频信号数字化。

2. 数字音频的数据率

数据率为每秒 bit 数，它与信息在计算机中的实时传输有直接关系。未经压缩的数字音频数据率可按如下公式计算。

数据率（bit/s）= 采样频率（Hz）× 量化位数（bit）× 声道数

数据量 = 数据率 × 时间

- 采样频率是指一秒内采样的次数。采样频率越高，数字化后声波就越接近于原来的波形，即声音的保真度越高，但量化后声音信息量的存储量也越大。
- 量化位数越高，信号的动态范围越大，数字化后的音频信号就越可能接近原始信号，但所需要的存储空间也越大。

知识链接

例 若对音频信号以 10kHz 采样率、16 位量化精度进行数字化，则每分钟的双声道数字化声音信号产生的数据量约为多少？

解：数据率 ＝10000（Hz） ×16（bit） ×2＝320000（bit/s）

数据量 ＝320000（bit/s） ×60（s） ＝19200000（bit）＝2400000B ≈ 2.3MB

所以，每分钟的双声道数字化声音信号产生的数据量约为 2.3MB。

知识链接

【项目小结】

本项目通过 7 个任务的学习，了解了计算机的发展、特点、分类和应用；掌握了不同进制之间的相互转换；掌握了西文字符、汉字编码及编码间的换算；掌握了计算机系统的组成以及硬件、软件系统的组成和功能；了解了计算机安全和多媒体技术的相关知识。

本项目涉及的内容只是计算机知识中很少的一部分，如需了解更多的计算机知识，还需继续学习，以便让它能更好地为今后的生活、学习服务。

拓展实训

请参考本项目的学习内容，结合 IT 网站的模拟攒机系统和电脑市场的调查研究，DIY 一台价格在 3000 ~ 3500 元的台式兼容机。

要求如下。

基本配置：CPU、主板、内存、硬盘、鼠标、键盘、显示器、电源、机箱、显卡和网卡依据配置需求可集成也可单独购买。

可选配置：光驱、音箱或耳机、麦克风、摄像头、散热器等。

【思考与练习】

1．世界上公认的第一台计算机诞生的年份是______。

A．1943　　B．1951　　C．1946　　D．1950

2．下列的英文缩写和中文名字的对照中，错误的是______。

A．CAD——计算机辅助设计　　B．CAM——计算机辅助制造

C．CIMS——计算机集成管理系统　　D．CAI——计算机辅助教育

3． 办公室自动化（OA）是计算机的一项应用，按计算机应用的分类，它属于______。

A．科学计算　　B．实时控制　　C．辅助设计　　D．信息处理

4．英文缩写 CAI 的中文意思是______。

A、计算机辅助教学　　B．计算机辅助制造

C、计算机辅助设计　　D．计算机辅助管理

5．计算机的主要特点是______。

A．速度快、存储容量大、性价比低

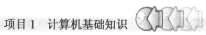

B．速度快、性价比低、程序控制

C．速度快、存储容量大、可靠性高

D．性能价格比低、功能全、体积小

6．人们把以______为硬件基本电子器件的计算机系统称为第三代计算机。

A．电子管　　　　B．小规模集成电路

C．大规模集成电路　　　　D．晶体管

7．计算机之所以能按人们的意志自动进行工作，主要是因为采用了______。

A．二进制数制　　　　B．高速电子元件

C．存储程序控制　　　　D．程序设计语言

8．二进制整数 1001001 转换成十进制数是______。

A．72　　B．75　　C．71　　D．73

9．长为 7 位的无符号二进制整数能表示的十进制数值范围是______。

A．0～256　　B．0～128　　C．0～255　　D．0～127

10．1 字节的二进制位能表示的最大的无符号整数等于十进制整数______。

A．127　　B．255　　C．128　　D．256

11．在一个非零无符号二进制整数之后去掉一个 0，则此数的值为原数的______倍。

A．4　　B．1/2　　C．2　　D．1/4

12．按照数制的进位制概念，下列各数中正确的八进制数是______。

A．8707　　B．1101　　C．4109　　D．10BF

13．已知 a=00111000B 和 b=2FH，则两者比较的正确不等式是______。

A．a＞b　　B．a＜b　　C．a=b　　D．不能比较

14．现代计算机中采用二进制数制是因为二进制数的优点是______。

A．代码表示简短，易读

B．物理上容易实现且简单可靠；运算规则简单；适合逻辑运算

C．容易阅读，不易出错

D．只有 0 和 1 两个符号，容易书写

15．在标准 ASCII 码表中，已知英文字母 A 的十进制码值是 65，英文字母 a 的十进制码值是______。

A．95　　B．97　　C．96　　D．91

16．已知字符 A 在 ASCII 码是 01000001B，ASCII 码为 01000111B 的字符是______。

A．D　　B．F　　C．E　　D．G

17．已知 3 个字符为：a、Z 和 8，按它们的 ASCII 的码升值序排序，结果是______。

A．8,a,Z　　B．a,Z,8　　C．a,8,Z　　D．8,Z,a

18．汉字国际码（GB2312-80）把汉字分成______等级。

A．简化字和繁体字两个

B．一级汉字，二级汉字，三级汉字共 3 个

C．一级汉字，二级汉字共 2 个

D．常用字，次常用字，罕见字 3 个

19．根据汉字国标 GB2312—80 的规定，一个汉字的机内码的码长是______。

A．8bits　　B．16bits　　C．12bits　　D．24bits

20．下列叙述中，正确的是______。

A．一个字符的标准 ASCII 码占 1 字节的存储量，其最高位二进制总为 0

B．大写英文字母的 ASCII 码值大于小写英文字母的 ASCII 码值

C．同一个英文字母（如字母 A）的 ASCII 码和它在汉字系统下的全角内码是相同的

D．标准 ASCII 码表的每一个 ASCII 码都能在屏幕上显示成一个相应的字符

21．存储 1 个汉字的机内码需 2 字节。其前后 2 字节的最高位二进制值依次分别是______。

A．1 和 1　　B、1 和 0　　C．0 和 1　　D．0 和 0

22．组成计算机指令的两部分是______。

A．数据和字符　　B．操作码和地址码

C．运算符和运算数　　D．运算符和运算结果

23．为了提高软件开发效率，开发软件时尽量采用______。

A、机器语言　　B．高级语言　　C．汇编语言　　D．程序设计语言

24．将目标程序（.OBJ））转换成可执行文件（.EXE）的程序称为______。

A、编辑程序　　B．编译程序　　C．连接程序　　D．汇编程序

25．用高级程序设计语言编写的程序，要转换成等价的可执行程序，必须经过______。

A．汇编　　B．编辑　　C．解释　　D．编译和连接

26．以下属于高级语言的有______。

A．机器语言　　B．语言　　C．汇编语言　　D．以上都是

27．计算机指令主要存放在______。

A．CPU　　B．内存　　C．硬盘　　D．键盘

28．下列各类计算机程序语言中，______不是高级程序设计语言。

A．Visual Basic　　B．FORTAN 语言　　C．Pascal 语言　　D．汇编语言

29．一个完整的计算机系统就是指______。

A．主机、键盘、鼠标器和显示器　　B．硬件系统和操作系统

C．主机和它的外部设备　　D．软件系统和硬件系统

30．下列叙述中，错误的一条是______。

A．计算机硬件主要包括主机、键盘、显示器、鼠标器和打印机五大部件

B．计算机软件分系统软件和应用软件两大类

C．CPU 主要由运算器和控制器组成

D．内存储器中存储当前正在执行的程序和处理的数据

31．用来存储当前正在运行的应用程序和其相应数据的存储器是______。

A．RAM　　B．硬盘　　C．ROM　　D．CD-ROM

32．下列不能用作存储容量单位的是______。

A．Byte　　B．GB　　C．MIPS　　D．KB

33．目前，在市场上销售的微型计算机中，标准配置的输入设备是______。

A．键盘+CD-ROM 驱动器　　B．鼠标器+键盘

C．显示器+键盘　　D．键盘+扫描仪

34．CPU 中，除了内部总线和必要的寄存器外，主要的两大部件分别是运算器和______。

A．控制器　　B．存储器　　C．Cache　　D．编辑器

35．下列软件中，不是操作系统的是______。

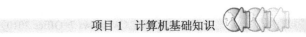

A．Linux　　B．UNIX　　C．Ms-dos　　D．Ms-office

36．在 CD 光盘上标记有“CD-RW”字样，此标记表明这光盘______。

A．只能写入一次，可以反复读出的一次性写入光盘

B．可多次擦除型光盘

C．只能读出，不能写入的只读光盘

D．RW 是 Read and Write 的缩写

37．下列叙述中，正确的是______。

A．字长为 16 位表示这台计算机最大能计算一个 16 位的十进制数

B．字长为 16 位表示这台计算机的 CPU 一次能处理 16 位二进制数

C．运算只能进行算术运算

D．SRAM 的集成度高于 DRAM

38．下面有关优盘的描述中，错误的是______。

A．优盘有基本型，增强型和加密型三种

B．优盘的特点是重量轻，体积小

C．优盘多固定在相机内，不便携带

D．断电后，优盘还能保持存储的数据不丢失

39．下列叙述中，正确的一条是______。

A．CPU 能直接读取硬盘上的数据

B．CPU 能直接与内存储交换数据

C．CPU 由存储器、运算器和控制器组成

D．CPU 主要用来存储程序和数据

40．下列有关总线的描述、不正确的是______。

A．总线分为内部总线和外部总线

B．内部总线也称为片总线

C．总线的英文就是 Bus

D．总线体现在硬件就是计算机主板

41．微型计算机的技术指标主要是指______。

A．所配备的系统软件的优劣

B．CPU 的主频和运算速度、字长、内存容量和存取速度

C．显示器的分辨率、打印机的配置

D．硬盘容量的大小

42．下面关于随机存取存储器（RAM）的叙述中，正确的是______。

A．存储在 SRAM 或 DRAM 中的数据在断电后将全部丢失且无法恢复

B．SRAM 的集成度比 DRAM 高

C．DRAM 常用来做 Cache

D．DRAM 的存取速度比 SRAM 快

43．微型计算机存储器系统中的 Cache 是______。

A．只读存储器　　B、高速缓冲存储器

C．可编程只读存储器　　D、可擦除可再编程只读存储器

44．下列叙述中，错误的是______。

A．硬盘在主机箱内，它是主机的组成部分
B．硬盘属于外部存储器
C．硬盘驱动器既可做输入设备又可做输出设备用
D．硬盘与 CPU 之间不能直接交换数据
45．下列关于计算机病毒的叙述中，错误的一条是______。
A．计算机病毒具有潜伏性
B．计算机病毒具有传染性
C．感染过计算机病毒的计算机具有对该病毒的免疫性
D．计算机病毒是一个特殊的寄生程序
46．计算机安全是指计算机资产安全，即______。
A．计算机信息系统资源不受自然有害因素的威胁和危害
B．信息资源不受自然和人为有害因素的威胁和危害
C．计算机硬件系统不受人为有害因素的威胁和危害
D．计算机信息系统资源和信息资源不受自然和人为有害因素的威胁和危害
47．为防止计算机病毒传染，应该做到______。
A．无病毒的 U 盘不要与来历不明的 U 盘放在一起
B．不要复制来历不明 U 盘中的程序
C．长时间不用的 U 盘要经常格式化
D．U 盘中不要存放可执行程序
48．计算机病毒的危害表现为______。
A．能造成计算机芯片的永久性失效
B．使磁盘霉变
C．影响程序运行，破坏计算机系统的数据与程序
D．切断计算机系统电源
49．以.WAV 为扩展名的文件通常是______。
A．文本文件　　B．音频信号文件　　C．图像文件　　D．视频信号文件
50．计算机病毒最重要的特点是______。
A．可执行　　B．可传染　　C．可保持　　D．可拷贝

项目背景

操作系统是计算机系统软件，是管理和控制计算机硬件与软件资源的计算机程序，任何其他软件都必须在操作系统的支持下才能运行。操作系统的种类相当多，比较有影响力的操作系统有：Windows、Linux、UNIX、OS/2、Mac OS 等。在本章中，我们就以 Windows 7 为例来介绍操作系统的基本使用方法。

能力目标

- 了解操作系统的基本功能和作用，熟悉 Windows 7 的特点，掌握 Windows 7 的基本操作和应用。
- 理解文件和文件夹的概念，掌握文件、文件夹、库的创建与删除、复制与移动、重命名、属性的设置、查找等操作。
- 掌握对桌面外观、基本的网络配置，掌握文件、磁盘、显示属性的查看、设置等操作。
- 掌握中文输入法的安装、删除和选用方法，会熟练使用一种汉字（键盘）输入方法。

任务 1 Windows 7 操作系统入门

【任务描述】

Windows 7 是由微软公司开发的操作系统，于 2009 年 10 月 22 日在美国正式发布，可供家庭及商业工作环境、笔记本电脑、平板电脑、多媒体中心等使用。它包括多种版本：简易版、家庭普通版、家庭高级版、专业版、企业版、旗舰版，各种版本的功能和价格各不相同，以旗舰版的功能最为全面，但价格也最贵。

【任务实现】

1. Windows 7 的主要特点

（1）易用。Windows 7 简化了许多设计，如快速最大化，窗口半屏显示，跳转列表，系统故障快速修复等。

（2）简单。Windows 7 将会让搜索和使用信息更加简单，包括本地、网络和互联网搜索功能，直观的用户体验更加高级。

（3）效率。Windows 7 中，系统集成的搜索功能非常的强大，只要用户打开开始菜单并输入搜索内容，无论要查找应用程序，还是文本文档等，搜索功能都能自动运行，给用户的操作带来极大的便利。

（4）小工具。Windows 7 取消了侧边栏，小工具可以放在桌面的任何位置，而不只是固定在侧边栏。

（5）高效搜索框。Windows 7 系统资源管理器的搜索框在菜单栏的右侧，可以灵活调节宽窄。它能快速搜索 Windows 中的文档、图片、程序、Windows 帮助甚至网络等信息。

（6）最节能的 Windows。Windows 7 是迄今为止最绿色、最节能的系统。它采用新式的半透明窗口 Aero Glass，其特性是能利用 GPU 进行加速。

2. Windows 7 的运行环境

Windows 7 的基本运行环境要求如下。

- 最低配置为 1GHz 及以上的 CPU，512MB 以上内存和 8GB 以上的可用硬盘空间；
- 显卡的显存最低为 64MB，要打开 Aero 必须达到 128MB 以上；
- DVD 驱动器或 U 盘，用于安装操作系统。

3. Windows 7 的安装

（1）安装 Windows 7 前的准备工作。

① 查找产品密钥。在 Windows 7 包装盒内的安装光盘盒上找到产品密钥。

② 备份文件。可将文件备份到外部硬盘或 U 盘，或者网络文件夹。

③ 下载并运行免费的 Windows 7 升级顾问。它会帮用户找出电脑硬件、设备或程序的所有潜在兼容性问题，这些问题可能会影响 Windows 7 的安装。

④ 决定要安装 32 位还是 64 位版本的 Windows 7。

⑤ 更新、运行然后关闭防病毒程序。安装 Windows 7 后，记得重新启动防病毒程序，或安装适用于 Windows 7 的新防病毒程序。

（2）Windows 7 操作系统通常是通过安装光盘来完成安装的，其关键步骤如下。

① 把 Windows 7 安装光盘放入光驱，启动计算机。系统自动启动，出现“安装 Windows”画面，选择相关选项，如图 2.1 所示，单击“下一步”按钮，再单击“现在安装”按钮，开始安装。

② 勾选“我接受许可条款”，如图 2.2 所示，单击“下一步”按钮。

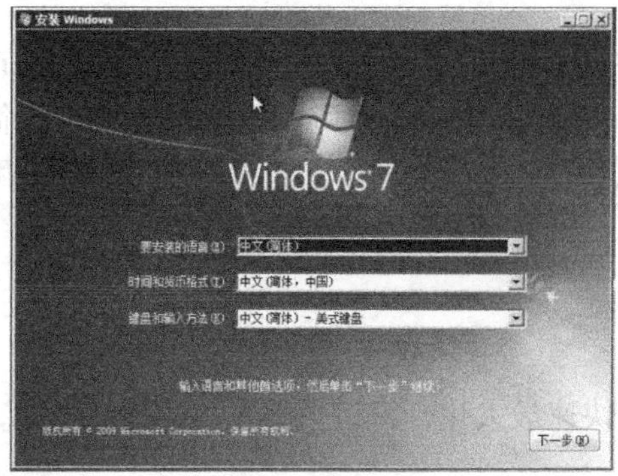

图 2.1　选择安装选项

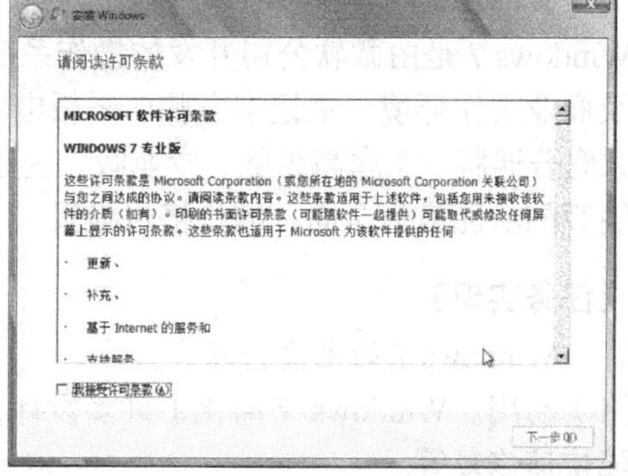

图 2.2 勾选接受许可条款

③ 在“您想进行何种类型的安装？”页面上，如图 2.3 所示，单击“自定义”选项。

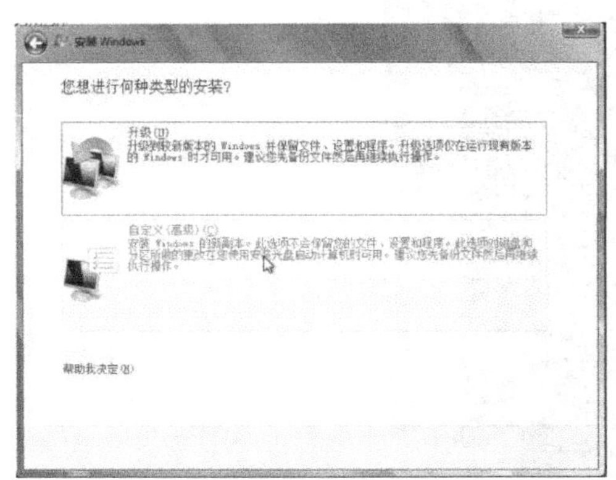

图 2.3　选择安装类型

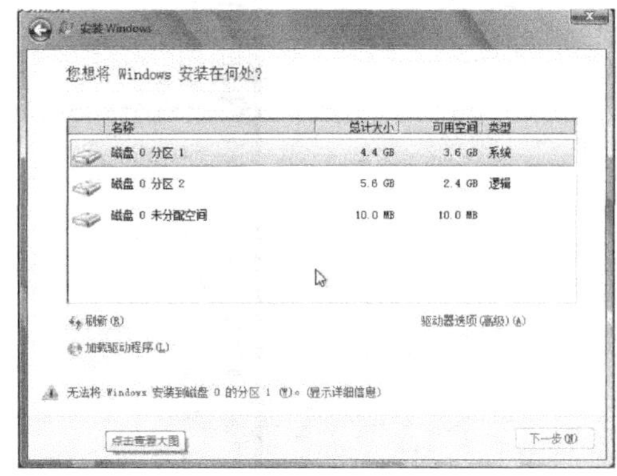

图 2.4　选择安装的位置

④ 在“您想将 Windows 安装在何处？”页面上，如图 2.4 所示，单击“驱动器选项(高级)”选项。

⑤ 单击要更改的分区，接着单击要执行的格式化选项，然后按照说明进行操作。

⑥ 大约 20 分钟后，安装完成，计算机会自动重启并进入“设置 Windows 界面”，输入用户名以及设置初始用户账户。

⑦ 系统设置完毕，会自动重启，进入操作系统。

4．Windows 7 的启动和退出

使用操作系统时，要按照正常的步骤进行启动与退出的操作。

（1）若计算机中安装了 Windows 7 操作系统，打开计算机电源，计算机会自动启动 Windows 7 系统，启动成功后，屏幕上出现系统桌面，如图 2.5 所示。

图 2.5　系统桌面

（2）关闭或重启计算机时，为了避免系统运行时重要数据丢失，必须用鼠标单击“”按钮，打开“开始菜单”，如图 2.6 所示，在弹出的菜单中选择“关机”命令，或者单击关机按钮后的子菜单，选择“注销”、“锁定”或“重新启动”等命令。

图 2.6　开始菜单

5. 认识 Windows 7 界面

Windows 7 操作系统正常启动后，用户首先看到屏幕上显示的图形界面就是 Windows 7 的“桌面”。“桌面”是用户和计算机进行交流的窗口，上面可以存放用户经常用到的应用程序和文件夹图标，用户可以根据自己的需要在桌面上添加各种快捷图标，使用时双击该图标就能够快速启动相应的程序或文件。

（1）Windows 7 桌面，如图 2.7 所示。

图 2.7　Windows 7 桌面

（2）桌面图标。桌面上的各种形象的小型图片称为图标。双击这些图标，就可以直接运行对应的程序、文件夹、文件等，而不用具体知道程序在哪个位置。一般软件安装完成后快捷图标自动在桌面生成，有时用户也可以根据需要自己手动创建。

Windows 7 安装之后桌面上只保留了回收站的图标。用户可以在桌面背景上单击鼠标右键，在菜单中单击“个性化”，然后在弹出的设置窗口中单击左侧的“更改桌面图标”，选择

常用的“计算机”、“回收站”等选项，桌面上便显示这些图标了。

- 计算机：打开“计算机”窗口，用户可以管理本地计算机的资源，也可以对磁盘进行格式化和对文件或文件夹进行移动、复制、删除、重命名，还可以通过控制面板设置计算机的软硬件环境。
- 回收站：回收站可以暂时存储用户已删除的文件、文件夹、图片、快捷方式和 Web 页等，在未清空回收站之前，这些已删除的文件或文件夹等并未从硬盘上删除。当回收站存放项目满以后，将自动删除那些最早进入回收站的文件或文件夹，以存放最近删除的文件或文件夹。用户可以利用回收站来恢复误删的文件，也可以清空回收站，以释放磁盘空间。

（3）任务栏。任务栏是位于桌面最下方的长条区域，它显示了系统正在运行的程序和打开的窗口、当前时间等内容。如图 2.8 所示。

图 2.8　任务栏

每次启动一个应用程序或打开一个窗口后，任务栏上就有代表该程序或窗口的一个任务按钮，将鼠标悬停在任务按钮上，会出现一个小缩略图，可以直接从缩略图上关闭窗口。关闭窗口后，该按钮即消失。左键单击任务栏图标，即可快速打开该文件；右键单击该图标，可以选择解锁等操作。

任务栏的右边一般显示“时钟”、“音量”、“网络连接”等信息。默认状态下，大部分的通知区图标都隐藏在一个小三角形按钮里，如果需要显示图标，单击按钮，选择“自定义”，在弹出的窗口中找到要设置的图标，选择“显示图标和通知”即可。任务栏最右边的半透明长方形是“显示桌面”按钮，单击该按钮可以将所有打开的窗口最小化，显示桌面墙纸和工具。

（4）“开始”菜单。

任务栏最左边的图标是“开始”按钮，单击它就会弹出“开始”菜单，或者在键盘上按下 Windows 徽标键，也可以打开默认“开始”菜单。菜单是计算机程序、文件夹和设置的主门户，之所以称为“菜单”，是因为它提供一个选项列表，就像餐馆里的菜单那样。至于“开始”的含义，在于它通常是用户要启动或打开某项内容的起始位置。

“开始”菜单左侧显示的是用户的常用应用程序、所有程序及搜索框，右侧显示了指向的特定文件夹的相关命令，如“文档”、“图片”、“音乐”、“游戏”、“计算机”、“控制面板”等，通过这些命令，用户可以实现对计算机的操作与管理。在这里还可以注销 Windows 或关闭计算机。

> 找到经常用的应用程序，然后用鼠标右键单击应用程序图标，在弹出的菜单中选择“附到「开始」菜单”，应用程序就会出现在开始菜单中；假如要移除不常用的程序，鼠标右键单击应用程序图标，在弹出的菜单中选择“从「开始」菜单解锁”即可。
>
> 知识链接

（5）Windows 7 的窗口。窗口是用户界面中最重要的部分。它是屏幕上与一个应用程序相对应的矩形区域，每当用户开始运行一个应用程序时，应用程序就创建并显示一个窗口；当用户操作窗口中的对象时，程序会做出相应反应。用户通过关闭一个窗口来终止一个程序的运行；通过选择相应的应用程序窗口来选择相应的应用程序。下面以“计算机”窗口为例介绍相关组件，如图 2.9 所示。

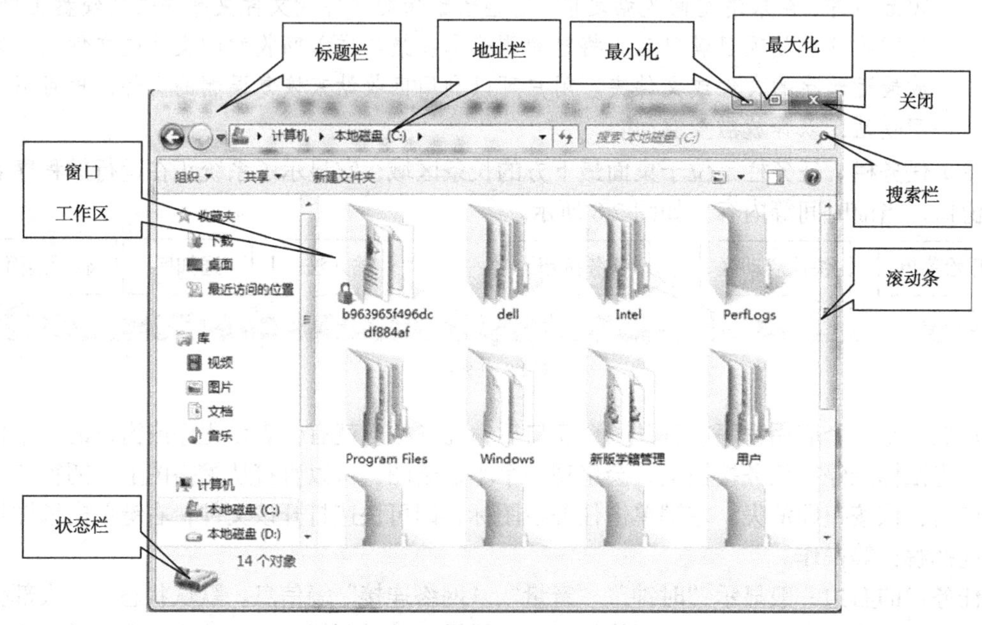

图 2.9 “计算机”窗口

窗口中一般包含以下部分。

- 标题栏：在窗口顶部显示应用程序或文档名的水平栏，拖动标题栏可以在桌面上任意移动窗口。活动窗口的标题栏突出显示。双击标题栏可以最大化窗口或由最大化状态恢复到原来大小。标题栏右边 3 个按钮分别是最小化、最大化、关闭。
- 地址栏：显示当前所在的地址路径，可以直接在此输入地址路径来运行指定程序或打开指定文件。
- 搜索栏：输入想要搜索的文件或文件夹名称，系统会自动在当前位置及以下的所有文件夹内搜索具有相似名称的文件或文件夹。
- 窗口工作区：用于显示应用程序界面或文件中的全部内容。
- 状态栏：位于窗口的底部，显示当前操作的状态信息。
- 滚动条：在窗口中不能完全显示相关内容时，将出现垂直滚动条或水平滚动条，用于滚动显示窗口工作区中的内容。

（6）Windows 7 的菜单。Windows 7 操作系统中，菜单分成两类，即右键快捷菜单和下拉菜单。

用户可以在文件、桌面空白处、窗口空白处、盘符等区域上单击鼠标右键，即可弹出一个快捷菜单，其中包含对选择对象的操作命令，如图 2.10 所示。

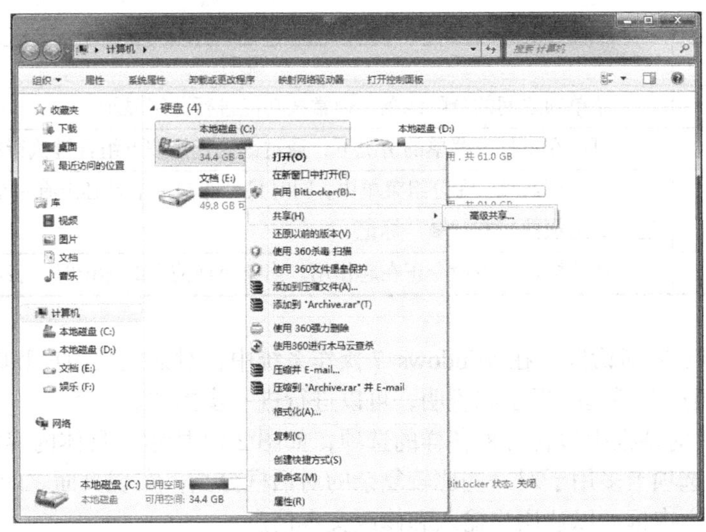

图 2.10　右键快捷菜单

另一种菜单是下拉菜单，用户只需单击不同的菜单，即可弹出下拉菜单。例如在“计算机”窗口中单击“组织”菜单，即可弹出一个下拉菜单，如图 2.11 所示。

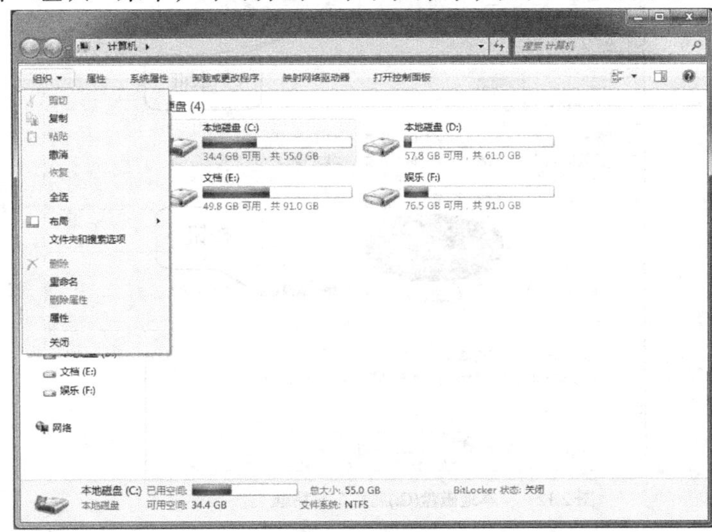

图 2.11　下拉菜单

有些菜单的后面带有特殊符号，所表示含义如表 2-1 所示。

表 2-1　菜单项说明

菜单项	说明
黑色字符	正常的菜单项，表示可以选取
灰色字符	无效的菜单项，表示当前不能选择该命令
名称后带“…”	选择此类菜单项，会弹出相应的对话框，要求用户输入信息或改变设置
名称后带“▸”	表示级联菜单，当鼠标指针指向它时，会自动弹出下一级子菜单

续表

菜单项	说明
分组线	菜单项之间的分隔线条，通常按功能进行分组显示
名称后带组合键	可以在不打开菜单的情况下，通过键盘直接按下组合键执行相应菜单命令
名称前带“●”	表示可选项，在分组菜单中，同时只可能有一个且必定有一个选项被选中，被选中的选项前带有“●”标记
名称前带“√”	选项标记，该命令正在起作用。当菜单项前有此标记时，表示命令有效

（7） Windows 7 对话框。在 Windows 7 操作系统中，对话框是用户和电脑进行交流的中间桥梁。用户通过对话框的提示和说明，可以进行进一步操作。

一般情况下，对话框中包含各种各样的选项，如图 2.12 所示，具体内容如下。

① 选项卡。选项卡多用于对一些比较复杂的对话框分页，实现页面之间的切换操作。

② 文本框。文本框可以让用户输入和修改文本信息。

③ 按钮。按钮在对话框中用于执行某项命令，单击按钮可实现某项功能。

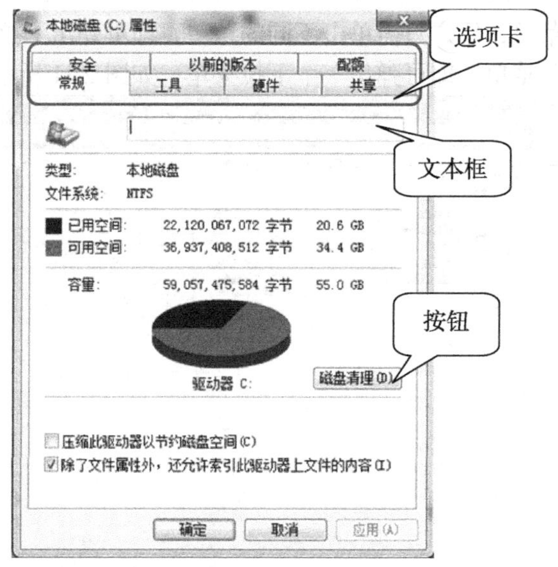

图 2.12 “本地磁盘(C:)属性”对话框

任务 2 Windows 7 操作系统文件管理

【任务描述】

本学期李老师担任了 1301 班班主任，计算机里存储了许多有关班级工作的文件。文件多了，查找起来比较麻烦，为了减少查找时间，李老师要对这些文件进行归纳、整理，以便日后工作的开展。1301 班相关文件如图 2.13 所示。

图 2.13　“1301 班文件”窗口

【任务实现】

要归纳、整理文件及文件夹，我们必须先来认识 Windows 7 系统提供的两种重要的管理工具——“计算机”和“库”。

1. 计算机

在 Windows 7 中，全新的“计算机”取代了以往的 Windows 操作系统中“我的电脑”的功能，它提供一种快速访问计算机资源的途径，用户可以像在网络上浏览 Web 一样实现对本地资源的管理。“计算机”的窗口如图 2.14 所示。

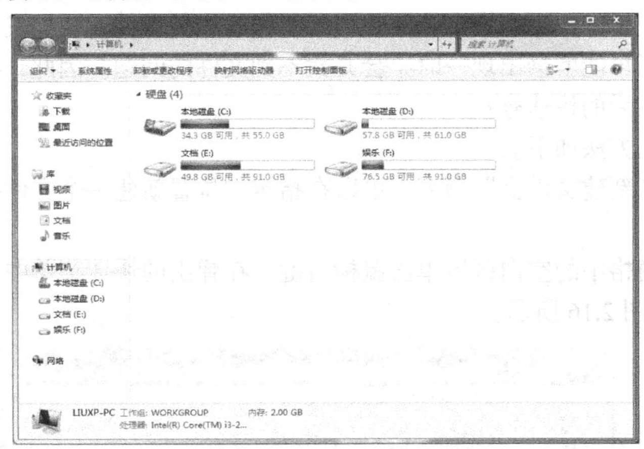

图 2.14　“计算机”窗口

2. 库

Windows 7 中，系统引入了一个“库”功能，如图 2.15 所示。库是一个强大的文件管理器。如跟文件夹一样，在库中可以包含各种各样的子库与文件等等，也可以对这些文件进行浏览、组织、管理和搜索。但是其本质上跟文件夹有很大的不同，在文件夹中保存的文件或者子文件夹，都是存储在同一个地方的，而在库中存储的文件则可以来自于不同位置、不同分区甚至是家庭网络的不同电脑中的文件。

“库”是个虚拟的概念，把文件（夹）收纳到库中并不是将文件真正复制到“库”这个位置，而是在“库”这个功能中“登记”了那些文件（夹）的位置并由 Windows 管理而已。因此，收纳到库中的内容除了它们自占用的磁盘空间之外，几乎不会再额外占用磁盘空间，并且删除库及其内容时，也并不会影响到那些真实的文件。

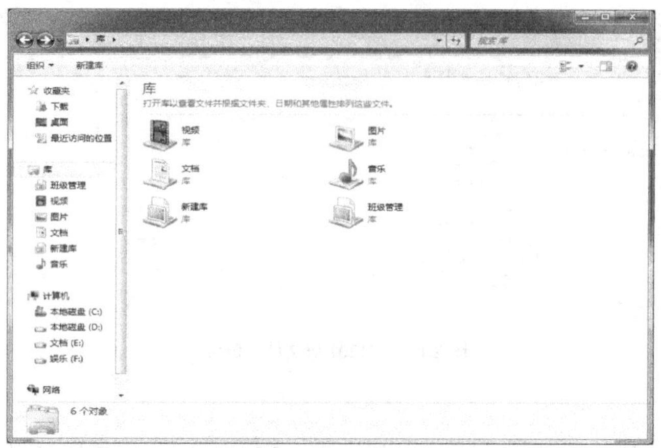

图 2.15　“库”窗口

3．文件的基本操作

文件是文字、声音、图像等信息的集合，是用户存储、查找和管理信息的一种方式。

文件夹是 Windows 在磁盘上管理文件的组织形式和实体。文件夹中除存放文件外，还可以存放其他文件夹——子文件夹。

（1）创建文件夹。仔细观察李老师有关班级工作的相关文件，我们发现文件很多，存放位置随意，时间长了可能就会出现一时半会儿找不到文件的问题。因此，我们先建立用于归类的文件夹，以便日后的快速查找。

创建新文件夹的方法如下。

方法一：选择“新建文件夹”命令，可以在指定的位置新建一个文件夹，其默认的名字为“新建文件夹”。

方法二：在右窗格中的空白区域单击鼠标右键，在弹出的快捷菜单中，选择“新建”→“文件夹”命令，如图 2.16 所示。

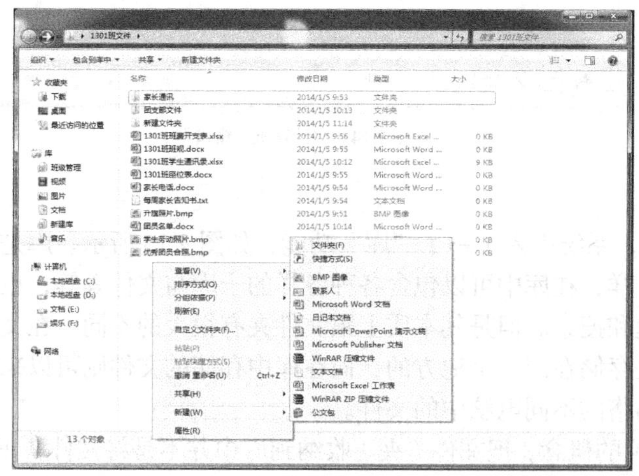

图 2.16　创建文件夹

（2）更改文件或文件夹名称。根据李老师存储的文件，我们决定增加两个新文件夹，分别命名为“班级资料”和“学生照片”。另外，文件名“每周家长告知书.txt”过于生硬，重命名为“给家长的一封信.txt”。

以“班级资料”为例，更改文件夹名称方法如下。

方法一：选定需要更改名称的“新建文件夹”，选择“文件”→“重命名”命令，将文件名更改为“班级资料”。

方法二：在需要更改名称的“新建文件夹”上，单击鼠标右键，在弹出菜单中选择“重命名”命令，将文件名更改为“班级资料”。

用同样的方法为文件夹“学生照片”以及文件“给家长的一封信.txt”更改名称。

文件命名原则如下。

① 一个完整的文件名称必须包含“文件名”和“扩展名”。文件名可以自行命名，而扩展名则是根据该文件使用的编辑软件而自动命名。两者之间用分隔符“.”隔开。常见的扩展名如表 2-2 所示。

表 2-2　常见扩展名

类型	扩展名	类型	扩展名
可执行文件	exe、com	图形文件	bmp、gif、jpg、pic、tif
模板文件	dot	批处理文件	bat
文本文件	txt	压缩文件	zip、rar、arj
声音文件	wav、mid、mp3	动画文件	mov、swf
网页文件	htm、html、asp	Word 文档	docx
电子表格	xlsx	幻灯片	pptx
数据库	mdlb	系统文件	int、sys、dll、adt

② 文件名最多可以使用 255 个字符，其中包括英文字母、数字、中文及一些特殊符号，不区分大小写，允许使用空格符，但不允许使用以下 9 个字符：“?”、“*”、“"”、“<”、“>”、“|”、“/”、“\”、“:”。

③ 同一文件夹内文件、文件夹不能同名。

知识链接

（3）创建快捷方式。为了方便李老师快速找到班级管理文件，我们在计算机的桌面上创建一个“1301 班文件”的快捷方式，只要双击这个快捷方式，就可以立刻打开 1301 班文件夹。具体操作方法如下。

方法一：选定“1301 班文件”这个文件夹，单击鼠标右键，在弹出菜单中单击“发送到→桌面快捷方式”命令即可在桌面上建立快捷方式，如图 2.17 所示。

方法二：选定“1301 班文件”这个文件夹，单击鼠标右键，在弹出菜单中单击“创建快捷方式”命令，再将“1301 班文件快捷方式”移动到桌面上。

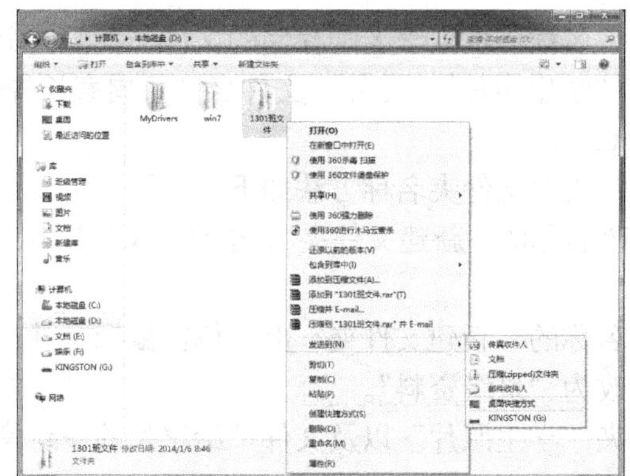

图 2.17　创建桌面快捷方式

（4）复制与移动文件或文件夹。现在我们帮李老师对 1301 班文件夹里的文件进行归纳，将相关文件存放到统一的文件夹里。比如说将“1301 班班费开支表”、“1301 班学生通讯录”、“1301 班班规”和“1301 班座位表”移动到“班级资料”文件夹；将“1301 班学生通讯录”复制一份到“家长通讯”文件夹。

具体操作方法如下。

① 选择要复制或移动的文件或文件夹。（如“1301 班班费开支表”、“1301 班学生通讯录”、“1301 班班规”和“1301 班座位表”4 个文件。）

② 要复制文件或文件夹时，可按键盘上的“Ctrl+C”复制快捷键，或是单击鼠标右键，在弹出的菜单中选择“复制”命令。要移动文件或文件夹时，则按键盘上的“Ctrl+X”剪切快捷键，或是单击鼠标右键，在弹出的菜单中选择“剪切”命令。

③ 进入目标文件夹，（如“班级资料”）按键盘上的“Ctrl+V”粘贴快捷键，或是单击鼠标右键，在弹出的菜单中选择“粘贴”命令，即可将选择的文件或文件夹复制或移动到所选择的位置。

复制和移动的区别在于：进行复制操作后源文件不会发生变化，源文件与复制文件同时出现；移动操作以后源文件消失，只在目标文件夹中出现。

用同样的方法帮助李老师将“升旗照片”、“学生劳动照片”和“优秀团员合照”移动到“学生照片”文件夹；将“给家长的一封信”和“家长电话”移动到“家长通讯”文件夹；将“团员名单”移动到“团支部文件”文件夹；将“优秀团员合照”复制一份到“团支部文件”文件夹。整理后结果如图 2.18 所示。

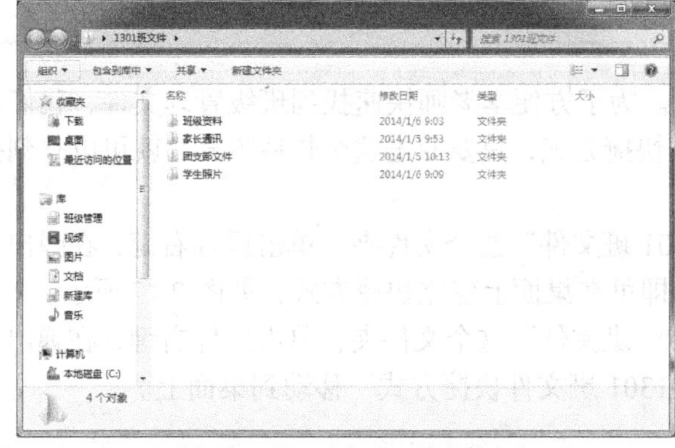

图 2.18　整理后的 1301 班文件夹

选择多个文件或文件夹的操作方法如下。

① 选择相邻的文件或文件夹：可以拖曳鼠标，拉出一个矩形框，框里面的文件或文件夹都会被选定。也可以在选择第一个文件或文件夹后，按住键盘上的“Shift”键不放，再选择最后一个文件或文件夹，即可将第一个到最后一个之间的所有文件或文件夹都选定。

② 选择不相邻的文件或文件夹，则可以按住键盘上的“Ctrl”键不放，再用鼠标单击要选择的文件或文件夹。

③ 选择所有的文件或文件夹，单击菜单栏上的“编辑→全选”命令，或直接按键盘上的“Ctrl+A”快捷键，即可选择所有文件或文件夹。

知识链接

（5）删除和恢复文件或文件夹。

半个学期过去了，李老师准备给学生换新座位，所以她要删除“班级资料”文件夹中的“1301 班座位表”文件，重新编排一份。

删除文件或文件夹操作方法如下。

方法一：选择要删除的“1301 班座位表”文件，按下键盘上的“Delete”键。然后单击“是”按钮，文件或文件夹会被暂时存放到“回收站”中。如图 2.19 所示。

方法二：选择要删除的“1301 班座位表”文件，单击鼠标右键，在弹出的菜单中选择“删除”命令，单击“是”按钮。

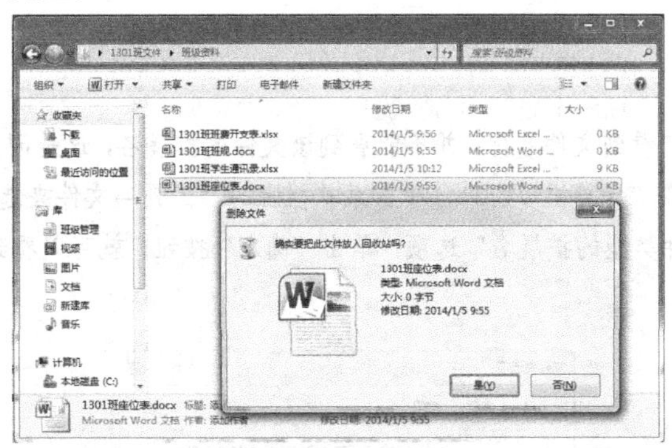

图 2.19　删除文件

若不小心误删了文件或文件夹，可以进入“回收站”0，选定该文件或文件夹，单击菜单栏上的“还原此项目”按钮；或单击鼠标右键，在弹出的菜单中选择“还原”命令，即可将此文件或文件夹还原到原来的文件夹中。

① 文件被删除后只是暂时存放在“回收站”里，它实际上还是占用原磁盘空间，若要彻底将文件或文件夹从计算机中删除，还必须进入“回收站”窗口中，单击“清空回收站”，才会真正将文件或文件夹从计算机中删除。

② 若想直接将文件或文件夹从计算机中删除掉，而不丢进“回收站”时，可以直接使用“Shift+Delete”快捷键。

知识链接

（6）查看或更改文件或文件夹的属性。李老师有时候打开文件或文件夹进行编辑，在保存的时候，却发现文件或文件夹无法保存，这可能是因为该文件或文件夹的属性是“只读”，所以无法保存。若要解决上述问题，可在文件或文件夹上单击鼠标右键，在弹出的菜单中选择“属性”命令，打开“属性”对话框，将“只读”属性取消勾选，单击“确定”按钮就可以了，如图 2.20 所示。

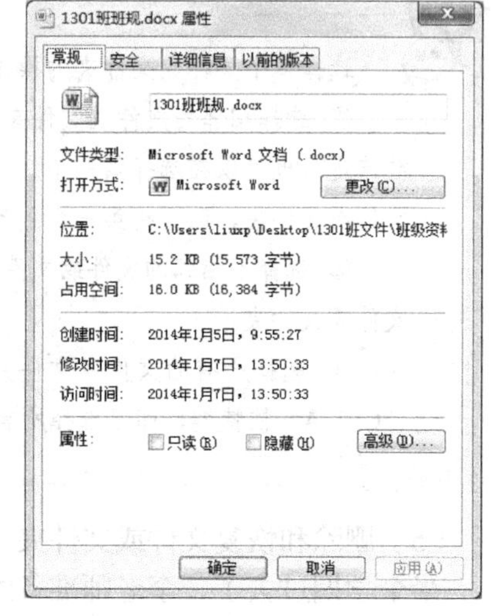

图 2.20　文件属性“常规”对话框

文件属性对话框“常规”选项卡的内容如下。

①显示文件的类型。单击“更改”按钮可以更改打开该文件的程序。

②显示该文件的存储位置、文件的大小、占用空间等信息。

③显示该文件的创建日期、修改时间、访问时间等信息。

④文件的属性，单击“高级”按钮可以更改文件的存档属性。

a.只读：只能读取数据而不能任意修改其内容。

b.隐藏：将文件隐藏起来，不显示该文件。

c.存档：表示该数据在修改后，尚未被操作系统备份保存，若被操作系统备份过，则该文件就不具有此属性。

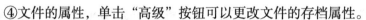

有时候我们只能看到文件名称，并不能看到该文件的扩展名，这是因为 Windows 7 系统将扩展名隐藏了。可以在“计算机”窗口，单击菜单栏上的“工具→文件夹选项→查看”命令，取消勾选“隐藏已知文件类型的扩展名”选项，单击“确定”按钮，就可以看到每个文件的扩展名了，如图 2.21 所示。

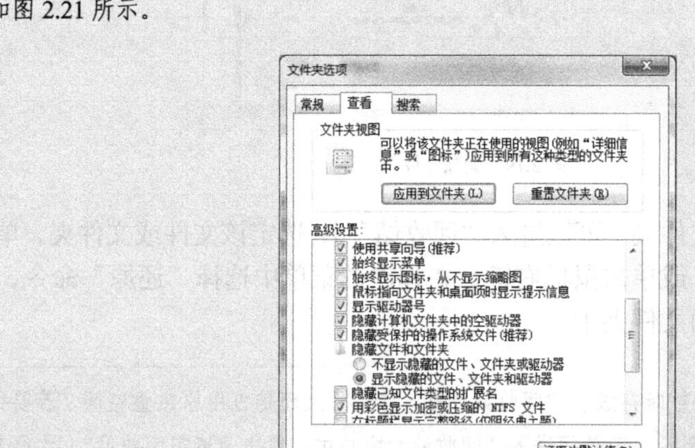

图 2.21　文件夹选项“查看”对话框

知识链接

（7）文件或文件夹的查找。李老师积累了很多班级管理文件，有时候忘记了需要的文件存放到哪个文件夹里，这时可以用搜索工具快速地查找所要的文件、文件夹或是网络上的计算机。Windows 7 本身就有一个强大的搜索功能，能快速找到文件所在地。具体操作方法如下。

打开“计算机”窗口，在右上角的输入框里输入需要搜索的文件或文件夹的文件名，系统会马上进行搜索，并将符合搜索条件的文件在窗口工作区显示出来。如图 2.22 所示。

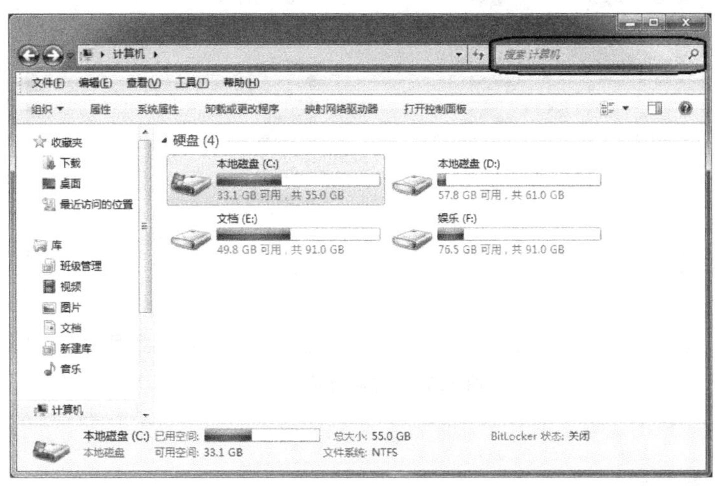

图 2.22　“搜索框”窗口

在查找文件或文件夹时，如果只知道文件或文件夹某部分的名称，则可以使用通配符来进行文件或文件夹的模糊查找。“？”代表有且只有 1 个任意字母或汉字，“*”代表连续的任意字母或汉字。

例如在文件夹中有 5 个文件，文件名分别为 qq、qu.123、aqc.123、qbq.123、aa.qq,查找时输入“q*.*”，可能会找到：qq、qu.123、qbq.123，查找时输入“？q*”，可能会找到：qq、aqc.123。

知识链接

任务 3　Windows 7 操作系统的程序和任务管理

【任务描述】

李老师的计算机安装了 Windows 7 操作系统，在使用一段时间后发觉有些同事的计算机桌面背景特别好看，李老师也想让自己的计算机更加个性化，所以按照自己的使用习惯改变了一些系统环境设置。

【任务实现】

1. 控制面板

要快速打造与众不同的计算机工作环境，可以通过设置控制面板的相关项目来实现。单击“开始”菜单，选择右侧“控制面板”命令，即可打开控制面板。控制面板的查看方式有“类别”、“大图标”、“小图标”3 种。以小图标查看时，可以显示所有控制面板项，从中很轻

松找到需要使用的功能，如图 2.23 所示，以下介绍的各种常用设置均是以“小图标”查看方式显示。

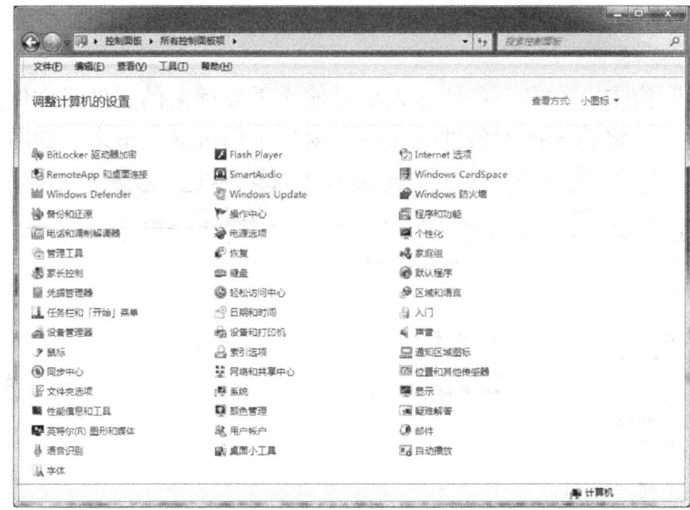

图 2.23　“控制面板”窗口

2. 桌面的基本设置

（1）桌面个性化。一个漂亮的桌面是很引人注目的，不仅可以让人赏心悦目，在一定程度上还可以提高你的学习和工作效率，极大地方便了我们的生活。Windows 7 给我们提供了方便、快捷的个性化桌面设置。在控制面板上单击“个性化”命令，或在桌面单击鼠标右键，选择“个性化”命令，打开“个性化”对话框，如图 2.24 所示。

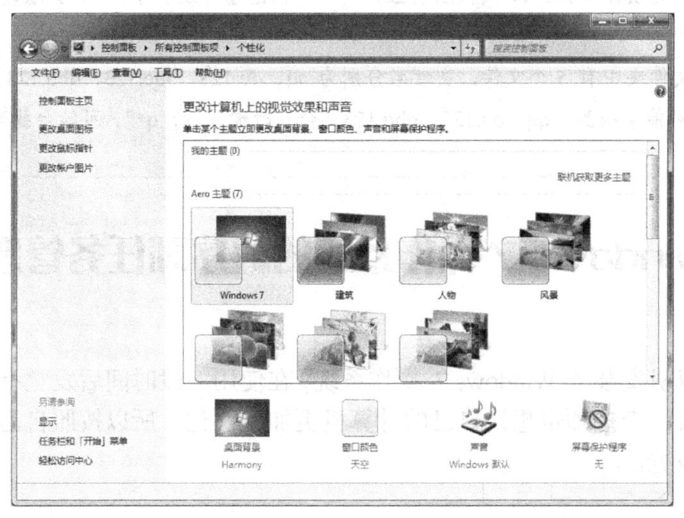

图 2.24　“个性化”对话框

Windows 7 为我们提供了一些带有 Aero 特效的主题。单击各种主题图标，可以快速改变桌面外观。我们还可以联机获取更多主题。假如对提供或下载的主题不满意，可以单击对话框下方的“桌面背景”、“窗口颜色”、“声音”、“屏幕保护程序”进行更深入的调整。

不同的人对计算机的显示有不同的要求，单击对话框左下角的“显示”命令，可以调整显示器的分辨率和颜色。分辨率越高，可显示的内容就越多，最佳分辨率是通过显示的比例来设置相对应的分辨率，如图 2.25 所示。

图 2.25　“显示”对话框

（2）桌面小工具。与以往的操作系统相比，Windows 7 操作系统内多了一些实用的小工具，安装快捷且使用方便，可以用它查询天气、日期、导航、看电影……不仅美化桌面，更便捷了平常的生活。Windows 7 默认并不开启小工具，需要手动操作，单击控制面板上的“桌面小工具”命令，打开如图 2.26 所示对话框即可选择所需小工具。对话框每页显示 18 个工具，工具多了，可以通过右上方的的搜索框快速找到已经添加好的项目。

图 2.26　“桌面小工具”对话框

（3）调整日期和时间。单击控制面板上的“日期和时间”命令，打开如图 2.27 所示对话框，在“日期和时间”栏中不仅可以设置日期和时间、时区，同时引入了 Internet 时间同步功能，当你的计算机与 Internet 保持连续连接时，计算机时钟每周就会和 Internet 时间服务器进行一次同步，以确保系统时间的准确性。

（4）调整任务栏和“开始”菜单。李老师发现 Windows 7 系统默认的任务栏不适合自己的使用习惯，缺少一些常用的按钮，比如 QQ 好友发来问候没有明显的提醒，所以要对任务栏进行一些设置。

单击控制面板上的“任务栏和「开始」菜单”命令或者在桌面任务栏上单击鼠标右键，选择“属性”命令，打开如图 2.28 所示对话框。

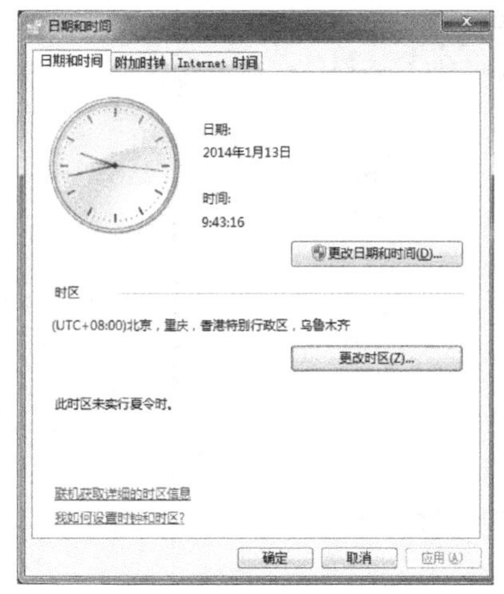

图 2.27 “日期和时间”对话框

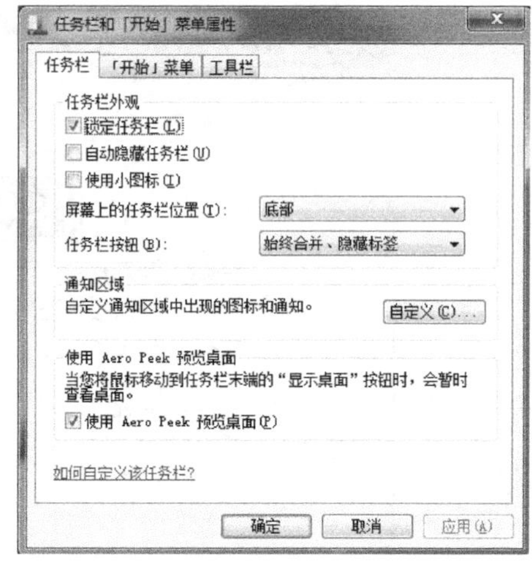

图 2.28 “任务栏和「开始」菜单属性”对话框

① 设置任务栏。

a．锁定任务栏：将任务栏锁定在桌面当前位置，同时还锁定显示在任务栏上任意工具栏的大小和位置。

b．自动隐藏任务栏：选择此复选框，任务栏隐藏起来，在屏幕边缘只显示一条细线。当鼠标接触这条细线，任务栏恢复显示；当鼠标移开时，任务栏消失。

c．使用小图标：选择此复选框，任务栏上的图标会缩小显示，可以显示更多的应用程序按钮。

d．屏幕上的任务栏位置：Windows 7 系统除了保留通过拖曳任务栏来调整任务栏在桌面上的位置，还可以通过任务栏属性窗口选择底部、左侧、右侧、顶部等。

e．任务栏按钮：当任务栏的应用程序非常多时，我们可以合并隐藏图标给任务栏留出更多空间。有始终合并隐藏图标、当任务栏被占满时合并、从不合并 3 种样式。

f．通知区域：Windows 7 系统默认有些程序图标不显示，比如 QQ 程序等，可以单击通知区域的“自定义”按钮，打开“通知区域图标”对话框进行设置。

② 设置「开始」菜单。在此对话框中可以自定义按钮、开始菜单上的链接、图标以及菜单的外观和行为。

3．*程序和功能*

李老师的计算机里有些过时的软件想删除掉，腾出更多的硬盘空间以便安装新软件，这时可以单击控制面板上的“程序和功能”命令，打开如图 2.29 所示的对话框。选中要删除的程序，单击“卸载”按钮，打开程序卸载向导，按卸载向导提示，即可卸载程序。

当对话框中显示的程序太多时，可以在右上角的搜索框中输入要删除的程序名称关键词或单击“名称”右边的下拉箭头，勾选程序开头字母复选框，即可快速找到要删除的程序。

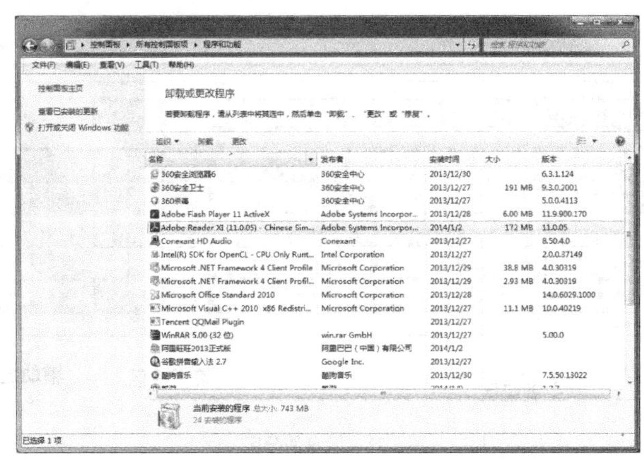

图 2.29　“程序和功能”对话框

4. 添加设备和打印机

李老师新买了一台打印机准备连接到计算机上，用来打印学生的成绩单和家庭报告书，所以要单击控制面板上的“设备和打印机”命令，打开如图 2.30 所示对话框，添加打印机或其他设备。

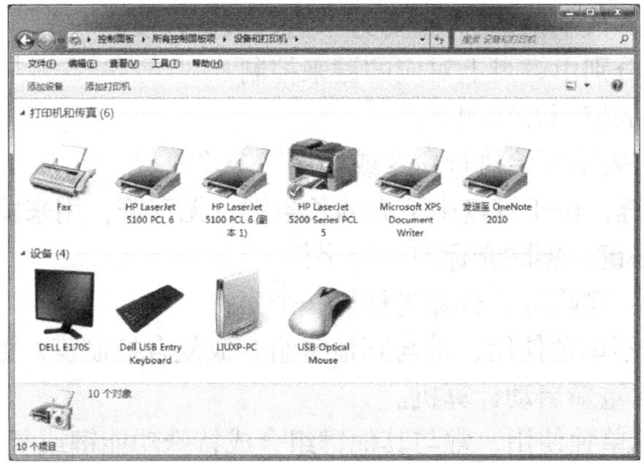

图 2.30　“设备和打印机”对话框

任务 4　中英文输入

【任务描述】

在现在这个充满竞争的数字信息时代，规范、高效的中英文录入是我们工作、学习和生活的重要基础，是社会中每个人的一项基本技能，也是一个人工作和交际的门面，学好中英文输入可以提高我们工作、学习和生活的效率。

【任务实现】

1. 键盘的分区

目前常用的键盘有 104 键、107 键的标准键盘。为了便于记忆，按照功能的不同，我们把键盘划分成主键盘区、编辑键区、功能键区、辅助键区（又称数字键区）和状态指示灯区 5 个区域，如图 2.31 所示。

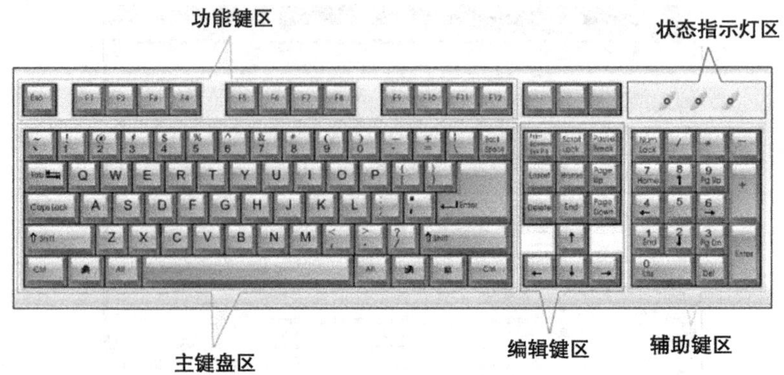

图 2.31　键盘的分区

（1）主键盘区。主键盘区是我们平时最为常用的键区，通过它可实现各种文字和控制信息的录入。

（2）编辑键区。该键区的键是起编辑控制作用的。

（3）功能键区。键盘最上方一排，由 16 个键组成。其中 F1 ~ F12 有 12 个键，这组键通常由系统程序或应用软件来定义其控制功能。

（4）辅助键区（又称数字键区）。主要为了输入数据方便。

（5）状态指示灯区分别由键盘上对应的键来控制。

键盘上一些常用键的使用方法如下。

① Enter：回车键，表示开始执行命令或结束一个输入行。

② Spacebar：空格键，位于键盘中下方的长条键，无字符，用来输入空格。

③ Backspace：退格键，删除光标前一个字符。

④ Delete 或 Del 键：删除键，删除光标后一个字符。

⑤ Ctrl：控制键，不单独使用，常与其他键组合成复合控制键。如“Ctrl+Alt+Del”（表示三键同时按下），可以重新启动计算机。

⑥ Alt：切换键，不单独使用，常与其他键组合成特殊功能键或复合控制键。

⑦ Shift：换档键，有三种功能：对于有上下两个字符的按键，按下此键不放并单击数字键，可以输入该键上部的字符（上档字符）；对于字母键，按下此键不放并单击字母键可以进行大小写字母的转换；还可与其他键组合成复合控制键。

⑧ Tab：制表键，一般情况按下此键可使光标移动 8 字符的位置或下一个制表位。

⑨ Caps Lock：实现大小写字母的转换，若指示灯亮为大写状态，此时不能输入中文。

⑩ Num Lock：实现小键盘的数字与编辑状态的转换，若对应的指示灯亮则可输入小键盘上的对应数字，这对经常进行数字录入的操作人员非常方便。

⑪ Home：将光标移至光标所在的行首（第一个字符）。

⑫ End：将光标移至光标所在的行尾（最后一个字符）。

⑬ Page Up（PgUp）：屏幕上翻一页。

⑭ Page Down(PgDn)：屏幕下翻一页。

⑮ Insert（Ins）：插入/改写状态的转换键，在插入状态下，输入的字符插在光标前；在改写状态下，输入的字符覆盖光标所在的字符。

⑯ Print Screen：屏幕硬拷贝键，可复制整个屏幕（桌面）。“Alt+Print Screen”：可拷贝当前活动窗口。

⑰ Scroll Lock：实现滚屏锁定的状态转换。若指示灯亮为滚屏状态。

⑱ Pause (Break)：暂停键，可暂停滚屏或程序的执行。

（标有“←”、“→”、“↑”和“↓”为左、右、上、下光标移动键。

2. 手指的分工

准备打字时，除拇指外其余的 8 个手指分别放在基本键上，拇指放在空格键上，十指分工明确，包键到指。如图 2.32、图 2.33 所示。

图 2.32　键盘基本键位

图 2.33　两手在键盘上的位置

每个手指除了指定的基本键外，还分工有其他字键，称为它的范围键。如图 2.34 所示。

图 2.34　各手指的范围键

（1）指法练习要求。

① 准备打字时除拇指外其余的 8 个手指分别放在基本键上。应注意 F 键和 J 键均有凸起，两个食指定位其上，拇指放在空格键上，可依此实现盲打。

② 任一手指击键后都应迅速返回基本键，为下次击键做好准备。

③ 平时手指稍微弯曲拱起，手指稍斜垂直放在键盘上，指尖后的第一关节成弧行，指尖轻放键位中间，手腕要悬起不要压在键盘上。击键的力量来自手腕，尤其是小拇指，仅用它的力量会影响击键的速度。

④ 击键要短促，有弹性。要用手指头击键，不要将手指伸直来按键。

⑤ 速度应保持均衡，击键要有节奏，力求保持匀速，无论哪个手指击键，该手的其他手

指也要一起提起上下活动，而另一只手的各指放在基本键位上。

⑥ 空格键用拇指侧击，右手小指击回车键。

⑦ 当需要同时按下两个键时，若这两个键分别位于左右两区，则应左右两手各击其键。

（2）打字练习的方法。初学打字，要掌握适当的练习方法，这对于提高自己的打字速度，成为一名打字高手是必要的。

① 一定把手指按照分工放在正确的键位上；

② 有意识慢慢地记忆键盘各个字符的位置，体会不同键位上的字键被敲击时手指的感觉，逐步养成不看键盘的输入习惯；

③ 进行打字练习时必须集中注意力，做到手、脑、眼协调一致，尽量避免边看原稿边看键盘，这样容易分散记忆力；

④ 初级阶段的练习即使速度慢，也一定要保证输入的准确性。

总之，正确的指法 + 键盘记忆 + 集中精力 + 准确输入 = 打字高手

3. **中文输入法**

使用键盘输入汉字必须使用中文输入法，常用的中文输入法有：全拼、智能 ABC、微软拼音、搜狗拼音、五笔字型等。但在默认情况下，刚进入系统时出现的是英文输入状态，如果要进入中文输入状态，则需要在语言栏中选择对应的输入方法。

（1）Windows 自带输入法的添加。鼠标右击任务栏中输入法图标，在弹出菜单中选择“设置”命令，打开“文本服务和输入语言”对话框，如图 2.35 所示。

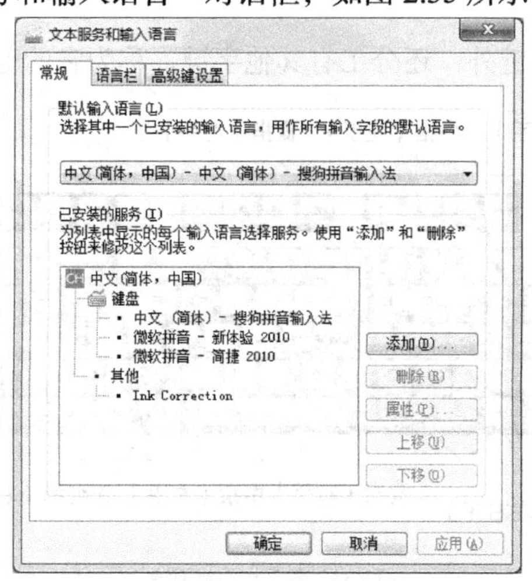

图 2.35 “文本服务和输入语言”对话框

单击“添加”按钮后，在打开的“添加输入语言”对话框中使用复选框选择要添加的输入法，单击“确定”按钮退出，该输入法添加完成。

选择输入法的键盘操作方法如下。

① 中英文切换：每单击一次 Ctrl+空格键，在中英文之间切换一次；

② 多种输入法之间选择：每单击一次 Ctrl+Shift 组合键，按顺序选择下一种输入法。

知识链接

（2）安装其他输入法。现在很多人使用五笔字型输入法或搜狗拼音输入法等中文输入法，这需要另行安装相应的软件。第三方输入法的安装过程比较简单，一般只需要保持默认设置，按照“安装向导”提示一步一步往下执行即可。

（3）搜狗拼音输入法介绍。搜狗拼音输入法是 2006 年 6 月由搜狐（SOHU）公司推出的一款 Windows 平台下的汉字拼音输入法。搜狗拼音输入法基于搜索引擎技术的，是特别适合网民使用的新一代的输入法产品，用户可以通过互联网备份自己的个性化词库和配置信息。搜狗拼音输入法为现在主流汉字拼音输入法之一，奉行永久免费的原则。

搜狗拼音输入法使用技巧如下。

① 搜狗拼音输入法默认的翻页键是逗号（，）和句号（。），即输入拼音后，按句号（。）进行向下翻页选字，相当于 PageDown 键，找到所选的字后，按其相对应的数字键即可输入。输入法默认的翻页键还有减号（-）和等号（=）、左右方括号（[]），可以通过“设置属性”→“按键”→“翻页键”来进行设定。

② 搜狗拼音输入法支持的是声母简拼和声母的首字母简拼。例如输入“计算机”，只要输入“jisj”或者“jsj”都可以输入“计算机”。同时，搜狗拼音输入法支持简拼、全拼的混合输入，例如输入“srf”“sruf”“shrfa”都可以得到“输入法”。

③ 搜狗拼音输入法默认是按下“Shift”键就切换到英文输入状态，再按一下“Shift”键就会返回中文状态。用鼠标单击状态栏上面的中字图标也可以切换中英文状态。除了“Shift”键切换以外，搜狗拼音输入法也支持回车输入英文和 V 模式输入英文，在输入较短的英文时使用能省去切换到英文状态下的麻烦。具体使用方法如下。

a.回车输入英文：输入英文，直接敲回车即可。

b.V 模式输入英文：先输入“V”，然后再输入你要输入的英文，可以包含@、+、*、/、-等符号，然后敲空格即可。

【项目小结】

目前主流的计算机操作系统是由微软公司生产的 Windows 系列操作系统，Windows 7 操作系统以其易用、快速、安全、更人性化的特点深受广大用户的喜爱。

通过完成本项目的 4 个任务，应该学会了 Windows 7 操作系统的安装和系统环境基本设置；学会了文件、文件夹、库的相关操作；学会了安装输入法和使用一种汉字输入方法。

拓展实训

李老师的计算机安装了 Windows 7 操作系统，相比之前的 Vista 系统，Windows 7 系统界面好看，运作速度快，操作起来更人性化。但是使用了一段时间之后，李老师发现自己的 Windows 7 系统效率越来越低，开关机的时间越来越长，如何保持 Windows 7 系统一直运行如飞呢？

1. 加快 Windows 7 系统启动速度

首先，打开 Windows 7 开始菜单在搜索程序框中输入“msconfig”命令。

Windows 7 拥有强大、便捷的搜索栏，记住一些常用命令，可以让操作更快捷。打开“系

统配置”对话框后找到“引导”选项（英文系统是 Boot），如图 2.36 所示。

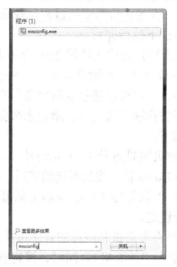

图 2.36 开始菜单搜索程序框

单击“高级选项”就可以看到将要修改的设置项了。如图 2.37 所示。

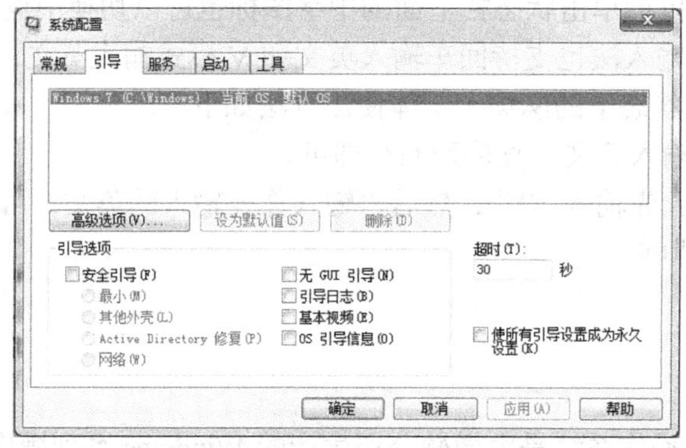

图 2.37 “系统配置”对话框“引导”选项

在“引导高级选项”对话框内勾选“处理器数”和“最大内存”，看到计算机可选项中有多大就可以选多大，如图 2.38 所示，这里所用计算机最大支持将处理器调整到 4，可能其他计算机会更高（处理器数目通常是 2、4、8）。

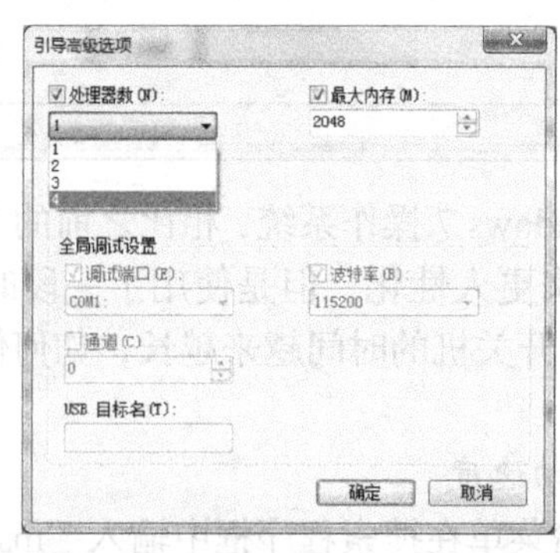

图 2.38 “引导高级选项”对话框

同时调大内存，确定后重启电脑生效，此时再看看系统启动时间是不是加快了。如果想要确切知道节省的时间，可以先记录下之前开机时所用时间做详细比较。

2. 加快 Windows 7 系统关机速度

虽然 Windows 7 的关机速度已经比之前的 Windows XP 和 Windows Vista 系统快了不少，但稍微修改一下注册表会发现关机更迅速。

在 Windows 7 系统的开始菜单处的搜索框中输入“regedit”打开“注册表编辑器”窗口，如图 2.39 所示，接下来就去找到 HKEY_LOCAL_MACHINE/SYSTEM/CurrentControlSet/Control 一项并打开，可以发现其中有一项“WaitToKillServiceTimeOut”，鼠标右键单击修改可以看到 Windows 7 默认数值是 12000（代表 12 秒），这里可以把这个数值适当修改低一些，比如 5000 或是 7000。

图 2.39　“注册表编辑器”窗口

设置完成后单击“确定”按钮重启电脑，再次关机就能惊喜地发现所用时间又缩短了。

3. 优化系统启动项

在开始菜单的搜索栏中键入“msconfig”打开“系统配置”对话框，如图 2.40 所示，找到“启动”选项，可以选择一些没有用的启动项目，将其禁用。

图 2.40　“系统配置”对话框“启动”选项

要提醒一点，禁用的应用程序最好都是自己所认识的，像杀毒软件或是系统自身的服务就不要乱动。

【思考与练习】

1．Windows 7 是一种（　　）的操作系统。

A．图形界面、单任务　　B．字符界面、单任务
C．图形界面、多任务　　D．字符界面、多任务

2．Windows 7 中的桌面，指的是（　　）。

A．屏幕　　B．电脑台面　　C．每一个窗口　　D．我的电脑

3．任务栏上的内容为（　　）。

A．当前窗口的图标　　B．已启动并正在执行的程序名
C．所有已打开窗口的图标　　D．已经打开的文件名

4．在 Windows 7 中，如果想同时改变窗口的高度和宽度，可以通过拖放（　　）实现。

A．窗口角　　B．窗口边框　　C．滚动条　　D．菜单栏

5．Windows 7 中可以设置、控制计算机硬件配置和修改显示属性的应用程序是（　　）。

A．Word　　B．Excel　　C．．资源管理器　　D．控制面板

6．命令菜单中，灰色的命令表示（　　）。

A．选中该命令将弹出对话框　　B．该命令正在起作用
C．该命令已经使用过　　D．该命令当前不能使用

7．应用程序窗口被最小化后，该程序（　　）。

A．在后台运行
B．被关闭
C．暂停运行
D．仅在任务栏上显示程序名，以便重新启动

8．用鼠标右击一个对象时，（　　）。

A．弹出该对象所对应的快捷菜单　　B．打开该对象
C．关闭该对象　　D．无反应

9．在 Windows 7 控制面板中，用来安装和删除应用程序的程序项是（　　）。

A．辅助选项　　B．添加/删除程序　　C．系统　　D．添加新硬件

10．要把整个屏幕内容作为一幅图像复制到剪贴板，一般可按（　　）键。

A．Shift+Print Screen　　B．Print Screen
C．Ctrl+Print Screen　　D．Alt+Print Screen

11．在 Windows 中，某个窗口的标题栏的右端的三个图标可以用来（　　）。

A．使窗口最小化、最大化和改变显示方式
B．改变窗口的颜色、大小和背景
C．改变窗口的大小、形状和颜色
D．使窗口最小化、最大化和关闭

12．将文件拖动到回收站时，要从计算机中删除文件，而不保存到回收站中，则在拖动文件的同时需按住（　　）键。

A．Alt　　B．Shift　　C．Ctrl　　D．Esc

13．将已选择的内容复制到剪贴板的快捷按键是（　　）。

A．Ctrl+A　　B．Ctrl+X　　C．Ctrl+C　　D．Ctrl+V

14．文件类型是根据（　　）来识别的。

A．文件的存放位置　　B．文件的大小

C．文件的用途　　D．文件的扩展名

15. 要选择非连续的若干个文件或文件夹，按住（　　）键，再用鼠标单击要选择的文件或文件夹。

A．Alt　　B．Shift　　C．Ctrl　　D．Enter

16．要选择连续的若干个文件或文件夹，单击第一个文件或文件夹，按住（　　）键，再单击最后一个文件或文件夹。

A．Alt　　B．Shift　　C．Ctrl　　D．Enter

17. 转换中英文标点符号的快捷按键是（　　）。

A．Shift+Space　　B．Ctrl+Space　　C．Ctrl+Shift　　D．Ctrl+.

18. 转换中英文输入法的快捷键是（　　）。

A．Ctrl+Space　　B．Alt+Space　　C．Shift+Space　　D．Alt+Esc

项目 3 文字处理软件 Word 2010 的应用

项目背景

新学期开始，李老师作为一名班主任，有很多与班级管理的相关资料要录入计算机，以便日后查找和处理，这个任务可以使用文字处理软件 Word 2010 来完成。作为新版 Microsoft Office 2010 办公软件中重要的组件，Word 2010 除了具有非常强大的文字处理和排版功能、快捷的操作方式、良好的用户图形界面外，还提供了更节省时间和简化的工作工具，更上乘的文档格式化工具，利用它可以更轻松、更高效地组织和编写文档。另外，新增和改进的图片编辑工具可以微调文档的各个图片，使其效果更佳。

能力目标

- 掌握 Word 2010 的启动和退出方法，熟悉 Word 2010 工作窗口的组成部分。
- 熟练掌握 Word 2010 文档的建立、编辑、保存及打印操作。
- 熟练掌握 Word 2010 文档的基本编辑功能，掌握复制、剪切、粘贴、插入、删除、查找、替换等编辑功能的概念和操作方法。
- 理解 Word 2010 文字排版中的常见概念：插入点、段落、节、分栏、字体、字形、字号、对齐、缩进、项目符号和编号、图文混排、页边距、页眉与页脚、页码等。
- 掌握 Word 2010 中创建、修改、设置表格的基本方法，能制作复杂表格。
- 掌握 Word 2010 的版面设计技巧及图、文、框的混排方法。
- 掌握 Word 2010 中文档审阅、邮件合并等操作方法。

任务 1 Word 2010 窗口组成及基本操作

【任务描述】

新学期开始，李老师担任了新生 1301 班的班主任，为了更好地了解新同学，决定召开一次班会，并要求每位同学准备一份个人自我介绍。为了方便通知到每位同学，李老师用 Word 2010 创建一份关于班会通知的文档，并以“班会通知”的名字命名，保存在“我的文档”中。通过完成本任务，能熟悉 Word 2010 的窗口组成元素，掌握 Word 2010 的启动和退出，对建

立的文档能够进行保存、关闭和打开等基本操作。

【任务实现】

1. *Word 2010 的启动*

启动 Word 2010 一般有以下 5 种方法。

方法一：单击“开始”菜单→“所有程序”→“Microsoft Office” →“Word 2010”程序图标。

方法二：双击桌面的“Word 2010”快捷图标。

方法三：单击“开始”菜单→“运行”命令，在打开的“运行”对话框中输入“Word”。

方法四：搜索或沿路径找到 Word 2010 的主程序可执行文件 Word.exe，双击该文件。

方法五：直接双击 Word 2010 文档（扩展名为. docx）的图标。

2. *Word 2010 的工作界面介绍*

Word 2010 工作窗口的设计有了很大的变化，它用简单明了的功能区代替了大家熟悉的 2003 版本中的菜单栏和工具栏，更加人性化，更加方便操作者使用。除了功能区外，还包括 Word 按钮、快速工具栏、文档编辑区和状态栏等基本部分。

Word 2010 启动后，便进入了 Word 2010 的工作窗口界面，如图 3.1 所示。

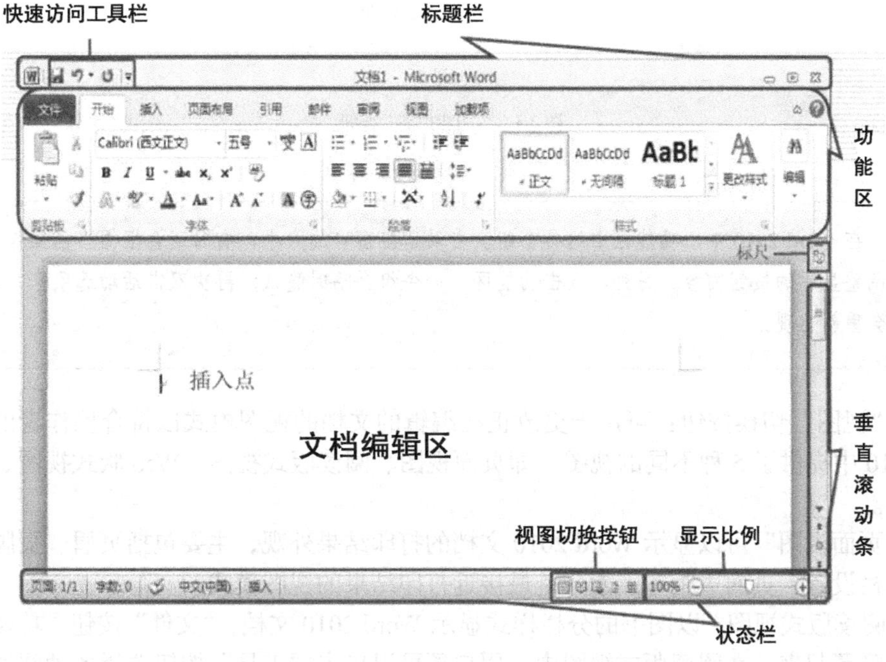

图 3.1　Word 2010 工作界面

（1）快速访问工具栏：常用命令位于此处，例如“保存”和“撤消”，也可以添加个人常用命令。

（2）功能区：位于标题栏的下方，默认情况下包含 “文件”、“开始”、“插入”、“页面布局”、“引用”、“邮件”、“审阅” 和 “视图” 8 个选项卡，单击某个选项卡可将它展开。

此外，当在文档中选中图片、艺术字或文本框等对象时，功能区中会显示与所选对象设置相关的选项卡。例如在文档中选中图片后，功能区中会显示“图片工具/格式”选项卡。

每个选项卡由多个命令组组成，例如“开始”选项卡由“剪贴板”、“字体”、“段落”、“样式”和“编辑”5 个命令组组成，如图 3.2 所示。

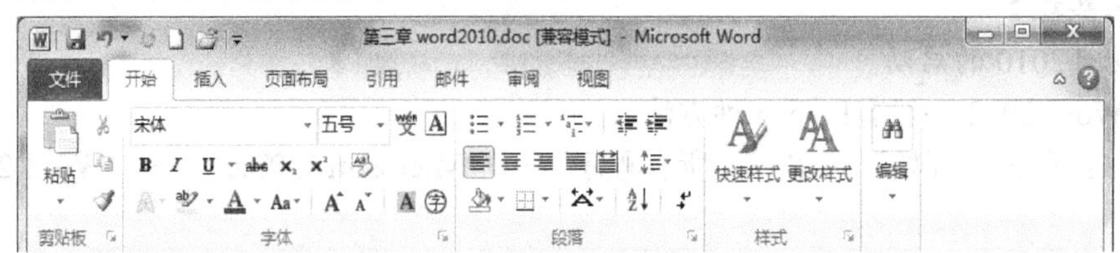

图 3.2 “开始”选项卡的命令组

有些组的右下角有一个小图标，称为“功能扩展”按钮，也称为“对话框启动器”按钮，将鼠标指针指向该按钮时，可预览对应的对话框或窗格，单击该按钮，可弹出对应的对话框或窗格，如图 3.3 所示。

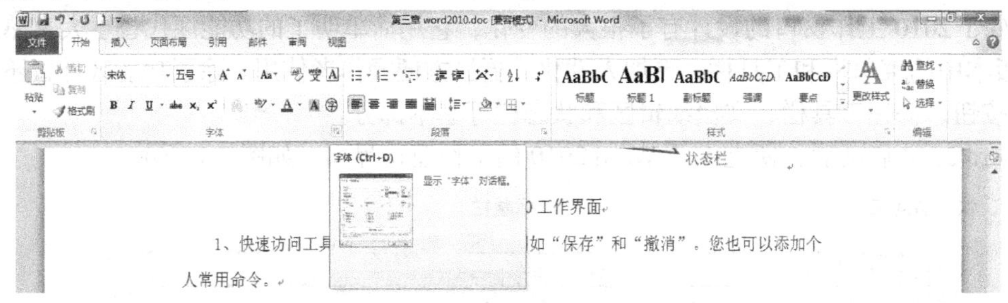

图 3.3 “功能扩展”按钮

在 Word 2010 中，功能区中的各个组会自动适应窗口的大小，有时还会根据当前操作对象自动调整显示的按钮内容。另外，双击功能区，命令组会临时隐藏；再次双击活动选项卡，命令组就会重新出现。

知识链接

（3）“视图”切换按钮：可用于更改正在编辑的文档的视图模式以符合操作者的要求。Word 2010 中提供了 5 种不同的视图，即页面视图、阅读版式视图、Web 版式视图、大纲视图和草稿。

①“页面视图”可以显示 Word 2010 文档的打印结果外观，主要包括页眉、页脚、图形对象、分栏设置、页面边距等元素，是最接近打印结果的视图模式。

②“阅读版式视图”以图书的分栏样式显示 Word 2010 文档，“文件”按钮、功能区等窗口元素被隐藏起来。在阅读版式视图中，用户还可以单击“工具”按钮选择各种阅读工具。

③“Web 版式视图”以网页的形式显示 Word 2010 文档，Web 版式视图适用于发送电子邮件和创建网页。

④“大纲视图”主要用于 Word 2010 文档的设置和显示标题的层级结构，并可以方便地折叠和展开各种层级的文档，大纲视图广泛用于 Word 2010 长文档的快速浏览和设置。

⑤“草稿视图”取消了页面边距、分栏、页眉、页脚和图片等元素，仅显示标题和正文，是最节省计算机系统硬件资源的视图模式。

3. 新建文档

每次启动 Word 2010 软件，系统都会自动创建一个新的空白文档，也可以单击“文件”选项卡中的“新建”命令，在右侧单击“空白文档”按钮，如图 3.4 所示。

图 3.4　新建空白文档

另外，在 Word 2010 中还内置有多种用途的模板，例如书信模板、公文模板等，用户可以根据实际需要选择特定的模板新建 Word 文档，其操作步骤如下。

- 打开 Word 2010 文档窗口，依次单击“文件”→“新建”按钮。
- 打开“新建文档”对话框，在右窗格“可用模板”列表中选择合适的模板，并单击“创建”按钮。同时用户也可以在“Office.com 模板”区域选择合适的模板，并单击“下载”按钮。

4. 输入文字

启动 Word 2010 后，自动建立名为“文档 1”的空白文档，并打开工作窗口，如图 3.5 所示。

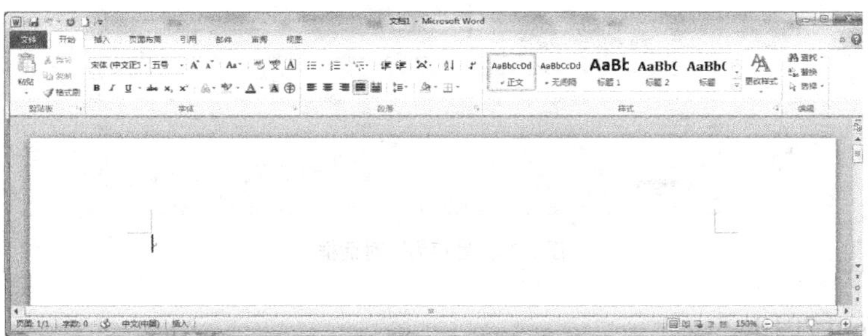

图 3.5　Word 2010 的工作窗口

在工作窗口中间的空白区域是“文档编辑区”，在这里可以输入文本，编辑区中的“I”状闪烁光标就是文本输入的起始位置。在此输入“班会通知”的内容，输入完毕光标移到文件结尾。结果如图 3.6 所示。

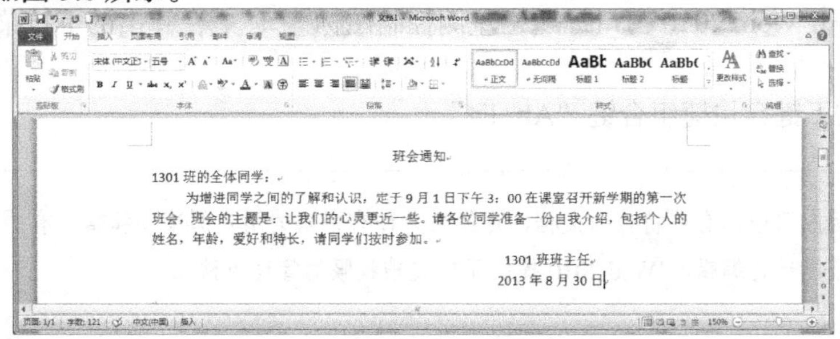

图 3.6　“文档编辑区”中输入文字

5. 保存文档

文字输入完成后，要进行保存，需要把此文档保存为“班会通知.docx”，具体操作方法如下。

- 单击“快速访问工具栏”中的“保存”按钮或单击“文件”选项卡上选择“保存”命令或按快捷键“Ctrl+S”。
- 第 1 次保存时，会弹出一个“另存为”对话框，如图 3.7 所示。
- 在“保存位置”中选择文档所放的位置。
- 在“文件名”框中输入要保存的文件名，如“班会通知”。
- 单击“保存”按钮，系统默认保存为“Word 文档”类型，扩展名为“.docx”。

注意

（1）如果文档已经进行过保存操作，则系统直接对文档进行保存，不会弹出“另存为”对话框。

（2）如果要将当前文档保存为其他名字或保存在其他位置，可使用“文件”选项卡的“另存为”命令进行操作。

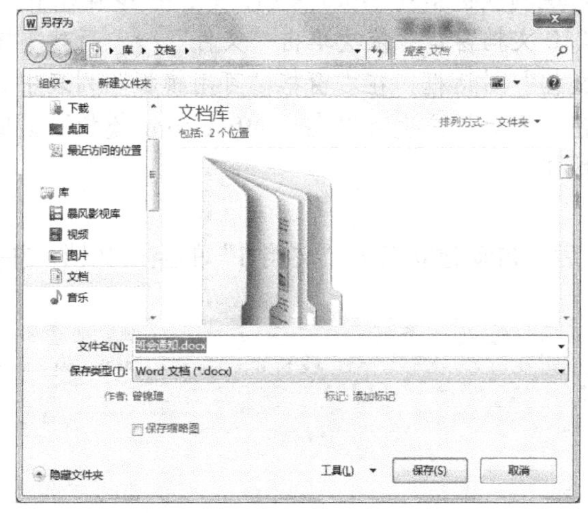

图 3.7 “另存为”对话框

6. 退出 Word 2010#

完成保存后，可以选择下列操作方法之一退出 Word 2010。

方法一：单击 Word 2010“文件”菜单中的“退出”命令；

方法二：单击 Word 2010 窗口标题栏右侧关闭按钮“”；

方法三：双击控制图标“”；

方法四：单击 Word 2010 窗口标题栏左侧控制图标“”，在弹出的下拉菜单中单击“关闭”命令；

方法五：按下键盘快捷组合键“Alt+F4”。

在实际应用中，有些特殊的文档，可能只允许有密码的用户阅读和编辑，有些文档可能只允许阅读而不能进行编辑，Word 2010 提供了对文档权限的管理方法。

知识拓展

（1）为文档添加打开密码。

① 对文档添加密码，比如要对前面建立的“班会通知”文档加上密码，首先打开“班会通知”文档。

② 单击“文件”→“信息”→“权限”→“用密码进行加密”，如图 3.8 所示。

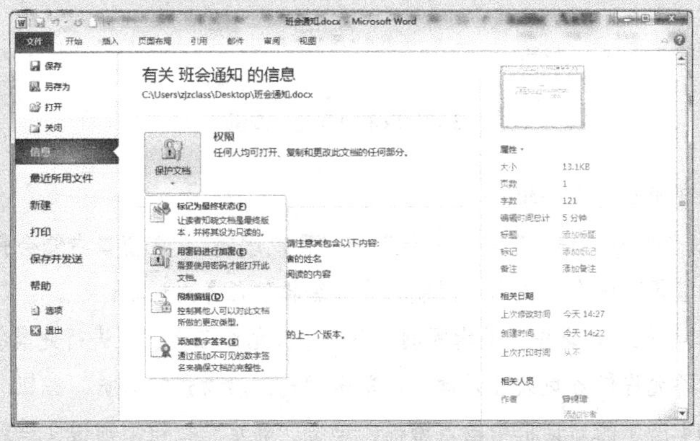

图 3.8　设置文档权限用密码加密

③ 在弹出的“加密文档”对话框中输入密码，如图 3.9 所示。

④ 在下次启动“班会通知”文档时就会出现如图 3.10 所示的现象，只有输入密码后才能正常打开。

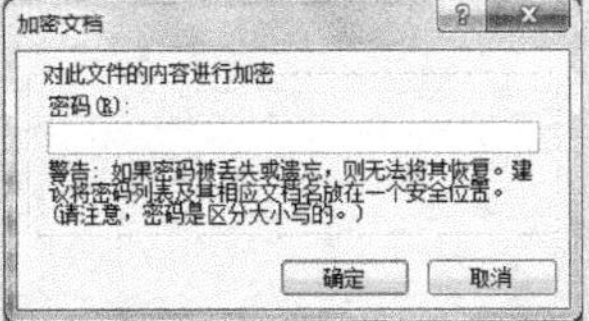

图 3.9　对文档添加密码

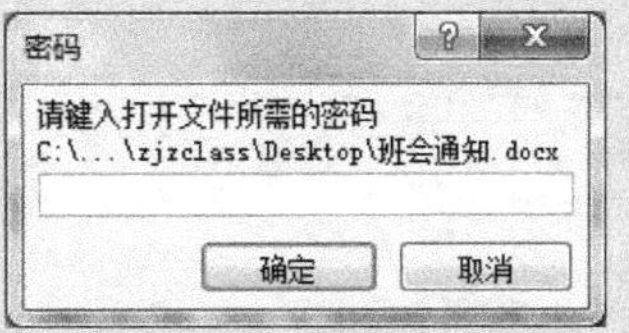

图 3.10　打开时要输入密码

（2）限制对文档的编辑。

方法一：简单限制文档编辑。

① 如果文档输入、编辑完成，不允许用户再对文档进行编辑，则打开文档，单击“文件”→“信息”→“权限”→“标记为最终状态”，则文档被标记为最终状态，并被设为只读，无法对文档进行编辑。如图 3.11 所示。

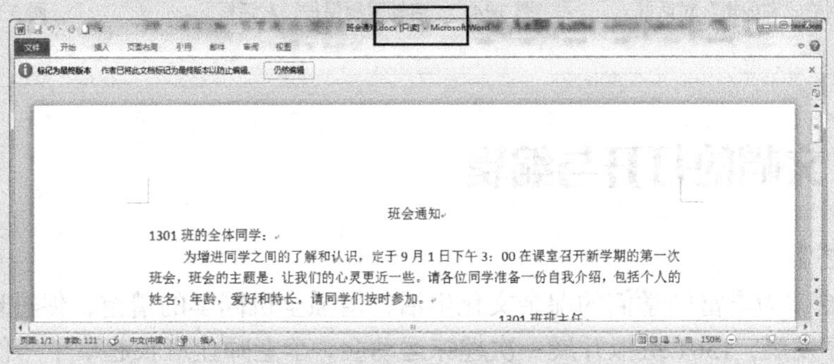

图 3.11　文档标记为最终状态

② 需要取消最终状态，则打开该文档，再次单击“文件”→“信息”→“权限”→“标记为最终状态”，则当前文档最终状态被取消，只读标记也会被取消，可以继续进行编辑；或者直接单击提示栏的“仍然编辑”按钮，只读标记也会被取消，可以继续进行编辑。如图 3.12 所示。

图 3.12 取消只读标记按钮

方法二：密码限制文档编辑。

① 单击“文件”→“信息”→“权限”→“限制编辑”，在窗口右侧会弹出任务对话框，选择“限制格式和编辑”命令，弹出“限制格式和编辑”任务对话框。

② 在任务对话框中，选中“编辑限制”下的“仅允许在文档中进行此类编辑”复选框，在下拉列表中选择“不允许任务更改（只读）”，单击“是，启动强制保护”按钮。如图 3.13 所示。

③ 在图 3.14 所示的对话框中输入密码，单击“确定”按钮，则该文档就不能被编辑，试图编辑时在状态栏显示“不允许修改，因为所选内容已被锁定”。

④ 停止保护时，在如图 3.15 所示的对话框中单击“停止保护”，在弹出的对话框中输入先前所设密码，则文档可以进行编辑。

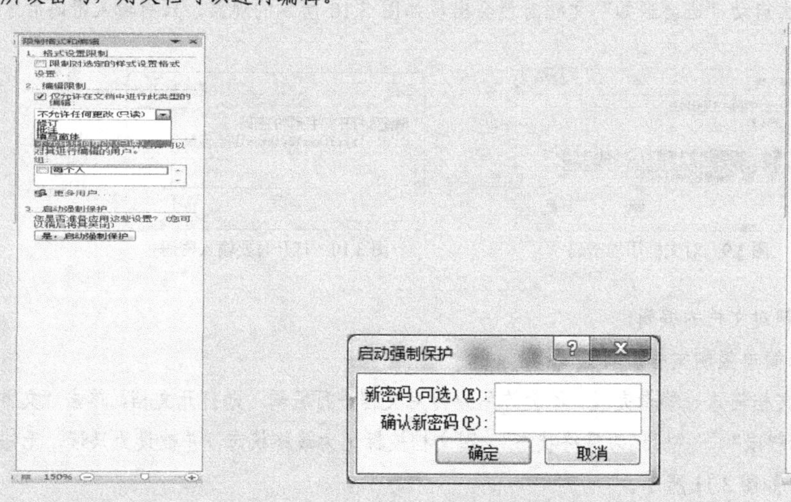

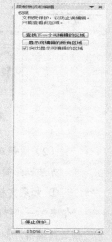

图 3.13 “限制格式和编辑”对话框　　图 3.14 “启动强制保护”对话框　　图 3.15 停止保护

知识拓展

任务 2 文档的打开与编辑

【任务描述】

新学期开始，为丰富同学们的课余文化生活，增强全班同学的情谊，促进班级和谐、稳定、健康、有序发展，1301 班拟开展一次趣味运动会，李老师让班长起草了一份“1301 班趣味运动会活动方案”。“方案”起草后，李老师检查却发现文档编写有一些不明确的地方，还要需要进一步编辑。通过这次任务的完成，可对文档内容的基本编排方法进行认知和实践，

具体包括选定文本，并对所选定的文本进行插入、删除、复制、移动、查找与替换等操作。编辑后的文档如图 3.16 所示。

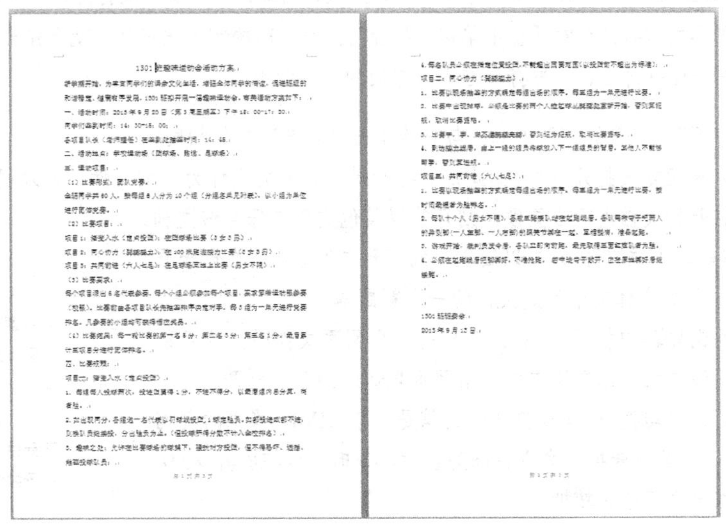

图 3.16　“1301 班趣味运动会活动方案”文档

【任务实现】

1．打开文档

当要查看、修改、编辑或打印已存在的 Word 文档时，首先应该打开它。在 Word 2010 中可以打开不同位置的文档，且文档的类型可以是 Word 文档，也可以是非 Word 文档（如.WPS 文件，纯文本文件等）。李老师打开“趣味运动会活动方案”文档的具体操作如下。

（1）新建一个 Word 2010 文档，单击“文件”功能区，选择“打开”命令，打开“打开”对话框，如图 3.17 所示。

图 3.17　“打开”对话框

（2）单击该对话框左侧的“库”或“计算机”下面的各个图标，查找“趣味运动会活动方案”所在的驱动器和文件夹，目标文件夹会在地址栏显示。

（3）在文件列表中选择“趣味运动会活动方案”文档。

（4）选中文档后，单击“打开”按钮即可在 Word 2010 中打开这个文档。当然也可以直接双击文档快速打开。

在 Word 2010 中，可以有多种打开文件的方式，例如，以只读方式打开，以副本方式打开等。在图 3.17 所示的“打开”对话框中单击“打开”按钮右侧的倒三角按钮，就会弹出如图 3.18 所示的下拉菜单，其中列出了 7 种打开方式。它们的作用如下。

- “打开”：一般的打开方式，与直接单击“打开”按钮相同。
- “以只读方式打开”：选择此方式打开时，打开的文件为只读文件。如果用户对以只读方式打开的文档进行了更改，则只能以其他文件名保存该文档。
- “以副本方式打开”：当以副本方式打开文件时，将在包含原始文件的文件夹中创建文件的一个新副本。
- “在浏览器中打开”：在此文档是一个网页文件时，才可以使用该方式。选择该方式将用网页默认的浏览器打开。
- “打开时转换”：当要打开的文档是一个 XML 格式的文档时，“打开时转换”命令将高亮显示，此时可以在打开 XML 文档时进行格式转换。
- “在受保护的视图中打开”：文档在“受保护的视图”中为只读模式，在该模式下，多数编辑功能已被禁用。
- “打开并修复”：如果当前要打开的文档有损坏，可以选择该方式进行修复。

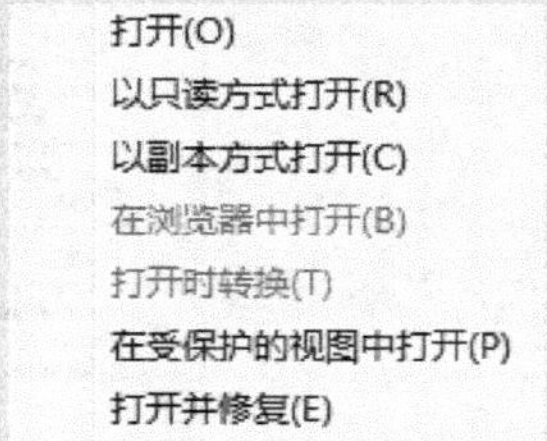

打开(O)
以只读方式打开(R)
以副本方式打开(C)
在浏览器中打开(B)
打开时转换(T)
在受保护的视图中打开(P)
打开并修复(E)

图 3.18 多种打开方式

知识链接

2. 选择文本

在进行编辑操作之前，必须首先选择编辑对象，然后再对选定的内容进行编辑操作。

选择文本的最基本方法是使用鼠标拖拽选取。具体方法为：首先把光标置于要选定文本的最前面(或最后面),然后按住鼠标左键不放，向右下方(或左上方)拖动鼠标到要选择文本的结束处(或开始处)，最后松开鼠标左键。

下面介绍几种常用的选择文本的方法。

（1）选择一行文本：将光标移至文本左侧，当光标变为小箭头形状时单击。

（2）选择连续多行文本：将光标移至文本左侧，当光标变为小箭头形状时，向上或向下拖动鼠标；或先选择首行文本，然后按住“Shift”键单击最后一行的任意位置。

（3）选择不连续的文本：先选择一部分文本，然后按住“Ctrl”键，再选择另外的文本区域即可。

（4）选择一个段落：在该段落左侧空白位置处双击，或是在该段落中任意位置处三击。

（5)选择整篇文档：将光标移至文档左侧，当光标变为小箭头形状时三击；另外，按 Ctrl+A 组合键也可选择整篇文档内容。

（6）选择矩形文本区域：将光标置于文本的一角，按住“Alt”键，拖动鼠标到文本块的对角，即可选定矩形文本。

3. 编辑文本

（1）文本的插入与改写。插入是指字符在光标处写入，光标后的所有字符依次后移；改写是指字符从光标处开始在已有的字符上覆盖。插入和改写是在同一个键上，其转换方法如下。

① 方法一：用鼠标右键单击文档窗口状态栏，在菜单中选择“改写”选项，保证其前面有

对勾，在状态栏单击“插入”或“改写”按钮切换编辑模式。

② 方法二：按键盘上的“Insert”键，即会在插入和改写状态之间转换。

③ 方法三：单击“文件”→“选项”按钮→“高级”选项卡。选中“使用改写模式”选项，编辑模式将设置为“改写”模式；若取消“使用改写模式”选项则编辑模式将设置为“插入”模式。

（2）文本的移动、复制与删除。移动文本是将现有的文本移到所需要的位置，这样就不需要再进行文本输入了。

复制文本是在不删除原文本的情况下再生成文本，除了文本内容本身以外，文本的格式也可以复制。

无论是移动文本还是复制文本都可通过拖动的方式来完成，其具体步骤如下。

① 打开 Word 2010 文档窗口，选中需要移动或复制的文本内容。

② 将鼠标指针指向被选中的文本区域，按住左键拖动文本到目标位置。如果是要复制被选中的文本，则需要在按住“Ctrl”键的同时拖动文本。

③ 将被选中的文本移动或复制到目标位置后松开鼠标左键即可（如果在拖动文本的同时按住“Ctrl”键，则需要同时释放“Ctrl”键）。

文本的删除是指将选定的文本内容进行删除。删除文本的方法有以下 3 种。

① 选中要删除的文本，用“Backspace(←)”键或“Del”键删除。

② 用“Backspace(←)”键可将当前插入点左侧的字符删除。

③ 用“Del”键可将当前插入点右侧的字符删除。

（3）撤销与恢复。在编辑 Word 2010 文档的时候，如果所做的操作不合适，想返回到当前结果前面的状态，则可以通过“撤销键入”或“恢复键入”功能实现。“撤销”功能可以保留最近执行的操作记录，用户可以按照从后到前的顺序撤销若干步骤，但不能有选择地撤销不连续的操作。用户可以按下“Ctrl+Z”组合键执行撤销操作，也可以单击“快速访问工具栏”中的“撤销键入”按钮，如图 3.19 所示。

图 3.19　“撤销键入”按钮

执行“撤销”操作后，还可以将 Word 2010 文档恢复到最新编辑的状态。当用户执行一次“撤销”操作后，用户可以按下“Ctrl+Y”组合键执行恢复操作，也可以单击“快速访问工具栏”中已经变成可用状态的“恢复键入”按钮，如图 3.20 所示。

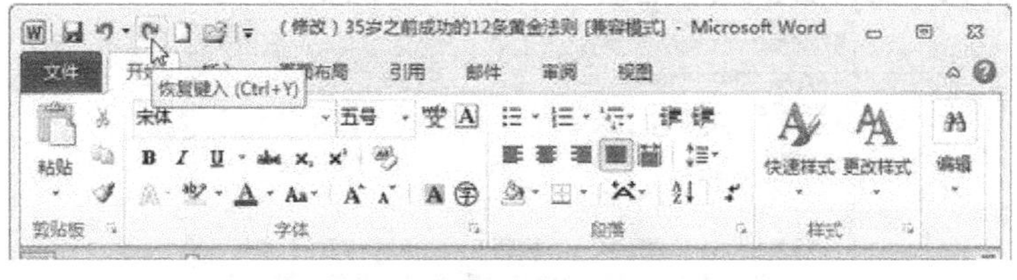

图 3.20　“恢复键入”按钮

（4）查找与替换。使用“查找与替换”功能，可以很方便地找到文档中的文本、符号或格式，也可以对多个相同的文本、符号或格式进行统一的替换。

查找文本的操作方法如下。

第一种方法：单击“开始”选项卡→“编辑”命令组→“查找”命令按钮，在窗口左侧的导航栏中输入查找的内容，单击“搜索”命令即可。如查找“项目”一词，结果如图 3.21 所示。

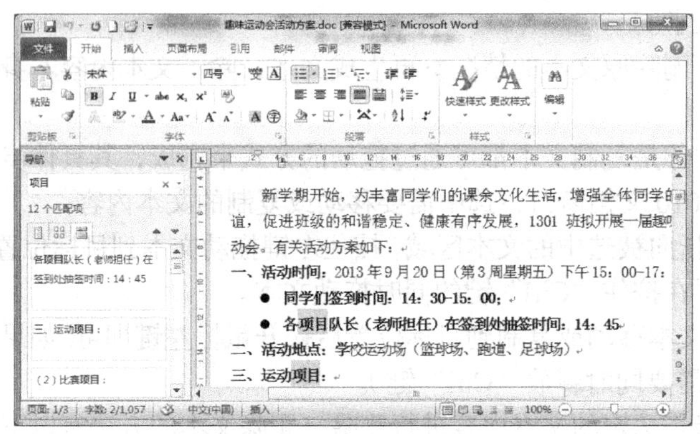

图 3.21 导航栏“查找”对话框

第二种方法：单击“开始”选项卡→“编辑”组→“替换”命令按钮，打开“查找与替换”对话框中的“查找”选项卡。在“查找内容”输入框中，输入要查找的内容，如“项目”，单击“查找下一处”按钮开始查找，当找到所需内容时，将以突出显示的颜色显示。如图 3.22 所示。多次单击“查找下一处”按钮，Word 会逐一查找文档中的其他相同的内容。

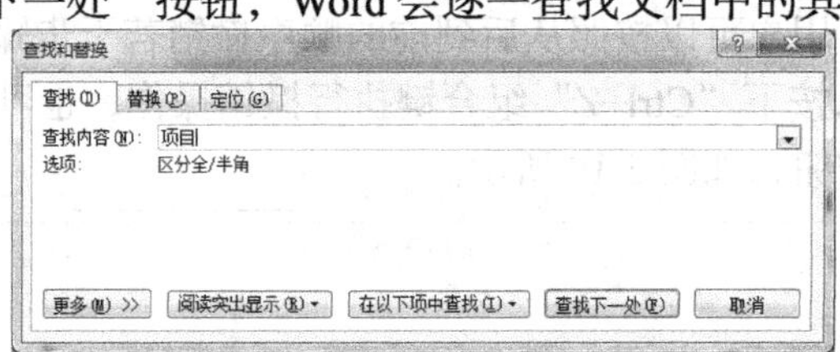

图 3.22 “查找与替换”对话框“查找”选项卡

替换文本的操作步骤如下。

① 在“查找与替换”对话框中，打开“替换”选项卡。

② 在 “查找内容”输入框中，输入要查找的内容，如“计算机”，在“替换为”中输入要“替换”的文本，比如“电脑”。单击“查找下一处”按钮开始查找，找到所需内容后以反白显示，单击“替换”可把“计算机”替换成“电脑”。如果单击“全部替换”按钮，则会自动将文档中“计算机”全部替换成“电脑”，如图 3.23 所示。

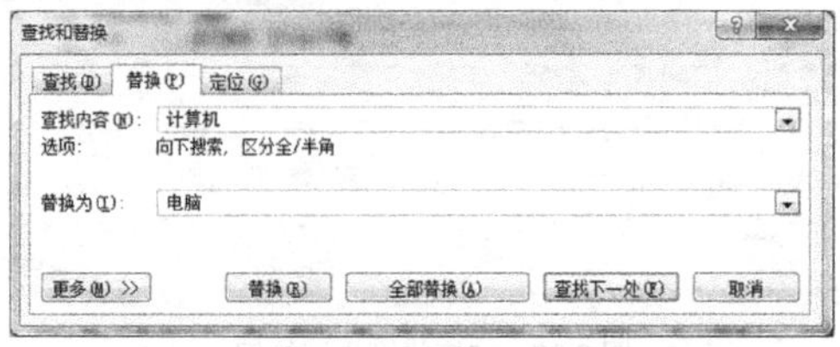

图 3.23 “查找与替换”对话框“替换”选项卡

1. 插入文本

编辑文档过程中经常会插入文本，最常用的方法是直接在插入点位置输入要插入的文本，即在文档中用鼠标单击定位插入点位置，然后输入文本内容即可。这种方法通常是在插入的内容是几个字或较短的句子时使用，如果需要插入一个完整的文件时可采用如下步骤。

（1）单击定位插入点位置。

（2）单击“插入”选项卡→“文本”组→单击“对象”按钮后面的倒三角→选择“文件中的文字”→找到要插入的 word 文档→插入，如图 3.24 所示。

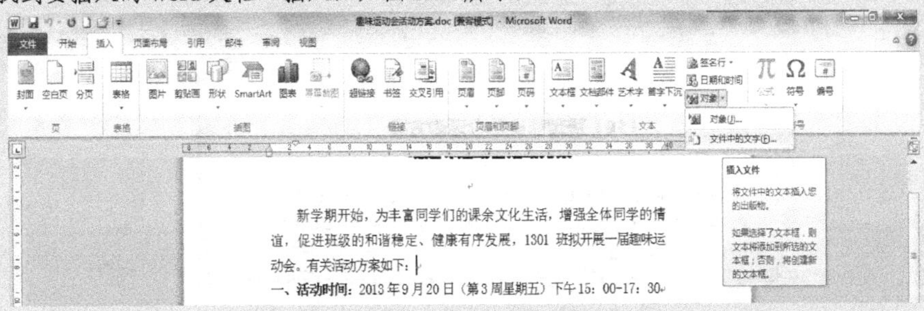

图 3.24　插入另一个 Word 文档

2. 插入符号

在 Word 2010 文档中，用户可以通过“符号”对话框插入任意字体的任意字符和特殊符号，具体操作步骤如下。

（1）打开文档窗口，切换到“插入”选项卡，单击“符号”命令组的“符号”按钮 Ω 符号，如图 3.25 所示。

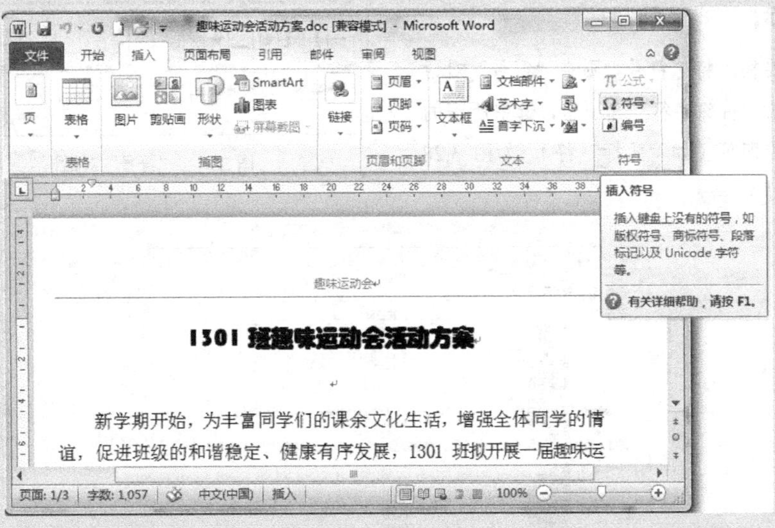

图 3.25　“符号”按钮

知识拓展

（2）在打开的符号面板中可以看到一些最常用的符号，单击所需要的符号即可将其插入到文档中。如果符号面板中没有所需要的符号，可以单击“其他符合”按钮打开“符号”对话框。如图 3.26 所示。

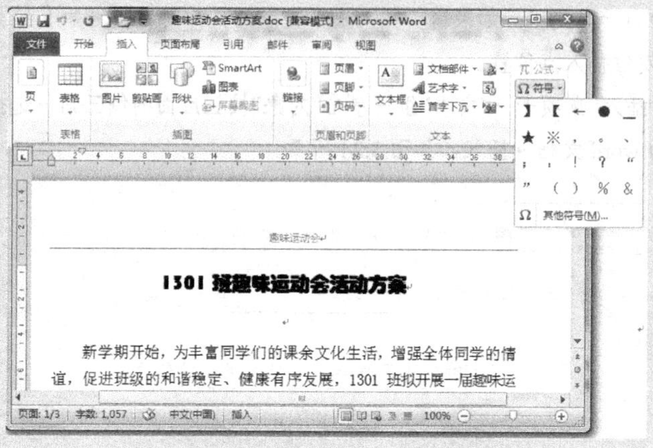

图 3.26　“其他符合”按钮

（3）打开“符号”对话框，在“符号”选项卡中单击“子集”右侧的倒三角按钮，在打开的下拉列表中选中合适的子集（如“箭头”）。然后在符号表格中单击选中需要的符号，并单击“插入”按钮即可。如图 3.27 所示。

若要插入特殊符号，则在“符号”对话框中单击“特殊字符”选项卡，选中所需的符号双击即可（如“商标”符）。如图 3.28 所示。

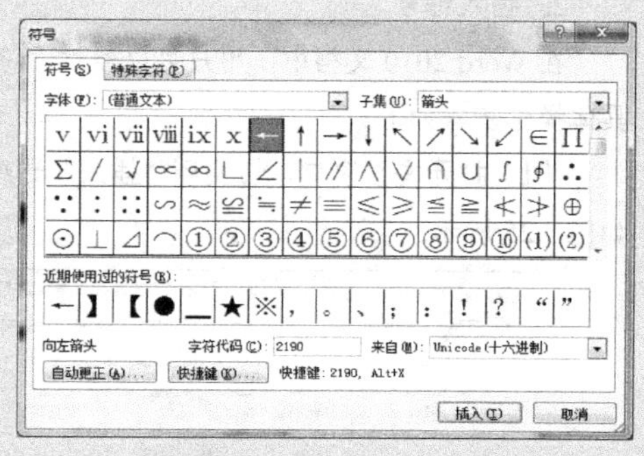

图 3.27　“符号”对话框

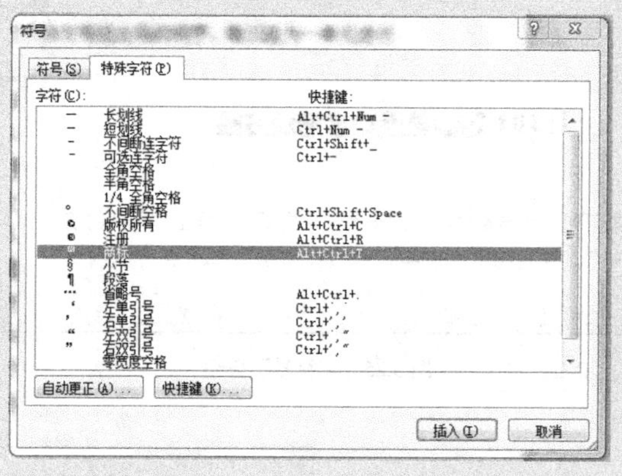

图 3.28　“特殊符号”选项卡

3. 插入日期与时间

在使用 Word 2010 编辑文档的时候，有时需要在文档中插入日期和时间，其具体操作步骤如下。

（1）单击"插入"选项卡，在"文本"区单击"日期和时间"按钮。如图 3.29 所示。

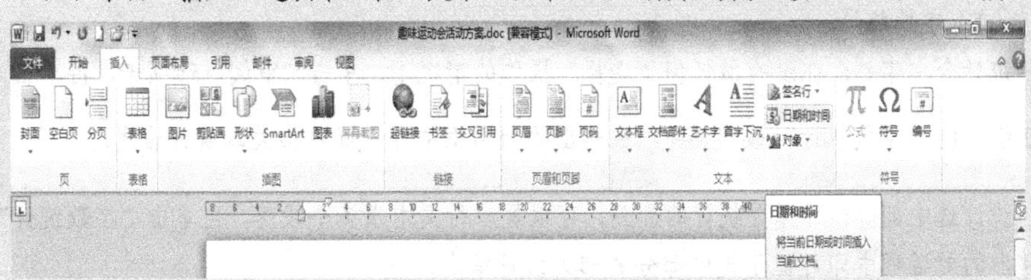

图 3.29　"日期和时间"按钮

（2）在"日期和时间"对话框的"可用格式"列表中选择合适的日期或时间格式；选中"自动更新"选项，实现每次打开 Word 文档自动更新日期和时间，单击"确定"按钮即可。如图 3.30 所示。

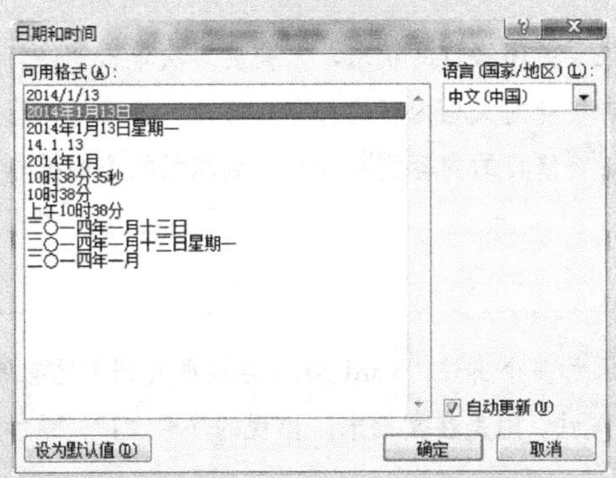

图 3.30　"日期和时间"对话框

4. 插入脚注、尾注和题注

脚注和尾注共同的作用是对文字的补充说明，在 Word 2010 文档中可以很轻松地添加这些脚注、尾注。其具体操作步骤如下。

（1）将光标定位到需要插入脚注或尾注的位置，选择"引用"选项卡，在"脚注"选项组中根据需要单击"插入脚注"或"插入尾注"按钮，如图 3.31（a）所示。这里单击"插入脚注"按钮。

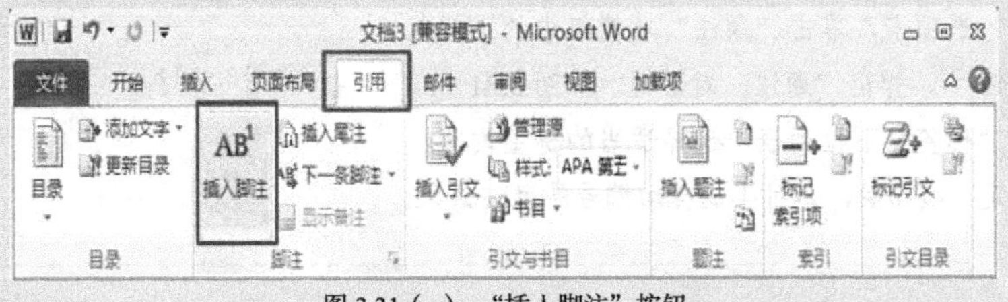

图 3.31（a）　"插入脚注"按钮

（2）若单击“插入脚注”按钮，则会在刚刚选定的位置上出现一个上标的序号“1”，在页面底端也会出现一个序号“1”，且光标在序号“1”后闪烁。

（3）在页面底端的序号“1”后输入具体的脚注信息，这样脚注就添加完成了。

5.“审阅”选项卡中的常用工具

（1）字数统计。

统计全文字数：在没有做任何“选择”操作的情况下，单击“审阅”选项卡，再单击“校对”功能组中的“字数统计”按钮 ABC 123 字数统计，在弹出的对话框中即可显示相关的统计信息。

统计选中部分：选择要统计的部分，可以是多行文本或多个段落，再单击“字数统计”按钮，在弹出的对话框中即可显示选中部分的相关统计信息。

（2）修订功能。

修订主要包含对文档内容的插入与修改。在修订状态下，插入或删除文本的操作并不直接修改原文，而是经特殊标记形式显示。

打开与关闭修订：选择“审阅”选项卡，单击“修订”功能组中的“修订”按钮，即可开始进行修订操作。如果要关闭修订的状态，只需要再次单击“修订”按钮即可。

接受修订：指审阅者接受对文档内容的补充或修改，将修订内容转换为文档正文的操作。

拒绝修订：指审阅者将修订的内容删除并返回到原始状态的操作。

知识拓展

（1）如果在文档中添加多个脚注，Word 2010会根据文档中已有的脚注数自动为新脚注排序。

（2）如果添加的是尾注，则是在文档末尾出现的序号“1”，添加尾注详细信息的方法与此步骤一样。

题注是对象下方显示的一行文字，用于描述该对象，如图片、表格等的名称和编号，可以更好地对图片、表格等进行说明。使用题注功能可保证在长文档中图片、表格等项目能够按顺序自动编号，方便用户查找和阅读。当带题注的项目发生变化的时候，Word 2010会自动更新题注编号。

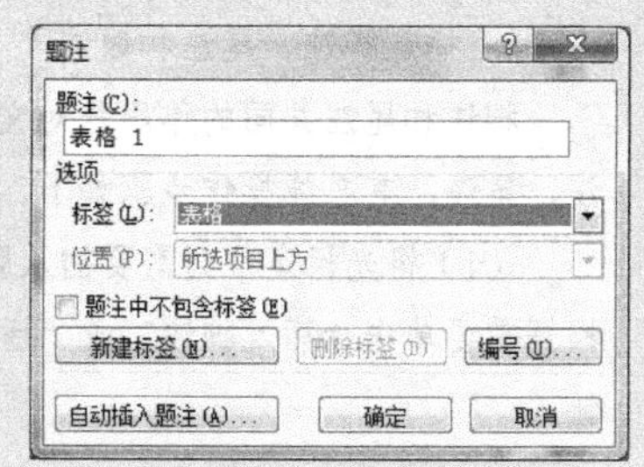

图 3.31（b） “题注”对话框

添加题注的步骤是：选择要添加题注的对象，选择“引用”选项卡，单击“题注”功能组中的“插入题注”按钮，弹出“题注”对话框，如图 3.31（b）所示。在“标签”下拉列表中选择适当的标签内容，单击“确定”按钮后，即可生成自动编号的题注效果。

知识链接

任务 3　文档的格式化

【任务描述】

为了能吸引更多的同学关注这次趣味运动会，李老师把“趣味运动会活动方案”文档进行了排版美化，以达到最好的打印效果。完成的效果如图 3.32 所示。通过对这次任务的完成，既能够掌握文本与段落格式设置的基本操作方法，又能学会对整个版面的格式设置，具体包括以下内容。

- 字符格式设置。
- 段落格式设置。
- 页面格式设置。

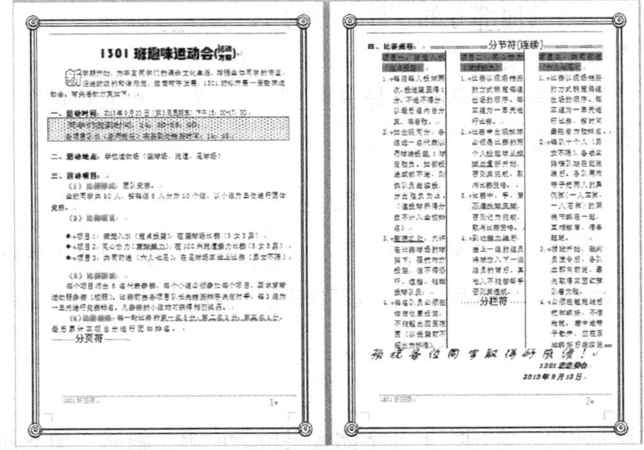

图 3.32　“趣味运动会活动方案”效果图

【任务实现】

1．字符格式设置字符的格式设置主要包括字体、字号、字形以及一些文字效果等。下面打开任务 2 中编辑好的文档“1301 班趣味运动会活动方案”进行设置。

（1）设置字体、字号。

系统默认的中文字体是宋体，系统默认的字号为五号。具体的内容如图 3.33（a）和图 3.33（b）所示。

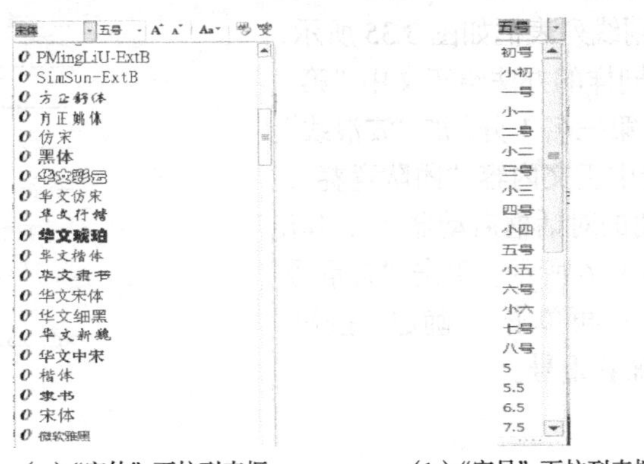

（a）“字体”下拉列表框　　（b）“字号”下拉列表框

图 3.33　设置字体、字号

① 选中标题文字“1301 班趣味运动会活动方案”；

② 单击“开始”选项卡→“字体”右侧的下拉箭头，打开下拉列表框如图 3.33（a）所示，拖动列表框右侧的滚动条，选择“华文琥珀”；

③ 单击“开始”选项卡→“字号”右侧的下拉箭头，打开下拉列表框如图 3.33（b）所示，选择“一号”。

④ 得到的效果如图 3.34 所示。

1301 班趣味运动会活动方案

图 3.34　设置字体、字号后的标题效果

用同样的方法设置文档其他部分的字体、字号。

- 方案正文中各部的标题为“黑体”，字号均为“四号”；
- 内容后面的“预祝各位同学取得好成绩!”设置为“方正舒体”、“28”；
- 其余部分设置为“宋体”、“四号”。

如果“字号”列表中没有要设置的字号，可以直接在“字号”列表框中输入所选文字需要的磅值，回车后即可改变所选字体的大小。也可以用增大及缩小字体按钮对选中的文本字号进行动态缩放。

知识链接

（2）设置字形及字体效果。常用字形及字体效果包括加粗、斜体、加下划线和加着重号等。

① 加粗：选中正文标题文字“一、活动时间”，单击“字体”功能组中的“加粗”按钮，选中的文字变为加粗状态。用同样的方法将其他的标题文字及文档最后两行加粗。

② 斜体：选中“预祝各位同学取得好成绩!”，单击“字体”功能组中的“斜体”按钮，选中的文字变为斜体状态。用同样的方法将文档最后两行加粗。

③ 加下划线：选中正文内容“趣味之处”，单击“字体”功能组中的“下划线”按钮旁边的小箭头，弹出下划线列表框如图 3.35 所示，选择“双下划线”。用同样的办法给正文中“第一名 5 分；第二名 3 分；第三名 1 分”加“波浪线”。

④ 加着重号：选中正文内容“团队竞赛”，单击“字体”组右下角的对话框启动器，弹出“字体”对话框，如图 3.36 所示。单击“着重号”下拉列表框，选择“.”，再单击 “确定”按钮，即可给所选的文字添加着重号。

图 3.35　下划线列表框

图 3.36 “字体”对话框

⑤ 文本效果：选中正文内容“三、运动项目”下面的几个小标题，单击“字体”功能组中的“文本效果”按钮 旁边的小箭头，可打开文本效果的列表如图 3.37 所示。选择第三行第二个文字效果“填充—橙色，强调文字颜色 6，渐变轮廓—强调文字颜色 6”，设置后效果如图 3.38 所示。

图 3.37 “文本效果”列表

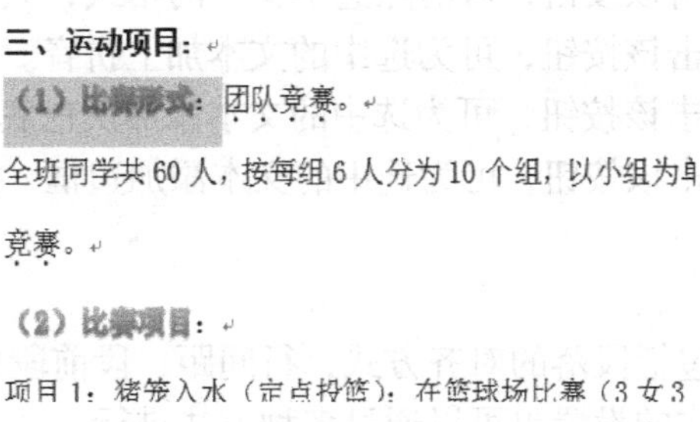

三、运动项目：

（1）比赛形式：团队竞赛。

全班同学共 60 人，按每组 6 人分为 10 个组，以小组为单

竞赛。

（2）比赛项目：

项目 1：猪笼入水（定点投篮）：在篮球场比赛（3 女 3

图 3.38 设置“文本效果”后效果

（3）设置字符缩放、间距。在“字体”对话框中包含两个选项卡。“字体”选项卡中的相关设置可以完成“字体”功能组中的大部分功能，包含更多的下划线线型与更多的字符效果。在“高级”标签卡中还可以对字符的间距、缩放、位置等进行设置，非常实用。

① 设置字符缩放。在文档中选中文本“同学们签到时间：14：30-15：00”，单击“字体”

组右下角的对话框启动器，弹出“字体”对话框，单击“高级”选项卡，如图 3.39 所示。单击“缩放”后面的下拉列表框，选择 120%，设置前后效果变化如图 3.40 所示。用同样的办法将“2013 年 9 月 20 日（第 3 周星期五）下午 15：00-17：30”设置缩放 80%。

图 3.39 “字体”对话框“高级” 选项卡

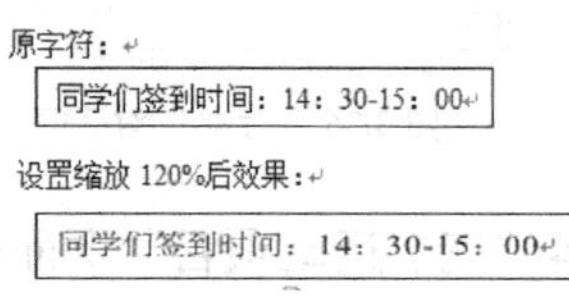

图 3.40 字符缩放效果

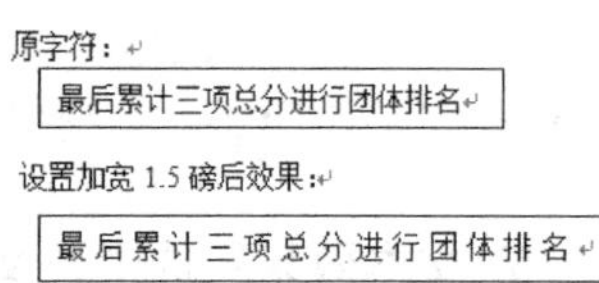

图 3.41 设置字符间距效

② 设置字符间距。在文档中选择“最后累计三项总分进行团体排名”，调出如图 3.39 所示的对话框，在“间距”后面的列表框中选择“加宽”，磅值为“1.5 磅”，设置前后效果变化如图 3.41 所示。

“开始”选项卡“字体”组中有丰富的关于字符格式设置的命令按钮，还有几个常见按钮的含义如下。

带圈字符按钮：单击该按钮，可在字符周围设置圆圈和边框加以强调。

突出显示按钮：单击该按钮，鼠标指针移动到文本区域时将显示为画笔的形状，按住鼠标左键拖动，可使鼠标指针经过的文本以给定的颜色突出显示，使文字看上去像是用荧光笔做了标记一样，单击右侧的三角图标，可以在弹出的颜色列表中选择不同的颜色。

增大字体按钮：单击该按钮，可使选中文本的字号增大。

缩小字体按钮：单击该按钮，可使选中文本的字号缩小。

清除格式按钮：单击该按钮，可清除选中文本的格式，只留下纯文本。

拼音指南按钮：单击该按钮，可为选中的文本加上拼音。

字符底纹按钮：单击该按钮，可为选中的文本添加灰色底纹。

字符边框按钮：单击该按钮，可为选中的文本添加边框，如“添加边框”。再次单击，取消边框。

2. 段落格式设置

段落格式的设置主要包括段落的对齐方式，行间距、段前段后间距、特殊格式、项目符号、项目编号等，段落格式的设置也可以通过多种方法进行。

（1）设置段落对齐方式。在 Word 2010 中，允许用户对段落进行对齐方式设定，有左对齐、居中、右对齐、两端对齐和分散对齐，共 5 种方式。

① 设置居中对齐。设置文档标题“1301 班趣味运动会活动方案”为“居中”对齐。将插入点移到标题行的任意位置或选中标题；再单击“段落”组中的“居中对齐”按钮即可。

② 设置右对齐。将光标定位于文档结尾处的“1301 班班委会”行的任意位置，单击“右

对齐”按钮 即可。用同样的方法将最后一行“2013 年 9 月 13 日”设置右对齐。

③ 设置分散对齐。分散对齐是使段落两端同时对齐，并根据需要由系统自动增加字符间距。将光标定位于文字“预祝各位同学取得好成绩!”行的任意位置，单击“分散对齐”按钮 ，效果如图 3.42 所示。

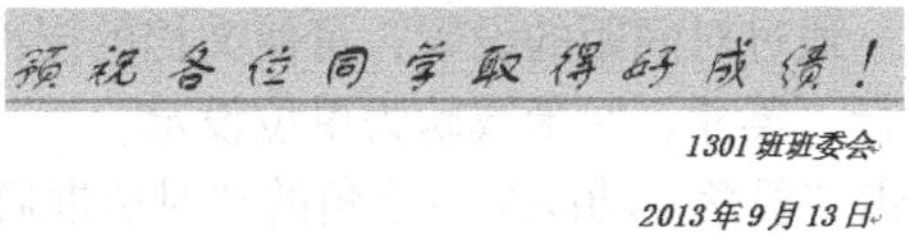

预 祝 各 位 同 学 取 得 好 成 绩 !

1301 班班委会

2013 年 9 月 13 日

图 3.42　“分散对齐”效果

设置段落对齐还可以用如下快捷键来完成。

- 按“Ctrl+L”组合键，设置段落左对齐。
- 按“Ctrl+R”组合键，设置段落右对齐。
- 按“Ctrl+E”组合键，设置段落居中对齐。
- 按“Ctrl+J”组合键，设置段落两端对齐。
- 按“Ctrl+shift+J” 组合键，设置段落分散对齐。

（2）设置段落缩进。段落的缩进包括 4 种方式，即左缩进、右缩进、首行缩进和悬挂缩进，可以通过拖动标尺或段落命令两种方式完成，前者直接方便，后者容易精确定义。在本次任务中，我们用到了首行缩进和右缩进。

查看标尺是否显示，如未显示，请单击右侧滚动条上方的“标尺”按钮 以显示标尺。

① 设置首行缩进。选中文档中的第一段内容，拖动标尺中的“首行缩进”滑块 ，使段落中的首行较其他行再缩进 2 字符，如图 3.43 所示。或者单击“段落”功能组右下角的“对话框启动器” ，弹出“段落”对话框，如图 3.44 所示。在“特殊格式”中选择“首行缩进”，再设置缩进值为“2 字符”，单击“确定”按钮。

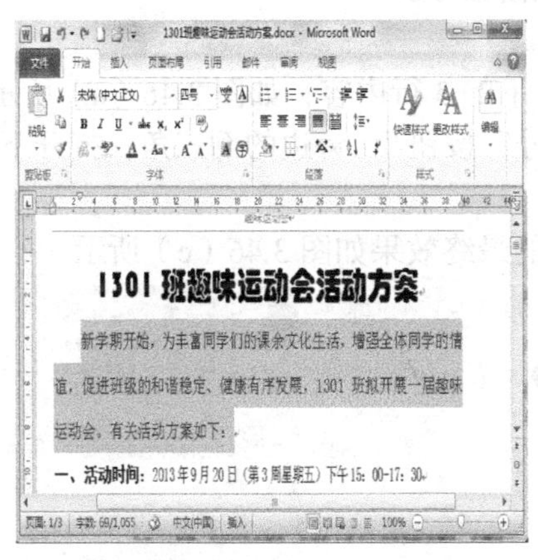

图 3.43　“首行缩进”完成效果

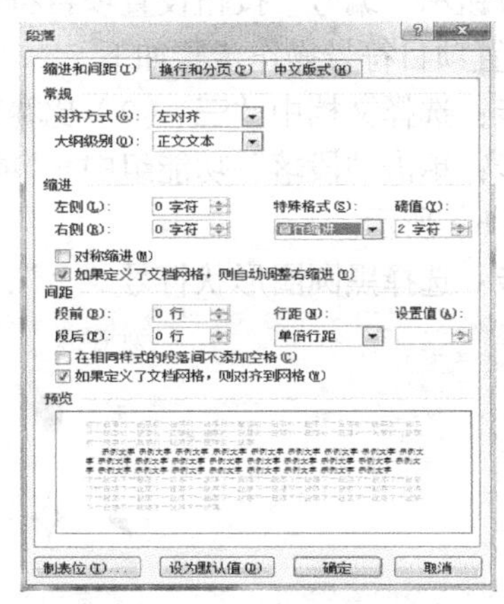

图 3.44　“段落”对话框

用同样的方法“一、活动时间”、“三、运动项目”和“四、比赛规程”下面的段落都设置为“首行缩进”格式。

② 设置右缩进。将当前插入点定位于“1301 班班委会”所在行中任意位置，向左拖动标尺中的“右缩进”滑块 约 3 字符的位置。或者直接调出“段落”对话框，在“缩进”中的“右侧”后面直接输入右缩进的数值“3”。

用同样的方法设置文档最后一行的“2013 年 9 月 13 日”为右缩进 4 字符。

（3）设置行间距和段落间距。“行间距”是指文本行间的距离。在默认状态下，按固定的相同行间距显示文本。用户可以改变行距，也可以为指定段落重新设定行间距。“段间距”包括“段前间距”与“段后间距”，“段前间距”指当前段与上一段之间的距离，“段后间距”指当前段与下一段之间的距离。通过对间距的设置，可使文档的层次更加清晰。用户在设定行间距或段落间距时，可以按行、英寸、厘米或磅为单位设定。

选中文档正文内容，单击“段落”功能组右下角的“对话框启动器”，弹出“段落”对话框，如图 3.44 所示。设置“行距”为“固定值”，值为“20 磅”。单击“确定”按钮。再选中文档中的四个小标题，打开“段落”对话框，设置“段前”为“1 行”，“段后”为默认的“0 行”，再单击 “确定”按钮，完成效果如图 3.45 所示。

设置行间距也可以通过“段落”功能组中的“行和段落间距”按钮来完成。

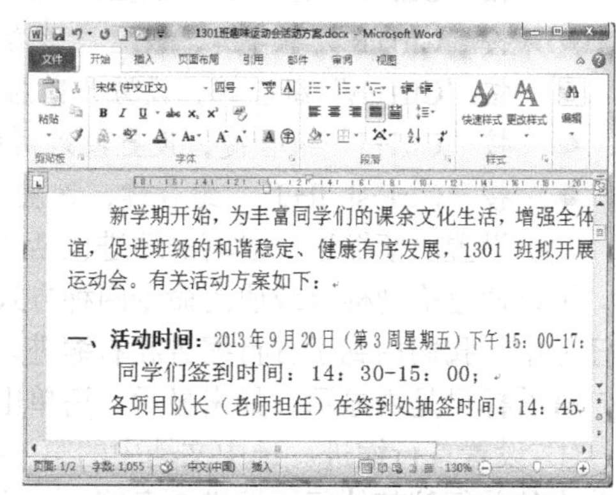

图 3.45　行间距与段落间距的设置效果

（4）项目符号和编号。

为了提高文档的可读性，经常在文档的各段落之前添加一些符号或有顺序的编号。Word 2010 提供了自动添加项目符号、段落编号和多级编号的功能。

一个段落开始的编号或项目符号不应在输入文本时作为文本的内容输入，这样加的编号不易修改。应当用 Word 2010 自动设置项目符号和段落编号的功能设置编号。

设置项目符号和段落编号的常用方法是：利用“开始”选项卡→“段落” 命令组的“项目符号”按钮和“编号”按钮设置项目符号和段落编号。

① 设置项目符号操作步骤如下。

第一步：选择文档中“三、（2）比赛项目”下的 3 行内容，如图 3.46（a）所示；

第二步：单击“段落”功能组中 “项目符号”按钮旁边的倒三角，打开下拉列表，如图 3.46（b）所示。

第三步：选择黑圆圈形状符号“●”，得到的最终效果如图 3.46（c）所示。

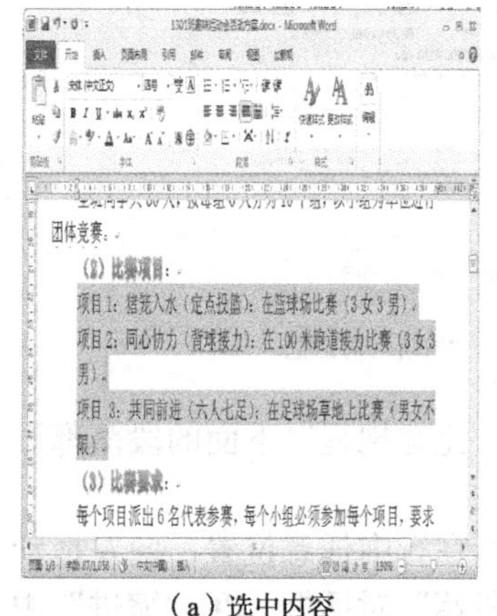

（a）选中内容

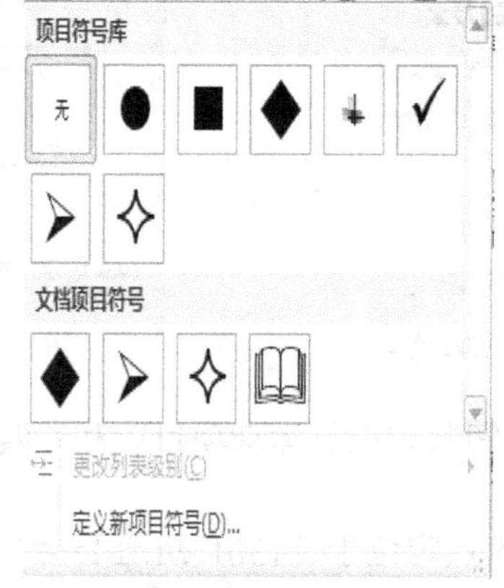

（b）“项目符号”列表

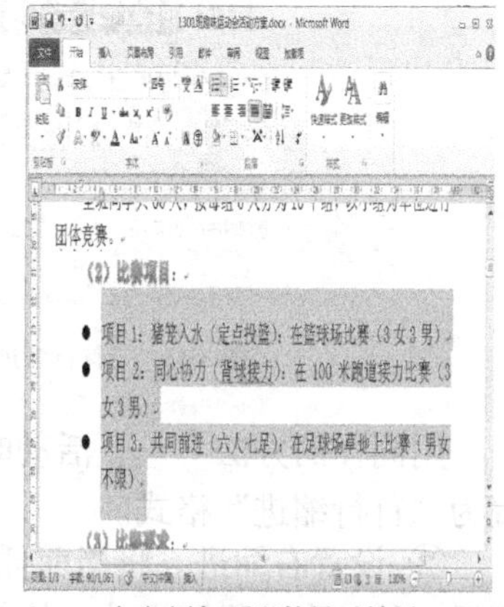

（c）添加项目符号后效果

图 3.46　设置项目符号

② 设置段落编号的操作步骤如下。

第一步：选择文档中“四、项目一”下面的四段内容，如图 3.47（a）所示；

第二步：单击“段落”功能组中“编号”按钮 旁边的倒三角，打开下拉列表，如图 3.47（b）所示。

第三步：选择第一行第二列格式，得到最终效果如图 3.47（c）所示。

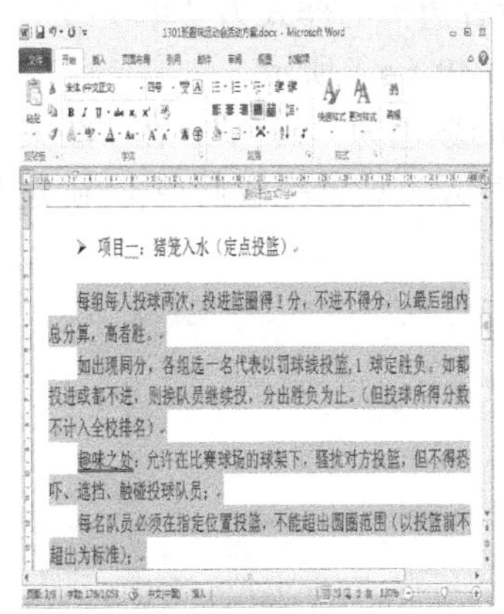

（a）选中内容

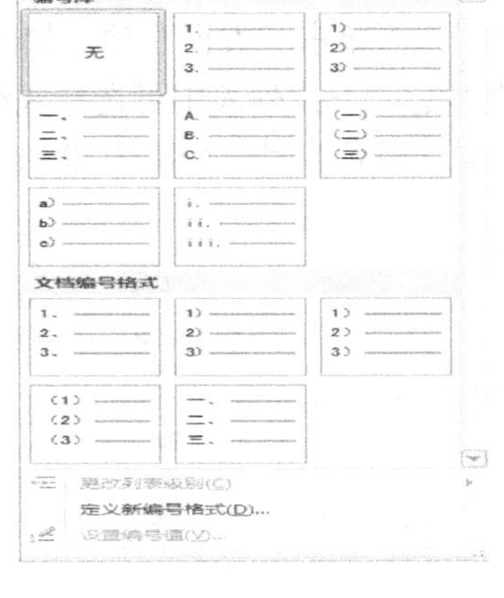

（b）“编号”列表

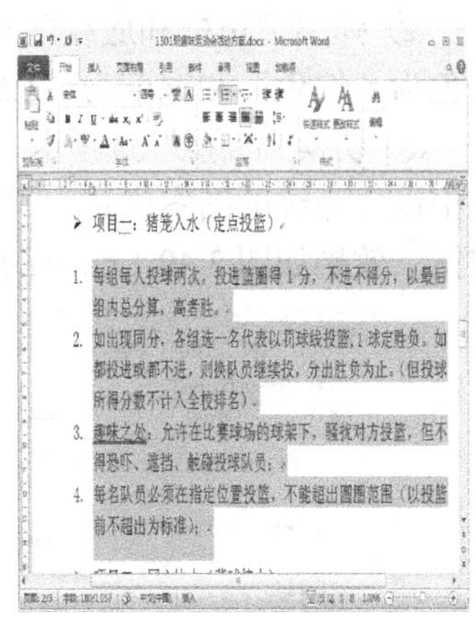

（c）添加段落编号后效果

图 3.47　设置段落编号

用同样的办法把文中“四、项目二”和“四、项目三”下面的内容添加如项目一的编号。

（5）首字下沉。在文档编辑过程中，可以为段落设置首字下沉或首字悬挂效果，从而突出段首或篇首位置。其步骤是：将光标移动到文档第一段，然后单击“插入”选项卡，在“文本”功能组中单击“首字下沉”按钮 ，在首字下沉菜单中选择“首字下沉选项”命令，出现“首字下沉”对话框，如图 3.48（a）所示。设置“位置”为“下沉”，“字体”为“华文彩云”，“下沉行数”为“2”，单击“确定”按钮，完成效果如图 3.48（b）所示。

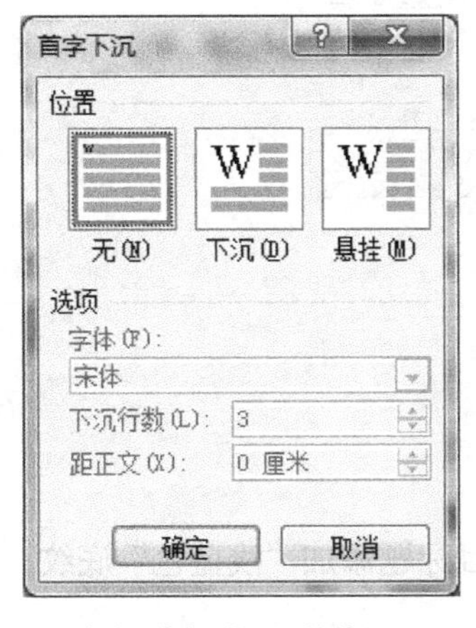

（a）“首字下沉”对话框

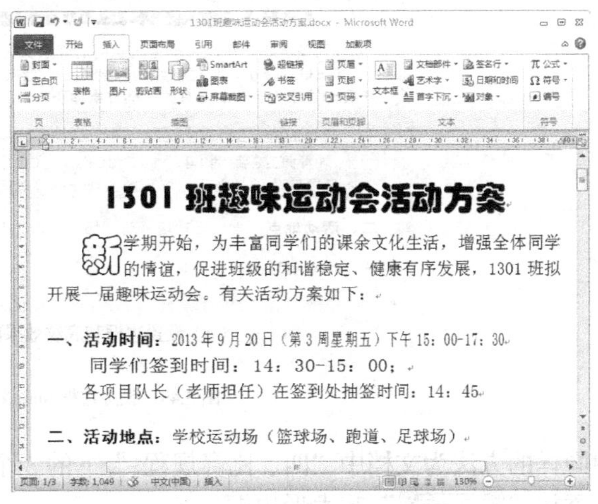

（b）“首字下沉”效果

图 3.48　设置首字下沉

（6）边框和底纹。在编辑文档过程中，有时为了突出显示文档中的某些部分，比如文本、段落或整个页面，可以给它们添加边框或底纹。具体操作步骤如下。

① 打开“方案”文档，同时选中“同学们签到时间：14：30-15：00;”和“各项目队长（老师担任）在签到处抽签时间：14：45,”，在“段落”组中单击“边框”按钮 右侧的倒三角，在弹出的下拉列表中单击“边框和底纹”选项。

② 弹出“边框和底纹”对话框，在“边框”选项卡中可设置边框的样式为“单实线”、颜色为“红色”和宽度为“1.5 磅”，再单击“方框”项，如图 3.49（a）所示。

③ 切换到“底纹”选项卡，在“填充”下拉列表中可选择底纹的颜色为“黄色”，在“图案”栏中设置底纹的图案样式为“10%”，颜色自动，如图 3.49（b）所示。设置完成后单击“确定”按钮。效果如图 3.49（c）所示。

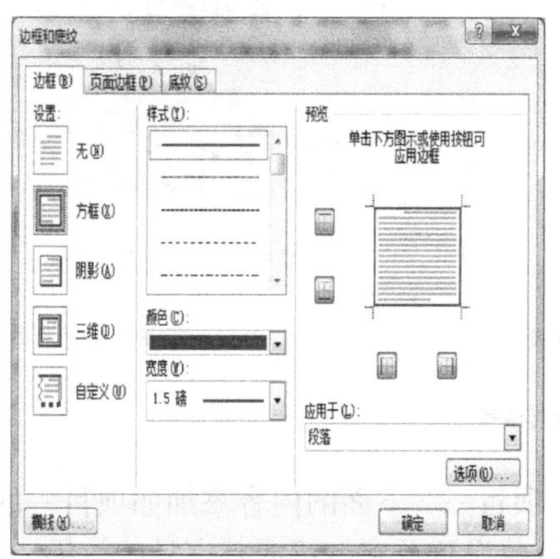

（a）设置边框

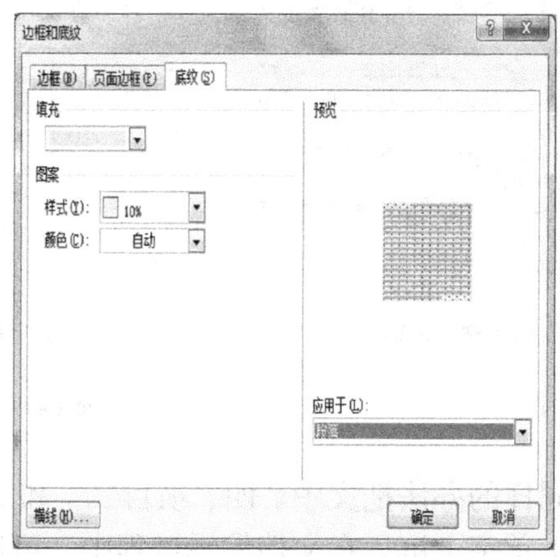

（b）设置底纹

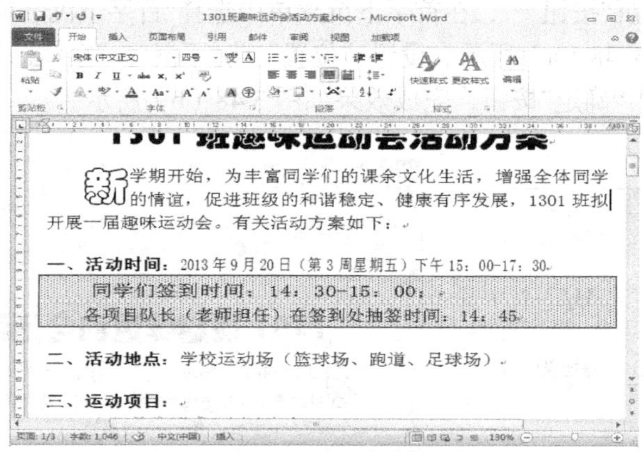

（c）设置边框和底纹效果图

图 3.49 设置边框和底纹

用同样的方法为文档中“四、比赛规程：”下的 3 个项目标题添加“浅蓝色”底纹；为整篇文档添加“ ”艺术形边框。

此外，对段落添加边框或底纹效果后，若要将其删除，可先选中设置了边框或底纹效果的段落，然后打开“边框和底纹”对话框，在“边框”选项卡的“设置”栏中选择“无”选项，可删

除边框效果；在“底纹”选项卡的“填充”下拉列表中选择“无颜色”选项，可清除底纹效果；在“图案”下拉列表中选择“清除”选项，可清除图案底纹。

> 在“边框和底纹”对话框中设置好边框和底纹效果后，若在“应用于”下拉列表中选择“文字”选项，则所设置的效果将应用于文本。
>
> **知识链接**

3. 页面格式设置

（1）页面设置。李老师在编辑完“方案”文档之后，还需要把“方案”打印出来，页面设置就是文档打印之前一个重要环节，页面纸张的大小，页边距的宽窄，文字方向都会直接影响文档的外观和打印效果。页面设置可以通过两种方法来完成。

① 在“页面布局”选项卡下“页面设置”组中，不同的按钮分别有不同的功能。如图 3.50 所示。

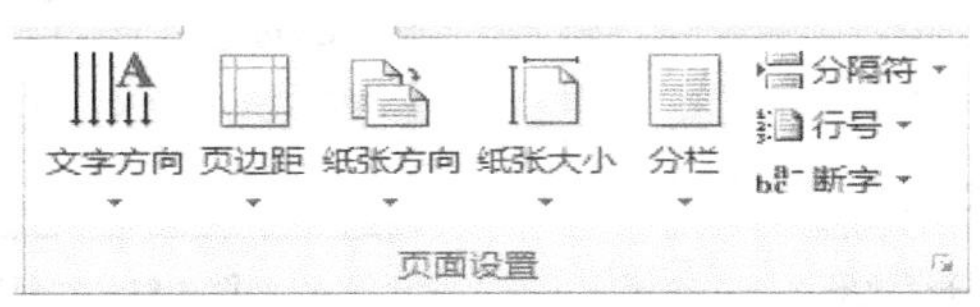

图 3.50　“页面设置”组中的按钮

② 单击在“页面布局”选项卡下“页面设置”组中的“页面设置”对话框启动器按钮，在弹出的“页面设置”对话框中设置。

- 文字方向：设置文档或所选文本框中文字的方向，水平、垂直及按照不同的角度变换。
- 页边距：设置页边距，页眉页脚的边界距离。
- 纸张大小：设置纸张的大小，如 A4、B5 等。
- 纸张方向：设置打印文稿的方向。

在“1301 班趣味运动会活动方案”中，设置“文字方向”为“水平”；“页边距”上、下、左、右均为 2.5 厘米；“纸张大小”为“A4”；“纸张方向”为“纵向”。具体设置如图 3.51（a）、（b）所示。

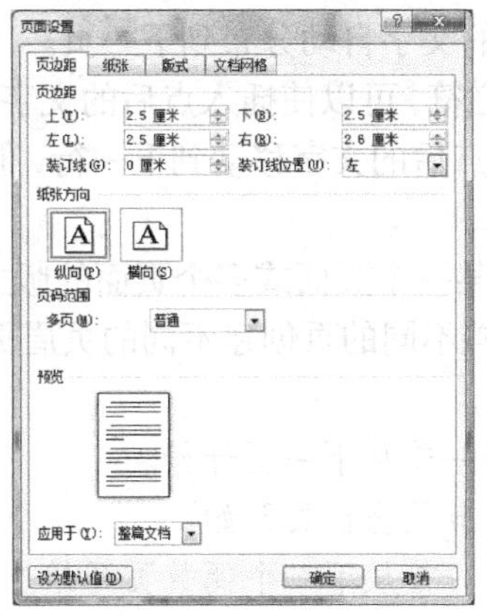

（a）“页边距”与“纸张方向”设置

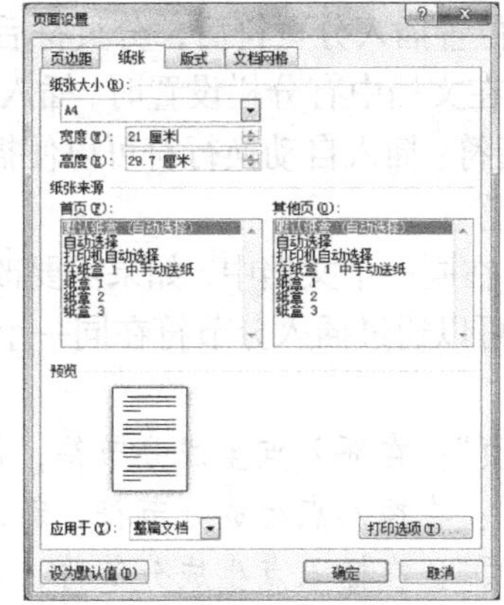

（b）“纸张大小”设置

图 3.51　页面设置

（2）分栏。为了使文档版面布局活泼，易于阅读，还可以对文档设置分栏效果。在“方案”中对“四、比赛规程：”以下的内容进行分栏处理，操作方法如下。

选中“四、比赛规程：”以下的所有内容，单击“页面布局”选项卡下“页面设置”组中“分栏”命令按钮，在弹出的列表框中选中“三栏”，效果如图 3.52 所示。

如果要做进一步的设置，可在分栏列表框中选择“更多分栏”命令，在弹出的“分栏”对话框中进行“列数”、“栏宽度”、“分隔线”、“应用于”的精确设置，如图 3.53 所示。

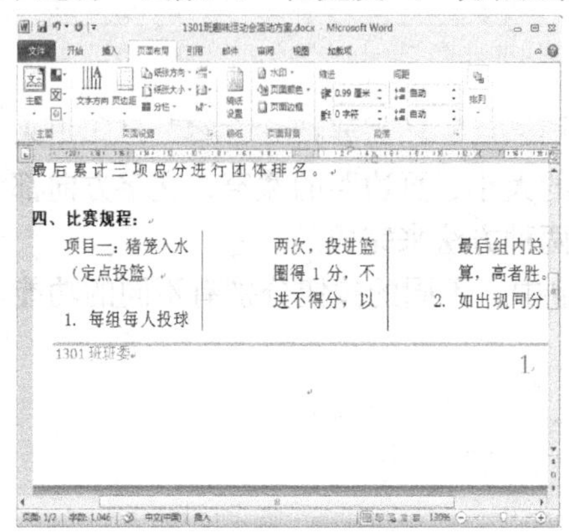

图 3.52 设置分栏效果

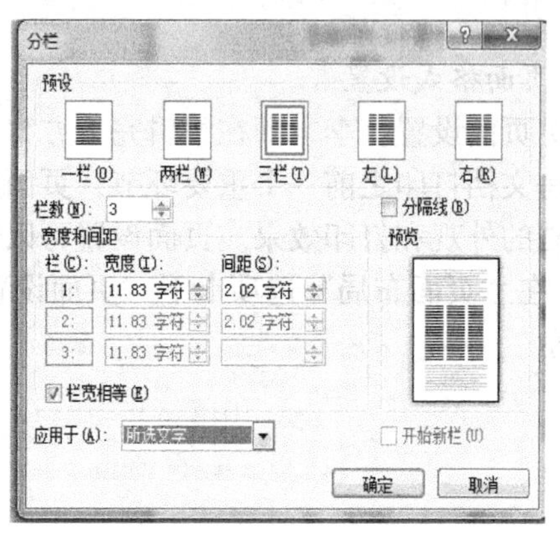

图 3.53 “分栏”对话框

知识链接

在使用“分栏”对话框时，要注意“应用于”的范围选择，它包括整篇文档、插入点之后、所选文字、所选节。应用范围不同会有不同的效果。

（3）分隔符。分隔符包括分页符、分栏符、自动换行符和分节符等，选择“页面布局”选项卡下“页面设置”组中 “分隔符”按钮，就可以打开插入分隔符下拉列表，如图 3.54 所示。

① 分页符：分页的一种符号，决定上一页结束以及下一页开始的位置。Word 2010 会根据纸张的大小和内容自动分页，如果需要手动分页时，则需要通过插入分页符来实现，可以在文档中的任何位置插入分页符后，分页符后面的文字自动分布到下一页。

② 分栏符：在文档中有分栏设置时，插入分栏符，可以使插入点后的文字移动到下一栏。

③ 自动换行符：插入自动换行符可以使插入点后的文字移动到下一行，但换行后的文字仍属于上一个段落。

④ 分节符：在同一个文档中，如果需要改变某一个页面或多个页面的版式或格式，可以使用分节符；也可以通过插入分节符在同一个文档不同的页创建不同的页眉页脚等。分节符有以下几种。

- “下一页”：在插入点生成分节符，新的一节从下一页开始。
- “连续”：在插入点生成分节符，新的一节从当前页开始。
- “偶数页”：在插入点生成分节符，新的一节从下一个偶数页开始。
- “奇数页”：在插入点生成分节符，新的一节从下一个奇数页开始。

在“方案”文档中，把光标移到“四、比赛规程：”前面，单击“页面设置”→“分隔符”→

“分页符”；在“项目二：同心协力（背球接力）”和“项目三：共同前进（六人七足）”前插入“分栏符”，完成后效果如图 3.55 所示。

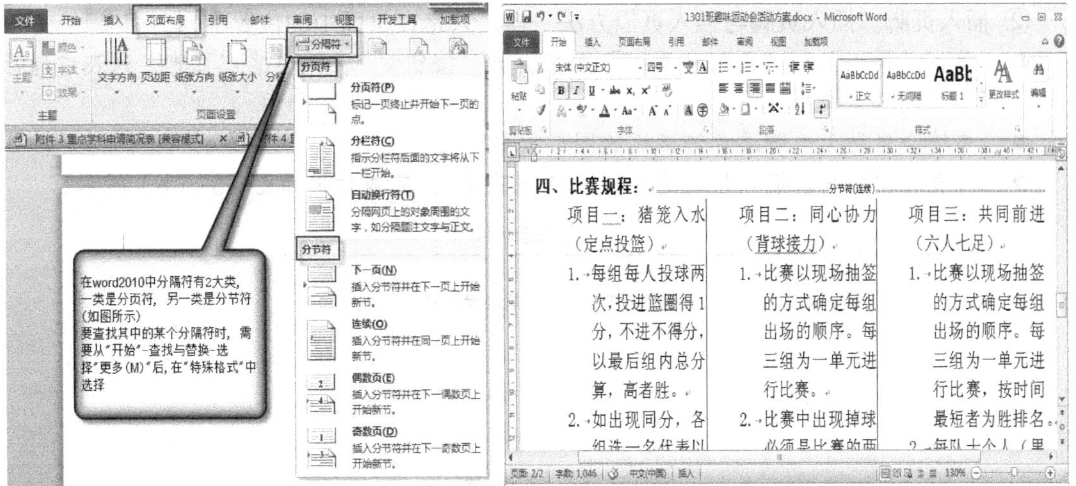

图 3.54　“分隔符”下拉列表　　　　图 3.55　设置分隔符效果

（4）页眉、页脚和页码。页眉和页脚是指出现在文档顶端和底端的信息，主要包括页码、时间和日期、章节标题、文件名以及作者姓名等表示一定含义的内容，也可以是图形、图片。文档中可以始终使用同一个页眉和页脚，也可以在文档不同的部分使用不同的页眉和页脚。页码可以出现在页眉和页脚中，可以放在页的左右页边距的某个位置，也可以插入到文档中间。

① 插入页眉。

- 切换到“插入”功能区，在“页眉和页脚”分组中单击“页眉”按钮，并在打开的页眉面板中选择“编辑页眉”命令，此时，窗口自动切换到新增加的“设计”选项卡中，如图 3.56 所示。

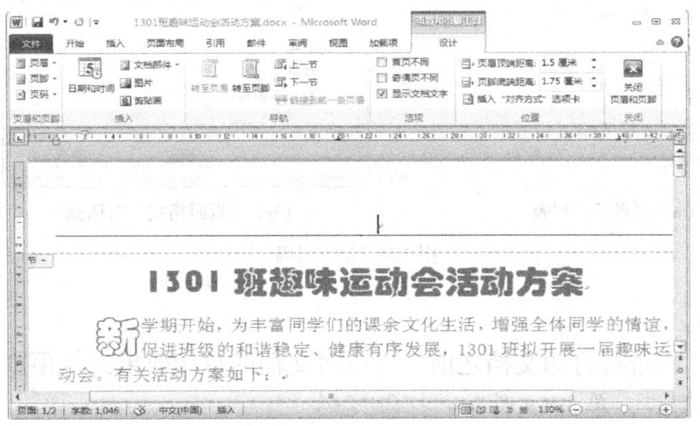

图 3.56　“编辑页眉”窗口

- 在页眉光标闪烁处输入文字，如“趣味运动会”。
- 设定页眉字体。单击“开始”选项卡→“字体”，选择“微软雅黑”选项，字号为“小五”。

- 单击“关闭页眉和页脚”按钮，或在正文中任意位置双击，即可退出页眉编辑状态。完成效果如图 3.57（a）所示。

② 插入页脚。插入页脚与插入页眉方法一样，只是在页面中的位置不同。

- 单击“插入”→“页眉和页脚”→“页脚”按钮，在弹出的“页脚”列表中选择“新闻纸”模板。
- 系统会自动为页脚添加该模板的图形和页码。
- 在页脚中的当前插入位置输入“1301 班班委”，完成效果如图 3.57（b）所示。

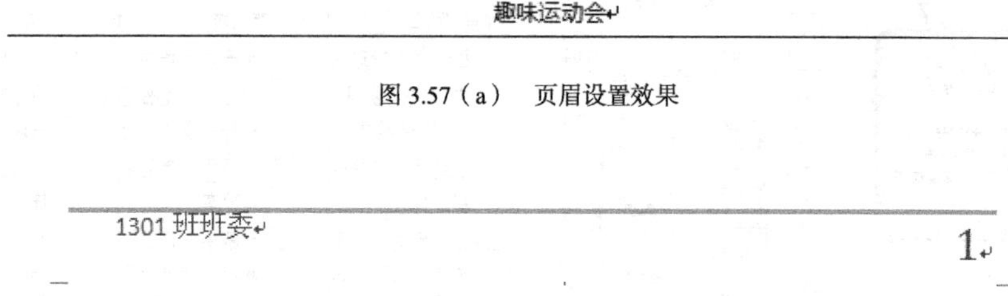

图 3.57（a） 页眉设置效果

图 3.57（b） 页脚设置效果

③ 插入页码。

- 单击“插入”→“页眉和页脚”→“页码”按钮，弹出的下拉列表如图 3. 58（a）所示。
- 选择“设置页码格式”命令，系统弹出“页码格式”对话框，如图 3.58（b）所示。
- 选择“编号格式”为“I，II，III，…”，单击“确定”按钮。

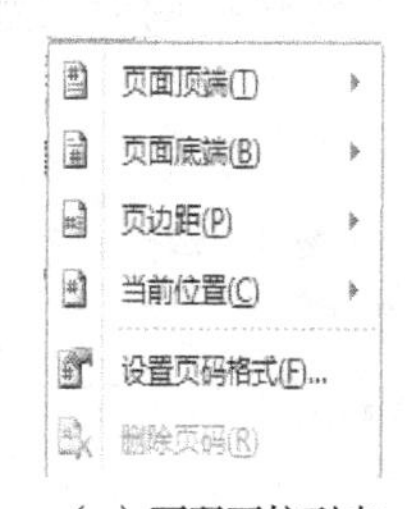

（a）页码下拉列表

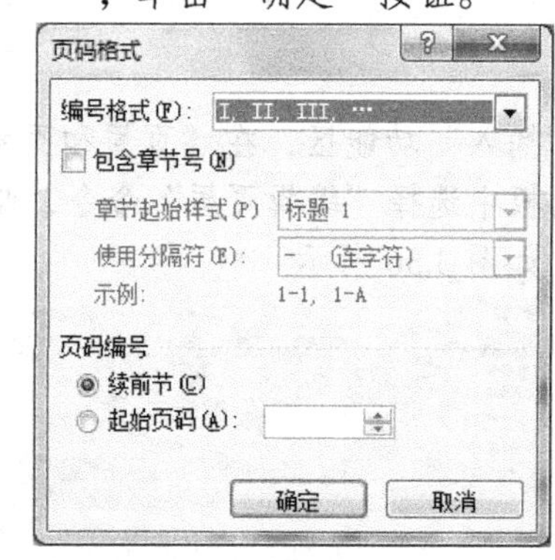

（b）“页码格式”对话框

图 3.58 插入页码

（5）打印文档。

① 打印预览。在进行打印文档之前，可以对文档的打印效果进行预览。

- 打开文档窗口，单击“文件”→“打印”命令。
- 在打开的“打印”窗口右侧预览区域可以查看到文档打印预览效果，文档的纸张方向、页面边距等设置都可以通过预览区域查看效果，还可以通过调整预览区下面的滑块改变预览视图的大小。如图 3.59 所示。

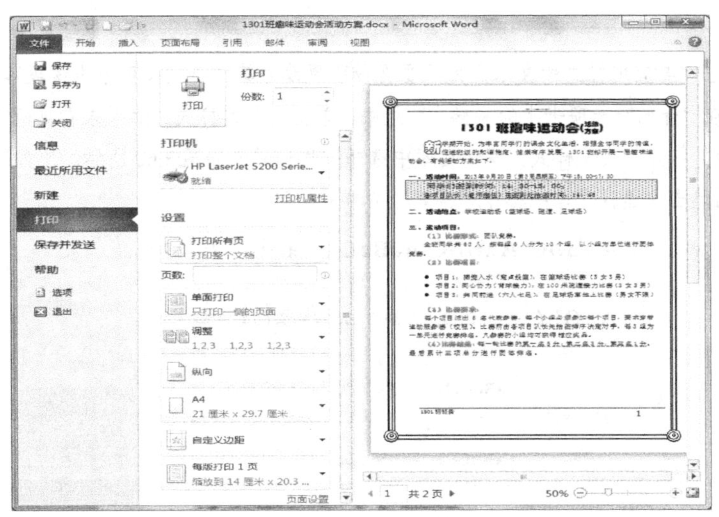

图 3.59　打印预览窗口

② 打印文档。

- 打开文档窗口，单击“文件”→“打印”命令。
- 在“打印”窗口中单击“打印机”下的倒三角按钮，选择电脑中安装的打印机。
- 根据需要修改“份数”数值以确定打印多少份文档。
- 单击“调整”下的倒三角按钮，选中“调整”选项将完整打印第 1 份后再打印后续几份；选中“取消排序”选项则完成第 1 页打印后再打印后续页码。
- 在预览区域预览打印效果，确定无误后单击“打印”按钮正式打印。

如果要打印指定的页码，可在“打印”窗口中单击打印范围下的倒三角按钮，在弹出的列表中可选择下面几种打印范围。

- “打印所有页”选项，就是打印当前文档的全部页面。
- “打印当前页面”选项，就是打印光标所在的页面。
- “打印所选内容”选项，则只打印选中的文档内容，但事先必须选中了一部分内容才能使用该选项。
- “打印自定义范围”选项，则打印我们指定的页码。

如选中“打印自定义范围”选项，则可以在“页数”编辑框中指定要打印的页码，并单击“打印”按钮开始打印即可。

1. 样式

样式是经过特殊打包的一组定义好的格式的集合，例如字体名称、字号、颜色、段落对齐方式和间距。某些样式甚至可以包含边框和底纹。使用样式来设置文档的格式，而不是使用直接格式，可以快速、轻松地在整个文档中一致应用一组格式选项。

样式可能包含用于多种标题级别、正本文本、引用和标题的样式，这些样式共同工作以创建为特定用途而设计的样式一致、整齐美观的文档。

应用样式的操作步骤如下。

知识拓展

（1）选中要应用样式的文本，如果要将段落更改为某种样式，可单击该段落中的任何位置。

（2）在“开始”选项卡上的“样式”组中，单击所需的样式。如果未看见所需样式，单击向下的箭头键，打开“快速样式”库，在库中选择一种样式，如图 3.60 所示。比如要设置文本为标题样式，则单击快速样式库中称作“标题”的样式即可。

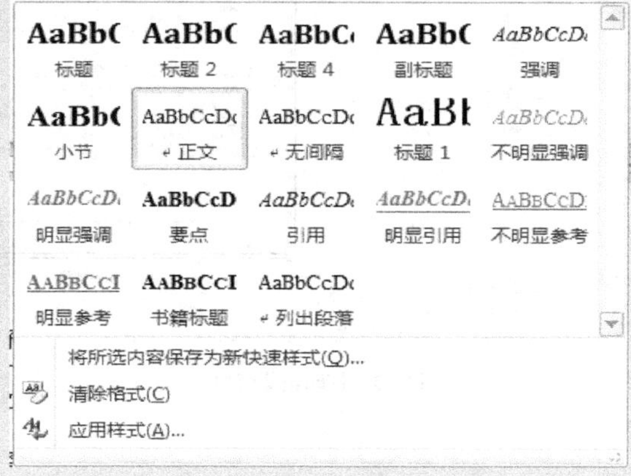

图 3.60 “快速样式”库

2. 格式刷

不同文本重复设置相同格式时，可使用“格式刷”工具提高工作效率，操作步骤如下所述。

（1）打开文档窗口，并选中已经设置好格式的文本块。在“开始”功能区的“剪贴板”分组中双击“格式刷”按钮，如图 3.61 所示。

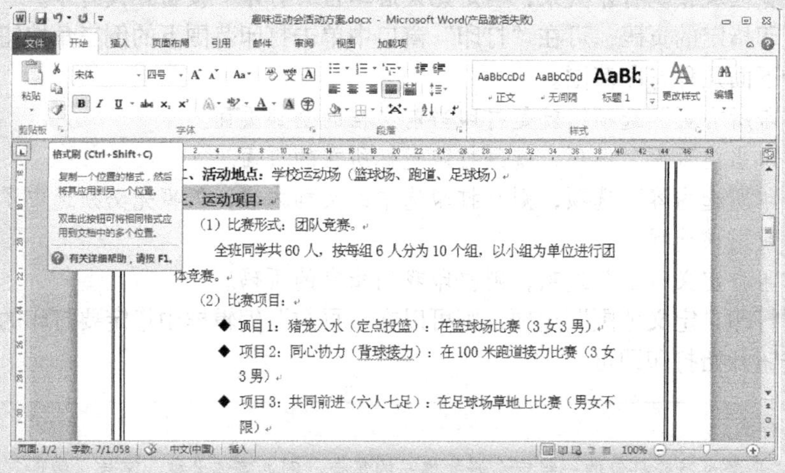

图 3.61 双击“格式刷”按钮

（2）将鼠标指针移动至 Word 2010 文档文本区域，鼠标指针已经变成刷子形状。按住鼠标左键拖选需要设置格式的文本，则格式刷刷过的文本将被应用被复制的格式。释放鼠标左键，再次拖选其他文本实现同一种格式的多次复制，如图 3.62 所示。

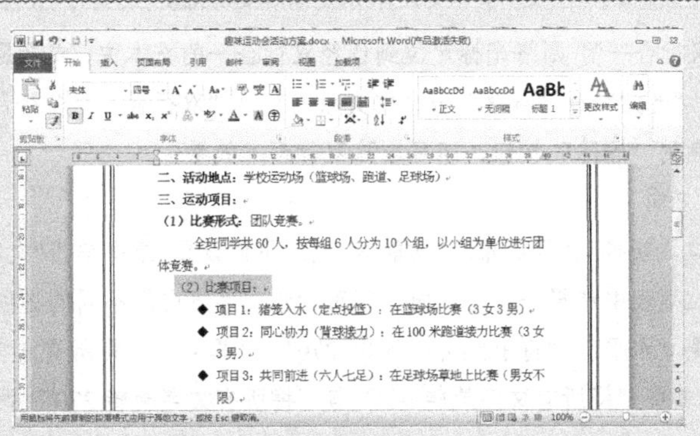

图 3.62　拖动格式刷

（3）完成格式的复制后，再次单击“格式刷”按钮关闭格式刷。

注意：如果单击“格式刷”按钮，则“格式刷”记录的文本格式只能被复制一次，不利于同一种格式的多次复制。

3. 设置中文版式

Word 2010 中中文版式的设置包括“纵横混排”、“合并字符”、“双行合一”、“调整宽度”和“字符缩放”五个方面。下面以“双行合一”为例，说明其设置方法。

首先选择要双行显示的文本（注意：只能选择同一段落内相连的文本），然后单击“开始”选项卡下“段落”组中的“中文版式”按钮，在下拉列表中选择“双行合一”。如图 3.63 所示。

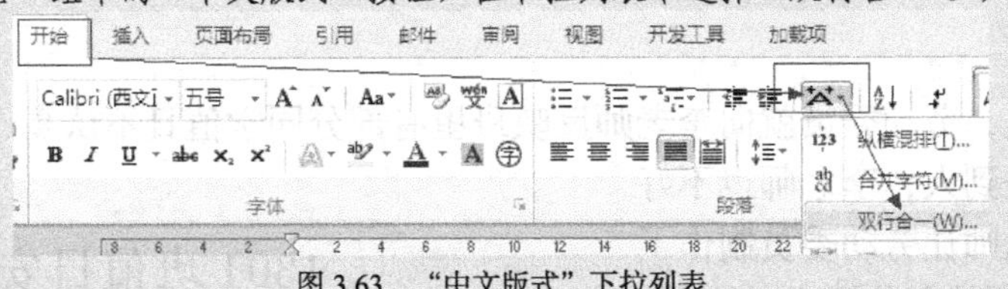

图 3.63　“中文版式”下拉列表

弹出“双行合一”对话框如图 3.64（a）所示，如果需要括号的话可以勾选“带括号”复选框，在“预览”框中可预览效果，然后单击“确定”按钮使用双行合一。完成后效果如图 3.64（b）所示。

使用双行合一后，为了适应文档，双行合一的文本的字号会自动缩小。根据需要，也可以设置双行合一的文本的字体格式，设置方法和普通文本一样。

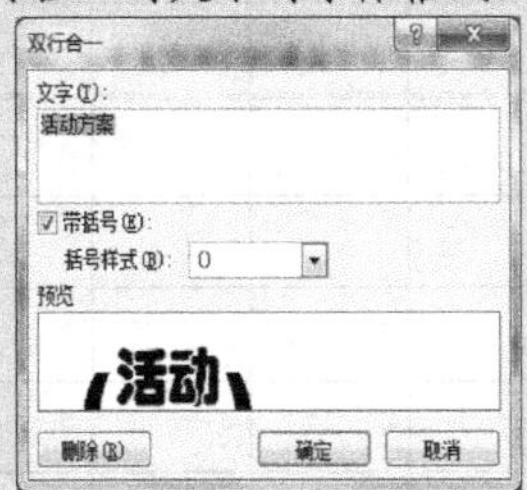

（a）“双行合一”对话框

1301 班趣味运动会(活动方案)

（b）“双行合一”效果

图 3.64　设置双行合一

若要删除“双行合一”，则将光标定位到已经双行合一的文本中，或者是直接选择双行合一的文本，然后单击 “开始”→“段落”→“中文版式”→“双行合一”命令，弹出“双行合一”对话框，单击左下角的“删除”按钮，即可删除双行合一效果。

4. 设置文字方向

打开文档窗口，切换到“页面布局”功能区，在“页面设置”组中单击“文字方向”按钮，在弹出来的文字方向下拉列表中选择合适的方向，即可设置文字方向。不同的选项对应的效果如图 3.65 所示。它们依次是“水平”、“将中文文字旋转 270º”、“垂直”、“将所有文字旋转 90º”、“将所有文字旋转 270º”。其中“将所有文字旋转 90º”与“将所有文字旋转 270º”两项可用在文本框和自选图形中。

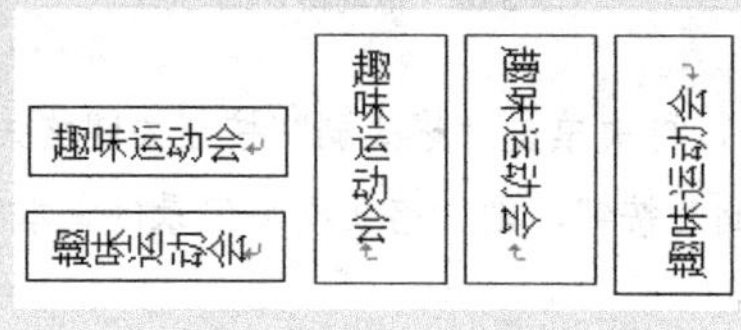

图 3.65 文字方向效果

知识拓展

任务 4 Word 2010 表格制作

【任务描述】

学期开始不久，劳动委员就向李老师反映班里有部分同学值日不认真、会偷懒，但由于值日安排没有责任到人，李老师也不好批评。为此，李老师让劳动委员制作了一份值日安排表，明确每位同学的责任，方便管理。制作好的“值日安排表”效果如图 3.66 所示。通过完成这一任务，可以学习表格制作的常用方法，如表格的创建方法，表格内容的编辑和表格外观的设置等。具体包括如下内容。

- 创建表格。
- 认识表格工具。
- 表格内容的编辑。
- 行、列的插入与删除。
- 单元格的合并与拆分。
- 设置文字格式、方向与对齐。
- 行高、列宽的调整。
- 绘制斜线表头。
- 设置边框与底纹。

1301 班值日安排表

时间 项目		扫地	拖地	擦黑板	倒垃圾	
单周	星期一					
	星期二					
	星期三					
	星期四					
	星期五					
双周	星期一					
	星期二					
	星期三					
	星期四					
	星期五					
备注						

图 3.66 “值日安排表”效果图

【任务实现】

1. 创建表格

新建 Word 2010 文档，在文档编辑区首行输入标题“1301 班值日安排表”，并以“班值日安排表”为文档命名。

在“安排表”文档窗口中切换到“插入”功能区，在“表格”组中单击“表格”按钮，在弹出的下拉列表中可以选择创建表格的各种方法。如图 3.67 所示。

（1）通过拖动鼠标创建。若插入的表格的行与列小于或等于 8 和 10，可在选项表中直接拖动鼠标选中合适数量的行和列插入表格。通过这种方式插入的表格会占满当前页面的全部宽度，用户可以通过修改表格属性设置表格的尺寸。但“值日安排表”由 6 列 12 行组成，用这个方法不能创建。

（2）使用对话框创建。单击“插入表格”命令，则弹出“插入表格”对话框，如图 3.68 所示。在对话框的“表格尺寸”中，设置“列数”为 6，“行数”为 12，其余选项保持默认状态，单击“确定”按钮后，即会生成如图 3.69 所示的表格。

图 3.67 “插入表格”下拉列表

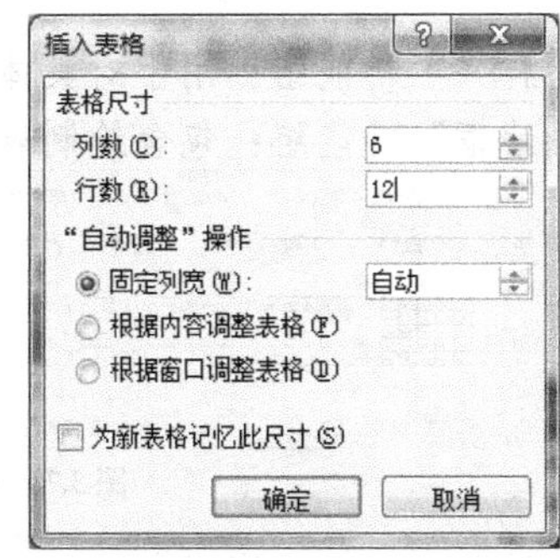

图 3.68 “插入表格”对话框

图 3.69 插入表格后的效果

（3）绘制表格。单击“表格”→“插入表格”→“绘制表格”命令，指针会变成铅笔状。先绘制一个矩形，以定义表格的外边界，然后在该矩形内绘制列线和行线。要擦除一条或多条线，可在“表格工具”下“设计”选项卡的“绘制边框”组中，单击“擦除”按钮，然后单击要擦除的线条，完成后再单击“绘制表格”按钮，继续绘制表格。最后也可得到与图 3.69 效果类似的表格。

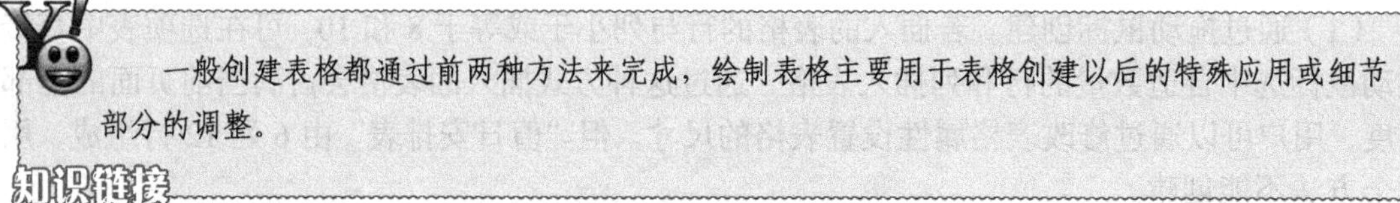
一般创建表格都通过前两种方法来完成，绘制表格主要用于表格创建以后的特殊应用或细节部分的调整。

2. 认识表格工具

在 Word 2010 文档中，当表格处于编辑状态时，会自动激活功能区中的“表格工具”，包括“设计”和“布局”两个选项卡。

（1）“设计”选项卡。图 3.70 所示，“设计”选项卡主要对表格的外观、样式进行设计，各功能组主要功能如下。

- “表格样式选项”功能组：该功能组通过 6 个复选框来控制表格样式中特殊格式的应用。
- “表格样式”功能组：用于对具体表格应用样式及设置边框、底纹。
- “绘图边框”功能组：包含绘制表格工具、擦除工具，并可进行框线的设置。

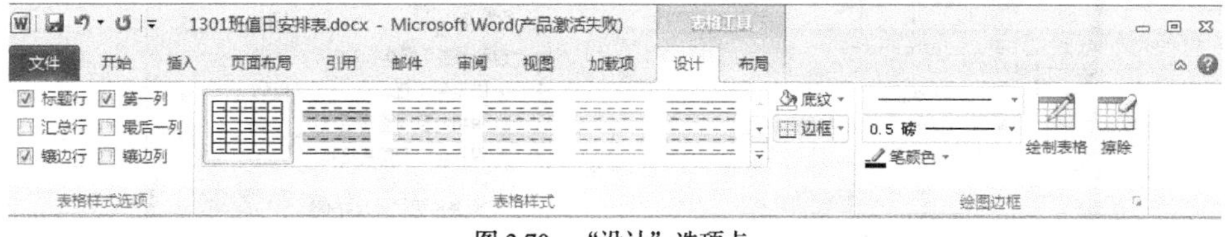

图 3.70 “设计”选项卡

（2）“布局”选项卡。

如图 3.71 所示，“布局”选项卡主要对表格的布局进行编辑，各功能组主要功能如下。

- “表”功能组：选择表格或部分表格及查看表格属性。
- “行和列”功能组：删除表格或表格中行、列、单元格，插入行或列。
- “合并”功能组：拆分表格、拆分与合并单元格。
- “单元格大小”功能组：调整表格中的行高、列宽，平均分配行高、列宽。
- “对齐方式”功能组：设定表格内容的对齐方式，更改文字的方向，自定义单元格的间距与边距。
- “数据”功能组：进行内容的排序、公式的添加，并可将表格转换为文本。

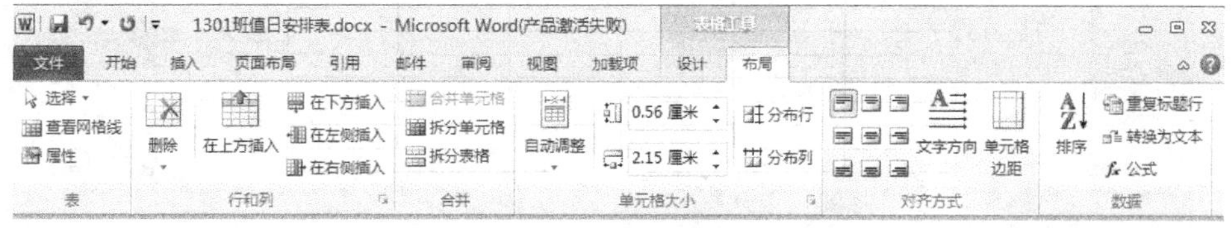

图 3.71 “布局”选项卡

3. 表格内容的编辑

（1）输入表格的基本内容（见图 3.72）。

		扫地	拖地	擦黑板	倒垃圾
单周	星期一				
	星期二				
	星期三				
	星期四				
	星期五				
双周	星期一				
	星期二				
	星期三				
	星期四				
	星期五				
备注					

图 3.72　输入表格基本内容

（2）表格内容的选择。在表格中做任何操作之前，都必须选定单元格，选定单元格的方法有如下两种。

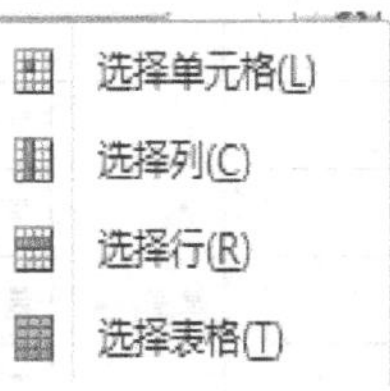

图 3.73　“选择”下拉列表

① 通过“布局”选项卡中的“选择”命令按钮选定单元格。

单击“布局”选项卡中的“选择”命令按钮，可弹出如图 3.73 所示的下拉列表。

- 单击“选择单元格”按钮：选中插入点所在的单元格。
- 单击“选择列”按钮：选中插入点所在的列。
- 单击“选择行”按钮：选中插入点所在的行。
- 单击“选择表格”按钮：选中插入点所在的整个表格。

② 通过鼠标操作选定单元格。

- 将鼠标指针指向某单元格左边，指针变为形状时，单击鼠标可选中该单元格。
- 将鼠标指针指向表格某行的左边，指针变为形状时，单击鼠标可选中该行。
- 将鼠标指针指向表格某列上边线，指针变为形状时，单击鼠标可选中该列。
- 将鼠标指针指向表格左上角的符号，当指针变为形状时，单击鼠标可选中整个表格。

4. 行、列的插入与删除

（1）插入行。单击需要插入行位置，确定插入点，选择表格工具中的“布局”→“行和

列”→“在下方插入”按钮，系统就会在插入点所在行的下面插入一行。若选择的是“在上方插入”按钮，系统就会在插入点所在行的上面插入一行。

（2）插入列。单击需要插入列位置，确定插入点，选择表格工具中的“布局”→“行和列”→“在左侧插入”按钮，系统就会在插入点所在列的前面加一列。若选择的是“在右侧插入”按钮，则系统就会在插入点所在列的后面加一列。

（3）行或列的删除方法。先将当前插入点置于要删除的行或列中，然后单击“行和列”功能组中的删除按钮，再在如图 3.74 所示的列表中选择“删除行”或“删除列”命令即可。

删除单元格(D)...
删除列(C)
删除行(R)
删除表格(T)

图 3.74　表格工具的“删除”列表

5. 单元格的合并与拆分

单元格的合并就是将相邻的两个或多个单元格合并为一个单元格，而单元格的拆分是指将一个或多个单元格拆分成若干行、列的单元格。

（1）单元格的合并。选中第一行的第一列与第二列，选择“布局”→“合并”→“合并单元格”按钮，即可将选中的单元格合并。

用同样的方法合并其他单元格，以达到如图 3.75 所示的效果。

（2）单元格的拆分。选择要拆分的单元格（或要重新拆分多个连续的单元格），选择“布局”→“合并”→“拆分单元格”按钮，出现“拆分单元格”对话框。输入拆分后单元格的行数和列数，单击“确定”按钮，即可实现单元格的拆分。在“值日表”中选中第六列的第二到第十一行，将其拆分成 2 列 10 行，效果如图 3.76 所示。

		扫地	拖地	擦黑板	倒垃圾
单周	星期一				
	星期二				
	星期三				
	星期四				
	星期五				
双周	星期一				
	星期二				
	星期三				
	星期四				
	星期五				
备注					

图 3.75　合并单元格后效果

		扫地	拖地	擦黑板	倒垃圾	
单周	星期一					
	星期二					
	星期三					
	星期四					
	星期五					
双周	星期一					
	星期二					
	星期三					
	星期四					
	星期五					
备注						

图 3.76　拆分单元格后效果

6. 设置文字格式、方向和对齐

（1）设计文字格式。

- 设置标题字体格式为“宋体，小一，加粗，居中”。
- 设置所有已经输入的文字为“宋体，四号，加粗”。
- 设置第一行第一列单元格字体为“方正舒体，小四，加粗”。

- 设置表格中其他部分的字体格式为“华文行楷，四号”。

（2）设置文字方向。选中“单周”、“双周”所在的单元格，选择“布局”→“对齐方式”→“文字方向”按钮，文字方向会自动切换为“垂直”方式。

（3）设置单元格对齐方式。选中整个表格，选择“布局”→“对齐方式”→“中部居中”按钮。设置后的效果如图 3.77 所示。

1301 班值日安排表

		扫地	拖地	擦黑板	倒垃圾	
单周	星期一					
	星期二					
	星期三					
	星期四					
	星期五					
双周	星期一					
	星期二					
	星期三					
	星期四					
	星期五					
备注						

图 3.77　设置文字格式、方向和对齐后的效果

7. 行高、列宽的调整

改变表格的行高和列宽的常用方法有以下 3 种。

（1）如果设置的行高、列宽是一个大概值时，可使用鼠标直接拖动表线。将鼠标指针移动到第一列的右框线上，当指针变为横向双向箭头时，按下左键并向左拖动二分之一列宽，释放左键。此时第一列的列宽就调整为原来的二分之一了。

（2）单击“布局”→“单元格大小”命令组，在 高度: 1 厘米 中可以设置行高，在 宽度: 中可以设置列宽。如选中整个表格，在“表格行高”数值区设置“1 厘米”，则表中所有行的行高都为 1 厘米。

（3）单击“布局”→“表”→“属性”按钮，会弹出“表格属性”对话框。单击“行”选项卡，选中“指定高度”复选框设置当前行高数值，单击“上一行”或“下一行”按钮选择当前行，如图 3.78（a）所示。单击“列”选项卡，选中“指定宽度”复选框设置当前列宽数值，单击“前一列”或“后一列”按钮选择当前列，如图 3.78（b）所示，完成设置后单击“确定”按钮即可。

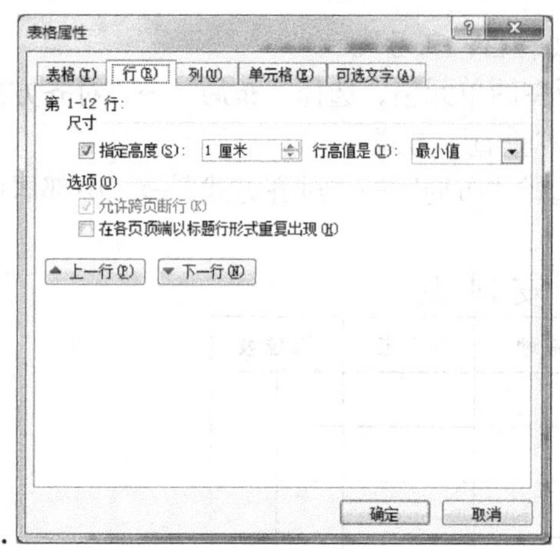

（a）设置行高

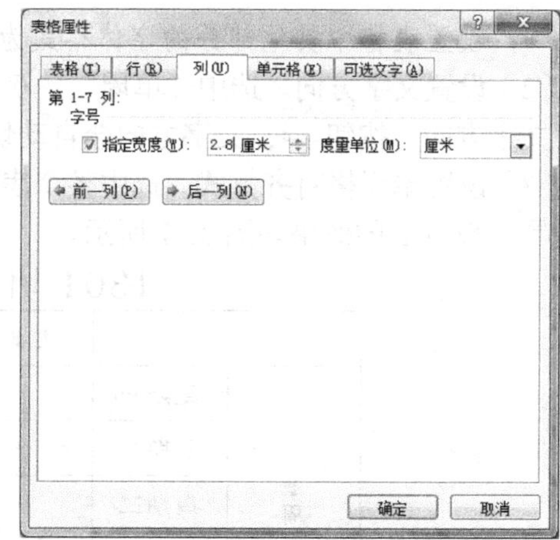

（b）设置列宽

图 3.78　设置行高、列宽

在“值日表”中设置第二列宽度为“2.8 厘米”，其余各列为“2 厘米”。设置完后效果如图 3.79 所示。

		扫地	拖地	擦黑板	倒垃圾	
单周	星期一					
	星期二					
	星期三					
	星期四					
	星期五					
双周	星期一					
	星期二					
	星期三					
	星期四					
	星期五					
备注						

图 3.79　设置行高、列宽后的效果图

在“表格属性”对话框中还可以进行表格的对齐方式、文字环绕方式以及单元格的相关设置。

8. 绘制斜线表头

将当前插入点定位于表格内，选择“设计”→“绘图边框”→“绘制表格”按钮，指针会变成铅笔状，在第一行第一列单元格内画一条对角线，可把此单元格分成两部分。按“Esc”键可退出绘制表格状态。在加了斜线的单元格内输入“行标题”为“项目”，“列标题”为“时间”，效果如图 3.80 所示。

时间　　　　项目

图 3.80　绘制斜线表头后效果

9. 设置边框与底纹

（1）设置表格边框。

① 选中整个表格。

② 选择“设计”→“表格样式”→“边框”按钮 边框 旁边的倒三角，选择“边框与底纹”命令，弹出“边框与底纹”对话框，如图 3.81 所示。

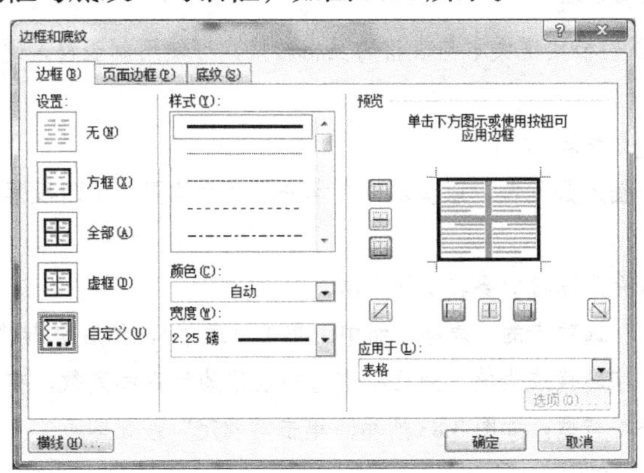

图 3.81　“边框与底纹”对话框

③ 在“设置”中选择“自定义”。

④ 在“样式”中选择第一种样式，在“宽度”中选择“2.25 磅”，单击表格上、下、左、右四个方向的外框线。

⑤ 保持“样式”中选择第一种样式，“宽度”改为“1 磅”，单击表格内框线。单击“确定”即可。

用同样的方法在第六行和第七行中间添加“0.75 磅的红色双实线”边框，最后效果如图 3.82 所示。

（2）设置表格底纹。选中表格第一行，选择“设计”→“表格样式”→“底纹”按钮 底纹，选择主题颜色为“橙色，强调文字颜色 6，淡色 80%”，完成效果如图 3.82 所示。

时间　项目		扫地	拖地	擦黑板	倒垃圾	
单周	星期一					
	星期二					
	星期三					
	星期四					
	星期五					
双周	星期一					
	星期二					
	星期三					
	星期四					
	星期五					
备注						

图 3.82　设置边框后效果

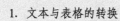

1. 文本与表格的转换

Word 2010 可以轻松实现文本与表格的互相转换，可使用制表符、逗号、空格或其他分隔符标记新列开始的位置。

（1）文本转换成表格。

- 在文本中插入分隔符，以指示将文本分成列的位置，使用段落标记指示要开始新行的位置。
- 选择插入有分隔符的要转换的文本。
- 在“插入”选项卡的“表格”组中，单击“表格”，然后单击“文本转换成表格”。
- 在“将文字转换成表格”对话框中选择表格的行数和列数，在“文字分隔符位置”选择列分隔符类型，如图 3.83 所示。单击“确定”按钮即可。

（2）表格转换成文本。

- 选择要转换成段落的行或表格。
- 单击“表格工具”→“布局”→“数据”→“转换文本”命令按钮，打开“表格转换成文本”对话框，如图 3.84 所示。
- 在“文字分隔符”下，选择要用于代替列边界的分隔符，各行默认用段落标记分隔。
- 单击“确定”按钮，表格就被转换为文本，文本之间用选中的分隔符分隔。

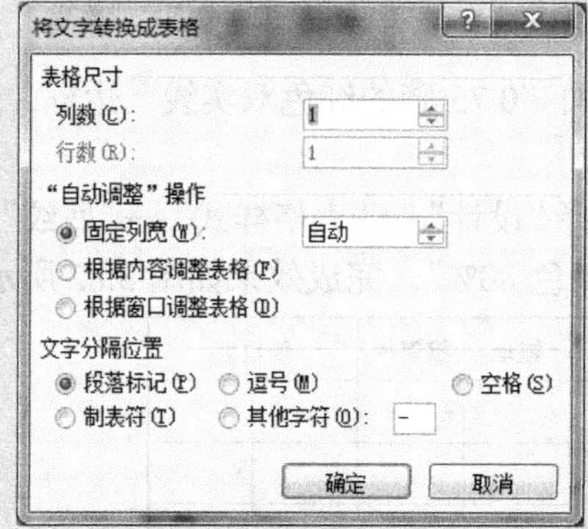

图 3.83 “将文字转换成表格”对话框

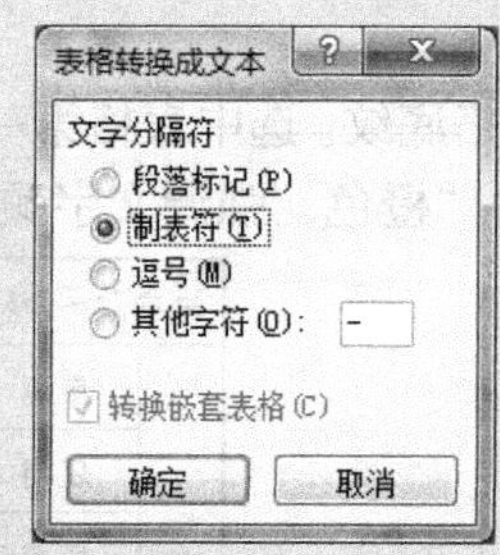

图 3.84 “表格转换成文本”对话框

2. 表格的拆分与合并

（1）拆分表格：将当前插入点置于表格需要拆分行的任意单元格内，选择“布局”→“合并”→“拆分表格”按钮，则表格被拆分为上、下两个表格。被选中的行就是新表格的首行。如图 3.85（a）（b）所示。

（2）合并表格：将上、下两个表格之间的段落标记删除，即可实现两个表格的合并。

姓名	性别	年龄
张三	男	22
李四	女	23
王五	男	21

（a）表格拆分前

姓名	性别	年龄
张三	男	22

李四	女	23
王五	男	21

（b）表格拆分后

图 3.85 拆分表格

知识拓展

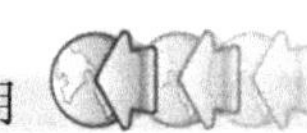

3. 自动套用格式

使用自动套用格式能够快速制作出美观大方的表格，具体方法如下。

将光标定位于要套用格式的表格中，选择“设计”选项卡在“表格样式”功能组中选择合适的样式即可。例如，对图 3.85（a）表格应用样式“浅色网格－强调文字颜色 3”，效果如图 3.86 所示。

姓名	性别	年龄
张三	男	22
李四	女	23
王五	男	21

图 3.86　自动套用格式效果

4. 表格的计算与排序

（1）表格的计算。

如图 3.87（a）所示为一个简单的成绩表，要求计算出各人的总分。

将插入点定位于张三的总分单元格，选择“布局”选项卡，单击“数据”功能组中的“公式”按钮 fx，弹出的对话框如图 3.87（b）所示，单击“确定”按钮，效果如图 3.87（c）所示。将该同学的总分复制到其他人的总分中，按 F9 键更新域，最后结果如图 3.87（d）所示。

姓名	语文	数学	总分
张三	70	85	
李四	74	77	
王五	70	88	
赵六	91	89	

（a）成绩表

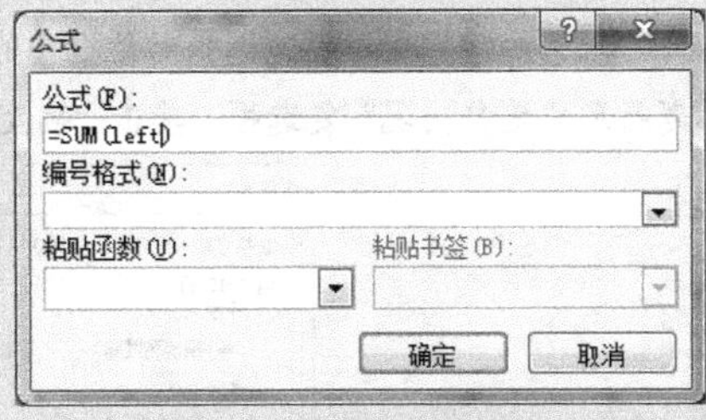

（b）“公式”对话框

姓名	语文	数学	总分
张三	70	85	155
李四	74	77	
王五	70	88	
赵六	91	89	

（c）应用公式求和后效果

姓名	语文	数学	总分
张三	70	85	155
李四	74	77	151
王五	70	88	158
赵六	91	89	180

（d）全部求和后效果

图 3.87　表格的计算

（2）表格的排序。

将插入点定位于表格中，选择“布局”选项卡，单击“数据”功能组中的“排序”按钮，在弹出的对话框中输入主要关键字和次要关键字，如图 3.88（a）所示，单击“确定”按钮后即可完成排序工作，效果如图 3.88（b）所示。

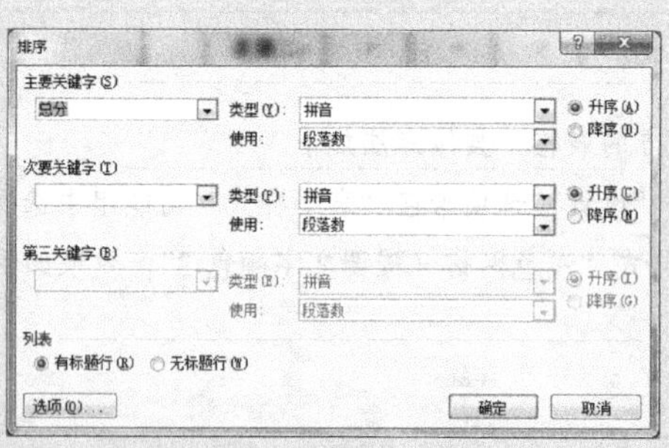

（a）“排序”对话框

姓名	语文	数学	总分
赵六	91	89	180
王五	70	88	158
张三	70	85	155
李四	74	77	151

（b）排序后效果

图 3.88　表格的排序

5. 表格内容跨页时表头的设置

如果制作的表格非常大，就会出现跨页的情况，对于多页的带有表头的表格内容，默认只在第一页显示表头，后面的页面只显示表格内容，这样会给读者带来很多不便。此时就需要做相应的跨页设置，使得每一个页面都显示表格的表头，操作方法如下。

选中表格的表头，选择表格工具的“布局”选项卡，在“表”功能组中单击“属性”按钮，打开“表格属性”对话框，选择对话框中的“行”选项卡，如图 3.89 所示。选中“在各面顶端以标题行形式重复出现”复选框，单击“确定”按钮，这样就会在后面的每个页面中都显示表头了。

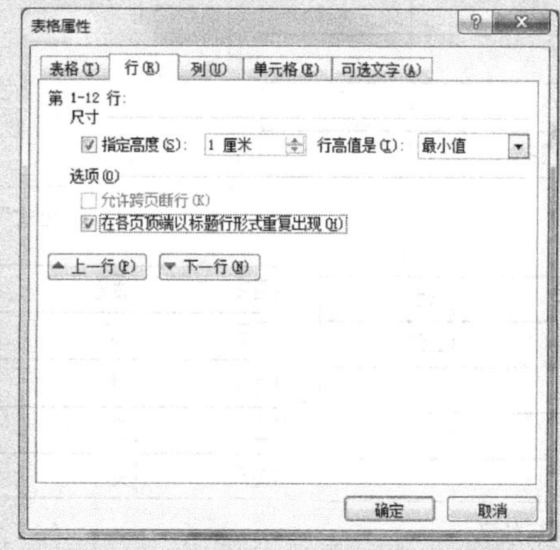

图 3.89　“行”选项卡

知识拓展

任务 5　Word 2010 图文混排

【任务描述】

李老师带着 1301 班的同学组织了一次秋游活动，去参观了岭南名园——可园。回来后有部分同学对“可园”的门票很感兴趣，想知道怎样制作出来，于是李老师就利用 Word 2010 的图文混排技术仿制了一张“可园”门票，分步骤完成的效果如图 3.90（a）、（b）、（c）所示。

同学们见了大为惊叹，纷纷要求学习。通过对本任务的学习，可熟练掌握图文混排中常用的功能，提高综合排版的能力。具体包括如下内容。

- 插入形状。
- 插入图片。
- 插入文本框。
- 插入艺术字。
- 组合图形的修饰与提高。

（a）效果 1

（b）效果 2

（c）效果 3

图 3.90　“可园门票”效果图

【任务实现】

1. 插入形状

Word 2010 提供了一定的绘图功能，可以在 Word 文档中添加一个形状图形或者合并多个形状以生成一个更复杂的形状。可用形状包括线条、基本几何形状、箭头、公式形状、流程图形状、星、旗帜和标注。

（1）插入矩形框。单击“插入”→“插图”→“形状”按钮，可弹出 Word 2010 提供的形状图形下拉列表，如图 3.91 所示。单击“矩形”中的“矩形”按钮，鼠标指针会变为十字形状。在 Word 文档中确定矩形左上角的位置，然后由此位置向右下角拖动鼠标，确定矩形的大小后，释放鼠标按钮。此时，矩形的大小和位置无需精确，后续还可以调整。

创建形状后，“绘图工具”→“格式”选项卡也自动添加到功能区。在“格式”选项卡中，更改形状设计和布局的命令被分为一组。如图 3.92 所示。

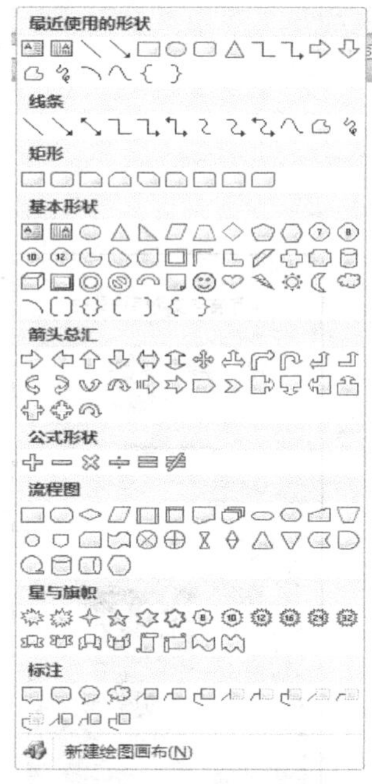
图 3.91 形状图形下拉列表

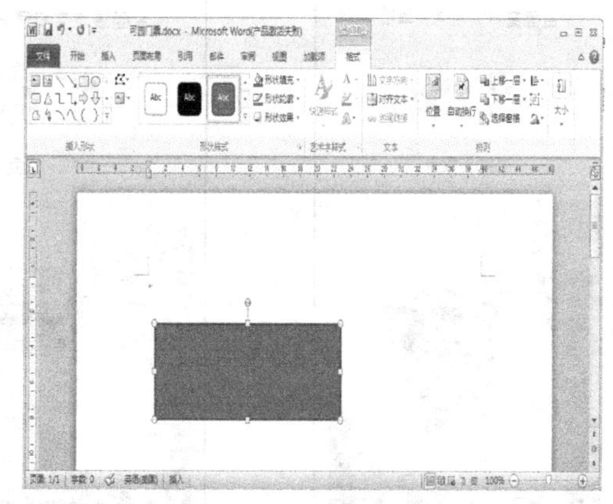
图 3.92 “格式”选项卡

（2）编辑矩形框。编辑形状图形包括选择、移动、复制、改变大小、改变形态、旋转及填充形状和设置形状轮廓等操作。在本任务中，编辑矩形框的步骤如下。

① 单击“矩形”将其选中。

② 在“绘图工具”→“格式”→“大小”命令组中，输入矩形框的高与宽的数值，可改变矩形框的大小。此处，矩形框的高为 21 厘米，宽为 7 厘米。

③ 单击“绘图工具”→“格式”→“排列”命令组中的对齐按钮，在弹出的对齐列表中选择“左右居中”，并在“对齐页面”前打钩，如图 3.93（a）所示，可以设置矩形框相对于页面左右居中。再次单击对齐按钮，在列表中选择“上下居中”，设置矩形框相对于页面上下居中。即矩形框在页面中是上下、左右居中。

④ 单击“绘图工具”→“格式”→“形状样式”命令组中的形状填充按钮形状填充，在弹出的列表中选择“无填充颜色”，如图 3.93（b）所示，设置矩形框没有填充颜色。

⑤ 单击“绘图工具”→“格式”→“形状样式”命令组中的形状轮廓按钮形状轮廓，在弹出的列表中选择主题颜色为“黑色，文字 1”，设置矩形框轮廓为黑色。再单击“粗细”命令，选择轮廓宽度为“1.5 磅”，如图 3.93（c）所示。设置完成后，效果如图 3.93（d）所示。

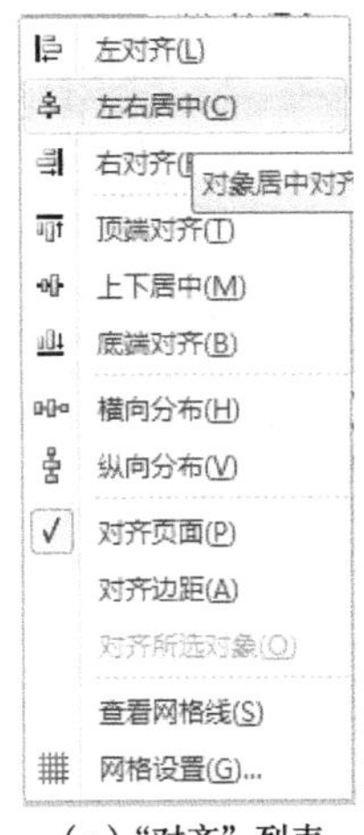

(a)"对齐"列表

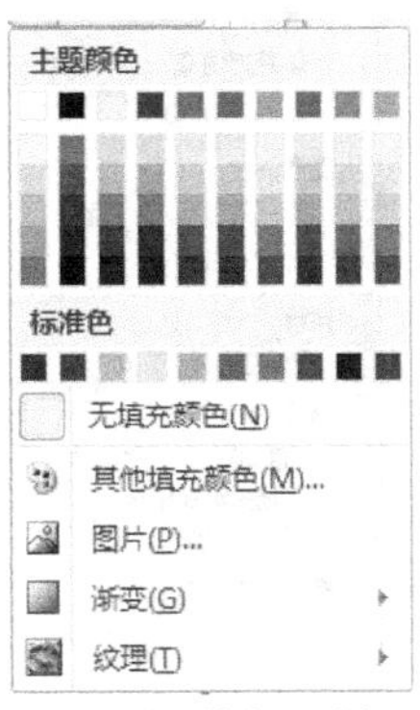

(b)"形状填充"列表

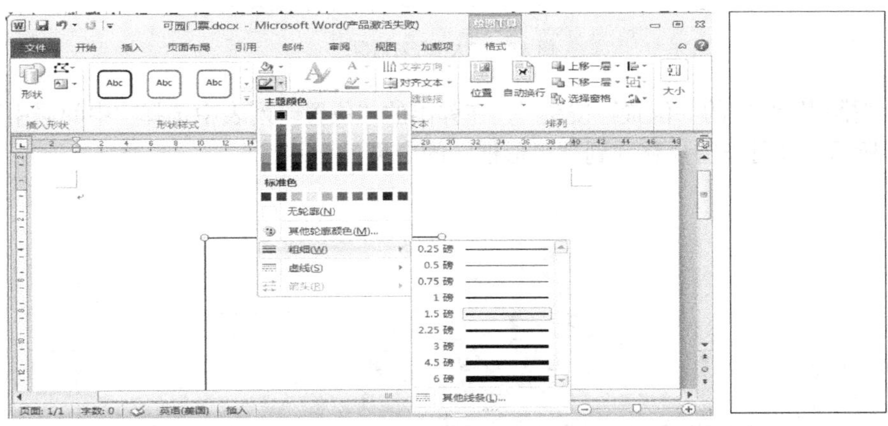

(c)"形状轮廓"列表

(d)"矩形框"效果

图 3.93　编辑矩形框

2. 插入图片

(1)插入图片。插入图片是指在 Word 2010 文档中插入以文件形式保存的图片。单击"插入"选项卡"插图"组中的"图片"命令，弹出"插入图片"对话框，选择图片的保存位置和文件名，单击"插入"按钮，即可插入图片。在本任务中插入图片"可园景色.jpg"

(2)设置图片格式。插入图片后，在标题栏会自动出现"图片工具"→"格式"选项卡，此选项卡由"调整"、"图片样式"、"排列"、"大小"4 个组组成，如图 3.94 所示。

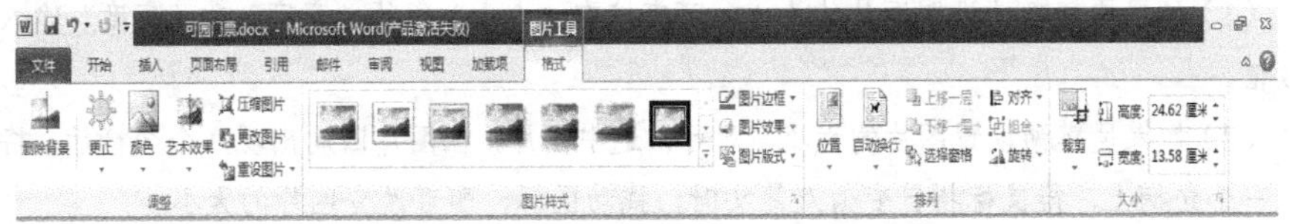

图 3.94　"图片工具"中的"格式"选项卡

选中图片，单击"大小"命令组右下角的对话框启动器，可打开"大小"对话框，如图 3.95 所示。在"缩放"项目中分别把"高度"和"宽度"都设置为 30%，再单击"确定"按钮，即可把图片缩小到原图的 30%。

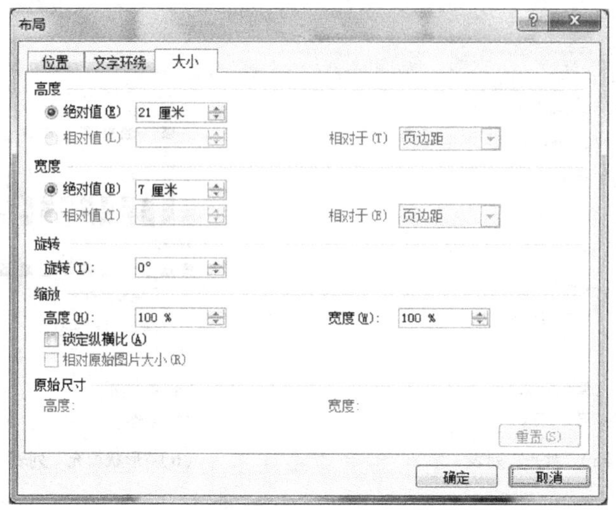

图 3.95 “大小”对话框

单击“排列”组中的“位置”按钮，在弹出的“位置”列表中选择“中间居中”命令，如图 3.96 所示，即可把图片移动到“矩形框”的中央。

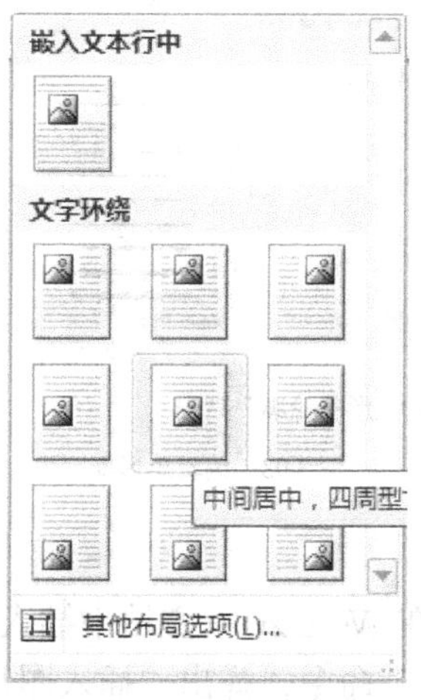

图 3.96 “位置”下拉列表

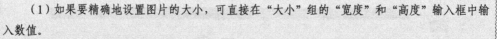

（1）如果要精确地设置图片的大小，可直接在“大小”组的“宽度”和“高度”输入框中输入数值。

（2）如果是模糊设置图片的大小，则可以选中图片，在图片四周出现八个句柄后，将光标移至任一个句柄上，待鼠标指针变为双箭头时，拖动鼠标，即可改变图片的大小。

知识链接

3. 插入文本框

文本框是可移动、可调整大小的文字或图形的容器。使用文本框，可以在同一页上放置多个文字块，也可以使文字按与文档中其他文字不同的方向排列，如“竖排文本框”。

（1）插入文本框。单击“插入”选项卡下“文本”组中的“文本框”命令按钮，出现的文本框列表如图 3.97 所示。选择“绘制文本框”命令，鼠标指针变为十字形状，按下鼠标左键，拖动鼠标绘制合适大小的文本框。输入文字内容“全国重点文物保护单位”，并设置文字格式为“小四号、黑体”。

（2）编辑文本框。选中文本框，选择“绘图工具”中的“格式”选项卡，单击“形状样式”中的“形状填充”按钮，选择“无填充”；再次单击“形状样式”中的“形状轮廓”按钮，选择“无轮廓”，设置完成后，再将该文本框置于矩形框靠上的空白位置。

用同样的方法插入以下几个文本框：“广东 · 东莞（小四号、黑体）”、“每券一人，票价八元（五号、黑体、分两行、框中文字加宽 2 磅）”、“№0028140（五号、宋体、红色）”、“东莞（04 具 A）（五号、宋体、分两行）”，完成后效果如图 3.98 所示。

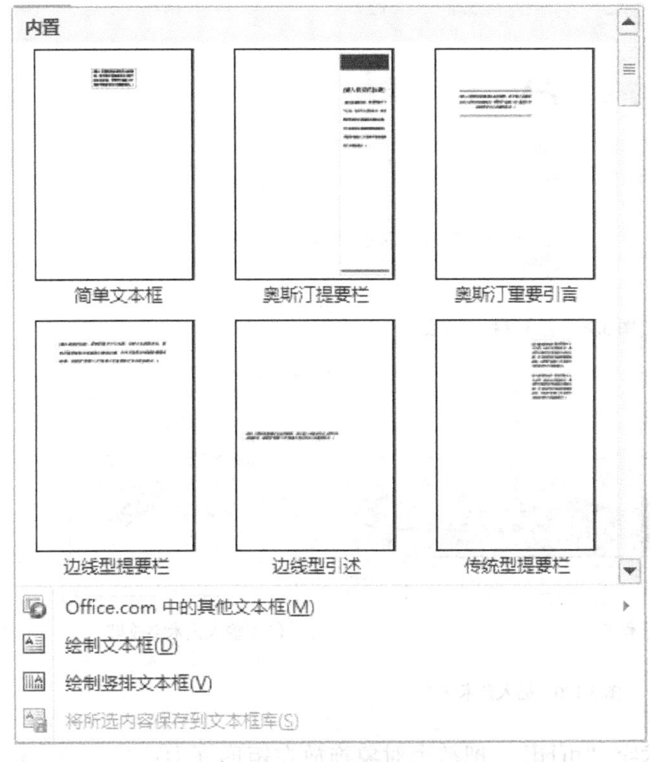

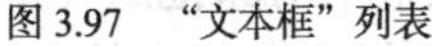

图 3.97　“文本框”列表

图 3.98　插入“文本框”后效果

为了使文本框在矩形框中排列得更美观，可按住“Shift”键选中多个文本框，使用“绘图工具格式”中的“排列”→“对齐”→“左右居中”命令，可将多个文本框水平居中对齐。

知识链接

4. 插入艺术字

艺术字是指插入到文档中的装饰文字，使用 Word 2010 插入和编辑艺术字功能，可以创建带阴影的、扭曲的、旋转的和拉伸的艺术字效果，还可以按照预定义的形状创建文字。

（1）插入艺术字。单击“插入”选项卡中“文本”组的“艺术字”按钮下的倒三角，

在弹出艺术字样式列表中单击第五排第三个样式“填充–红色，强调文字颜色 2，暖色粗糙棱台”，如图 3.99 所示。

页面中会自动出现一个浮动框，如图 3.100（a）所示，单击浮动框，在其中输入“可园”，并设置为“华文行楷，45 磅”，艺术字即可被输入。拖动艺术字右下角的句柄也可将艺术字变大或变小。效果如图 3.100（b）所示。

图 3.99　艺术字样式列表

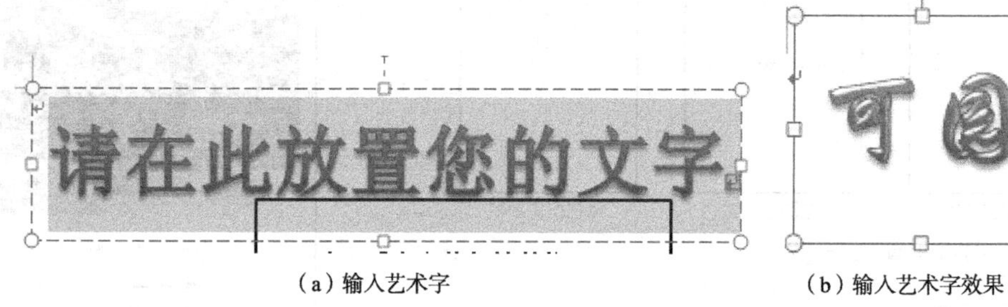

（a）输入艺术字　　（b）输入艺术字效果

图 3.100　插入艺术字

（2）设置艺术字格式。选中艺术字“可园”，把整个对象拖放在矩形框中；

单击“绘图工具”→“格式”选项卡下“艺术字样式”组中的“文本填充”按钮，在下拉列表中选择填充颜色为“红色标准色”。

单击“绘图工具”→“格式”选项卡下“艺术字样式”组中的“文本轮廓”按钮，从下拉列表中选择轮廓颜色为“红色，强调文字颜色 2，深色 25%”。

单击“绘图工具”→“格式”选项卡下“艺术字样式”组中的“文本效果”按钮，在下拉列表中单击“棱台”命令，从下一级菜单中选择“凸起”命令。

设置完成后，效果如图 3.101（a）所示。

用同样的方法，设置艺术字“门票（方正舒体，36 磅）”，完成后效果如图 3.101（b）所示。

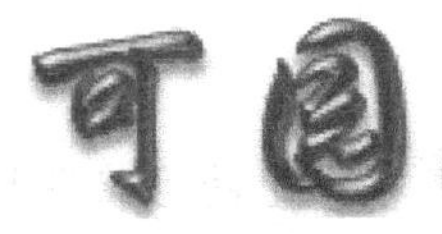

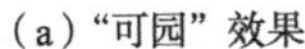
（a）“可园”效果

（b）“门票”效果

图 3.101　设置艺术字效果

按住“Shift”键同时选中艺术字“可园”和“门票”，单击“绘图工具格式”中的“排列”→“对齐”→“左右居中”命令，可使两组艺术字相对于“矩形框”水平居中对齐。完成后效果如图 3.90（a）所示。

> 由于矩形框中的文本框比较多，为了防止误操作，可将已经完成的文本对象全部选中，使用“绘图工具格式”中的“排列”→“组合”→“组合”命令，将多个对象之间的位置锁定。
>
> 知识链接

5. 组合图形的修饰与提高

（1）为矩形框添加背景。选中矩形框，单击“绘图工具格式”选项卡下“形状样式”组中的“形状填充”按钮，在下拉列表中选择“图片”命令，在弹出的“插入图片”对话框中找到放置背景图片的位置，单击图片“背景.jpg”，即可为矩形框添加背景，效果如图 3.102 所示。

选中矩形框，单击“图片工具格式”选项卡下“调整”组中的“颜色”按钮，在下拉列表中选择“重新着色”→“冲蚀”命令，如图 3.103 所示。设置完成后效果如图 3.90（b）所示。

图 3.102　添加背景图片后效果

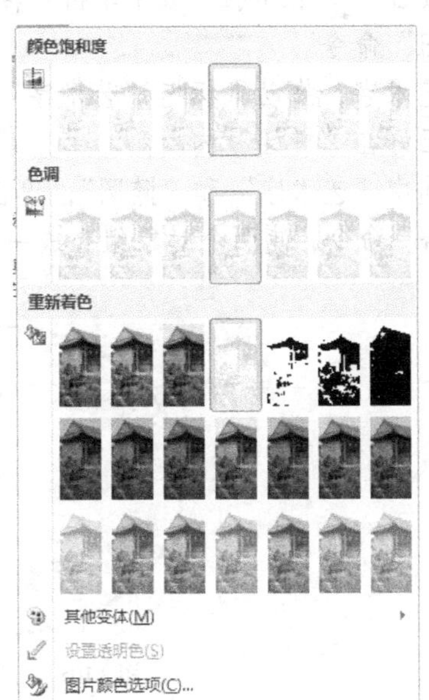

图 3.103　“颜色”下拉列表

（2）制作图章。

① 制作图章外边框。

- 单击“插入”→“插图”→“形状”按钮，在弹出的形状图形列表中选择“椭圆”工具，在矩形框旁边空白地方画一个大小适合的“椭圆”。如图 3.104（a）所示。
- 选中“椭圆”，单击“绘图工具”→“格式”→“形状样式”命令组中的形状填充按钮形状填充，在弹出的列表中选择“无填充颜色”，设置“椭圆”没有填充颜色。
- 单击“绘图工具”→“格式”→“形状样式”命令组中的形状轮廓按钮形状轮廓，设置形状轮廓为“红色标准色”。完成后效果如图 3.104（b）所示。

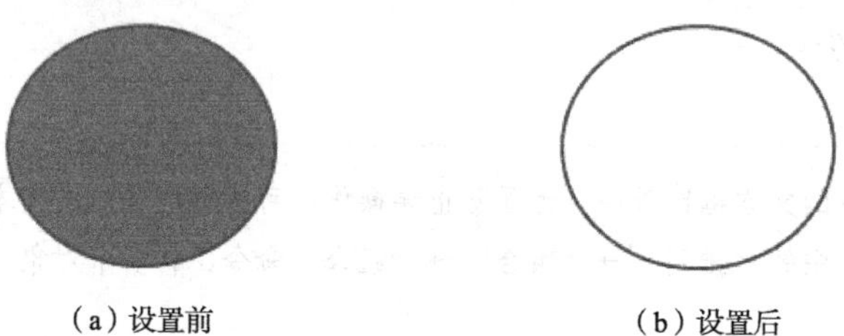

（a）设置前　　（b）设置后

图 3.104　制作图章外边框

② 设置图章内部文字。

- 单击“插入”选项卡中“文本”组的“艺术字”按钮下的倒三角，在弹出艺术字样式列表中单击第一排第二个样式“填充—无，轮廓，强调文字颜色 2”。
- 在自动出现的浮动框中输入文字“全国统一发票监制章 广东省东莞市 地方税务局监制”，分三行排列，并设置为“宋体，四号，字符间距加宽 2 磅”。
- 选中艺术字，单击“绘图工具”→“格式”选项卡下“艺术字样式”组中的“文本效果”按钮，在下拉列表中单击“转换”命令，从下一级菜单中选择“跟随路径”→“按钮”命令。
- 选中艺术字，拖动鼠标把“艺术字”移到“椭圆”上方，合理调整位置，使“艺术字”正好在“椭圆”内。
- 同时选中“艺术字”和“椭圆”，单击“绘图工具格式”中的“排列”→“组合”→“组合”命令，使两个对象组合成一个图形，便完成了图章的制作，效果如图 3.105 所示。

图 3.105　门票上的“图章”

③ 组合所有对象。

选中“图章”把它拖动到矩形框上方，合理调整位置。

按下“Shift”键，同时选中矩形框上所有对象，单击“绘图工具格式”中的“排列”→“组合”→“组合”命令，使整张“可园门票”组合为一个图形。完成后效果如图 3.90（c）所示。

1. 超链接

当输入网页的地址（如 www.dgjmxx.net）或电子邮件名称（如 mail@126.com），并按回车或空格键时，Word 2010 会自动创建超链接。

如果要创建超链接，可按照以下步骤实现。

选择要显示为超链接的文本或图片，选择“插入”选项卡，单击“链接”组中的“超链接”按钮，弹出“插入超链接”对话框，如图 3.106 所示。在该对话框中选择超链接的目标位置，单击“确定”按钮，即可创建超链接。

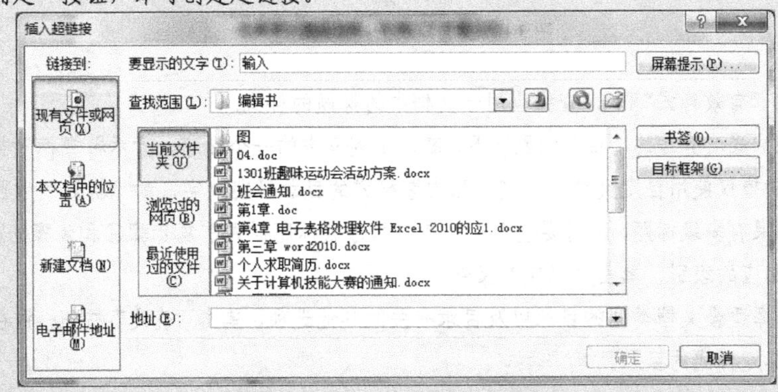

图 3.106　“插入超链接”对话框

2. 文档目录

文档目录是文档中的标题及其所在页码的列表，通过目录可以浏览文档的内容。通常可以通过 Word 2010 中内置的标题样式和大纲级别创建目录，还可以使用自定义标题格式创建目录，或者可以将级别指定给需要包含在目录中的文本项。

（1）使用内置标题样式创建目录。

① 选择要应用标题样式的标题。

② 在“开始”选项卡上的“样式”组中，单击所需的样式，把内置的标题样式应用于标题上。把所有要包含在目录中的标题都应用标题样式。如果为多级标题，可以使用不同的标题样式。

③ 单击要插入目录的位置，通常在文档的开始处。

④ 在“引用”选项卡上的“目录”组中，单击“目录”按钮，然后单击所需的目录样式。Word 2010 会搜索与所选样式匹配的标题，按照标题级别排序、引用页码，然后将目录插入到文档中。

（2）用自定义的样式创建目录。

① 首先将自定义的样式应用于要包含在目录中的标题上。

② 单击要插入目录的位置。

③ 在“引用”选项卡上的“目录”组中，单击“目录”按钮，然后单击“插入目录”→“选项”，如图 3.107 所示。

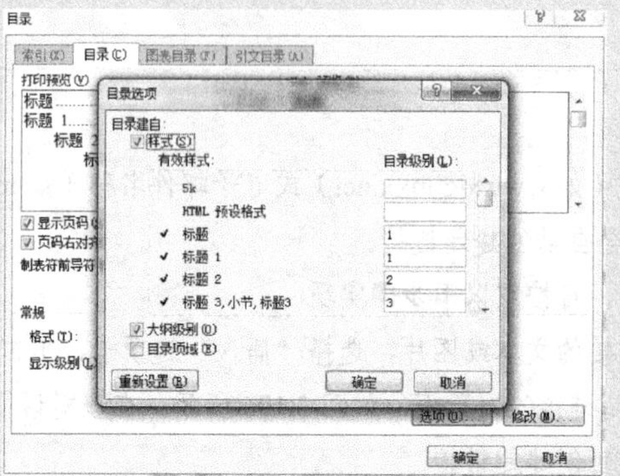

图 3.107　自定义的样式创建目录

④ 在“有效样式”下，查找应用于文档中的标题的样式。

⑤ 在样式名旁边的“目录级别”下，键入 1 到 9 中的一个数字，指示希望标题样式代表的级别。如果希望仅使用自定义样式，就删除内置样式的目录级别数字，如“标题”后面的“1”。

⑥ 如果有多级标题，则对要包含在目录中的每级标题样式重复步骤④和步骤⑤，并在目录级别中键入相应的级别，单击“确定”按钮。

⑦ 选择适合文档类型的目录以及目录有关的其他选项，单击“确定”按钮，将在指定位置插入自定义标题样式的目录。

3. 邮件合并

使用邮件合并功能，可以将标准文件与包括变化信息的数据源（如 Excel 表、Access 数据表等）进行合成，合成后的文件可以保存为 Word 文档打印出来，也可以以邮件形式发送出去。“邮件合并”功能除了可以批量处理信函、信封等与邮件相关的文档外，也可以轻松地批量制作标签、工资条、成绩单及各类获奖证书等文档。

使用“邮件”选项卡下的命令来执行邮件合并，其过程如下。

（1）创建主文档。主文档就是文档的底稿，包含了文档中不变的内容，如信函中的主体内容部分、信封上的落款等。

（2）准备数据源。数据源指的是数据记录，也就是要合并到主文档中的信息。例如信函收件人的姓名和地址等，是主文档中变化的那些内容，数据源可以是已有的 Word 2010 表格、Excel 表或 Access 表等，也可以在邮件合并时创建。

（3）调整收件人列表或项列表。

（4）将主文档连接到数据源。在主文档中插入合并域，合并域就是合并后要被数据源中的数据替换的变量，执行邮件合并时，来自数据源中的信息会填充到邮件合并域中。

（5）将邮件合并到新文档并预览。

在邮件合并时，除可以合并数据源中的全部数据外，还可以只合并当前记录或符合条件的记录，合并完成后每个记录生成一个新的文档。

知识拓展

在“邮件”选项卡的“开始邮件合并”组中，首先单击“开始邮件合并”，然后单击“邮件合并分步向导”。可以使用“邮件合并”任务窗格执行邮件合并，该任务窗格将分步引导完成这一过程。

4. 公式的使用

Word 2010 中内置了一些公式，包括二次公式、二项式定理、勾股定理、圆的面积等，这些公式可以直接插入使用。

（1）单击“插入”选项卡中的“符号”组中的“公式”按钮 π 下的倒三角按钮，在弹出的列表中显示了内置的公式，如图 3.108（a）所示。

（2）单击一个需要的公式，该公式就被插入到文档插入点处。单击插入的公式右下角的下拉按钮，在快捷菜单中可以设置公式的对齐方式和形状。

（3）选中公式后会显示“公式工具”的“设计”选项卡，如图 3.108（b）所示，在该选项卡中可以对插入的公式进行修改和编辑。

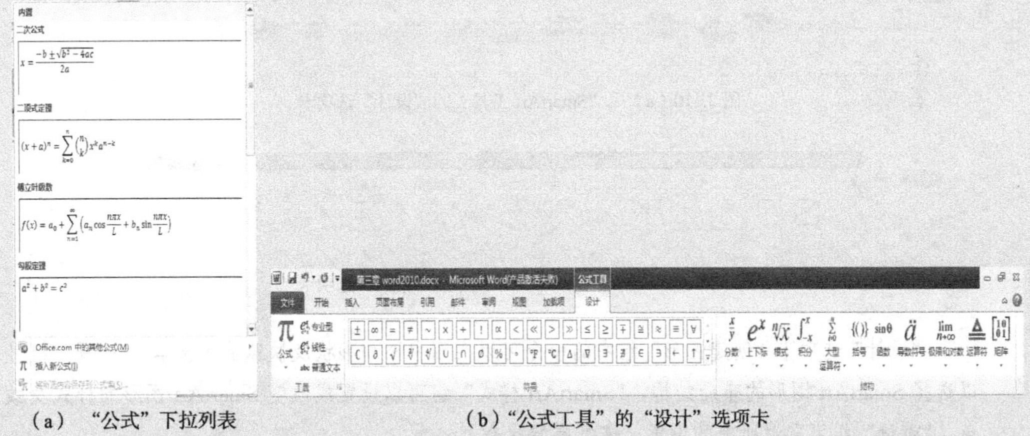

（a）“公式”下拉列表　　　　（b）“公式工具”的“设计”选项卡

图 3.108　公式的使用

（4）如果内置公式中没有需要的公式，则可以在图 3.108（a）所示的列表中单击“插入新公式”命令，然后在图 3.108（b）所示选项卡中来插入新的公式。

5. SmartArt 图形

“SmartArt”图形包括列表、流程、循环、层次结构、关系、矩阵及棱锥图等多种图形。使用 SmartArt 图形可以更直观地表达信息，更方便地制作流程图或组织结构图等文档。

创建 SmartArt 图形时，系统将提示选择一种 SmartArt 图形类型，如“流程”、“层次结构”、“循环”或“关系”，每种类型包含几个不同的布局，如图 3.109 所示。

插入一个 SmartArt 图形后，在界面上会出现“SmartArt 工具”的“设计”选项卡和“格式”选项卡，如图 3.110（a）和（b）所示。

知识拓展

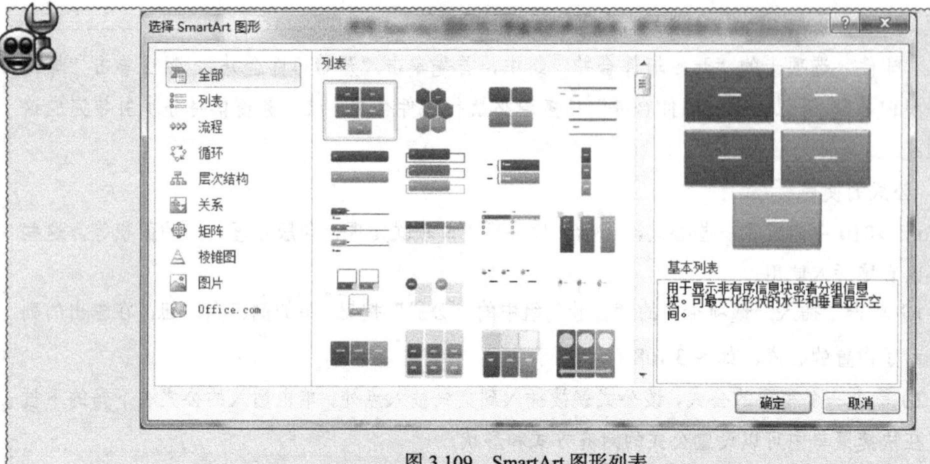

图 3.109　SmartArt 图形列表

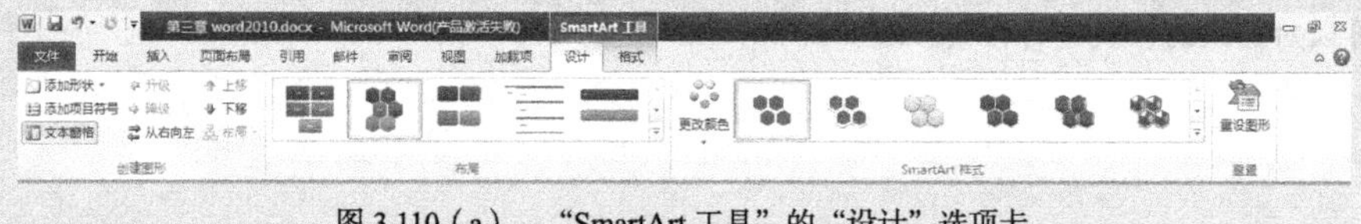

图 3.110（a）　“SmartArt 工具”的“设计”选项卡

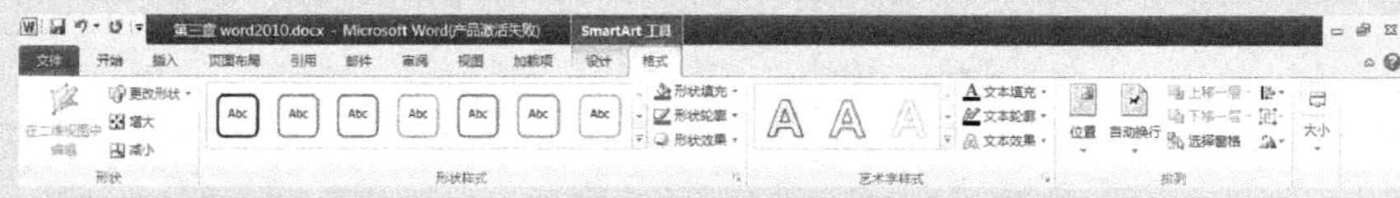

图 3.110（b）　“SmartArt 工具”的“格式”选项卡

“设计”选项卡“创建图形”组中的命令可以在图中添加形状及快速输入文本，“布局”组可以选择 SmartArt 图形的布局结构，“SmartArt 样式”组可以设置或改变 SmartArt 图形的样式及颜色，“重设”组可取消所有的设置，恢复原始状态。

“格式”选项卡“形状”组中的命令可以更改 SmartArt 图形的形状，“形状样式”组可更改 SmartArt 图形中每一个形状的样式，“艺术字样式”组可以更改 SmartArt 图形中文字的样式和颜色，“排列”组可以设置 SmartArt 图形的位置，“大小”组用来设置 SmartArt 图形的大小。

知识拓展

【项目小结】

Word 2010 是用来制作和处理各种文档的、功能强大的文字处理软件，掌握 Word 2010 的使用方法，已经成为各行、各业、各类从业人员的必备的技能。通过本项目 5 个任务的学习，应达到熟练操作 Word 文档，如创建、保存、编辑和文档格式化等，会利用 Word 创建各种表格，还会对文档中的图、文、表进行混合排版等。

除了掌握基本的操作后，还应该举一反三，灵活运用。如果工作中需要写工作总结、调查报告，制作销售统计表、工资表、名片、合同、产品海报等常用的文件格式时，你能否在 Word 2010 中顺利完成？

拓展实训

拓展练习 1：Word 文档的建立与保存

1. Word 2010 的启动与退出

（1）用多种方法打开 Word 2010。

（2）用多种方法退出 Word 2010。

2. 参考本书图 3.6 的内容创建“班会通知”文档，并以“6 个位的学号+班会通知”为文件名保存。

3. 文档的安全性管理——打开“计算机发展史.docx”文档，并完成如下操作。

（1）添加打开密码：123。

（2）取消打开密码。

（3）将文档标记为最终状态。

（4）取消限制“标记为最终状态密码”。

（5）添加限制编辑密码：abc。

拓展练习 2：Word 文档的编辑

1. 移动与复制文本

打开“电脑迷趣话.doc”，完成以下操作。

（1）将正文文本按照数字顺序排列。

（2）将“点名”及其正文复制到“电脑迷趣话”的前面。

2. 插入文件

打开“电脑迷趣话.doc”，完成以下操作。

（1）在文件的开头插入“不爱动脑.doc”文件。

（2）在文件的结尾插入“搞笑英语.docx”文件，然后按“女、男、女、男、女”的顺序排列文本。

（3）将“不爱动脑”及其正文复制到文件的末尾。

3. 查找与替换

打开“学生会招聘启事.docx”，完成以下操作。

（1）查找全文的“学生会”，并将“学生会”设置为红色字体。

（2）查找正文的“人数”，并将其全部替换为“名额”。

（3）将全文的“找平”都替换为“招聘”。

（4）将全文的“火东”都替换为“活动”。

4. 插入脚注和尾注

（1）打开“NEWS.DOC”文件，完成如下操作。

① 在第一段的“纽约”两个字后面插入脚注。脚注为“美国的一个城市。”

② 在第二段的“美国”两个字后面插入脚注。脚注为“一个强国。”

③ 在第三段的《星岛日报》后面插入尾注，尾注为“美国销售最高的报纸之一。”

（2）打开“望岳.doc”文档，输入脚注和尾注，完成后如图 3.111 所示。

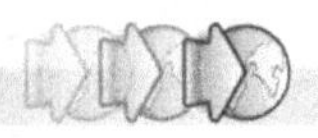

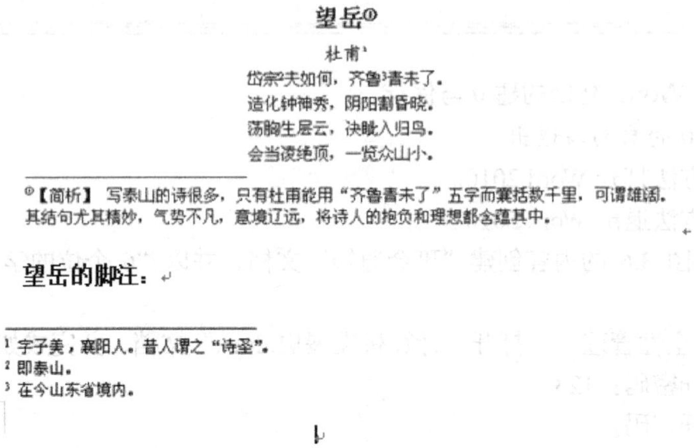

望岳[①]

杜甫[1]

岱宗[2]夫如何，齐鲁[3]青未了。
造化钟神秀，阴阳割昏晓。
荡胸生层云，决眦入归鸟。
会当凌绝顶，一览众山小。

[①]【简析】 写泰山的诗很多，只有杜甫能用“齐鲁青未了”五字而囊括数千里，可谓雄阔。其结句尤其精妙，气势不凡，意境辽远，将诗人的抱负和理想都含蕴其中。

望岳的脚注：

[1] 字子美，襄阳人。昔人谓之“诗圣”。
[2] 即泰山。
[3] 在今山东省境内。

图 3.111 输入“脚注”和“尾注”效果

5. 修改文档——打开“计算机发展史.docx”文档并修改

验收标准：如图 3.112 所示。

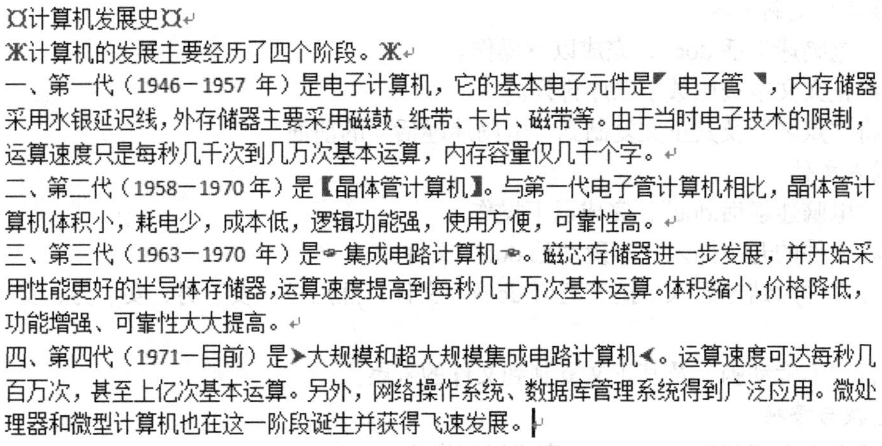

¤计算机发展史¤

※计算机的发展主要经历了四个阶段。※

一、第一代（1946－1957 年）是电子计算机，它的基本电子元件是◤电子管◥，内存储器采用水银延迟线，外存储器主要采用磁鼓、纸带、卡片、磁带等。由于当时电子技术的限制，运算速度只是每秒几千次到几万次基本运算，内存容量仅几千个字。

二、第二代（1958－1970 年）是【晶体管计算机】。与第一代电子管计算机相比，晶体管计算机体积小，耗电少，成本低，逻辑功能强，使用方便，可靠性高。

三、第三代（1963－1970 年）是集成电路计算机。磁芯存储器进一步发展，并开始采用性能更好的半导体存储器，运算速度提高到每秒几十万次基本运算。体积缩小，价格降低，功能增强、可靠性大大提高。

四、第四代（1971－目前）是➤大规模和超大规模集成电路计算机◀。运算速度可达每秒几百万次，甚至上亿次基本运算。另外，网络操作系统、数据库管理系统得到广泛应用。微处理器和微型计算机也在这一阶段诞生并获得飞速发展。

图 3.112 “修改文档”效果

拓展练习 3：Word 文档格式化

打开“关于计算机技能大赛的通知.docx”文档，按以下的要求进行操作，完成后以原文件名保存。

（1）设置标题文字格式为“华文新魏，一号，加粗居中，浅绿色底纹，字符间距加宽 2 磅”。

（2）将正文第一段的行距设置为“固定行距 25 磅，段前 1 行，段后 0 行”。

（3）将正文第一段设置为“楷体，四号，添加字符边框和底纹”。

（4）将正文内容“一、大赛项目与内容”下的各个标题设置为“字符缩放值为 200%，左缩进 2 个字符，华文行楷，小四号”。

（5）将正文内容“三、成绩评定”下的各个标题设置为“隶书，四号，红色，添加项目

符号”。

（6）将正文“四、奖项设置”下的内容设置为“华文彩云，小四号”。

（7）为正文倒数第二段“关于比赛的最新进展请查看网址：http：//www.xxx.edu.cn”添加黄色标记。

（8）将最后一行文字设置为“分散对齐，楷体，三号，加粗倾斜”。

（9）将落款部分设置为“右对齐，仿宋，加粗，小四”。

（10）设置纸张大小为 A4；上、下页边距为 2.5 厘米，左、右页边距为 3 厘米。

（11）正文第一段设置分两栏，加分隔线。再设置首字下沉 2 行。

（12）设置页眉为“校园文化艺术节活动”，字体为“黑体，小四号”；页脚格式：左边为当前日期，右边为页码，页码格式为“A，B，C...”

（13）为正文内容“时间：……，地点：……”添加“红色双实线”边框，“蓝色，强调文字颜色 1，淡色 80%”底纹。

（14）在正文内容“三、成绩评定”前插入分页符，将文档分成两页。

（15）未说明部分根据样文进行设置。

验收标准：完成后效果如图 3.113 所示。

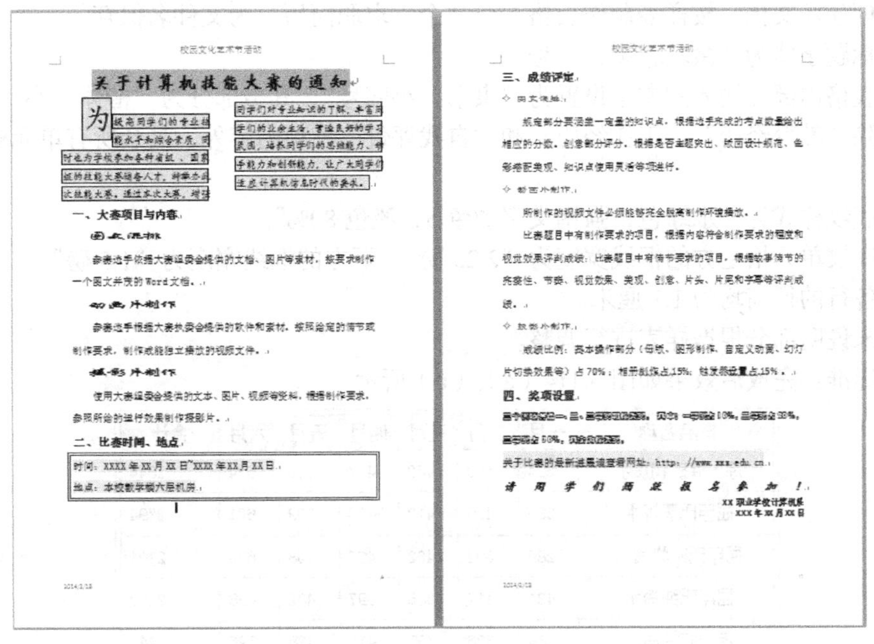

校园文化艺术节活动

关于计算机技能大赛的通知

一、大赛项目与内容

一个图文并茂的 Word 文档。

二、比赛时间、地点

时间：XXXX 年 XX 月 XX 日~XXXX 年 XX 月 XX 日。

地点：本校数学楼六层机房。

校园文化艺术节活动

三、成绩评定

四、奖项设置

关于比赛的最新进展请查看网址：http：//www.xxx.edu.cn。

请同学们踊跃报名参加！

XX 职业学校计算机系

XXX 年 XX 月 XX 日

图 3.113　“文档格式化”效果图

拓展练习 4：Word 表格制作

1. 按下列要求制作表格

（1）将本题的 6 行文本复制到以自己的学号为文件名的文档末尾，再将其将转换成 6 行 7 列表格。

（2）在表格的上面插入一行作为标题行，再在表格右边插入一列，在标题行单元格中分别输入列标题：产品名称、一月、二月、三月、四月、五月、六月、合计。

（3）将表内数据均设为“宋体，5 号字”，标题行文字“加粗”。

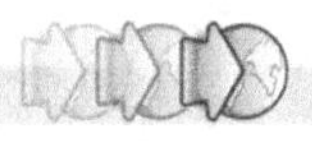

（4）将表格第 1 列宽度设为 4 厘米，合计列列宽为 2 厘米，其他列列宽为 1.2 厘米；标题行高为固定值 0.8 厘米，其他行行高为最小值 0.8 厘米。

（5）在合计列将各种水的 6 个月零售瓶数计算出来。

（6）将标题行与第 1 列单元格的对齐方式设为“中部”，“居中”，数值区域单元格的对齐方式设为“中部”，“右对齐”。

（7）将表格的框线设置为“1.5 磅，蓝色，双实线”的虚框，标题行的单元格加“橙色底纹”。

（8）将“合计”按降序排序。

屈臣氏蒸馏水;380;436;412;426;509;631

屈臣氏矿物质水;289;302;432;467;538;673

屈臣氏纯净水;421;417;385;397;402;428

屈臣氏三加仑;410;452;356;326;379;490

凉一族矿物质水;384;352;462;437;585;624

凉一族纯净水;284;326;398;411;428;596

2. 制作一份“个人求职简历”，具体操作要求如下。

（1）创建新文档，按样表制作表格，以“个人求职简历”为文件名保存。

（2）标题字体为“微软雅黑，一号”。

（3）表格内部已输入的文字设置为“隶书，小四号”，其余部分为“楷体，小四”。

（4）除“教育经历”、“工作经历”和“自我评价”三项内容外，其余所有单元格都居中对齐。

（5）底纹样式为“水绿色，强调文字颜色 5，淡色 80%”。

（6）底纹单元格上方的框线宽度为“2.25 磅”，下方的框线宽度为“1.5 磅”。

（7）各行的行高均为 1.1 厘米。

（8）未说明部分根据样表进行调整。

验收标准：完成后效果如图 3.114（a）、（b）所示。

产品名称	一月	二月	三月	四月	五月	六月	合计
凉一族矿物质水	384	352	462	437	585	624	2844
屈臣氏蒸馏水	380	436	412	426	509	631	2794
屈臣氏矿物质水	289	302	432	467	538	673	2701
屈臣氏纯净水	421	417	385	397	402	428	2450
凉一族纯净水	284	326	398	411	428	596	2443
屈臣氏三加仑	410	452	356	326	379	490	2413

图 3.114（a） “转换表格”效果图

个人求职简历

<table>
<tr><td>姓名</td><td></td><td>性别</td><td></td><td rowspan="5">照片</td></tr>
<tr><td>现在所在地</td><td></td><td>民族</td><td></td></tr>
<tr><td>户口所在地</td><td></td><td>出生日期</td><td></td></tr>
<tr><td>婚姻状况</td><td></td><td>身高</td><td></td></tr>
<tr><td>联系电话</td><td></td><td>邮箱</td><td></td></tr>
<tr><td>通信地址</td><td colspan="2"></td><td>邮箱</td><td></td></tr>
<tr><td>毕业院校</td><td colspan="4"></td></tr>
<tr><td>学历</td><td></td><td>毕业日期</td><td colspan="2"></td></tr>
<tr><td>专业</td><td></td><td>计算机水平</td><td colspan="2"></td></tr>
<tr><td>教育经历</td><td colspan="4"></td></tr>
<tr><td>工作经历</td><td colspan="4"></td></tr>
<tr><td>人才经历</td><td colspan="4"></td></tr>
<tr><td>求职定向</td><td colspan="4"></td></tr>
<tr><td>工作年限</td><td></td><td>职称</td><td colspan="2"></td></tr>
<tr><td>求职典型</td><td></td><td>到职日期</td><td colspan="2"></td></tr>
<tr><td>月薪要求</td><td></td><td>希望工作地</td><td colspan="2"></td></tr>
<tr><td colspan="5">自我评价</td></tr>
<tr><td colspan="5"></td></tr>
</table>

图 3.114（b）　“个人求职简历”效果图

拓展练习 5：　Word 图文混排

（1）使用图文混排的技术，制作一张“名片”，保存为“名片.docx”。

（2）使用图文混排的技术，制作一张“小广告”，保存为“小广告.docx”。

验收标准：完成后效果如图 3.115（a）、（b）所示。

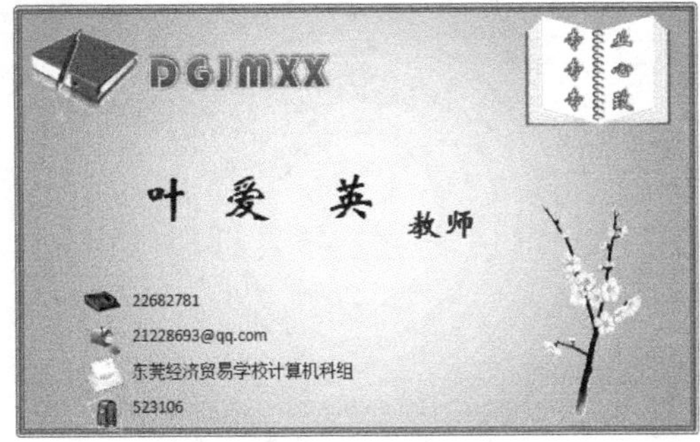

图 3.115（a）　“名片”效果图

图 3.115（b）　“小广告”效果图

电子表格处理软件 Excel 2010 的应用

项目背景

李老师作为一名班主任，要把该班学生的相关信息（如学生信息、学生成绩等）录入计算机，以便日后查找信息与处理数据，这个任务可以使用电子表格软件 Excel 2010 完成。Excel 2010 是微软公司推出的 MicroSoft Office 2010 系列软件中的一个组件。Excel 2010 是目前最流行的电子表格软件，具有制作表格、处理数据、分析数据、创建图表等功能。

能力目标

- 理解工作簿、工作表、单元格等基本概念。
- 掌握工作簿的创建、保存、关闭、打开等操作方法。
- 掌握工作表的各种数据输入、编辑与修改的方法。
- 掌握工作表的基本操作。
- 掌握工作表的格式设置方法。
- 理解单元格地址的引用，能够使用公式或函数按要求进行计算。
- 掌握对工作表数据的分析与处理，包括排序、自动筛选、高级筛选、分类汇总和创建数据透视表等。
- 了解常见图表的功能和使用方法，掌握创建数据图表的办法，并会修改和格式化图表。
- 会根据要求进行页面设置和打印工作表。

任务 1 输入数据

【任务描述】

李老师在新生报到那天已让该班的学生填写了相关的信息，包括姓名、政治面貌、入学成绩、联系电话等。为了尽快了解本班学生，李老师要把学生填写的信息录入计算机，以便日后查找信息。学生信息表如图 4.1 所示。

	A	B	C	D	E	F	G	H	I
1	学生信息表								
2	学号	姓名	性别	政治面貌	出生年月	原毕业学校	身份证号	入学成绩	联系电话
3	130101	李小玉	女	团员	1998/2/6	可园中学	442500199802062226	637	13509988776
4	130102	何小斌	男	群众	1998/3/18	东城初级中学	440100199803185879	642	13609876543
5	130103	王一波	男	团员	1999/7/17	樟木头中学	441900199707170816	639	13701234567
6	130104	何群	女	团员	1997/9/12	桥头中学	442300199709121343	631	13812345678
7	130105	李海涛	男	团员	1998/10/12	虎门中学	441100199810126574	629	13998765432
8	130106	丁虹敏	女	群众	1998/6/14	麻涌中学	441900199806146555	645	13612345678
9	130107	汤琳琳	女	群众	1999/7/27	可园中学	443400199907271169	641	13712345678
10	130108	张庆玲	女	群众	1997/9/14	黄江中学	442500199709143814	637	13823456789
11	130109	李文宏	男	团员	1998/5/2	南城中学	44190019980502199X	627	13912345678
12	130110	赵慧琳	女	团员	1998/2/8	东城初级中学	441600199802087667	633	13512345678

图 4.1　学生信息表

【任务实现】

要录入“学生信息表”的数据，可以使用 Excel 2010 电子表格软件来完成。通过 Excel 2010 建立一个空白工作簿，把有关“学生信息表”的数据录入到计算机中，然后保存该工作簿。要熟练地完成任务，首先要认识 Excel 2010 的工作界面，理解工作簿、工作表、单元格等概念。

1. *Excel 2010 的启动*

启动 Excel 2010 一般有以下几种方法。

方法一：单击“开始”菜单→“所有程序”→“Microsoft Office”→“Microsoft Excel 2010”程序图标。

方法二：双击桌面的“Excel 2010”快捷图标。

方法三：单击“开始”菜单→“所有程序”→“附件”→“运行”命令，在打开的“运行”对话框中输入“excel”，单击“确定”按钮。

方法四：搜索或沿路径找到 Excel 2010 的主程序“Excel.exe”，双击该文件。

方法五：直接双击 Excel 2010 的工作簿文件（扩展名为.xlsx）的图标。

2. *Excel 2010 的工作界面*

Excel 2010 启动后，便进入了 Excel 2010 的工作界面，并且已新建了一个空白工作簿。Excel 2010 的工作界面如图 4.2 所示。

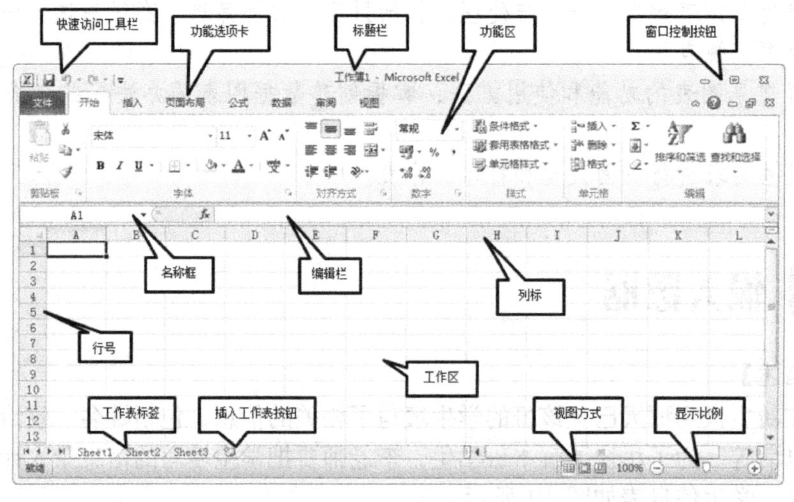

图 4.2　Excel 2010 工作界面

3. 工作簿、工作表和单元格的概念

（1）工作簿。工作簿是 Excel 用来存储并处理数据的文件，一个 Excel 文档就是一个工作簿。每当启动 Excel 时，系统都会自动创建一个名为“工作簿 1”的文档，其扩展名默认为“.xlsx”。一个工作簿就像一本书，它可以包含若干页，每一页就是一个工作表。

新建一个工作簿时，系统默认由 3 个工作表构成，分别是 Sheet1、Sheet2、Sheet3。一个工作簿的工作表个数可以由用户根据需要自行增减，至少 1 个，最多 255 个。

（2）工作表。工作表是工作簿的一部分，一个工作表就是一个电子表格，分为若干行和列。一个工作表由 1048576 行和 16384 列组成。行号从上到下用数字 1、2、3…表示，列号从左到右用字母 A、B、C、…表示。工作表的行、列交叉的方格称为单元格，因此，一个工作表中最多可有 1048576 × 16384 个单元格。每个工作表都有标签，如图 4.2 所示工作表标签为“Sheet1”、“Sheet2”、“Sheet3”，工作表可以重新命名。

（3）单元格。单元格是 Excel 的基本操作单位，可以输入各种数据，如数值、文本、日期、公式、函数等。每个单元格在工作表中都有唯一的地址，由单元格所在列的列号和所在行的行号组成。如 D6 表示 D 列 6 行交叉位置的单元格。

被黑色粗框包围的单元格称为活动单元格，活动单元格只能有一个，是当前正在进行编辑操作的单元格。

4. 新建工作簿

每次启动 Excel 2010 软件，系统都会自动创建一个新的空白工作簿，也可以单击“文件”选项卡的“新建”命令，然后双击“空白工作簿”或单击“创建”命令创建工作簿，如图 4.3 所示。

图 4.3　新建工作簿

新建多个工作簿时，Excel 2010 依次将它们命名为工作簿 2、工作簿 3 等，保存时可分别重命名。

知识链接

5. 输入数据

新建工作簿后，就可以开始输入图 4.1 的数据。

（1）选定工作表。单击工作表 Sheet1 的标签，使“Sheet1”工作表为当前工作表。

（2）确定输入数据的单元格。在单元格内输入数据，先要选定当前活动单元格。选定当前活动单元格的方法较多：可以用鼠标单击要选取的单元格；也可以用键盘的上、下、左、右光标键移到要选取的单元格；还可以在名称框中输入一个有效的单元格地址。单元格的外框变粗、变黑，表示已被选定。如图 4.4 所示，A1 单元格就是当前活动单元格。

根据“学生信息表”数据的整体效果，首先要在 A1 单元格中输入标题“学生信息表”。一般来说，新建一个 Excel 工作簿后，默认当前活动单元格就是 A1 单元格。

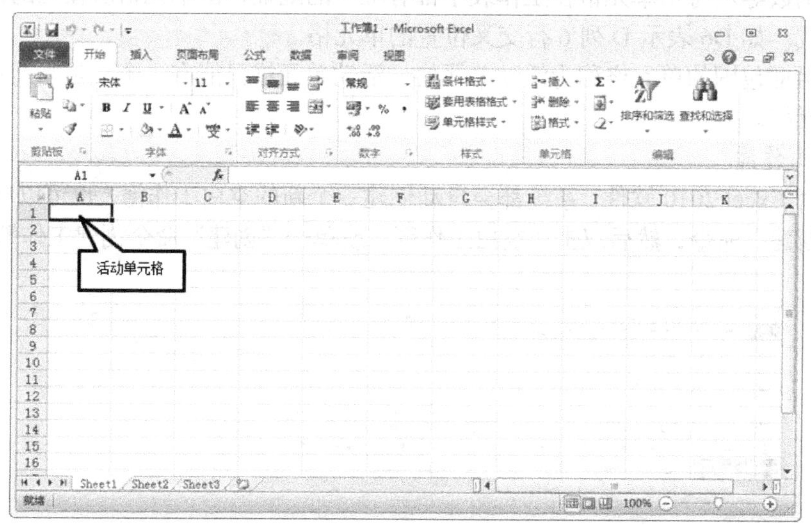

图 4.4　当前活动单元格

（3）输入数据。

① 输入标题。

a.在 A1 单元格直接输入标题“学生信息表”。

b.标题文字输入完后，按回车键确认，或者用鼠标直接单击 A2 单元格，即 A2 为当前活动单元格，为继续进行数据输入做准备。如图 4.5 所示。

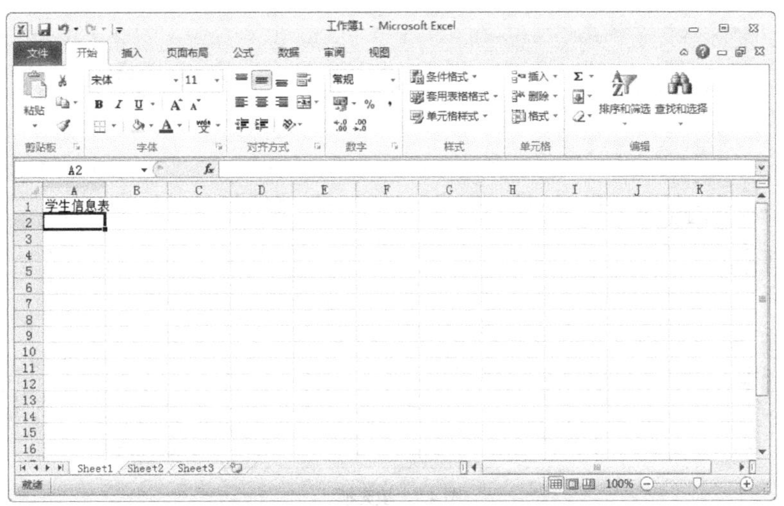

图 4.5　输入标题并将 A2 为当前单元格

② 输入列标题。在第 2 行相应的单元格，依次输入如图 4.6 所示的列标题。

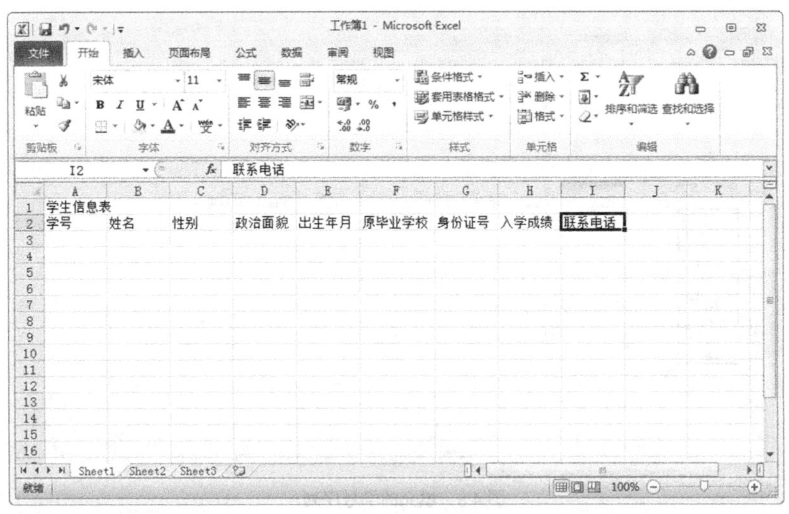

图 4.6　输入列标题

③ 输入“学号”列的数据。

a.用鼠标单击 A3 单元格，即 A3 单元格为当前活动单元格，在此单元格中输入“130101”。

b.将鼠标指针放在 A3 单元格的右下角，会出现一个“填充柄”，鼠标指针变成“**十**”，如图 4.7 所示。

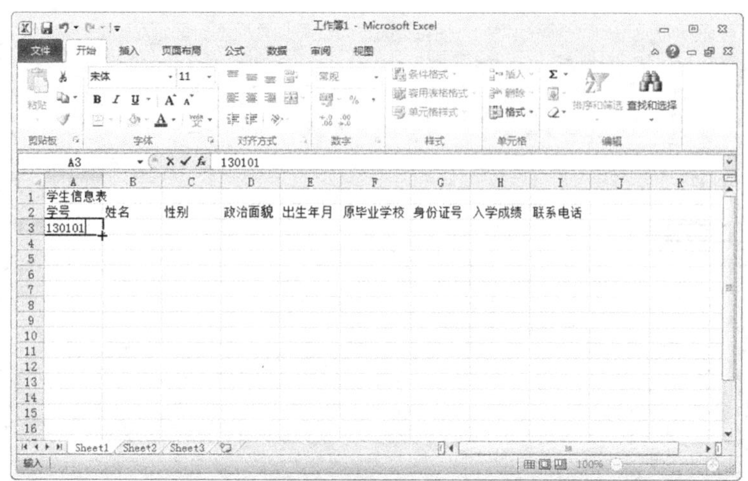

图 4.7 填充柄

c.按住 Ctrl 键，同时按住鼠标左键往下拖动，当出现学号序列的最后一个学号“130110”后，释放鼠标左键，再放开“Ctrl”键，则该序列被自动填充完毕。如图 4.8 所示。

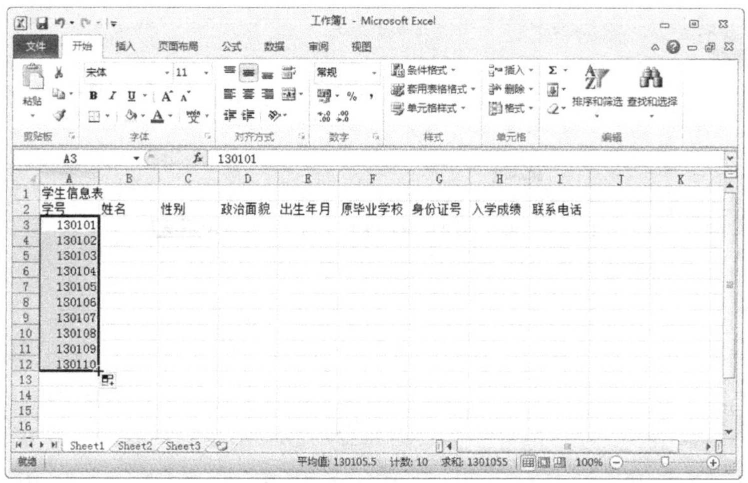

图 4.8 填充的学号序列

④ 输入“姓名”、“性别”、“政治面貌”、“原毕业学校”、“入学成绩”列的数据。在 B 列、C 列、D 列、F 列、H 列的相应单元格区域，依次输入如图 4.1 所示的数据。

⑤ 输入“出生年月”列数据。

a.用鼠标单击 E3 单元格，即 E3 单元格为当前活动单元格。

b.在 E3 单元格中输入“1998/2/6”。

c.在 E 列的其他单元格输入如图 4.1 所示的数据。

⑥ 输入“身份证号”、“联系电话”列的数据。在 Excel 2010 中，文本可以是任何字符串（包括字符与数字组合），在单元格中输入文本时自动左对齐。如果“身份证号”、“联系电话”等列的数字当作文本输入，应在其前面加英文单引号（’），如“442500199802062226”。

a.用鼠标单击 G3 单元格，即 G3 单元格为当前活动单元格。

b.在 G3 单元格中输入“'442500199802062226”，如图 4.9 所示。

c.在 G 列的其他单元格输入如图 4.1 所示的数据。

d.用与输入“身份证号”相同的方法，输入 I 列的联系电话。

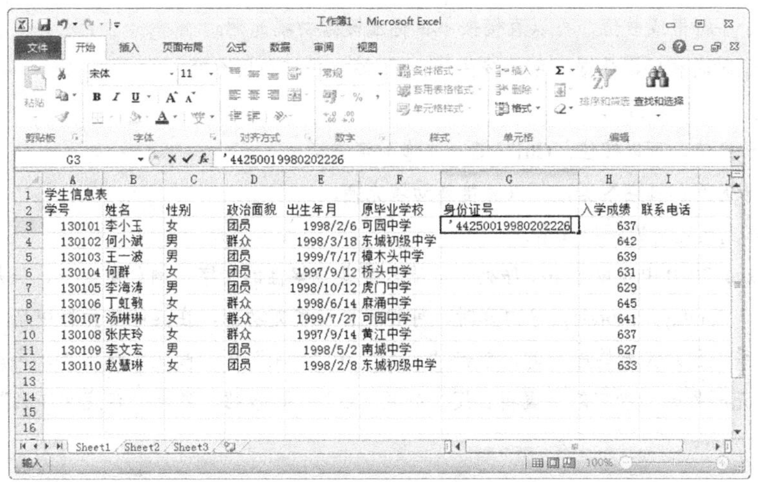

图 4.9　输入身份证号

（1）输入文本。

如在同一单元格中输入的文本内容需占用多行，可输入完一行后按“Alt+Enter”组合键实现单元格内换行。

（2）输入数字。

①在单元格中输入数字时，数字自动右对齐，如“入学成绩”列的数字。

②在单元格中输入分数，如“$\frac{1}{4}$”输入形式是“0 1/4”，“$2\frac{3}{5}$”输入形式是“2 3/5”，即整数与分数之间有一个空格。

③在单元格中输入较长数字，如在单元格中输入“123456789123456”，系统会自动用科学计数法表示为“1.2346E+14”。

④如果数字宽度超过单元格的显示宽度，将用一串“#”号来表示，将列宽调整到适当的宽度，数字即能正常显示。

（3）输入日期与时间。

① 输入日期：日期数据的输入格式通常是“年/月/日”或“年-月-日”。

② 输入时间：时间数据的输入格式通常是“时:分:秒”。

③ 在一个单元格内也可同时输入日期和时间，两者之间用空格隔开。若要输入系统日期，可以按快捷键“Ctrl+;”，若要输入系统时间，可以按快捷键“Shift+Ctrl+;”。

④ 如果日期宽度超过单元格的显示宽度，也将用一串“#”号来表示，将列宽调整到适当的宽度，日期即能正常显示。

（4）用填充柄填充数据。

当输入具有某种规律或相同的数据（如按顺序排列的学号、一年中的 12 个月）时，不需要逐一输入，利用 Excel 2010 的“自动填充”功能可以快速输入。

① 填充相同数据。

a.对于字符串或数值，可以直接按下鼠标左键拖动填充柄。

b.对于时间和日期数据，可以按住“Ctrl”键，并拖动填充柄。

② 填充序列数据。

a.对于数值，可以按住“Ctrl”键，并拖动填充柄。

b.对于时间和日期数据，可以直接拖动填充柄。

③ 填充已定义的序列数据。

在 Excel 2010 中预设了多个序列，当输入某些规律性的文字，例如星期一、一月、第一季、甲乙丙丁、Sunday、Monday 等内容时，可利用自动填充功能，在其他单元格中填入规律性的文字。查看系统已定义好的序列时，单击“文件”→“选项”→“高级”选项卡，再单击创建用于排序和填充序列的列表中的“编辑自定义列表（O）...”按钮，弹出“自定义序列”的对话框，如图 4.10 所示。

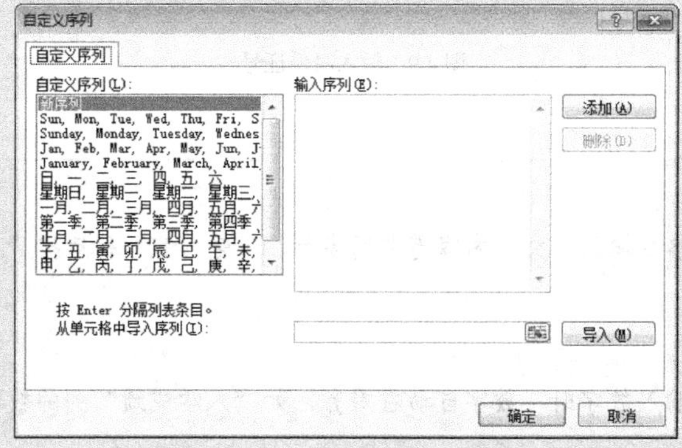

图 4.10 “自定义序列”选项卡

除了系统预设的序列外，也可以自定义一些序列，以便日后输入，例如要填充“第一组、第二组、第三组、第四组、第五组”的序列。系统自定义的序列中没有该序列，所以，首先要创建一个新的序列，操作步骤如下。

a.单击“文件”→“选项”→“高级”选项卡，再单击创建用于排序和填充序列的列表中的“编辑自定义列表（O）...”按钮，弹出“自定义序列”的对话框，在此对话框的“输入序列”框中依次输入“第一组、第二组、第三组、第四组、第五组”，如图 4.11 所示。

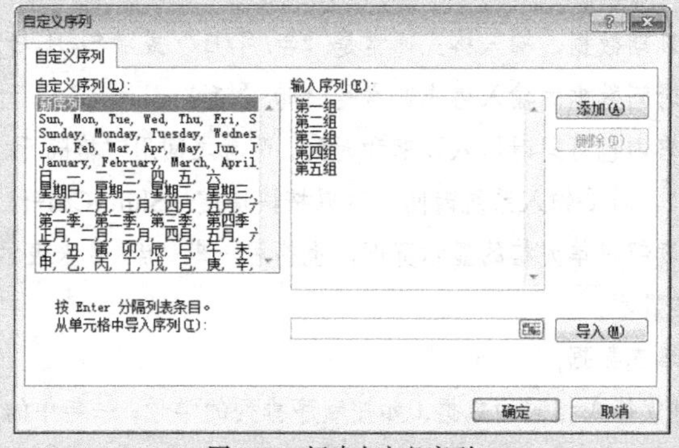

图 4.11 新建自定义序列

b.单击“添加”按钮，该序列就被成功添加进来了，如图 4.12 所示，单击“确定”按钮。

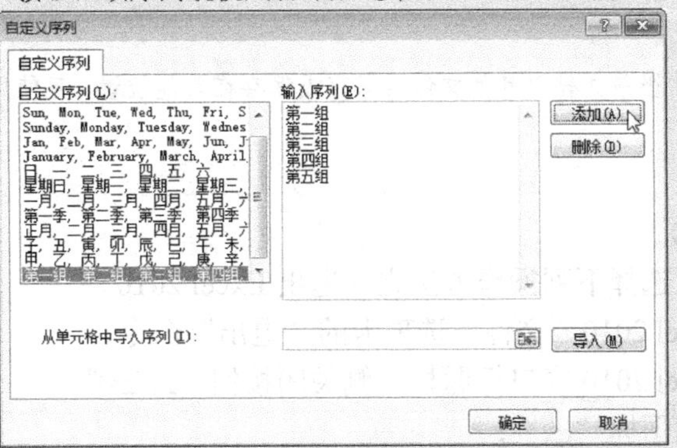

图 4.12　添加的自定义序列

序列清单创建好之后，在工作表的单元格中输入“第一组”，再利用自动填充功能，完成序列的填充。

使用自动填充功能时，不但数据被填充，而且单元格格式也一并被复制。

知识链接

6. 保存工作簿文件

现在已经完成了如图 4.1 所示的数据输入，需要将此工作簿保存为“学生信息表.xlsx”，操作步骤如下。

（1）单击“快速访问工具栏”中的“保存”按钮或单击“文件”菜单上选择“保存”命令或按快捷键“Ctrl+S”。

（2）如果是第 1 次保存，则会弹出 “另存为”对话框，如图 4.13 所示。

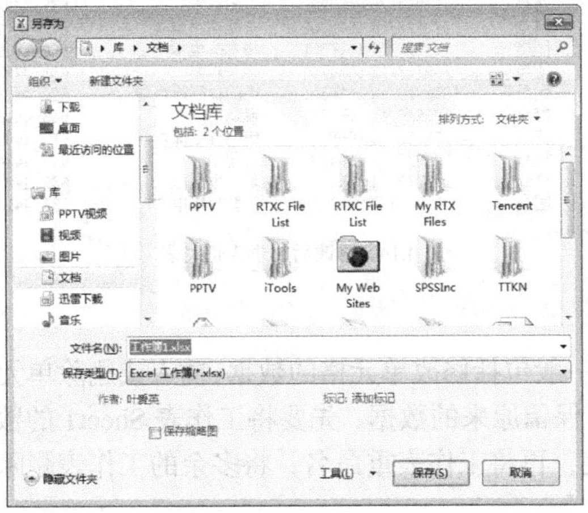

图 4.13　“另存为”对话框

（3）在“保存位置”中选择文档所放的位置。

（4）在“文件名”框中输入要保存的文件名，如“学生信息表”。

（5）单击“保存”按钮，系统默认保存为“Excel 工作簿”类型，扩展名为“.xlsx”。

（1）如果文档已经进行过保存操作，则系统直接对文档进行保存，不会弹出“另存为”对话框。

（2）如果要将当前文档以其他文件名保存或保存在其他位置，可使用“文件”菜单的“另存为”命令进行操作。

知识链接

7. 退出 Excel 2010

完成保存后，可以选择下列操作方法之一退出 Excel 2010。

方法一：单击 Excel 2010“文件”选项卡的“退出”命令；

方法二：单击 Excel 2010 窗口标题栏右侧关闭按钮“ ”；

方法三：双击控制图标“ ”；

方法四：单击 Excel 2010 窗口标题栏左侧控制图标“ ”，在弹出的下拉菜单中单击“关闭”命令；

方法五：按下键盘 Alt+F4 组合键。

任务 2 编辑与修改工作表

【任务描述】

由于新生开学不久，班级的学生情况还有变化，如录入有误的，或漏录入的，或转班的等等，这些都需要一一更正。李老师对学生信息表的数据进一步做了编辑和修改，修改后的学生信息表如图 4.14 所示。

	A	B	C	D	E	F	G	H	I	J
1	学生信息表									
2	学号	姓名	性别	政治面貌	出生年月	宿舍	原毕业学校	入学成绩	身份证号	联系电话
3	130101	李小玉	女	团员	1998/2/6	8栋422	可园中学	637	442500199802062226	13509988776
4	130102	何小斌	男	群众	1998/3/18	16栋302	东城初级中学	642	440100199803185879	13609876543
5	130103	王一波	男	团员	1999/7/17	16栋301	樟木头中学	639	441900199707170816	13701234567
6	130104	何群	女	团员	1997/9/12	8栋424	桥头中学	631	442300199709121343	13812345678
7	130105	李海涛	男	团员	1998/10/12	16栋301	虎门林则徐中学	629	441100199810126574	13998765432
8	130106	丁虹敏	女	群众	1998/6/14	8栋423	麻涌中学	645	441900199806146555	13612345678
9	130107	何一伟	男	群众	1997/12/13	16栋302	虎门林则徐中学	612	440200199712134444	13313313313
10	130108	汤琳琳	女	群众	1999/7/27	8栋423	可园中学	641	443400199907271169	13712345678
11	130109	张庆玲	女	群众	1997/9/14	8栋423	黄江中学	637	442500199709143814	13823456789
12	130110	赵慧琳	女	团员	1998/2/8	8栋423	东城初级中学	633	441600199802087667	13512345678

图 4.14　修改后的学生信息表

【任务实现】

工作表数据的编辑，一般包括修改单元格的数据，插入或删除单元格，插入或删除行（列），移动或复制数据等。为了保留原来的数据，先要将工作表 Sheet1 的数据复制到工作表 Sheet2 中，为了区分两个工作表，再将工作表重命名，将多余的工作表删除。然后，在复制的工作表中进行数据的修改。

1. 工作表的重命名

首先要把工作表 Sheet1 重命名为“原始数据”，把工作表 Sheet2 重命名为“最新数据”。操作步骤如下。

（1）直接单击工作簿底部的工作表标签 Sheet1，表示选定工作表标签“Sheet1”。

（2）单击“开始”选项卡的“单元格”组的“格式”按钮，从弹出的菜单中选择“重命

名工作表”，如图 4.15 所示；或鼠标移至 Sheet1 工作表标签上，单击鼠标右键，从弹出的快捷菜单中选择“重命名”命令，如图 4.16 所示；也可以直接双击工作表标签“Sheet1”。

（3）工作表的标签名会抹黑，输入新的工作表名称“原始数据”。

（4）用与步骤（1）~（3）相同的办法，将工作表“Sheet2”重命名为“最新数据”。

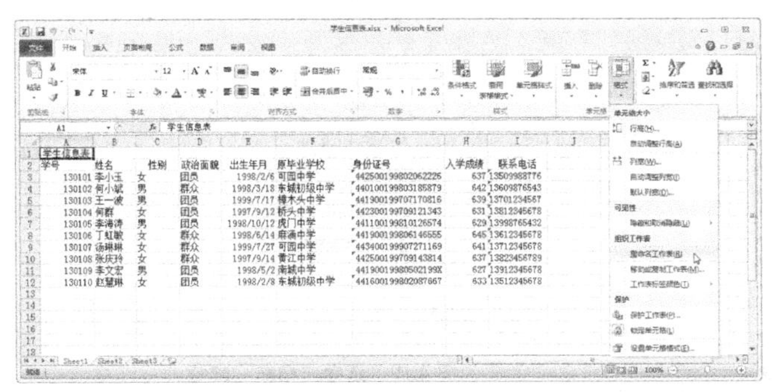

图 4.15 重命名工作表的方法

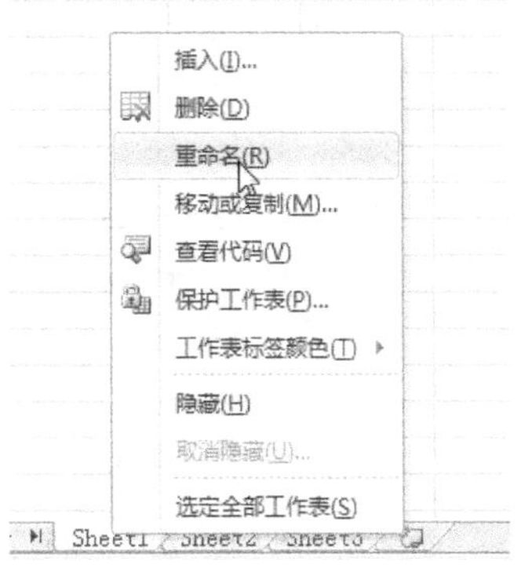

图 4.16 重命名工作表的方法

2. 工作表数据的复制

将工作表重命名后，需将工作表“原始数据”的全部数据复制到工作表“最新数据”中，操作步骤如下。

（1）用鼠标单击工作表标签“原始数据”，表示选定该工作表。

（2）将鼠标移到行号、列号相交的空白按钮，此时鼠标变成一个空心的十字“✚”，单击鼠标左键，表示全部选定该工作表的数据。如图 4.17 所示。

	A	B	C	D	E	F	G	H	I
1	学生信息表								
2	学号	姓名	性别	政治面貌	出生年月	原毕业学校	身份证号	入学成绩	联系电话
3	130101	李小玉	女	团员	1998/2/6	可园中学	442500199802062226	637	13509988776
4	130102	何小斌	男	群众	1998/3/18	东城初级中学	440100199803185879	642	13609876543
5	130103	王一波	男	团员	1999/7/17	樟木头中学	441900199707170816	639	13701234567
6	130104	何群	女	团员	1997/9/12	桥头中学	442300199709121343	631	13812345678
7	130105	李海涛	男	团员	1998/10/12	虎门中学	441100199810126574	629	13998765432
8	130106	丁虹敏	女	群众	1998/6/14	麻涌中学	441900199806146555	645	13612345678
9	130107	汤琳琳	女	群众	1999/7/27	可园中学	443400199907271169	641	13712345678
10	130108	张庆玲	女	群众	1997/9/14	黄江中学	442500199709143814	637	13823456789
11	130109	李文宏	男	团员	1998/5/2	南城中学	44190019980502199X	627	13912345678
12	130110	赵慧琳	女	团员	1998/2/8	东城初级中学	441600199802087667	633	13512345678

原始数据　最新数据　Sheet3

图 4.17　全选工作表的数据

（3）单击“开始”选项卡的“剪贴板”组的“复制”按钮，或单击鼠标右键，从弹出的快捷菜单中选择“复制”命令，如图 4.18 所示。

（4）选定“最新数据”工作表，再选定单元格 A1 作为当前活动单元格。

（5）单击“开始”选项卡的“剪贴板”组的“粘贴”按钮，或单击鼠标右键，从弹出的快捷菜单中选择“粘贴选项”命令中的按钮，如图 4.19 所示。

（6）以上操作表示已把“原始数据”工作表的全部数据复制到 “最新数据”工作表中，如图 4.20 所示。

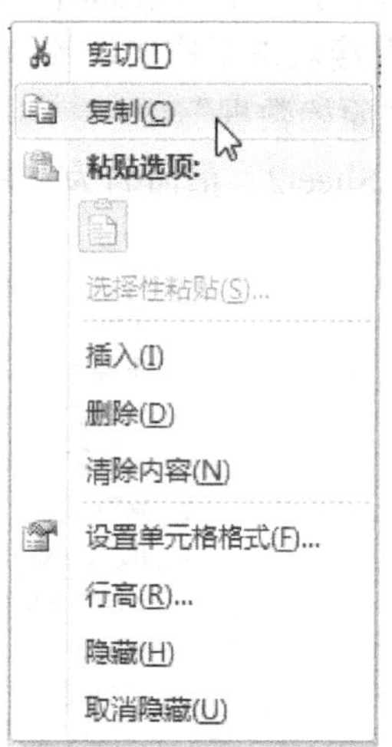

图 4.18　选择“复制”命令

图 4.19　选择“粘贴”命令

	A	B	C	D	E	F	G	H	I
1	学生信息表								
2	学号	姓名	性别	政治面貌	出生年月	原毕业学校	身份证号	入学成绩	联系电话
3	130101	李小玉	女	团员	1998/2/6	可园中学	442500199802062226	637	13509988776
4	130102	何小斌	男	群众	1998/3/18	东城初级中学	440100199803185879	642	13609876543
5	130103	王一波	男	团员	1999/7/17	樟木头中学	441900199707170816	639	13701234567
6	130104	何群	女	团员	1997/9/12	桥头中学	442300199709121343	631	13812345678
7	130105	李海涛	男	团员	1998/10/12	虎门中学	441100199810126574	629	13998765432
8	130106	丁虹敏	女	群众	1998/6/14	麻涌中学	441900199806146555	645	13612345678
9	130107	汤琳琳	女	群众	1999/7/27	可园中学	443400199907271169	641	13712345678
10	130108	张庆玲	女	群众	1997/9/14	黄江中学	442500199709143814	637	13823456789
11	130109	李文宏	男	团员	1998/5/2	南城中学	44190019980502199X	627	13912345678
12	130110	赵慧琳	女	团员	1998/2/8	东城初级中学	441600199802087667	633	13512345678
13									
14									

原始数据　最新数据　Sheet3

图 4.20　复制后的数据

知识链接

选择“复制”命令后，选定的单元格区域会有一个虚线框，如果要取消复制的选区虚线框，按键盘的“Esc”键即可。

3. 移动工作表

复制数据后，为了方便操作，将“最新数据”工作表移至“原始数据”工作表前面。可以用以下两种方法来完成。

方法一：鼠标拖曳。选中要移动的工作表标签“最新数据”，按下鼠标左键，直接拖曳鼠标至“原始数据”工作表的前面即可，在拖动的过程中，鼠标变为一个小表和一个小箭头，如图 4.21 所示。

图 4.21　鼠标拖曳移动工作表

如果按下鼠标左键拖曳鼠标的同时，按下“Ctrl”键，鼠标变为一个带有“+”字的小表和一个小箭头，如图 4.22 所示，放开鼠标，再放开“Ctrl”键，即可复制当前工作表。

图 4.22　复制工作表

知识链接

方法二：使用“移动或复制工作表”命令移动工作表。选定“最新数据”工作表，单击鼠标右键，从弹出的快捷菜单中选择 “移动或复制工作表（M）…”命令，从弹出的“移动或复制工作表”对话框中选择要移至的工作簿和插入位置，如图 4.23 所示，然后单击“确定”按钮。

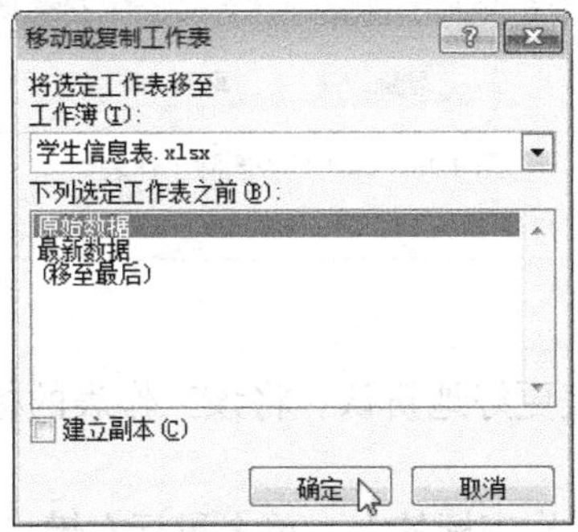

图 4.23　使用命令移动工作表

在“移动或复制工作表”对话框中，如果勾上“建立副本”，即可复制当前工作表。

知识链接

4. 删除工作表

工作表 Sheet3 是一个多余的工作表，现在需要删除它，操作方法有如下两种。

方法一：将鼠标移至 Sheet3 工作表标签上，单击鼠标右键，从弹出的快捷菜单中选择“删除”命令，如图 4.24 所示，即可删除该工作表。

方法二：选定 Sheet3 工作表，单击“开始”选项卡的“单元格”组的“删除”按钮，从弹出的下拉菜单中选择“删除工作表”命令，如图 4.25 所示。

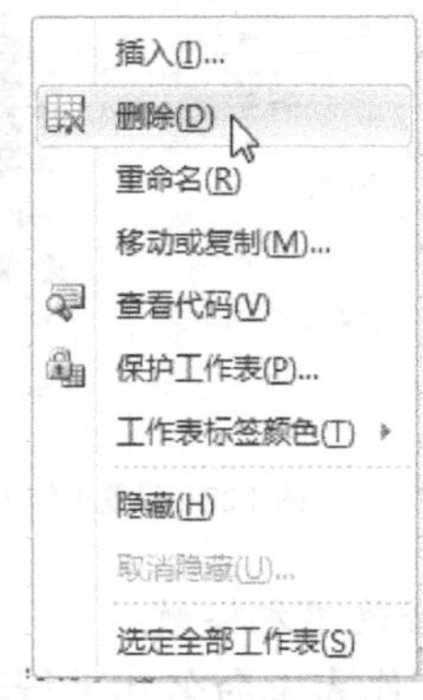

图 4.24　从快捷菜单中删除工作表

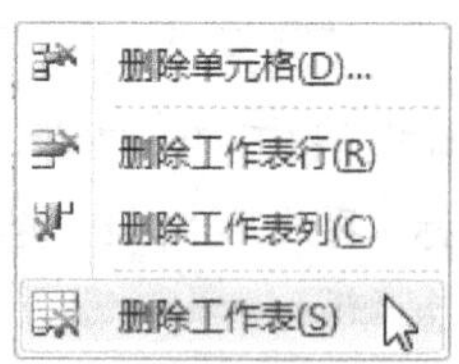

图 4.25　从选项卡中删除工作表

如果删除的工作表含有数据，选择了删除工作表命令后，会弹出一个确认是否删除的提示对话框，如图 4.26 所示。如果单击“删除”按钮，即工作表将被删除，且不能恢复；如果单击“取消”按钮，即取消删除工作表操作。

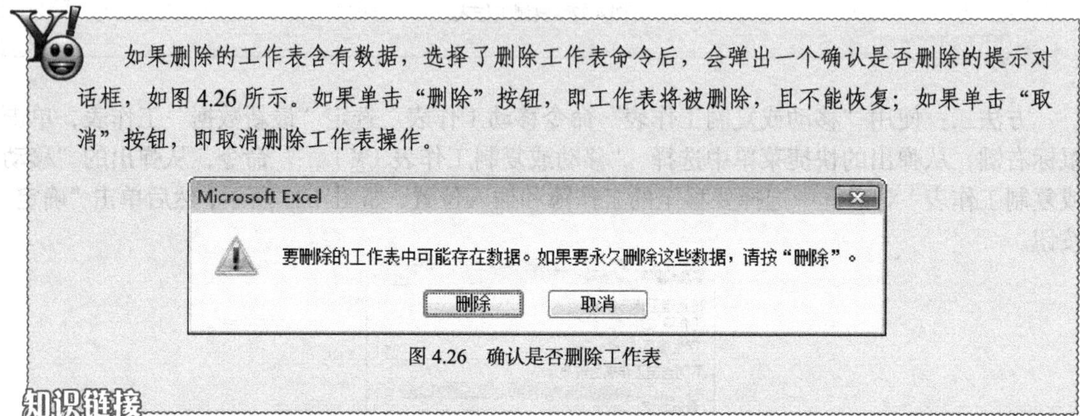

图 4.26　确认是否删除工作表

知识链接

5. 设定工作表标签色彩

为了让“最新数据”工作表更好地辨认，将该工作表的标签设置为“绿色”。操作步骤如下。

将鼠标移至“最新数据”工作表标签上，单击鼠标右键，则弹出快捷菜单；再将鼠标移至“工作表标签颜色”选项，就会弹出“颜色选项卡”，如图 4.27 所示，从“颜色选项卡”中选择“绿色”即可。设置后的工作表标签如图 4.28 所示。

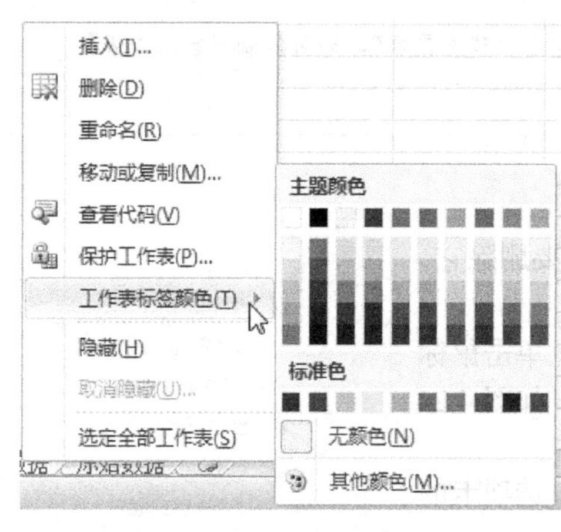

图 4.27　设置工作表标签颜色

图 4.28　设置工作表标签颜色的效果

6. 修改单元格数据

将工作表重命名和进行数据备份后，下面对“最新数据”工作表的数据进行编辑与修改。李老师经过核对，发现姓名为“李海涛”的原毕业学校应该为“虎门林则徐中学”，姓名为“汤

琳琳”的政治面貌应该为“团员”。

要把姓名为“李海涛”的原毕业学校“虎门中学”改为“虎门林则徐中学”，是属于修改单元格数据。操作步骤如下。

（1）将鼠标移至 F7 单元格，双击鼠标左键。

（2）将光标移至“虎门”后面，输入“林则徐”。

（3）然后按“回车键”，即修改完毕。

要把姓名为“汤琳琳”的政治面貌“群众”改为“团员”，是属于重新输入数据。操作步骤如下。

（1）将鼠标移至 D9 单元格处，单击鼠标左键，则 D9 单元格为当前活动单元格。

（2）直接输入“团员”，即原来的“群众”被“团员”所代替。

7. 插入行

李老师录入数据后，检查发现在“汤琳琳”的学生前少录入一位叫“何一伟”学生。要完成这项操作，就要在姓名为“汤琳琳”行（即第 9 行）前插入一行，然后再录入相关的数据。具体的操作步骤如下。

（1）把鼠标放在行号为“9”的行号上，鼠标光标变成“➡”，单击鼠标，表示已选定了第 9 行，即姓名为“汤琳琳”的行。如图 4.29 所示。

	A	B	C	D	E	F	G	H	I
1	学生信息表								
2	学号	姓名	性别	政治面貌	出生年月	原毕业学校	身份证号	入学成绩	联系电话
3	130101	李小玉	女	团员	1998/2/6	可园中学	442500199802O2226	637	13509988776
4	130102	何小斌	男	群众	1998/3/18	东城初级中学	440100199803185879	642	13609876543
5	130103	王一波	男	团员	1999/7/17	樟木头中学	441900199707170816	639	13701234567
6	130104	何群	女	团员	1997/9/12	桥头中学	442300199709121343	631	13812345678
7	130105	李海涛	男	团员	1998/10/12	虎门林则徐中学	441100199810126574	629	13998765432
8	130106	丁虹敏	女	群众	1998/6/14	麻涌中学	441900199806146555	645	13612345678
➡	130107	汤琳琳	女	团员	1999/7/27	可园中学	443400199907271169	641	13712345678
10	130108	张庆玲	女	群众	1997/9/14	黄江中学	442500199709143814	637	13823456789
11	130109	李文宏	男	团员	1998/5/2	南城中学	44190019980502199X	627	13912345678
12	130110	赵慧琳	女	团员	1998/2/8	东城初级中学	441600199802087667	633	13512345678

图 4.29　选定第 9 行

（2）单击“开始”选项卡的“单元格”组的“插入”按钮，从其下拉列表中选择“插入工作表行”，如图 4.30 所示；或者将鼠标移至行号 9 的上面，并单击鼠标右键，从快捷菜单中选择“插入”命令，如图 4.31 所示。

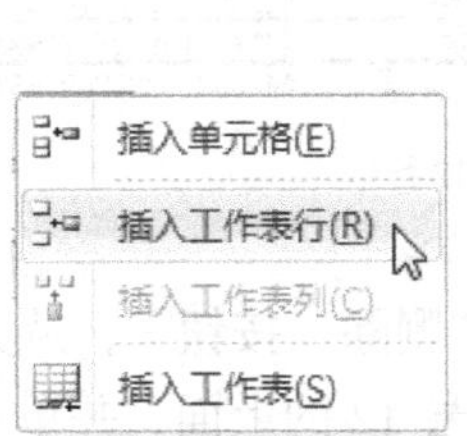

图 4.30 插入工作表行

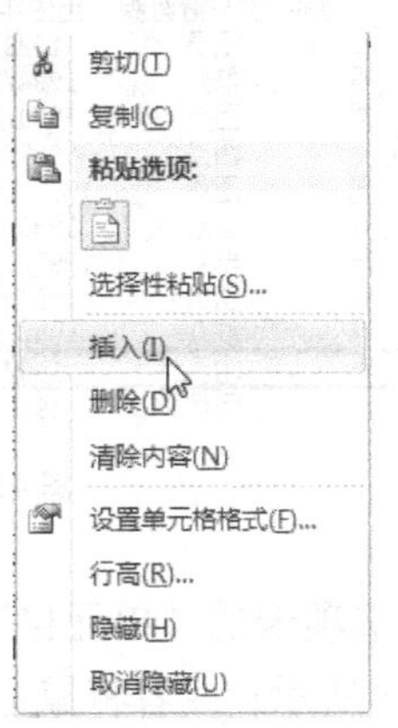

图 4.31 插入工作表行

（3）这就在第 9 行前插入了一个空行，原来的第 9 行（即姓名为“汤琳琳”的行）往后退一行。如图 4.32 所示。

	A	B	C	D	E	F	G	H	I
1	学生信息表								
2	学号	姓名	性别	政治面貌	出生年月	原毕业学校	身份证号	入学成绩	联系电话
3	130101	李小玉	女	团员	1998/2/6	可园中学	442500199802062226	637	13509988776
4	130102	何小斌	男	群众	1998/3/18	东城初级中学	440100199803185879	642	13609876543
5	130103	王一波	男	团员	1999/7/17	樟木头中学	441900199707170816	639	13701234567
6	130104	何群	女	团员	1997/9/12	桥头中学	442300199709121343	631	13812345678
7	130105	李海涛	男	团员	1998/10/12	虎门林则徐中学	441100199810126574	629	13998765432
8	130106	丁虹敏	女	群众	1998/6/14	麻涌中学	441900199806146555	645	13612345678
9									
10	130107	汤琳琳	女	团员	1999/7/27	可园中学	443400199907271169	641	13712345678
11	130108	张庆玲	女	群众	1997/9/14	黄江中学	442500199709143814	637	13823456789
12	130109	李文宏	男	团员	1998/5/2	南城中学	44190019980502199X	627	13912345678
13	130110	赵慧琳	女	团员	1998/2/8	东城初级中学	441600199802087667	633	13512345678

图 4.32　插入一个空行

（4）在第 9 行中输入姓名为“何一伟”的数据，如图 4.33 所示。

	A	B	C	D	E	F	G	H	I
1	学生信息表								
2	学号	姓名	性别	政治面貌	出生年月	原毕业学校	身份证号	入学成绩	联系电话
3	130101	李小玉	女	团员	1998/2/6	可园中学	442500199802062226	637	13509988776
4	130102	何小斌	男	群众	1998/3/18	东城初级中学	440100199803185879	642	13609876543
5	130103	王一波	男	团员	1999/7/17	樟木头中学	441900199707170816	639	13701234567
6	130104	何群	女	团员	1997/9/12	桥头中学	442300199709121343	631	13812345678
7	130105	李海涛	男	团员	1998/10/12	虎门林则徐中学	441100199810126574	629	13998765432
8	130106	丁虹敏	女	群众	1998/6/14	麻涌中学	441900199806146555	645	13612345678
9	130107	何一伟	男	群众	1997/12/13	虎门林则徐中学	440200199712134444	612	13313313313
10	130107	汤琳琳	女	团员	1999/7/27	可园中学	443400199907271169	641	13712345678
11	130108	张庆玲	女	群众	1997/9/14	黄江中学	442500199709143814	637	13823456789
12	130109	李文宏	男	团员	1998/5/2	南城中学	44190019980502199X	627	13912345678
13	130110	赵慧琳	女	团员	1998/2/8	东城初级中学	441600199802087667	633	13512345678

图 4.33　在第 9 行录入学生相关的信息

8. 删除行

开学第 2 天，姓名为“李文宏”的学生要转到其他班去，所以李老师要将该学生的记录删除。具体的操作步骤如下。

（1）把鼠标放在行号为“12”的行号上，鼠标光标变成“➡”，单击鼠标，表示已选定了第 12 行，即姓名为“李文宏”的行，如图 4.34 所示。

	A	B	C	D	E	F	G	H	I
1	学生信息表								
2	学号	姓名	性别	政治面貌	出生年月	原毕业学校	身份证号	入学成绩	联系电话
3	130101	李小玉	女	团员	1998/2/6	可园中学	442500199802062226	637	13509988776
4	130102	何小斌	男	群众	1998/3/18	东城初级中学	440100199803185879	642	13609876543
5	130103	王一波	男	团员	1999/7/17	樟木头中学	441900199707170816	639	13701234567
6	130104	何群	女	团员	1997/9/12	桥头中学	442300199709121343	631	13812345678
7	130105	李海涛	男	团员	1998/10/12	虎门林则徐中学	441100199810126574	629	13998765432
8	130106	丁虹敏	女	群众	1998/6/14	麻涌中学	441900199806146555	645	13612345678
9	130107	何一伟	男	群众	1997/12/13	虎门林则徐中学	440200199712134444	612	13313313313
10	130107	汤琳琳	女	团员	1999/7/27	可园中学	443400199907271169	641	13712345678
11	130108	张庆玲	女	群众	1997/9/14	黄江中学	442500199709143814	637	13823456789
12	130109	李文宏	男	团员	1998/5/2	南城中学	44190019980502199X	627	13912345678
13	130110	赵慧琳	女	团员	1998/2/8	东城初级中学	441600199802087667	633	13512345678

图 4.34 选定第 12 行

（2）单击“开始”选项卡的“单元格”组的“删除”按钮，从其下拉菜单中选择“删除工作表行”，如图 4.35 所示；或者将鼠标移至行号 12 的上面，并单击鼠标右键，从快捷菜单中选择“删除”命令，如图 4.36 所示。

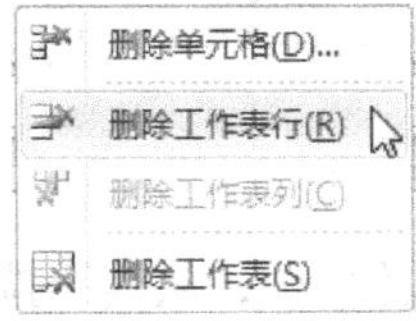

图 4.35 从选项卡中删除行

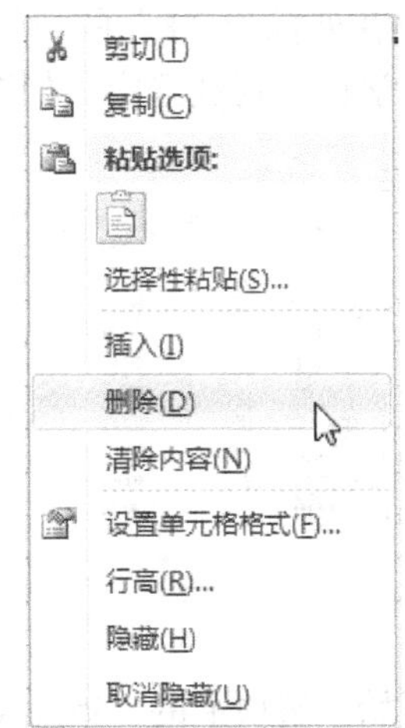

图 4.36 从快捷菜单中删除行

（3）这就将第 12 行删除（即姓名为 “李文宏”的行），原来第 13 行的记录就会往前上移一行。如图 4.37 所示。

	A	B	C	D	E	F	G	H	I
1	学生信息表								
2	学号	姓名	性别	政治面貌	出生年月	原毕业学校	身份证号	入学成绩	联系电话
3	130101	李小玉	女	团员	1998/2/6	可园中学	442500199802062226	637	13509988776
4	130102	何小斌	男	群众	1998/3/18	东城初级中学	440100199803185879	642	13609876543
5	130103	王一波	男	团员	1999/7/17	樟木头中学	441900199707170816	639	13701234567
6	130104	何群	女	团员	1997/9/12	桥头中学	442300199709121343	631	13812345678
7	130105	李海涛	男	团员	1998/10/12	虎门林则徐中学	441100199810126574	629	13998765432
8	130106	丁虹敏	女	群众	1998/6/14	麻涌中学	441900199806146555	645	13612345678
9	130107	何一伟	男	群众	1997/12/13	虎门林则徐中学	440200199712134444	612	13313313313
10	130107	汤琳琳	女	团员	1999/7/27	可园中学	443400199907271169	641	13712345678
11	130108	张庆玲	女	群众	1997/9/14	黄江中学	442500199709143814	637	13823456789
12	130110	赵慧琳	女	团员	1998/2/8	东城初级中学	441600199802087667	633	13512345678

图 4.37　删除第 12 行后的效果图

（4）由于前面进行了插入行和删除行，所以学生的“学号”信息也要更新。使用填充柄进行“自动填充”的方法（自动填充的方法请参考“任务 1”），重新输入新的学号。重新输入的学号如图 4.38 所示。

	A	B	C	D	E	F	G	H	I
1	学生信息表								
2	学号	姓名	性别	政治面貌	出生年月	原毕业学校	身份证号	入学成绩	联系电话
3	130101	李小玉	女	团员	1998/2/6	可园中学	442500199802062226	637	13509988776
4	130102	何小斌	男	群众	1998/3/18	东城初级中学	440100199803185879	642	13609876543
5	130103	王一波	男	团员	1999/7/17	樟木头中学	441900199707170816	639	13701234567
6	130104	何群	女	团员	1997/9/12	桥头中学	442300199709121343	631	13812345678
7	130105	李海涛	男	团员	1998/10/12	虎门林则徐中学	441100199810126574	629	13998765432
8	130106	丁虹敏	女	群众	1998/6/14	麻涌中学	441900199806146555	645	13612345678
9	130107	何一伟	男	群众	1997/12/13	虎门林则徐中学	440200199712134444	612	13313313313
10	130108	汤琳琳	女	团员	1999/7/27	可园中学	443400199907271169	641	13712345678
11	130109	张庆玲	女	群众	1997/9/14	黄江中学	442500199709143814	637	13823456789
12	130110	赵慧琳	女	团员	1998/2/8	东城初级中学	441600199802087667	633	13512345678

图 4.38　重新输入的学号

9. 插入列

因为班里的学生都是住宿的，李老师要在“学生信息表”中添加每位学生的宿舍信息，方便日后管理和查找。宿舍的信息插入到“原毕业学校”列（即 F 列）的前面。要完成这项操作，与“插入行”的操作方法类似。具体的操作步骤如下。

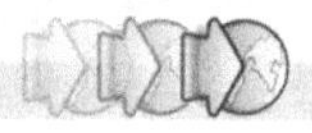

（1）把鼠标放在列标为“F”的列标上，鼠标光标变成“⬇”，单击鼠标，表示已选定了F列，即“原毕业学校”列被选定。如图4.39所示。

	A	B	C	D	E	F	G	H	I
1	学生信息表								
2	学号	姓名	性别	政治面貌	出生年月	原毕业学校	身份证号	入学成绩	联系电话
3	130101	李小玉	女	团员	1998/2/6	可园中学	442500199802062226	637	13509988776
4	130102	何小斌	男	群众	1998/3/18	东城初级中学	440100199803185879	642	13609876543
5	130103	王一波	男	团员	1999/7/17	樟木头中学	441900199707170816	639	13701234567
6	130104	何群	女	团员	1997/9/12	桥头中学	442300199709121343	631	13812345678
7	130105	李海涛	男	团员	1998/10/12	虎门林则徐中学	441100199810126574	629	13998765432
8	130106	丁虹敏	女	群众	1998/6/14	麻涌中学	441900199806146555	645	13612345678
9	130107	何一伟	男	群众	1997/12/13	虎门林则徐中学	440200199712134444	612	13313313313
10	130108	汤琳琳	女	团员	1999/7/27	可园中学	443400199907271169	641	13712345678
11	130109	张庆玲	女	群众	1997/9/14	黄江中学	442500199709143814	637	13823456789
12	130110	赵慧琳	女	团员	1998/2/8	东城初级中学	441600199802087667	633	13512345678

图4.39　选定F列

（2）单击“开始”选项卡的“单元格”组的“插入”按钮，从其下拉菜单中选择“插入工作表列”，如图4.40所示；或者在单击鼠标右键，从快捷菜单中选择“插入”命令，如图4.41所示。在F列（即“原毕业学校”列）前就插入了一个空列，原来的F列向后退一列，变成了G列，如图4.42所示。

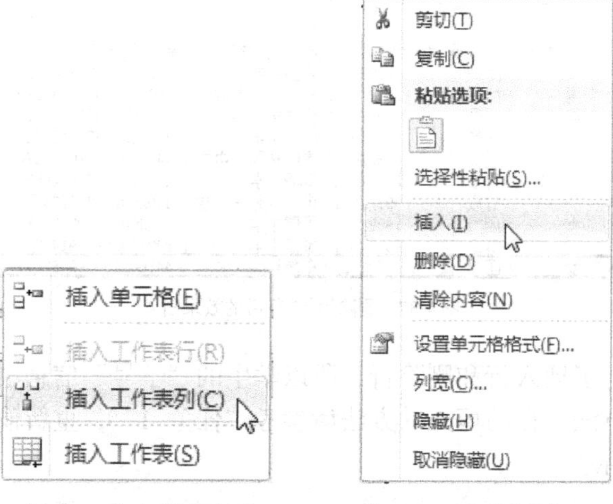

图4.40　从选项卡插入列　　图4.41　从快捷菜单插入列

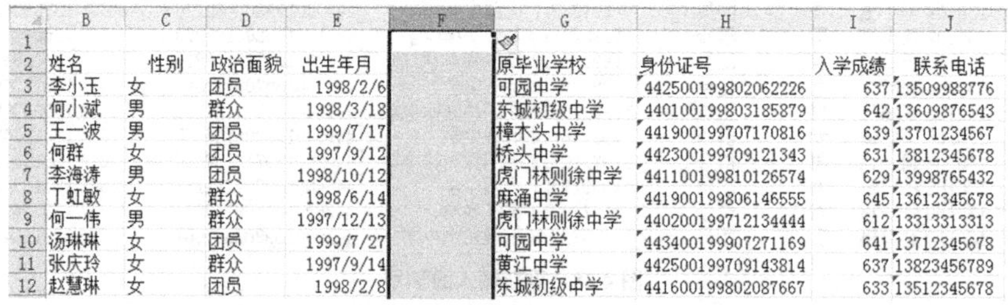

	B	C	D	E	F	G	H	I	J
1									
2	姓名	性别	政治面貌	出生年月		原毕业学校	身份证号	入学成绩	联系电话
3	李小玉	女	团员	1998/2/6		可园中学	442500199802062226	637	13509988776
4	何小斌	男	群众	1998/3/18		东城初级中学	440100199803185879	642	13609876543
5	王一波	男	团员	1999/7/17		樟木头中学	441900199707170816	639	13701234567
6	何群	女	团员	1997/9/12		桥头中学	442300199709121343	631	13812345678
7	李海涛	男	团员	1998/10/12		虎门林则徐中学	441100199810126574	629	13998765432
8	丁虹敏	女	群众	1998/6/14		麻涌中学	441900199806146555	645	13612345678
9	何一伟	男	群众	1997/12/13		虎门林则徐中学	440200199712134444	612	13313313313
10	汤琳琳	女	团员	1999/7/27		可园中学	443400199907271169	641	13712345678
11	张庆玲	女	群众	1997/9/14		黄江中学	442500199709143814	637	13823456789
12	赵慧琳	女	团员	1998/2/8		东城初级中学	441600199802087667	633	13512345678

图4.42　插入了一个空列

（3）在F列相应的单元格，输入对应的内容，如图4.43所示。

	A	B	C	D	E	F	G	H	I	J
1	学生信息表									
2	学号	姓名	性别	政治面貌	出生年月	宿舍	原毕业学校	身份证号	入学成绩	联系电话
3	130101	李小玉	女	团员	1998/2/6	8栋422	可园中学	442500199802062226	637	13509988776
4	130102	何小斌	男	群众	1998/3/18	16栋302	东城初级中学	440100199803185879	642	13609876543
5	130103	王一波	男	团员	1999/7/17	16栋301	樟木头中学	441900199707170816	639	13701234567
6	130104	何群	女	团员	1997/9/12	8栋424	桥头中学	442300199709121343	631	13812345678
7	130105	李海涛	男	团员	1998/10/12	16栋301	虎门林则徐中学	441100199810126574	629	13998765432
8	130106	丁虹敏	女	群众	1998/6/14	8栋423	麻涌中学	441900199806146555	645	13612345678
9	130107	何一伟	男	群众	1997/12/13	16栋302	虎门林则徐中学	440200199712134444	612	13313313313
10	130108	汤琳琳	女	团员	1999/7/27	8栋423	可园中学	443400199907271169	641	13712345678
11	130109	张庆玲	女	群众	1997/9/14	8栋423	黄江中学	442500199709143814	637	13823456789
12	130110	赵慧琳	女	团员	1998/2/8	8栋423	东城初级中学	441600199802087667	633	13512345678

图 4.43　输入学生宿舍的信息

知识链接

删除工作表的列的方法与删除工作表的行的方法类似。请参考前面关于“删除行”的相关知识。

10. *移动数据*

现在，李老师为了查看数据方便，希望把“入学成绩”列（I 列）移到“身份证号”列（H 列）的前面。具体的操作步骤如下。

（1）单击 I 列标，选定 I 列，即选定“入学成绩”列。

（2）单击鼠标右键，从弹出的快捷菜单中选择“剪切”命令。如图 4.44 所示。

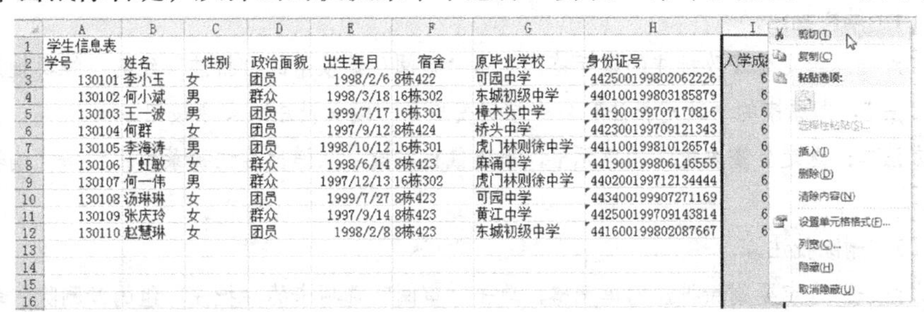

图 4.44　选择剪切的命令

（3）选定 G1 单元格，单击“开始”选项卡的“单元格”组中的“插入”按钮，从其下拉菜单中选择“插入剪切的单元格”，如图 4.45 所示。

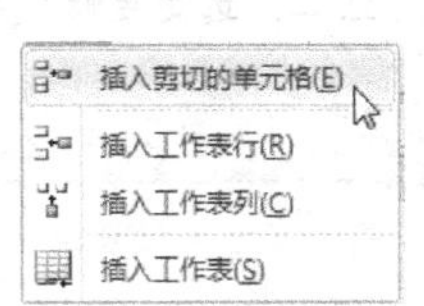

图 4.45　插入剪切的单元格命令

（4）这就将“入学成绩”列移到“身份证号”列的前面，如图 4.46 所示。

	A	B	C	D	E	F	G	H	I	J
1	学生信息表									
2	学号	姓名	性别	政治面貌	出生年月	宿舍	原毕业学校	入学成绩	身份证号	联系电话
3	130101	李小玉	女	团员	1998/2/6	8栋422	可园中学	637	442500199802062226	13509988776
4	130102	何小斌	男	群众	1998/3/18	16栋302	东城初级中学	642	440100199803185879	13609876543
5	130103	王一波	男	团员	1999/7/17	16栋301	樟木头中学	639	441900199707170816	13701234567
6	130104	何群	女	团员	1997/9/12	8栋424	桥头中学	631	442300199709121343	13812345678
7	130105	李海涛	男	团员	1998/10/12	16栋301	虎门林则徐中学	629	441100199810126574	13998765432
8	130106	丁虹敏	女	群众	1998/6/14	8栋423	麻涌中学	645	441900199806146555	13612345678
9	130107	何一伟	男	群众	1997/12/13	16栋302	虎门林则徐中学	612	440200199712134444	13313313313
10	130108	汤琳琳	女	团员	1999/7/27	8栋423	可园中学	641	443400199907271169	13712345678
11	130109	张庆玲	女	群众	1997/9/14	8栋423	黄江中学	637	442500199709143814	13823456789
12	130110	赵慧琳	女	团员	1998/2/8	8栋423	东城初级中学	633	441600199802087667	13512345678

图 4.46　移动数据后的效果

11. 给单元格添加批注

Excel 2010 为方便用户及时记录，提供了添加批注的功能，当给单元格进行注释后，只需将鼠标停留在单元格上，就可看到相应的批注。

李老师想在“原毕业学校”列标题添加“初中就读学校”批注，具体的操作步骤如下。

（1）选定 G2 单元格，单击“审阅”选项卡的“批注”组中的“新建批注”命令按钮“新建批注”。

（2）在弹出的批注框中输入“初中就读学校”，如图 4.47 所示。

	A	B	C	D	E	F	G	H	I	J
1	学生信息表									
2	学号	姓名	性别	政治面貌	出生年月	宿舍	原毕业学校			联系电话
3	130101	李小玉	女	团员	1998/2/6	8栋422	可园中学		…802062226	13509988776
4	130102	何小斌	男	群众	1998/3/18	16栋302	东城初级中学		…803185879	13609876543
5	130103	王一波	男	团员	1999/7/17	16栋301	樟木头中学		…707170816	13701234567
6	130104	何群	女	团员	1997/9/12	8栋424	桥头中学	631	442300199709121343	13812345678
7	130105	李海涛	男	团员	1998/10/12	16栋301	虎门林则徐中学	629	441100199810126574	13998765432
8	130106	丁虹敏	女	群众	1998/6/14	8栋423	麻涌中学	645	441900199806146555	13612345678
9	130107	何一伟	男	群众	1997/12/13	16栋302	虎门林则徐中学	612	440200199712134444	13313313313
10	130108	汤琳琳	女	团员	1999/7/27	8栋423	可园中学	641	443400199907271169	13712345678
11	130109	张庆玲	女	群众	1997/9/14	8栋423	黄江中学	637	442500199709143814	13823456789
12	130110	赵慧琳	女	团员	1998/2/8	8栋423	东城初级中学	633	441600199802087667	13512345678

初中就读学校

图 4.47 输入批注内容

对于单元格的批注，可以编辑，也可以删除。

（1）编辑批注。

方法一：选定要修改批注的单元格，单击“审阅”选项卡的“批注”组的“编辑批注”命令按钮“编辑批注”，即原来的“新建批注”命令按钮变成了“编辑批注”命令按钮。

方法二：选定要修改批注的单元格，单击鼠标右键，从弹出的快捷菜单中选择“编辑批注”命令。

（2）删除批注。

方法一：选定要删除批注的单元格，单击“审阅”选项卡的“批注”组的“删除”命令按钮“删除”。

方法二：选定要修改批注的单元格，单击鼠标右键，从弹出的快捷菜单中选择“删除批注”命令。

知识链接

1. 插入工作表

在 Excel 中通常一个工作簿可以拥有多个工作表，一个工作簿在默认情况下有 3 张工作表，工作表以“Sheet1”、“Sheet2”、“Sheet3”来命名。如果工作表不够用时，可以添加多个工作表，如在“学生信息表.xlsx”工作簿中添加一个工作表，操作方法如下。

方法一：单击工作簿窗口下方的工作表标签栏的“插入工作表”按钮。

知识拓展

方法二：单击“开始”选项卡的“单元格”组的“插入”按钮，从弹出的下拉菜单中选择“插入工作表”命令选项，如图 4.48 所示。

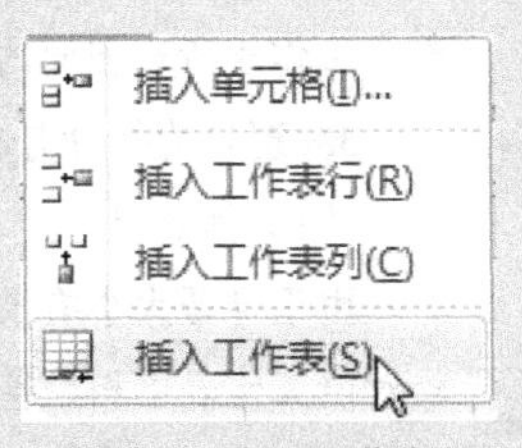

图 4.48　插入工作表

2. 数据的查找与替换

（1）查找数据。

例如李老师在“最新数据”工作表中查找宿舍为“16 栋 302”的单元格。操作步骤如下。

① 单击“开始”选项卡的“编辑”组的“查找和选择”按钮，从弹出下拉菜单中选择“查找”命令 查找(F)...。

② 弹出“查找和替换”对话框，在“查找”选项卡下的“查找内容”编辑框中输入查找内容“16 栋 302”，如图 4.49 所示。

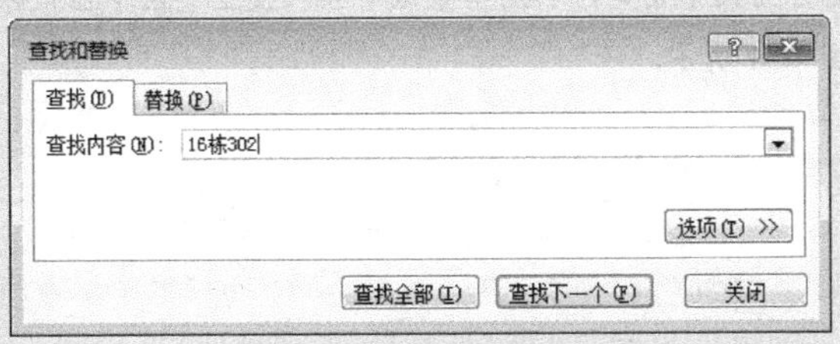

图 4.49　“查找”和“替换”对话框中的“查找”选项卡

③ 单击“查找下一个”按钮，则查找到下一个包含搜索数据的单元格，并且包含搜索数据的单元格将成为当前活动单元格，即可编辑修改。

（2）替换数据。

例如李老师要将“最新数据”工作表中“虎门林则徐中学”全部替换为“虎门三中”，操作步骤如下。

①单击“开始”选项卡的“编辑”组的“查找和选择”按钮，从弹出下拉菜单中选择“替换”命令 替换(R)...。

②在弹出“查找和替换”对话框中，在“替换”选项卡下的“查找内容”编辑框中输入查找内容“虎门林则徐中学”，在“替换为”编辑框中输入替换内容“虎门三中”，如图 4.50 所示。

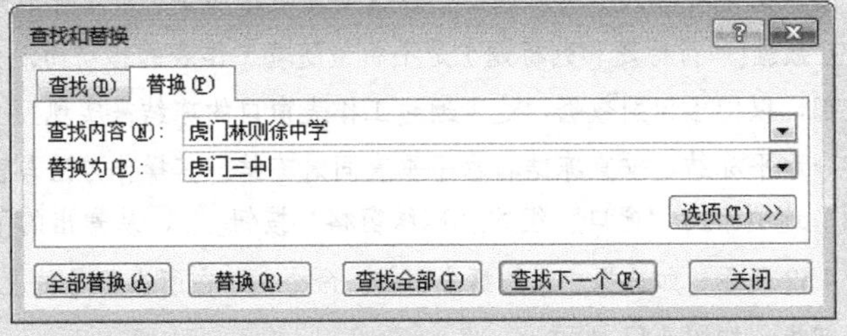

图 4.50　“查找”和“替换”对话框中的“替换”选项卡

③单击“查找下一个”按钮，再单击“替换”按钮，则替换搜索到的单元格数据；如需替换整个工作表所有相同的单元格数据，可单击“全部替换”按钮。

3. 窗口的拆分与冻结

（1）拆分窗口。

由于屏幕大小有限，工作表很大时，往往出现只能看到工作表部分数据的情况。如果希望比较对照工作表中相距甚远的数据，则将窗口分为几个部分，在不同窗口均可移动滚动条显示工作表的不同部分，这无疑是个好办法，Excel 2010 通过工作表窗口的拆分来实现此功能。

拆分窗口分为三种：水平拆分，垂直拆分和水平、垂直同时拆分。

下面以水平拆分为例说明操作步骤。

① 单击水平拆分线的下一行的行号，选定该行，如选定第 3 行，或单击下一行最左列的单元格，选定该单元格，如选定 A3。

② 单击“视图”选项卡的“窗口”组的“拆分”按钮 拆分，在所选行号的上方出现水平拆分线。窗口就被拆分为两个窗口，利用垂直滚动条可使上下两个窗口分别显示工作表中行数相距甚远的数据，如图 4.51 所示。

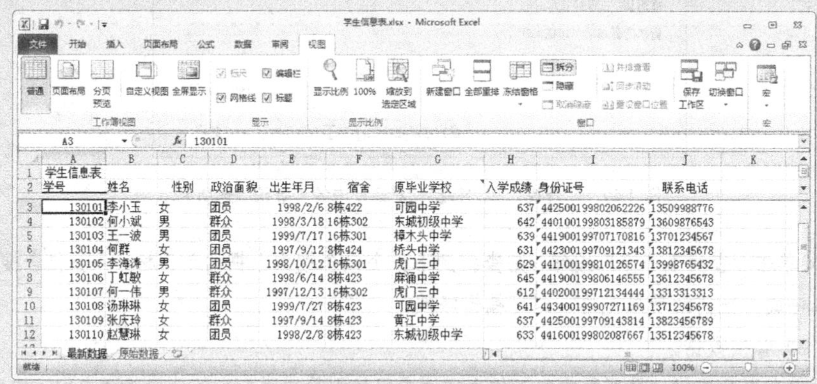

图 4.51 水平拆分窗口

垂直拆分须先单击垂直拆分线右一列的列号或右一列最上方的单元格。水平、垂直同时拆分则须单击某一单元格,拆分时在该单元格的上方出现水平拆分线，在其左侧出现垂直拆分线。拆分线为一水平或垂直粗杠。

（2）冻结窗口。

工作表较大时，由于屏幕大小的限制，往往需要通过滚动条移动工作表来查看其屏幕窗口以外的部分，但有些数据(如行标题和列标题）是不希望随着工作表的移动而消失的，最好能固定在窗口的上部和左部，以便于识别数据，这可通过工作表窗口的冻结来实现。

窗口冻结亦分水平冻结、垂直冻结和水平垂直同时冻结。其操作方法与窗口拆分相似。

单击“视图”选项卡的“窗口”组的“冻结窗格”按钮，从弹出的下拉菜单中选择所需要的命令，如图 4.52 所示。如选择“冻结拆分窗格”命令，即在所选行号的上方出现水平拆分线。冻结线为一黑色细线，如图 4.53 所示。

图 4.52　冻结窗格下拉菜单

图 4.53　水平冻结窗口

任务 3　格式化工作表

【任务描述】

李老师已经完成了“学生信息表.xlsx”工作薄的“最新数据”工作表的修改，接下来要将该工作表设置得更美观、更便于观察数据，设置后的效果如图 4.54 所示。

	A	B	C	D	E	F	G	H	I	J
1	学生信息表									
2	学号	姓名	性别	政治面貌	出生年月	宿舍	原毕业学校	入学成绩	身份证号	联系电话
3	130101	李小玉	女	团员	1998年2月6日	8栋422	可园中学	637.0	442500199802062226	13509988776
4	130102	何小斌	男	群众	1998年3月18日	16栋302	东城初级中学	642.0	440100199803185879	13609876543
5	130103	王一波	男	团员	1999年7月17日	16栋301	樟木头中学	639.0	441900199707170816	13701234567
6	130104	何群	女	团员	1997年9月12日	8栋424	桥头中学	631.0	442300199709121343	13812345678
7	130105	李海涛	男	团员	1998年10月12日	16栋301	虎门林则徐中学	629.0	441100199810126574	13998765432
8	130106	丁虹敏	女	群众	1998年6月14日	8栋423	麻涌中学	645.0	441900199806146555	13612345678
9	130107	何一伟	男	群众	1997年12月13日	16栋302	虎门林则徐中学	612.0	440200199712134444	13313313313
10	130108	汤琳琳	女	团员	1999年7月27日	8栋423	可园中学	641.0	443400199907271169	13712345678
11	130109	张庆玲	女	群众	1997年9月14日	8栋423	黄江中学	637.0	442500199709143814	13823456789
12	130110	赵慧琳	女	团员	1998年2月8日	8栋423	东城初级中学	633.0	441600199802087667	13512345678

图 4.54　格式化后的学生信息表

【任务实现】

要使工作表更加美观、更加易读，其实就是对工作表进行修饰，用格式化工作表就能解决这个问题。格式化工作表，包括了单元格中字符的字体格式的设置、数字格式的设置、日期格式的设置、行高与列宽的设置、对齐格式的设置、边框和底纹的设置等知识。在“学生

信息表.xlsx”工作薄的“最新数据”工作表中完成格式设置操作。

1. 设置字符格式

字符格式指对单元格内的文字的字体、字号、字形、颜色等相关格式进行设置，在 Excel 2010 中设置字符格式，与在 Word 2010 中设置字符格式极为相似。李老师要将表格的标题（即 A1 单元格）中的文字设置为楷体、18 号、加粗、蓝色；第 2 行的列标题的文字设置为黑体、14 号、自定义紫色（红 102，绿 0，蓝 255）。操作步骤如下。

图 4.55　A1 单元格字符格式设置

（1）选定 A1 单元格，在“开始”选项卡的“字体”组中分别设置字体、字号、字形、颜色等，如图 4.55 所示。

（2）选定 A2:J2 单元格区域，在“开始”选项卡的“字体”组中分别设置字体、字号、字型、颜色等，其中设置字体颜色的方法如下：首先单击“字体颜色”按钮右侧的倒三角形按钮，再从弹出的下拉菜单中选择“ 其他颜色(M)... ”命令，然后从弹出的“颜色”对话框中选择“自定义”选项卡，在红色、绿色、蓝色框中分别输入 102、0、255，最后单击“确定”按钮，如图 4.56 所示。字体格式设置完成后，工作表的字符格式如图 4.57 所示。

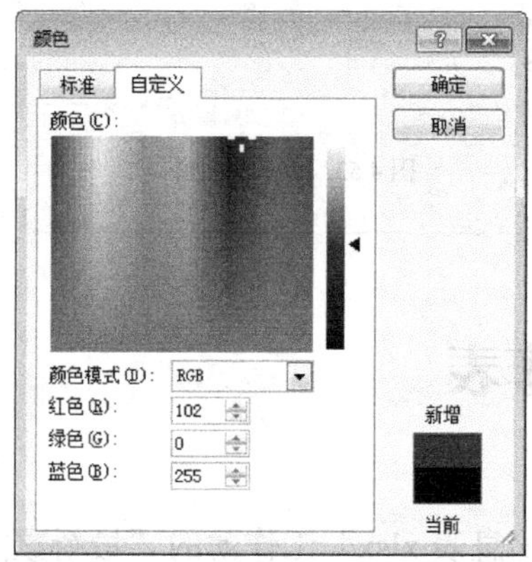

图 4.56　自定义字体颜色

	A	B	C	D	E	F	G	H	I	J
1	学生信息表									
2	学号	姓名	性别	政治面貌	出生年月	宿舍	原毕业学校	入学成绩	身份证号	联系电话
3	130101	李小玉	女	团员	1998/2/6	8栋422	可园中学	637	442500199802062226	13509988776
4	130102	何小斌	男	群众	1998/3/18	16栋302	东城初级中学	642	440100199803185879	13609876543
5	130103	王一波	男	团员	1999/7/17	16栋301	樟木头中学	639	441900199707170816	13701234567
6	130104	何群	女	团员	1997/9/12	8栋424	桥头中学	631	442300199709121343	13812345678
7	130105	李海涛	男	团员	1998/10/12	16栋301	虎门林则徐中学	629	441100199810126574	13998765432
8	130106	丁虹敏	女	群众	1998/6/14	8栋423	麻涌中学	645	441900199806146555	13612345678
9	130107	何一伟	男	群众	1997/12/13	16栋302	虎门林则徐中学	612	440200199712134444	13313313313
10	130108	汤琳琳	女	团员	1999/7/27	8栋423	可园中学	641	443400199907271169	13712345678
11	130109	张庆玲	女	群众	1997/9/14	8栋423	黄江中学	637	442500199709143814	13823456789
12	130110	赵慧琳	女	团员	1998/2/8	8栋423	东城初级中学	633	441600199802087667	13512345678

图 4.57　字符格式设置效果

2. 设置数字格式

李老师要把“入学成绩”列的数据设置为保留一位小数。在 Excel 2010 中数字格式有 12 类，如图 4.58 所示。根据不同的需要，可以选择不同类型的数字格式。系统默认的数字格式是“常规”格式。

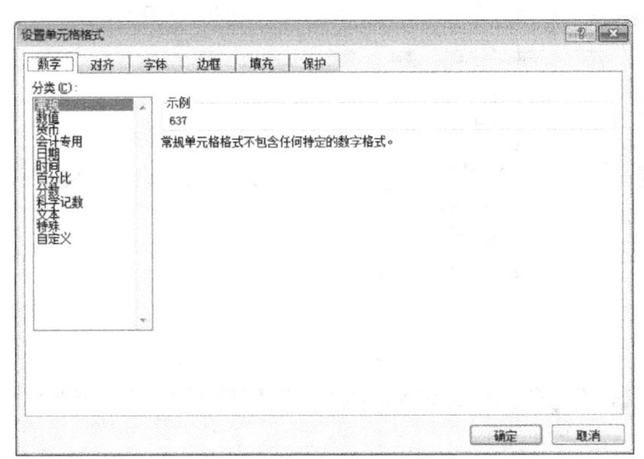

图 4.58　12 类数字格式

设置“入学成绩”数值格式的步骤方法如下。

方法一：选定 I3:I12 单元格区域，单击“开始”选项卡中的“ ←.0 .00 ”按钮增加小数位数，即可保留一位小数。

方法二：选定 I3:I12 单元格区域，单击“开始”选项卡中“设置单元格格式：数字”对话框启动器按钮 ，从弹出的“设置单元格格式”对话框的分类列表中选择“数值”选项，然后，设置小数位数为“1”，即可保留一位小数，如图 4.59 所示。

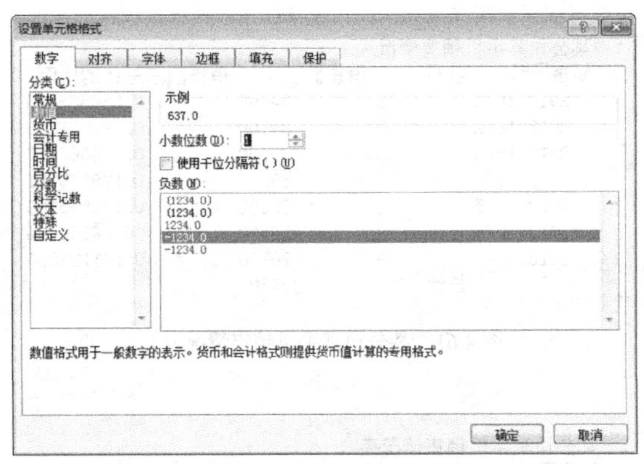

图 4.59　设置保留一位小数格式的对话框

3. 设置日期格式

李老师为了“出生年月”的日期清楚、统一，要将“出生年月”列的日期数据设置为“1998 年 2 月 6 日”的显示格式。设置方法如下。

方法一：选定 E3:E12 单元格区域，单击“开始”选项卡的“数字”组的 日期 下拉列表中的 长日期 1998年2月6日 3 选项，即可设置好日期格式。

方法二：选定 E3:E12 单元格区域，单击“开始”选项卡中“设置单元格格式：数字”对话框启动器按钮 ，弹出的“设置单元格格式”对话框自动选择分类列表中的“日期”选项，然后从类型框中选择“*2001 年 3 月 14 日”的格式类型选项，如图 4.60 所示。

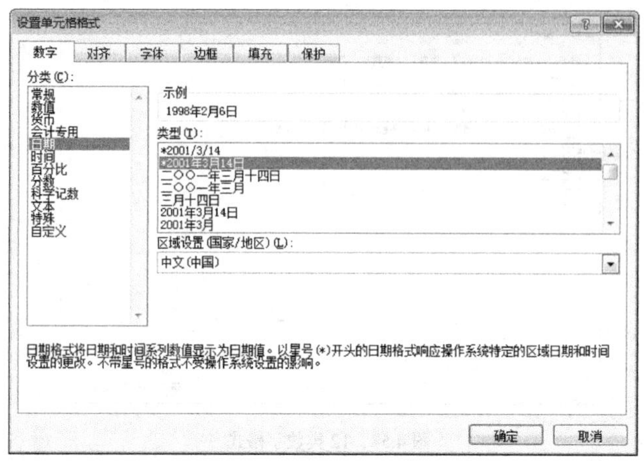

图 4.60　设置日期格式的对话框

在 Excel 2010 中，往往还要设置货币格式、百分比格式、自定义的日期格式等，现在以“某公司某手机销售情况表”为例，如图 4.61 所示，说明货币格式、百分比格式、自定义的日期格式的设置，效果如图 4.62 所示。

	A	B	C	D
1	某公司某手机销售情况表			
2	销售日期	数量	销售额	销售额占总计的比例
3	2013/10/1	15	34500	0.168539326
4	2013/10/2	17	39100	0.191011236
5	2013/10/3	13	29900	0.146067416
6	2013/10/4	16	36800	0.179775281
7	2013/10/5	11	25300	0.123595506
8	2013/10/6	8	18400	0.08988764
9	2013/10/7	9	20700	0.101123596
10		总计	204700	

图 4.61　某公司某手机销售情况表

	A	B	C	D
1	某公司某手机销售情况表			
2	销售日期	数量	销售额	销售额占总计的比例
3	2013-10-01	15	¥34,500.00	16.85%
4	2013-10-02	17	¥39,100.00	19.10%
5	2013-10-03	13	¥29,900.00	14.61%
6	2013-10-04	16	¥36,800.00	17.98%
7	2013-10-05	11	¥25,300.00	12.36%
8	2013-10-06	8	¥18,400.00	8.99%
9	2013-10-07	9	¥20,700.00	10.11%
10		总计	¥204,700.00	

图 4.62　已设置数字格式的某公司某手机销售情况表

知识链接

首先，来设置“销售日期”格式。但如图 4.61 所示的日期格式不能在系统日期默认的格式中找到，只能用“自定义”来设置，操作步骤如下。

（1）选定 A3:A9 单元格区域，单击“开始”选项卡的“数字”组的“设置单元格格式：数字”对话框启动器按钮 。

（2）从弹出的“设置单元格格式”对话框的分类列表中选择“自定义”选项，然后在类型的文本框中输入“yyyy-mm-dd”,如图 4.63 所示。“销售日期”的显示格式如图 4.62 所示。

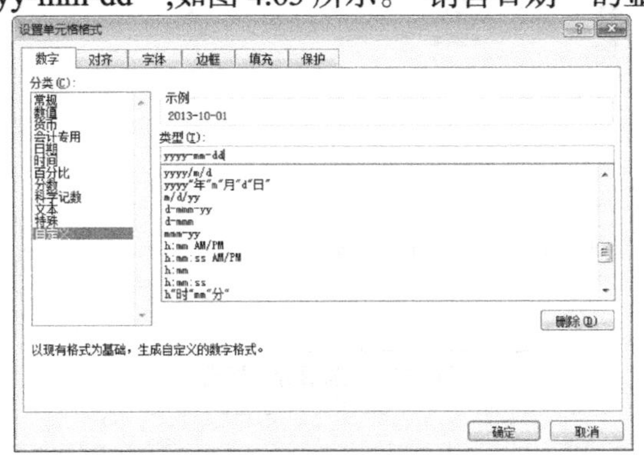

图 4.63　自定义日期格式

将“销售额”的数字格式设置为货币格式，并保留两位小数。设置方法如下。

方法一：选定 C3:C10 单元格区域，单击“开始”选项卡的“数字”组中的“常规”下拉列表中的“货币 ¥34,500.00”。

方法二：选定 C3:C10 单元格区域，单击“开始”选项卡的“数字”组的“设置单元格格式：数字”对话框启动器按钮，从弹出的“设置单元格格式”对话框的分类列表中选择“货币”选项，然后选择小数位数为“2”，货币符号（国家/地区）为“¥”，如图 4.64 所示。

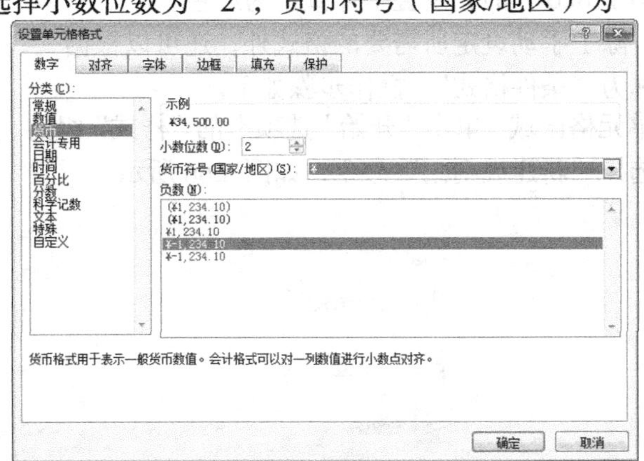

图 4.64　设置货币格式

最后，将“销售额占总计的比例”列的数字格式设置为百分比的格式，并保留两位小数。设置百分比的方法如下。

方法一：选定 D3:D9 单元格区域，单击“开始”选项卡的“数字”组的“常规”下拉列表中的“% 百分比 16.85%”。

方法二：选定 D3:D9 单元格区域，单击“开始”选项卡的“数字”组的“设置单元格格式：数字”对话框启动器按钮，从弹出的“设置单元格格式”对话框的分类列表中选择“百分比”选项，然后选择小数位数为“2”，如图 4.65 所示。

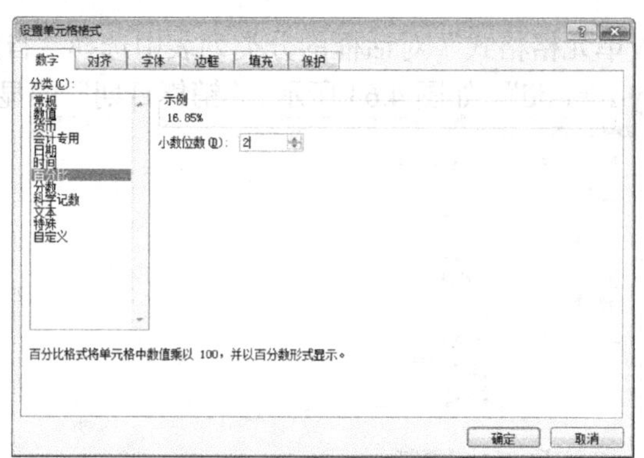

图 4.65　设置百分比格式

> **小提示**　如果单元格显示“####”符号，这是因为数字、日期的格式超过了列的宽度，导致在单元格无法显示该数值，当加大该列的宽度时，使它大于或等于数据的宽度时即可正常显示。

4. 设置条件格式

李老师为了突出学生的入学成绩，要将不同的分数段设置不同的字体格式：入学成绩大于或等于 640 分的，设置字体颜色为绿色、加粗；入学成绩在 620 ~ 640 之间的，设置字体颜色为蓝色；入学成绩小于 620 分的，设置字体颜色为红色。

在 Excel 2010 中，除了手动设定所需要的格式外，还可以根据一些条件，自动设定单元格的格式，此功能就称为“条件格式”，操作步骤如下。

（1）选定 H3:H9 单元格区域，单击“开始”选项卡的“样式”组的“条件格式”按钮，从弹出的下拉菜单中选择“新建规则…”命令，如图 4.66 所示。

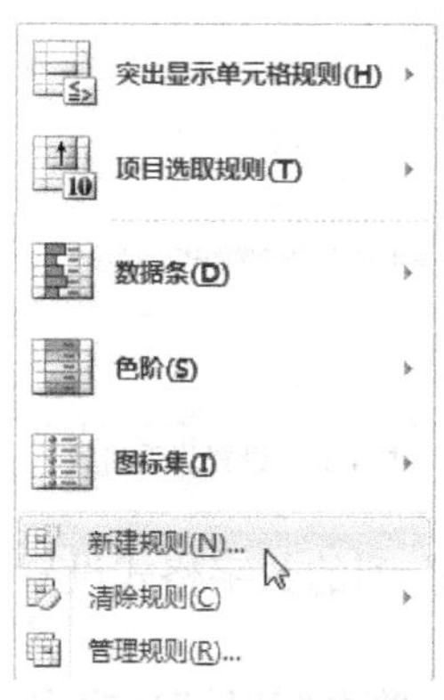

图 4.66　条件格式下拉菜单

（2）弹出“新建格式规则”对话框，从“选择规则类型”中选择“只为包含以下内容的单元格设置格式”，在“编辑规则说明”中选择“单元格值”、“大于或等于”，在“文本框”中输入 640，如图 4.67 所示。

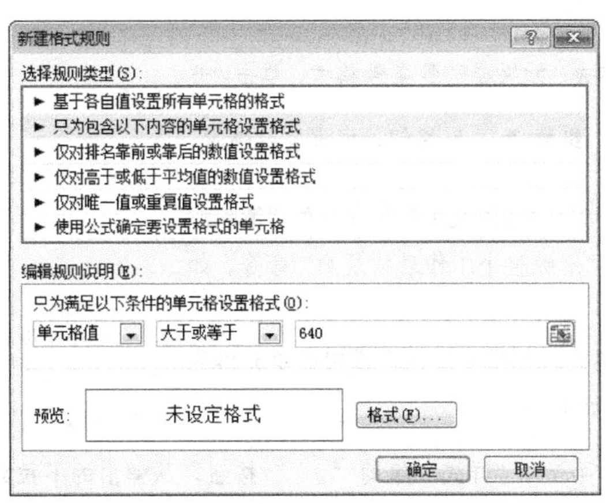

图 4.67　“新建格式规则”对话框

（3）单击对话框的“格式...”按钮，即弹出“设置单元格格式”对话框，选择字体颜色为“绿色”，字形“加粗”，如图 4.68 所示，单击“确定”按钮。

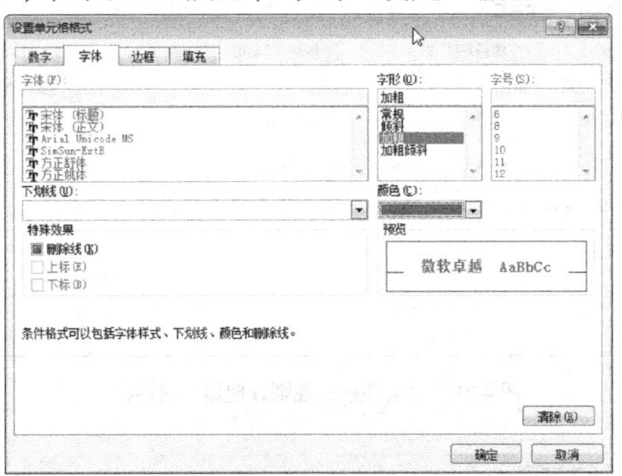

图 4.68　“设置单元格格式”对话框

（4）返回“新建格式规则”对话框，再单击“确定”按钮。

（5）用类似 1～4 步骤的方法，设置入学成绩介于 620～640 之间和小于 620 的字体格式，完成后如图 4.69 所示。

	A	B	C	D	E	F	G	H	I	J
1	学生信息表									
2	学号	姓名	性别	政治面貌	出生年月	宿舍	原毕业学校	入学成绩	身份证号	联系电话
3	130101	李小玉	女	团员	1998年2月6日	8栋422	可园中学	637.0	442500199802062226	13509988776
4	130102	何小斌	男	群众	1998年3月18日	16栋302	东城初级中学	642.0	440100199803185879	13609876543
5	130103	王一波	男	团员	1999年7月17日	16栋301	樟木头中学	639.0	441900199707170816	13701234567
6	130104	何群	女	团员	1997年9月12日	8栋424	桥头中学	631.0	442300199709121343	13812345678
7	130105	李海涛	男	团员	1998年10月12日	16栋301	虎门林则徐中学	629.0	441100199810126574	13998765432
8	130106	丁虹敏	女	群众	1998年6月14日	8栋423	麻涌中学	645.0	441900199806146555	13612345678
9	130107	何一伟	男	群众	1997年12月13日	16栋302	虎门林则徐中学	612.0	440200199712134444	13313313313
10	130108	汤琳琳	女	群众	1999年7月27日	8栋423	可园中学	641.0	443400199907271169	13712345678
11	130109	张庆玲	女	群众	1997年9月14日	8栋423	黄江中学	637.0	442500199709143814	13823456789
12	130110	赵慧琳	女	团员	1998年2月8日	8栋423	东城初级中学	633.0	441600199802087667	13512345678

图 4.69　使用条件格式设置后的入学成绩

（1）清除条件格式。如果要清除条件格式，单击“开始”选项卡的“样式”组的“条件格式”按钮，根据实际情况，从弹出的下拉菜单中选择“清除规则”命令中的“清除所选单元格的规则”或“清除整个工作表的规则”命令，如图 4.70 所示。

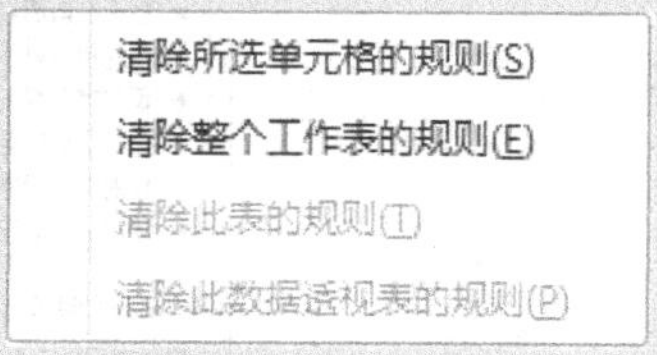

清除所选单元格的规则(S)
清除整个工作表的规则(E)
清除此表的规则(T)
清除此数据透视表的规则(P)

图 4.70　清除条件格式选项

（2）更改条件格式。如果要修改已设置的单元格的条件格式，操作方法如下。

单击“开始”选项卡的“样式”组的“条件格式”按钮，从弹出的下拉菜单中选择“管理规则”命令，即弹出“条件格式规则管理器”对话框，如图 4.71 所示。再单击“编辑规则”按钮，将弹出“编辑格式规则”对话框，如图 4.72 所示，重新选择后即可更改原来所设置的条件格式。

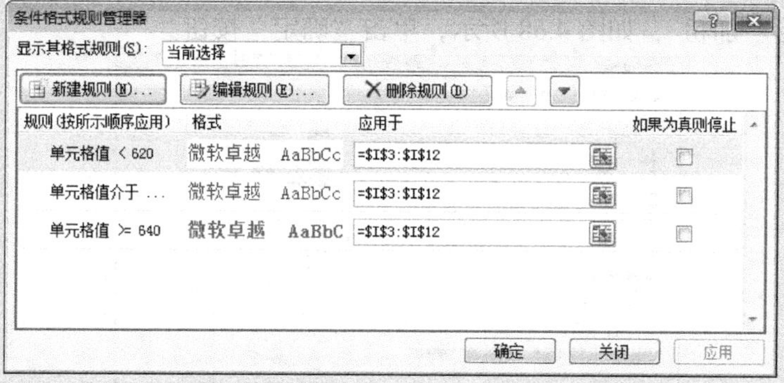

条件格式规则管理器

显示其格式规则(S)：当前选择

新建规则(N)...　编辑规则(E)...　删除规则(D)

规则(按所示顺序应用)	格式	应用于	如果为真则停止
单元格值 < 620	微软卓越 AaBbCc	=$I$3:$I$12	
单元格值介于 ...	微软卓越 AaBbCc	=$I$3:$I$12	
单元格值 >= 640	微软卓越 AaBbC	=$I$3:$I$12	

确定　关闭　应用

图 4.71　“条件格式规则管理器”对话框

编辑格式规则

选择规则类型(S)：
- 基于各自值设置所有单元格的格式
- 只为包含以下内容的单元格设置格式
- 仅对排名靠前或靠后的数值设置格式
- 仅对高于或低于平均值的数值设置格式
- 仅对唯一值或重复值设置格式
- 使用公式确定要设置格式的单元格

编辑规则说明(E)：
只为满足以下条件的单元格设置格式(O)：
单元格值　小于　=620
预览：微软卓越 AaBbCc　格式(F)...

确定　取消

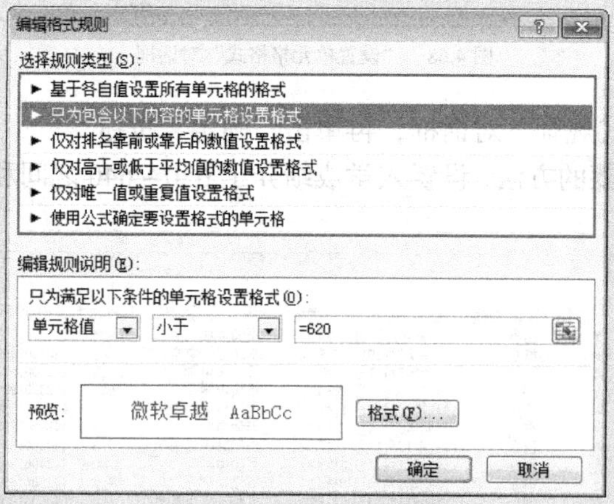

图 4.72　“编辑格式规则”对话框

知识链接

小提示

（1）如果对已设置条件格式的单元格再增加条件格式，可以单击“条件格式规则管理器”对话框中的“新建规则”按钮，将弹出“新建格式规则”对话框，设置条件格式与前面所述步骤相似。

（2）如果只删除已设置条件格式的单元格中的某个格式，先选定要删除的条件格式，单击“条件格式规则管理器”对话框中的“删除规则”按钮即可。

5. 调整行高与列宽

因为设置了字体格式和数字格式，有些单元格的数据不能完全显示，李老师要将工作表的行高或列宽做适当的调整，使工作表的数据显示更规范和清晰。

（1）调整行高。李老师首先要调整第 1 行和第 2 行的行高，他采用“鼠标拖曳”的方法来完成。具体操作步骤如下。

① 将鼠标放在第 1 行与第 2 行交界处，鼠标指针变为“$\updownarrow$”，按下鼠标左键拖曳到合适的位置，即可调整第 1 行的行高。

② 将鼠标放在第 2 行与第 3 行交界处，使用与步骤 1 相同的方法，即可调整第 2 行的行高。

李老师接着调整第 3 ~ 12 行的行高，将这 12 行的行高统一设置为“22”，这次采用的是“菜单命令”的方法来完成，具体操作步骤如下。

① 将鼠标放在“第 3 行”的行号上面，鼠标指针变成“➡”，按下鼠标左键，拖曳鼠标到行号 12，即可将第 3 ~ 12 行全部选定。

② 单击鼠标右键，从弹出的快捷菜单中选择“行高”命令，或者单击“开始”选项卡的“单元格”的“格式”按钮，从弹出的下拉菜单中选择“行高”命令，如图 4.73 所示，即弹出设置“行高”对话框，在行高“文本框”中输入“22”，如图 4.74 所示，单击“确定”按钮。

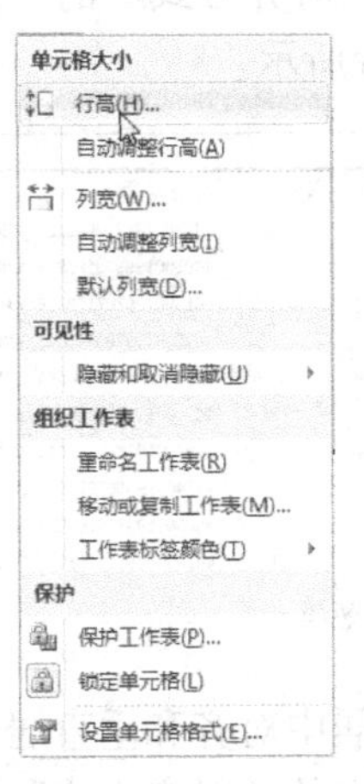

图 4.73 “格式”下拉菜单

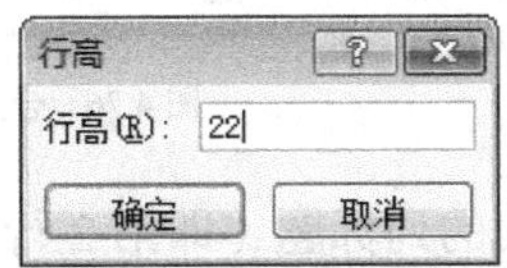

图 4.74 “行高”对话框

（2）调整列宽。李老师首先调整“政治面貌”列（即 D 列）的宽度，采用“鼠标拖曳”的方法来完成，操作步骤如下。

将鼠标放在第 D 列与第 E 列交界处，鼠标指针变为“$\leftrightarrow$”，按下鼠标左键拖曳到合适的

位置，即可调整第 D 列的列宽。

然后，李老师调整“学号”、“姓名”、“入学成绩”三列（即 A、B、H 列）的列宽为“10.5”，这次采用“菜单命令”的方法来完成。具体操作步骤如下。

① 将鼠标放在 A 列的列标上面，鼠标指针变成“⬇”，单击鼠标左键，即可选定 A 列。然后按下“Ctrl”键，单击列标 B、列标 H，即可将 A、B、H 三列选定。

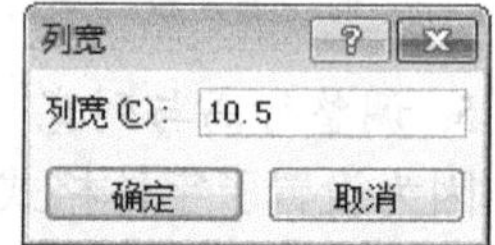

图 4.75 “列宽”对话框

② 将鼠标指针移至 A、B、H 三列其中之一列标上，单击鼠标右键，从弹出的快捷菜单中选择“列宽”命令，或者单击“开始”选项卡的“单元格”的“格式”按钮 格式，从弹出的下拉菜单中选择“列宽”命令，即弹出设置“列宽”对话框，在行高“文本框”中输入“10.5”，如图 4.75 所示，单击“确定”按钮。

小提示 在工作表中，每行的行高默认值为 14.25，每列的列宽默认值为 8.38。如果使用“格式”按钮的下拉菜单中的“自动调整行高”或“自动调整列宽”命令，Excel 2010 就会依单元格内的数据自动调整行高或列宽。

6. 设置单元格的对齐格式

李老师现在要对单元格的数据进行对齐操作。单元格数据的对齐方式，包括水平对齐和垂直对齐两种方式。水平对齐是指数据在单元格内水平方向的对齐方式，包括常规、靠左（缩进）、居中、填充、两端对齐、跨列居中和分散对齐（缩进）八种；垂直方式是指数据在单元格内垂直方向的对齐方式，包括靠上、居中、靠下、两端对齐和分散对齐五种。

李老师分如下几步来完成单元格的数据对齐方式。

（1）将工作表的 A1:J1 单元格区域合并为一个单元格，并居中对齐，即工作表的标题“学生信息表”放在工作表的中央，操作步骤如下。

选定 A1:J1 单元格区域，单击“开始”选项卡的“对齐方式”的“合并后居中”按钮 合并后居中，合并及居中后单元格的效果如图 4.76 所示。

学生信息表

学号	姓名	性别	政治面貌	出生年月	宿舍	原毕业学校	入学成绩	身份证号	联系电话
130101	李小玉	女	团员	1998年2月6日	8栋422	可园中学	637.0	442500199802062226	13509988776
130102	何小斌	男	群众	1998年3月18日	16栋302	东城初级中学	642.0	440100199803185879	13609876543
130103	王一波	男	团员	1999年7月17日	16栋301	樟木头中学	639.0	441900199707170816	13701234567
130104	何群	女	团员	1997年9月12日	8栋424	桥头中学	631.0	442300199709121343	13812345678
130105	李海涛	男	团员	1998年10月12日	16栋301	虎门林则徐中学	629.0	441100199810126574	13998765432
130106	丁虹敏	女	群众	1998年6月14日	8栋423	麻涌中学	645.0	441900199806146555	13612345678
130107	何一伟	男	群众	1997年12月13日	16栋302	虎门林则徐中学	612.0	440200199712134444	13313313313
130108	汤琳琳	女	团员	1999年7月27日	8栋423	可园中学	641.0	443400199907271169	13712345678
130109	张庆玲	女	群众	1997年9月14日	8栋423	黄江中学	637.0	442500199709143814	13823456789
130110	赵慧琳	女	团员	1998年2月8日	8栋423	东城初级中学	633.0	441600199802087667	13512345678

图 4.76 合并及居中后单元格的效果

（2）设置工作表的列标题（即第 2 行）单元格水平居中对齐和垂直居中对齐。操作步骤如下。选定 A2:J2 单元格区域，分别单击“开始”选项卡的“对齐方式”组的“垂直居中”按钮和“水平居中”按钮，对齐后的效果如图 4.77 所示。

	A	B	C	D	E	F	G	H	I	J
1	学生信息表									
2	学号	姓名	性别	政治面貌	出生年月	宿舍	原毕业学校	入学成绩	身份证号	联系电话
3	130101	李小玉	女	团员	1998年2月6日	8栋422	可园中学	637.0	442500199802062226	13509988776
4	130102	何小斌	男	群众	1998年3月18日	16栋302	东城初级中学	642.0	440100199803185879	13609876543
5	130103	王一波	男	团员	1999年7月17日	16栋301	樟木头中学	639.0	441900199707170816	13701234567
6	130104	何群	女	团员	1997年9月12日	8栋424	桥头中学	631.0	442300199709121343	13812345678
7	130105	李海涛	男	团员	1998年10月12日	16栋301	虎门林则徐中学	629.0	441100199810126574	13998765432
8	130106	丁虹敏	女	群众	1998年6月14日	8栋423	麻涌中学	645.0	441900199806146555	13612345678
9	130107	何一伟	男	群众	1997年12月13日	16栋302	虎门林则徐中学	612.0	440200199712134444	13313313313
10	130108	汤琳琳	女	团员	1999年7月27日	8栋423	可园中学	641.0	443400199907271169	13712345678
11	130109	张庆玲	女	群众	1997年9月14日	8栋423	黄江中学	637.0	442500199709143814	13823456789
12	130110	赵慧琳	女	团员	1998年2月8日	8栋423	东城初级中学	633.0	441600199802087667	13512345678

图 4.77 列标题水平居中、垂直居中对齐

（3）设置工作表的“学号”、“姓名”、“性别”、“政治面貌”、“出生年月”、“宿舍”和“入学成绩”7 列的单元格水平居中对齐和垂直居中对齐。其操作步骤与第 2 步骤相似。

（4）设置工作表的“原毕业学校”列的单元格水平两端对齐，垂直居中对齐，操作步骤如下。

选定 G3:G12 单元格区域，单击“开始”选项卡的“对齐方式”组的“设置单元格格式：对齐方式”对话框启动器按钮 ，即弹出的“设置单元格格式”对话框，在“对齐”选项卡的“水平对齐”下拉列表中选择“两端对齐”，“垂直对齐”下拉列表中选择“居中”，如图 4.78 所示。

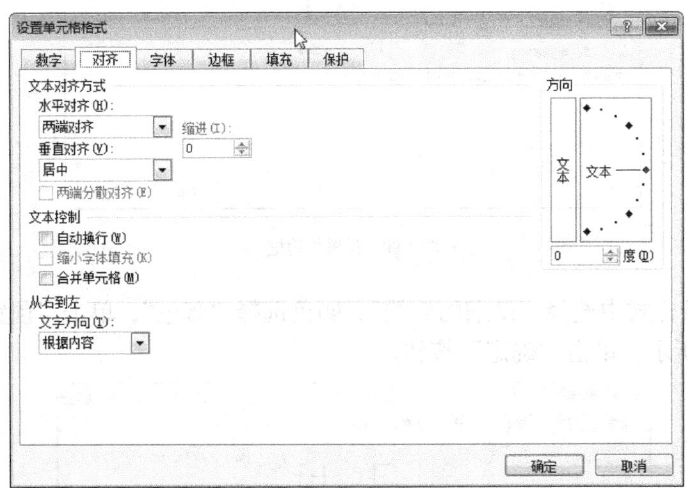

图 4.78 “设置单元格格式”对话框的“对齐”选项卡

设置完成后，效果如图 4.79 所示。

	A	B	C	D	E	F	G	H	I	J
1	学生信息表									
2	学号	姓名	性别	政治面目	出生年月	宿舍	原毕业学校	入学成绩	身份证号	联系电话
3	130101	李小玉	女	团员	1998年2月6日	8栋422	可园中学	637.0	442500199802062226	13509988776
4	130102	何小斌	男	群众	1998年3月18日	16栋302	东城初级中学	642.0	440100199803185879	13609876543
5	130103	王一波	男	团员	1999年7月17日	16栋301	樟木头中学	639.0	441900199707170816	13701234567
6	130104	何群	女	团员	1997年9月12日	8栋424	桥头中学	631.0	442300199709121343	13812345678
7	130105	李海涛	男	团员	1998年10月12日	16栋301	虎门林则徐中学	629.0	441100199810126574	13998765432
8	130106	丁虹敏	女	群众	1998年6月14日	8栋423	麻涌中学	645.0	441900199806146555	13612345678
9	130107	何一伟	男	群众	1997年12月13日	16栋302	虎门林则徐中学	612.0	440200199712134444	13313313313
10	130108	汤琳琳	女	团员	1999年7月27日	8栋423	可园中学	641.0	443400199907271169	13712345678
11	130109	张庆玲	女	群众	1997年9月14日	8栋423	黄江中学	637.0	442500199709143814	13823456789
12	130110	赵慧琳	女	团员	1998年2月8日	8栋423	东城初级中学	633.0	441600199802087667	13512345678

图 4.79 设置单元格对齐后的效果

7. 设置单元格的边框和底纹

虽然在屏幕上可以看到 Excel 表格有网络线，但实际打印时是没有边框效果的，所以李老师要为表格加上边框和底框：将表格外边框和第 2 行下边框设置为深蓝色的最粗实线，其他的内部边框设置为蓝色的最细线，表格标题添加自定义的淡蓝色（红 209，绿 243，蓝 255）。操作步骤如下。

（1）设置边框。

①选定 A2:J12 单元格区域，单击“开始”选项卡的“字体”组中“边框”按钮 的倒三角按钮，在下拉菜单中选择“其他边框”命令，或者单击“开始”选项卡的“字体”组的“设置单元格格式：字体”对话框启动器按钮 ，即弹出的“设置单元格格式”对话框，单击“边框”选项卡。

②在线条样式中选择“最粗的实线”，颜色选择“深蓝色”，单击“预置”中的“外边框”按钮，如图 4.80 所示。

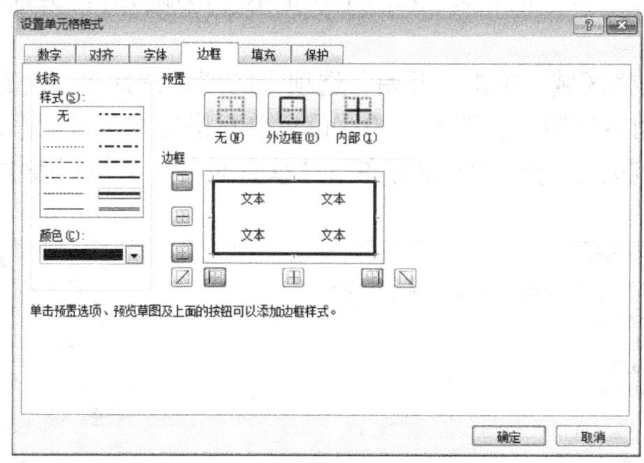

图 4.80　设置外边框

③然后在线条样式中选择“最细的实线”，颜色选择“蓝色”，单击“预置”中的“内部”按钮，如图 4.81 所示。单击“确定”按钮。

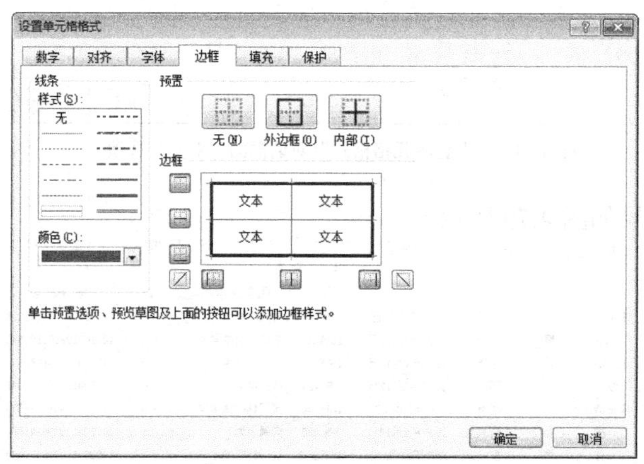

图 4.81　设置内边框

④ 单击“开始”选项卡的“字体”组中“边框”按钮 的倒三角按钮，在下拉菜单中

选择“线型”命令，从线型选项卡中选择“最粗的实线”。然后再单击“边框”按钮的倒三角按钮，在下拉菜单中选择“线条颜色”命令，从“线条颜色”的颜色选项卡中选择“深蓝色”，鼠标指针变成“”。最后将鼠标移至 A2 单元格的下框线的位置，按下鼠标左键，拖曳鼠标至 J2 单元格的位置，即可设置好第 2 行的下框线。

（2）设置底纹。选定 A2:J12 单元格区域，单击“开始”选项卡的“字体”组中“填充颜色”按钮的倒三角按钮，从弹出的颜色框中选择“其他颜色”选项，即弹出“颜色”对话框，单击“自定义”选项卡，在红色、绿色、蓝色框中分别输入 209、243、255，如图 4.82 所示。

图 4.82 “颜色”对话框

设置好格式后的表格如图 4.54 所示。

1. 单元格样式的设置与应用

单元格样式就是字体、字号、边框、底纹、对齐方式等设置特性作为集合加以命名和存储，方便直接调用相应格式。应用样式可以提高处理工作表的效率。

（1）应用已定义的单元格样式

在 Excel 2010 中提供了多种样式，可以直接应用。操作方法如下。

单击“开始”选项卡的“样式”组的“单元格样式”按钮，即弹出“单元格样式”下拉菜单，如图 4.83 所示，选择相应的选项即可。

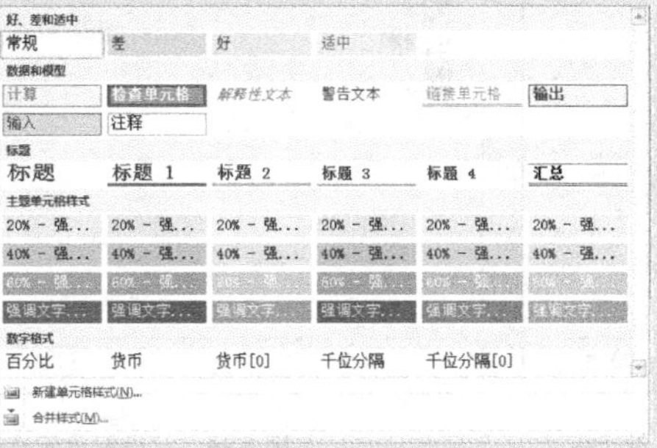

图 4.83 系统已定义好的单元格样式

例如将“学号”列的数据应用已定义的“好”样式，操作步骤如下。

① 选定 A3:A12 单元格区域，单击“开始”选项卡的“样式”组的“单元格样式”按钮。

② 在弹出“单元格样式”下拉菜单中选择“好”样式，应用“好”样式后，“学号”列的数据如图 4.84 所示。

	A	B	C	D	E	F	G	H	I	J
1	学生信息表									
2	学号	姓名	性别	政治面目	出生年月	宿舍	原毕业学校	入学成绩	身份证号	联系电话
3	130101	李小玉	女	团员	1998年2月6日	8栋422	可园中学	637.0	442500199802062226	13509988776
4	130102	何小斌	男	群众	1998年3月18日	16栋302	东城初级中学	642.0	440100199803185879	13609876543
5	130103	王一波	男	团员	1999年7月17日	16栋301	樟木头中学	639.0	441900199707170816	13701234567
6	130104	何群	女	团员	1997年9月12日	8栋424	桥头中学	631.0	442300199709121343	13812345678
7	130105	李海涛	男	团员	1998年10月12日	16栋301	虎门林则徐中学	629.0	441100199810126574	13998765432
8	130106	丁虹敏	女	群众	1998年6月14日	8栋423	麻涌中学	645.0	441900199806146555	13612345678
9	130107	何一伟	男	群众	1997年12月13日	16栋302	虎门林则徐中学	612.0	440200199712134444	13313313313
10	130108	汤琳琳	女	团员	1999年7月27日	8栋423	可园中学	641.0	443400199907271169	13712345678
11	130109	张庆玲	女	群众	1997年9月14日	8栋423	黄江中学	637.0	442500199709143814	13823456789
12	130110	赵慧琳	女	团员	1998年2月8日	8栋423	东城初级中学	633.0	441600199802087667	13512345678

图 4.84　应用单元格样式

（2）自定义样式。

除了 Excel 2010 内置的样式外，用户还可以自定义新样式。以例子来说明自定义样式和应用自定义样式。

例如创建一个“姓名格式”的样式：对齐为“水平分散对齐（缩进），垂直居中对齐”，字体为“仿宋，12 号，加粗，深蓝色”，填充颜色为“浅绿色”，并将“姓名”列的姓名应用该样式。操作步骤如下。

①单击“开始”选项卡的“样式”的“单元格样式”按钮，从弹出“单元格样式”下拉菜单中选择“新建单元格样式”命令，即弹出设置前的“样式”对话框，如图 4.85 所示。

②在“样式”对话框的“样式名”的文本框中输入自定义样式名称“姓名样式”，然后单击“格式”按钮，即弹出“设置单元格格式”对话框，如图 4.86 所示。

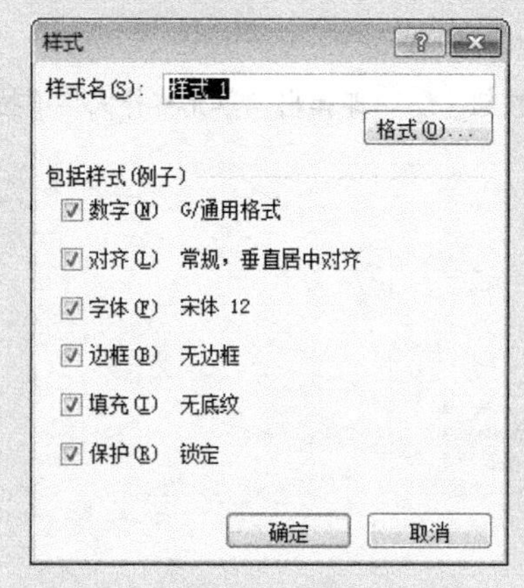

图 4.85　设置前的“样式”对话框

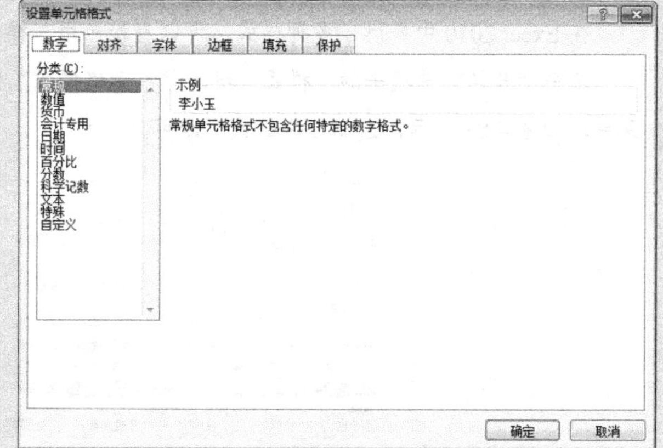

图 4.86　“设置单元格格式”对话框

知识拓展

③在“设置单元格格式”对话框中，在“对齐”选项卡中设置“水平分散对齐（缩进），垂直居中对齐”；在“字体”选项卡中设置字体为“仿宋，12号字，深蓝色”；在“填充”选项卡中设置填充颜色为“浅绿色”。

④单击“确定”按钮，返回设置后的“样式”对话框，如图4.87所示。

⑤ 单击“确定”按钮，返回Excel 2010工作簿编辑窗口。

⑥ 选定B3:B12单元格区域，单击“开始”选项卡的“样式”组的“单元格样式”按钮，从弹出“单元格样式”下拉菜单中选择“自定义样式”的“姓名样式”，如图4.88所示，即可将自定义的“姓名样式”应用到姓名列中，如图4.89所示。

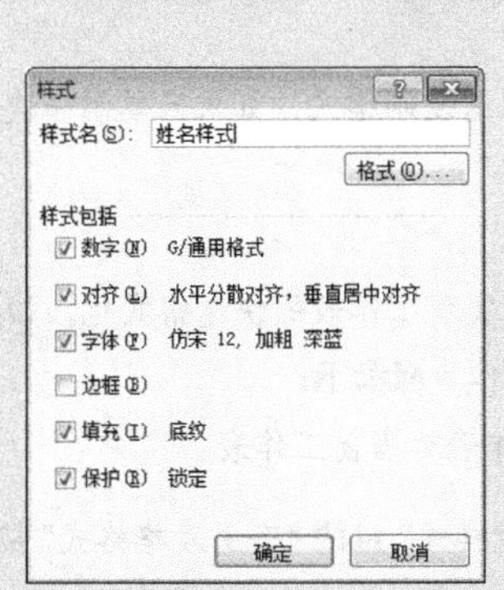

图4.87　设置后的“样式”对话框

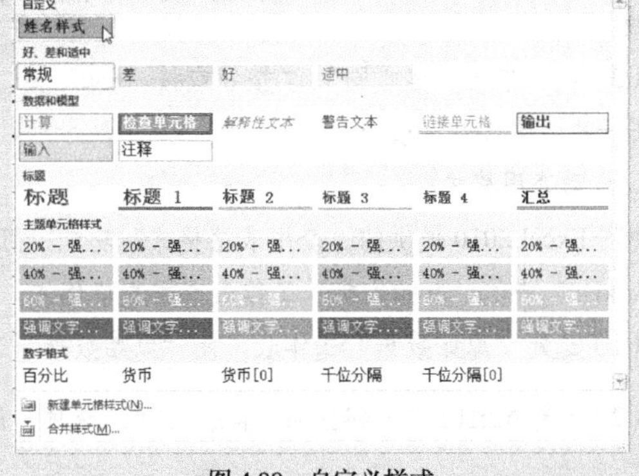

图4.88　自定义样式

学生信息表

学号	姓名	性别	政治面目	出生年月	宿舍	原毕业学校	入学成绩	身份证号	联系电话
130101	李小玉	女	团员	1998年2月6日	8栋422	可园中学	637.0	442500199802062226	13509988776
130102	何小斌	男	群众	1998年3月18日	16栋302	东城初级中学	642.0	440100199803185879	13609876543
130103	王一波	男	团员	1999年7月17日	16栋301	樟木头中学	639.0	441900199707170816	13701234567
130104	何群	女	团员	1997年9月12日	8栋424	桥头中学	631.0	442300199709121343	13812345678
130105	李海涛	男	团员	1998年10月12日	16栋301	虎门林则徐中学	629.0	441100199810126574	13998765432
130106	丁虹敏	女	群众	1998年6月14日	8栋423	麻涌中学	645.0	441900199806146555	13612345678
130107	何一伟	男	群众	1997年12月13日	16栋302	虎门林则徐中学	612.0	440200199712134444	13313313313
130108	汤琳琳	女	团员	1999年7月27日	8栋423	可园中学	641.0	443400199907271169	13712345678
130109	张庆玲	女	群众	1997年9月14日	8栋423	黄江中学	637.0	442500199709143814	13823456789
130110	赵慧琳	女	团员	1998年2月8日	8栋423	东城初级中学	633.0	441600199802087667	13512345678

图4.89　应用自定义样式的姓名列

2. 格式刷的使用

单元格的格式，如字体、字号、边框和底纹、数字格式等，这些可以使用格式刷复制，避免重复操作，以提高效率。Excel 2010格式刷的使用与Word 2010的格式刷的使用类似，现以例子来说明Excel 2010格式刷的使用。

例如将所有性别为“男”的单元格设置为“楷体、14号、加粗、倾斜、蓝色”，操作步骤如下。

（1）选定C4单元格，设置字体格式为“楷体、14号、加粗、倾斜、蓝色”。

（2）双击“开始”选项卡的“剪贴板”组的“格式刷”按钮，鼠标变成，然后分别在C5、C7、C9单元格单击鼠标左键。完成后如图4.90所示。

知识拓展

	A	B	C	D	E	F	G	H	I	J
1	学生信息表									
2	学号	姓名	性别	政治面目	出生年月	宿舍	原毕业学校	入学成绩	身份证号	联系电话
3	130101	李小玉	女	团员	1998年2月6日	8栋422	可园中学	637.0	442500199802062226	13509988776
4	130102	何小斌	男	群众	1998年3月18日	16栋302	东城初级中学	642.0	440100199803185879	13609876543
5	130103	王一波	男	团员	1999年7月17日	16栋301	樟木头中学	639.0	441900199707170816	13701234567
6	130104	何群	女	团员	1997年9月12日	8栋424	桥头中学	631.0	442300199709121343	13812345678
7	130105	李海涛	男	团员	1998年10月12日	16栋301	虎门林则徐中学	629.0	441100199810126574	13998765432
8	130106	丁虹敏	女	群众	1998年6月14日	8栋423	麻涌中学	645.0	441900199806146555	13612345678
9	130107	何一伟	男	群众	1997年12月13日	16栋302	虎门林则徐中学	612.0	440200199712134444	13313313313
10	130108	汤琳琳	女	团员	1999年7月27日	8栋423	可园中学	641.0	443400199907271169	13712345678
11	130109	张庆玲	女	群众	1997年9月14日	8栋423	黄江中学	637.0	442500199709143814	13823456789
12	130110	赵慧琳	女	团员	1998年2月8日	8栋423	东城初级中学	633.0	441600199802087667	13512345678

图 4.90　使用格式刷复制格式

（3）再次单击“格式刷”按钮或按“Esc”键，取消复制格式。如果只复制一次格式，只需单击一次“格式刷”按钮。

3. 自动套用格式

使用 Excel 2010 提供的“套用表格格式”功能，可以实现工作表的快速格式化。如将“学生信息表.xlsx”中的“原始数据”工作表套用表格格式，操作步骤如下。

（1）选定“原始数据”工作表，使“原始数据”工作表为当前工作表。

（2）选定 A2:I12 单元格区域，单击“开始”选项卡的“样式”组的“套用表格格式”按钮，即弹出格式样式列表，如图 4.91 所示。

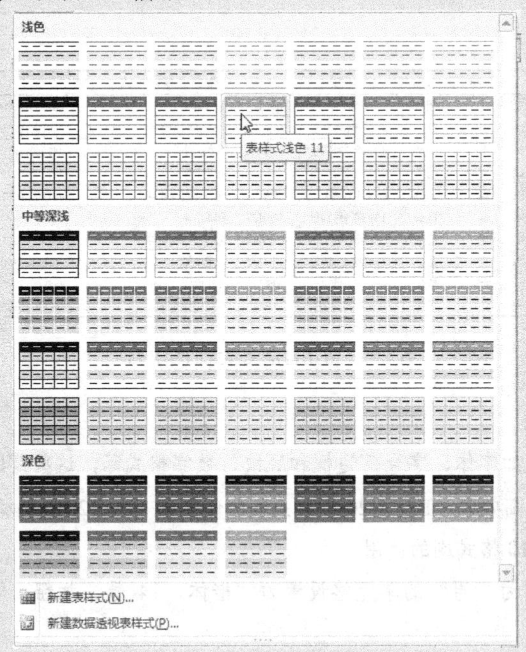

图 4.91　套用表格格式样式

（3）选择所需样式即可，如本例选择“表样式浅色 11”样式，弹出“套用表格式”对话框，如图 4.92 所示。

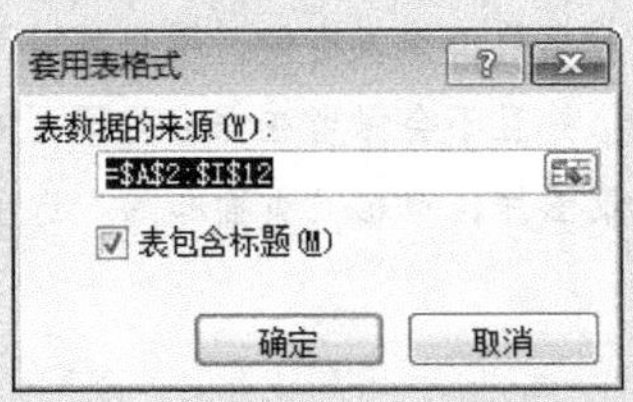

图 4.92　“套用表格式”对话框

（4）单击“确定”按钮，所选的 A2:I12 单元格区域即套用了“表样式浅色 11”样式。如图 4.93 所示。

	A	B	C	D	E	F	G	H	I
1	学生信息表								
2	学号	姓名	性别	政治面目	出生年月	原毕业学校	身份证号	入学成绩	联系电话
3	130101	李小玉	女	团员	1998/2/6	可园中学	442500199802062226	637	13509988776
4	130102	何小斌	男	群众	1998/3/18	东城初级中学	440100199803185879	642	13609876543
5	130103	王一波	男	团员	1999/7/17	樟木头中学	441900199707170816	639	13701234567
6	130104	何群	女	团员	1997/9/12	桥头中学	442300199709121343	631	13812345678
7	130105	李海涛	男	团员	1998/10/12	虎门中学	441100199810126574	629	13998765432
8	130106	丁虹敏	女	群众	1998/6/14	麻涌中学	441900199806146555	645	13612345678
9	130107	汤琳琳	女	群众	1999/7/27	可园中学	443400199907271169	641	13712345678
10	130108	张庆玲	女	群众	1997/9/14	黄江中学	442500199709143814	637	13823456789
11	130109	李文宏	男	团员	1998/5/2	南城中学	44190019980502199X	627	13912345678
12	130110	赵慧琳	女	团员	1998/2/8	东城初级中学	441600199802087667	633	13512345678

图 4.93　学生信息表套用表格式效果

4. 工作表背景的设置

在 Excel 2010 中，如果觉得满眼格子、线条的背景太过单调乏味，用户还可以为工作表设置自己喜欢的背景，例如为“最新数据”工作表添加一张名为“太阳花.jpg”的图片为背景，操作步骤如下。

（1）选定“最新数据”工作表，使“最新数据”工作表为当前工作表。

（2）单击“页面布局”选项卡的“页面设置”的“背景”按扭 [背景]，在弹出的“工作表背景”对话框选择“太阳花.jpg”图片作为当前工作表的背景，如图 4.94 所示。设置后的效果如图 4.95 所示。

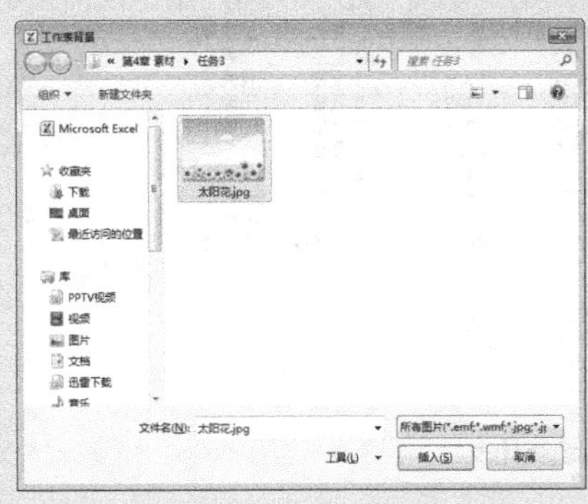

图 4.94　“工作表背景”对话框

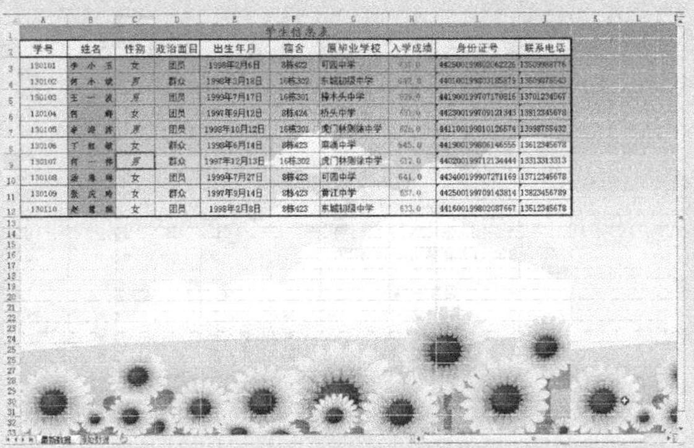

图 4.95　工作表背景设置效果

小提示

（1）设置的图片背景只对当前工作表有效，用户可以为每张工作表设置不同的背景。

（2）背景图案不能打印，并且不会保留在保存为网页的单个工作表或项目中。

（3）如果要删除应用背景图片，单击“页面布局”选项卡的“页面设置”的“删除背景”按扭 删除背景。

任务4 计算数据

【任务描述】

《计算机基础》期中考试成绩已经出来，李老师已经将1301班的《计算机基础》期中考试成绩录入工作簿，并保存为“1301班计算机期中考试成绩表.xlsx”，如图4.96所示。为了了解学生的考试情况，李老师要计算每个人的期中成绩、名次、等级，各项的平均分、最高分、最低分等。《计算机基础》期中考试由“理论题”、“上机操作”、“文字录入”三个项目组成，其中，理论题占30%，上机操作占50%，文字录入占20%。然后按“期中成绩”高分到低分进行排名，再根据期中成绩得出“是否及格”和“成绩等级”。最后求出表格的其他各项内容。完成后，如图4.97所示。

	A	B	C	D	E	F	G	H	I	J	K
1	1301班《计算机基础》期中考试成绩表										
2	学号	姓名	组别	理论题	上机操作	文字录入	三项总分	期中成绩	成绩名次	是否及格	成绩等级
3	130101	李小王	第1组	76	80	76					
4	130102	何小斌	第1组	91	93	100					
5	130103	王一波	第2组	76	75	70					
6	130104	何群	第3组	56	78	75					
7	130105	李海涛	第1组	74	83	96					
8	130106	丁虹敏	第2组	91	87	68					
9	130107	何一伟	第3组	87	56	58					
10	130108	汤琳琳	第2组	54	70	66					
11	130109	张庆玲	第1组	65	49	64					
12	130110	赵慧琳	第3组	93	64	67					
13											
14		各项平均分									
15		期中最高分		第1组的人数		第1组的总分					
16		期中最低分		第2组的人数		第2组的总分					
17		考试人数		第3组的人数		第3组的总分					
18		频率最高的分数									

图4.96　1301班计算机期中考试成绩表

	A	B	C	D	E	F	G	H	I	J	K
1	1301班《计算机基础》期中考试成绩表										
2	学号	姓名	组别	理论题	上机操作	文字录入	三项总分	期中成绩	成绩名次	是否及格	成绩等级
3	130101	李小王	第1组	76	80	76	232	78	4	及格	一般
4	130102	何小斌	第1组	91	93	100	284	93.8	1	及格	优秀
5	130103	王一波	第2组	76	75	70	221	74.3	5	及格	一般
6	130104	何群	第3组	56	78	75	209	70.8	7	及格	一般
7	130105	李海涛	第1组	74	83	96	253	82.9	3	及格	一般
8	130106	丁虹敏	第2组	91	87	68	246	84.4	2	及格	一般
9	130107	何一伟	第3组	87	56	58	201	65.7	8	及格	一般
10	130108	汤琳琳	第2组	54	70	66	190	64.4	9	及格	一般
11	130109	张庆玲	第1组	65	49	64	178	56.8	10	不及格	不及格
12	130110	赵慧琳	第3组	93	64	67	224	73.3	6	及格	一般
13											
14		各项平均分		76.3	73.5	74	223.8	74.44			
15		期中最高分	93.8	第1组的人数	4	第1组的总分	311.5				
16		期中最低分	56.8	第2组的人数	3	第2组的总分	223.1				
17		考试人数	10	第3组的人数	3	第3组的总分	209.8				
18		频率最高的分数	76								

图4.97　1301班计算机基础考试成绩统计表

【任务实现】

对1301班的《计算机基础》期中考试成绩做统计和排名，首先用公式计算出期中考试成绩，再用函数根据要求计算各项数据。

1. 使用公式计算

用户可以使用系统提供的运算符和函数建立公式，系统将按公式自动进行计算。如果参与计算的相关数据发生变化，Excel 会自动更新结果。

首先，李老师要计算每位同学的“三项总分”和“期中成绩”，操作步骤如下。

（1）计算三项总分。

① 选定 G3 单元格，即 G3 为当前活动单元格。

② 键入公式：=D3+E3+F3，如图 4.98 所示。

	A	B	C	D	E	F	G	H	I	J	K
1	1301班《计算机基础》期中考试成绩表										
2	学号	姓名	组别	理论题	上机操作	文字录入	三项总分	期中成绩	成绩名次	是否及格	成绩等级
3	130101	李小玉	第1组	76	80	76	=D3+E3+F3				
4	130102	何小斌	第1组	91	93	100					
5	130103	王一波	第2组	76	75	70					
6	130104	何群	第3组	56	78	75					
7	130105	李海涛	第1组	74	83	96					
8	130106	丁虹敏	第2组	91	87	68					
9	130107	何一伟	第3组	87	56	58					
10	130108	汤琳琳	第2组	54	70	66					
11	130109	张庆玲	第1组	65	49	64					
12	130110	赵慧琳	第3组	93	64	67					
13											
14		各项平均分									
15		期中最高分		第1组的人数		第1组的总分					
16		期中最低分		第2组的人数		第2组的总分					
17		考试人数		第3组的人数		第3组的总分					
18		频率最高的分数									

图 4.98　在 G3 单元格中输入公式

③ 按回车键确认，计算机结果出现在 G3 单元格内，如图 4.99 所示。

	A	B	C	D	E	F	G	H	I	J	K
1	1301班《计算机基础》期中考试成绩表										
2	学号	姓名	组别	理论题	上机操作	文字录入	三项总分	期中成绩	成绩名次	是否及格	成绩等级
3	130101	李小玉	第1组	76	80	76	232				
4	130102	何小斌	第1组	91	93	100					
5	130103	王一波	第2组	76	75	70					
6	130104	何群	第3组	56	78	75					
7	130105	李海涛	第1组	74	83	96					
8	130106	丁虹敏	第2组	91	87	68					
9	130107	何一伟	第3组	87	56	58					
10	130108	汤琳琳	第2组	54	70	66					
11	130109	张庆玲	第1组	65	49	64					
12	130110	赵慧琳	第3组	93	64	67					
13											
14		各项平均分									
15		期中最高分		第1组的人数		第1组的总分					
16		期中最低分		第2组的人数		第2组的总分					
17		考试人数		第3组的人数		第3组的总分					
18		频率最高的分数									

图 4.99　G3 单元格的计算结果

④ 重新选定 G3 单元格，使用填充柄将公式复制到 G4:G12 单元格区域，松开鼠标后结果自动显示在 G4:G12 单元格内，如图 4.100 所示。

	A	B	C	D	E	F	G	H	I	J	K
1	1301班《计算机基础》期中考试成绩表										
2	学号	姓名	组别	理论题	上机操作	文字录入	三项总分	期中成绩	成绩名次	是否及格	成绩等级
3	130101	李小玉	第1组	76	80	76	232				
4	130102	何小斌	第1组	91	93	100	284				
5	130103	王一波	第2组	76	75	70	221				
6	130104	何群	第3组	56	78	75	209				
7	130105	李海涛	第1组	74	83	96	253				
8	130106	丁虹敏	第2组	91	87	68	246				
9	130107	何一伟	第3组	87	56	58	201				
10	130108	汤琳琳	第2组	54	70	66	190				
11	130109	张庆玲	第1组	65	49	64	178				
12	130110	赵慧琳	第3组	93	64	67	224				
13											
14		各项平均分									
15		期中最高分		第1组的人数		第1组的总分					
16		期中最低分		第2组的人数		第2组的总分					
17		考试人数		第3组的人数		第3组的总分					
18		频率最高的分数									
19											
20											

图 4.100　使用填充柄复制公式后的结果

（2）计算期中成绩。期中成绩由理论题、上机操作和文字录入三部分组成，分别占 30%、50%和 20%，计算的公式是“期中成绩＝理论题 × 30%+上机操作 × 50%+文字录入 × 20%”，计算的步骤与计算“三项总分”的步骤类似。

① 选定 H3 单元格，即 H3 为当前活动单元格。

② 键入公式：＝D3*30%+E3*50%+F3*20%，如图 4.101 所示。

	A	B	C	D	E	F	G	H	I	J	K
1			1301班《计算机基础》期中考试成绩表								
2	学号	姓名	组别	理论题	上机操作	文字录入	三项总分	期中成绩	成绩名次	是否及格	成绩等级
3	130101	李小玉	第1组	76	80	76	232	=D3*30%+E3*50%+F3*20%			
4	130102	何小斌	第1组	91	93	100	284				
5	130103	王一波	第2组	76	75	70	221				
6	130104	何群	第3组	56	78	75	209				
7	130105	李海涛	第1组	74	83	96	253				
8	130106	丁虹敏	第2组	91	87	68	246				
9	130107	何一伟	第3组	87	56	58	201				
10	130108	汤琳琳	第2组	54	70	66	190				
11	130109	张庆玲	第1组	65	49	64	178				
12	130110	赵慧琳	第3组	93	64	67	224				

图 4.101　在 H3 单元格中输入公式

③ 按回车键确认，计算机结果出现在 H3 单元格内，如图 4.102 所示。

	A	B	C	D	E	F	G	H	I	J	K
1			1301班《计算机基础》期中考试成绩表								
2	学号	姓名	组别	理论题	上机操作	文字录入	三项总分	期中成绩	成绩名次	是否及格	成绩等级
3	130101	李小玉	第1组	76	80	76	232	78			
4	130102	何小斌	第1组	91	93	100	284				
5	130103	王一波	第2组	76	75	70	221				
6	130104	何群	第3组	56	78	75	209				
7	130105	李海涛	第1组	74	83	96	253				
8	130106	丁虹敏	第2组	91	87	68	246				
9	130107	何一伟	第3组	87	56	58	201				
10	130108	汤琳琳	第2组	54	70	66	190				
11	130109	张庆玲	第1组	65	49	64	178				
12	130110	赵慧琳	第3组	93	64	67	224				

图 4.102　H3 单元格的计算结果

④ 重新选定 H3 单元格，使用填充柄将公式复制到 H4:H12 单元格区域，松开鼠标后结果自动显示在 H4:H12 单元格内，如图 4.103 所示。

	A	B	C	D	E	F	G	H	I	J	K
1			1301班《计算机基础》期中考试成绩表								
2	学号	姓名	组别	理论题	上机操作	文字录入	三项总分	期中成绩	成绩名次	是否及格	成绩等级
3	130101	李小玉	第1组	76	80	76	232	78			
4	130102	何小斌	第1组	91	93	100	284	93.8			
5	130103	王一波	第2组	76	75	70	221	74.3			
6	130104	何群	第3组	56	78	75	209	70.8			
7	130105	李海涛	第1组	74	83	96	253	82.9			
8	130106	丁虹敏	第2组	91	87	68	246	84.4			
9	130107	何一伟	第3组	87	56	58	201	65.7			
10	130108	汤琳琳	第2组	54	70	66	190	64.4			
11	130109	张庆玲	第1组	65	49	64	178	56.8			
12	130110	赵慧琳	第3组	93	64	67	224	73.3			
13											

图 4.103　使用填充柄复制公式后的结果

（1）公式的形式：=<表达式>。表达式可以是算式表达式、关系表达式和字符串表达式，表达式可由运算符、常量、单元格地址、函数及括号等组成，但不能含有空格，<表达式>前必须有“=”。

（2）运算符。用运算符将常量、单元格地址、函数及括号等连接起来就组成了表达式。常用运算符有算术运算符、字符运算符和关系运算符三类。运算符具有优先级，表 4-1 按运算符优先级从高到低列出各运算符及其功能。

表 4-1　常用运算符

类别	运算符	功能	举例
算术运算符	-	负号	-5，-C4
	%	百分数	12%
	^	乘方	3^2（即 32）
	*，/	乘，除	5*8，5/8
	+，-	加，减	5+8，5-8
字符运算符	&	字符串连接	“中国”&“2008”(即中国 2008)
关系运算符	=	等于	4=5 值为假
	<>	不等于	4<>5 值为真
	>	大于	4>5 值为假
	>=	大于等于	4>=5 值为假
	<	小于	4<5 值为真
	<=	小于等于	4<=5 值为假

知识链接

（3）单元格地址引用。在公式中，经常使用单元格地址来进行计算，这种方法称为“引用”。公式会根据单元格的地址，取出对应的数据进行计算。因此，当数据有变动时，公式会立刻重新计算，产生新结果。引用单元格地址最常用的有相对地址引用和绝对地址引用。

① 相对地址引用。相对地址引用是指公式中的单元格地址是当前单元格与公式所在单元格的相对位置。默认情况下复制公式时单元格地址均使用相对引用，此时复制公式到另一单元格时，公式中的单元格地址会发生相应的变化。

例如在 G3 单元格中计算“三项总分”，输入的公式“＝D3+E3+F3”，实际上代表了将“D3”、“E3”、“F3”单元格中的数字相加并把结果放回到“G3”单元格中。再将 G3 的公式使用填充柄复制到 G4，G4 的公式所引用的单元格会发生相应的位置移动，即 G4 的公式为“=D4+E4+F4”。

② 绝对地址引用。绝对地址引用是指公式中的单元格地址是绝对地址，复制公式后也不会发生改变。在单元格的列标和行号之前添加“$”符号便为绝对引用。

在一般情况下，拷贝单元格地址时是使用相对地址方式，但在某些情况下，不希望单元格地址变动。在这种情况下，就必须使用绝对地址引用。

例如，在工作簿“各班计算机成绩优秀比例.xlsx”的 Sheet1 工作表中的 C 列分别计算各班计算机成绩优秀比例，操作步骤如下。

a.在 C3 单元格输入公式“=B3/$B$11”，并将单元格格式设置为百分比的数字格式。如图 4.104 所示。

b.使用填充柄复制 C3 的公式到 C4:C10 单元格。由于在 C3 单元格的公式中的 B11 单元格使用了绝对引用，B11 单元格地址不会随着位置的变化而变化，所以 C4 单元格的公式显示为“=B4/$B$11”。图 4.105 所示，其他单元格复制的公式如此类推。

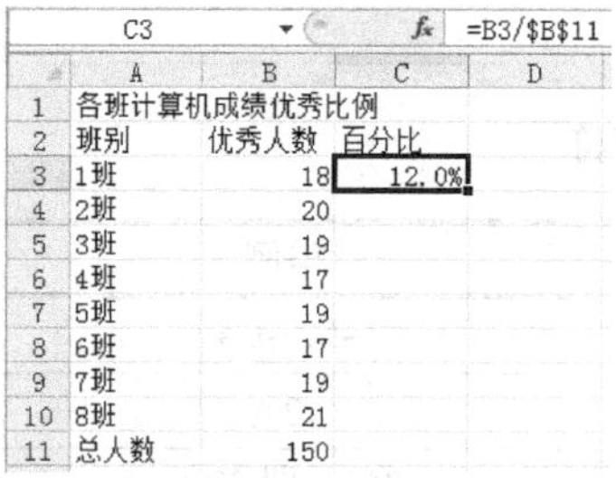

C3 ▼ f_x =B3/$B$11

	A	B	C	D
1	各班计算机成绩优秀比例			
2	班别	优秀人数	百分比	
3	1班	18	12.0%	
4	2班	20		
5	3班	19		
6	4班	17		
7	5班	19		
8	6班	17		
9	7班	19		
10	8班	21		
11	总人数	150		

图 4.104　使用绝对地址引用单元格进行计算

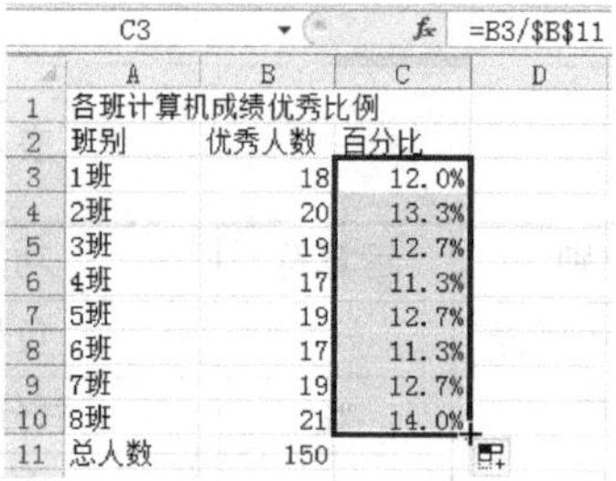

C3 ▼ f_x =B3/$B$11

	A	B	C	D
1	各班计算机成绩优秀比例			
2	班别	优秀人数	百分比	
3	1班	18	12.0%	
4	2班	20	13.3%	
5	3班	19	12.7%	
6	4班	17	11.3%	
7	5班	19	12.7%	
8	6班	17	11.3%	
9	7班	19	12.7%	
10	8班	21	14.0%	
11	总人数	150		

图 4.105　复制绝对地址引用单元格公式

2. 使用函数计算

在 Excel 2010 中，有时候使用函数可以替代冗长或复杂的计算公式，例如，要计算 8 个班的三好学生总人数时，若用公式，必须输入“=B3+B4+B5+B6+B7+B8+B9+B10”，但如果用函数，只要输入“=SUM(B3:B10)”即可。函数是 Excel 2010 事先定义好的公式，专门处理复杂的计算过程。函数跟公式一样，由“=”开始输入。Excel 2010 预先定义的函数有 120 多种，单击“公式”选项卡，就可以查看到 Excel 2010 的函数，包括财务、逻辑、文本、日期与时间、数据库、查找与引用、数学和三角函数、统计、工程、信息等九类，如图 4.106 所示。

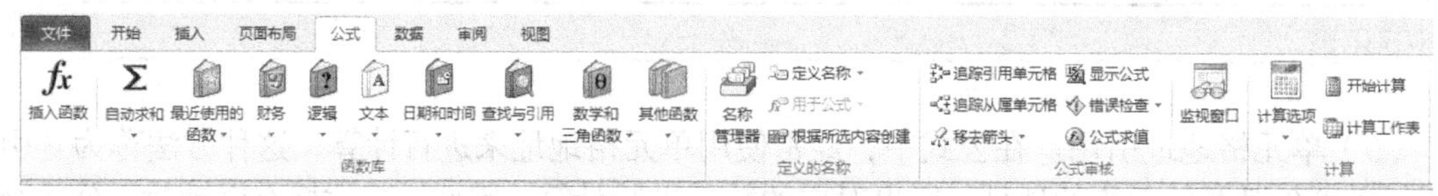

图 4.106　公式选项卡

下面，以完成“1301 班《计算机基础》期中考试成绩”为例，来说明一些比较常用的函数的使用。

（1）求“三项总分”。前面李老师已经用了公式计算出“三项总分”，现在用求和函数“SUM”再计算一次，操作步骤如下。

① 删除 G3:G12 单元格区域的内容，再选定 G3 单元格。

② 单击编辑栏的“插入函数”按钮 f_x，或者单击“公式”选项卡的“函数库”组的“插入函数”按钮 f_x 插入函数，弹出“插入函数”对话框。

③ 在对话框中选择“常用函数”中的求和函数“SUM”,如图 4.107 所示。单击“确定”按钮。

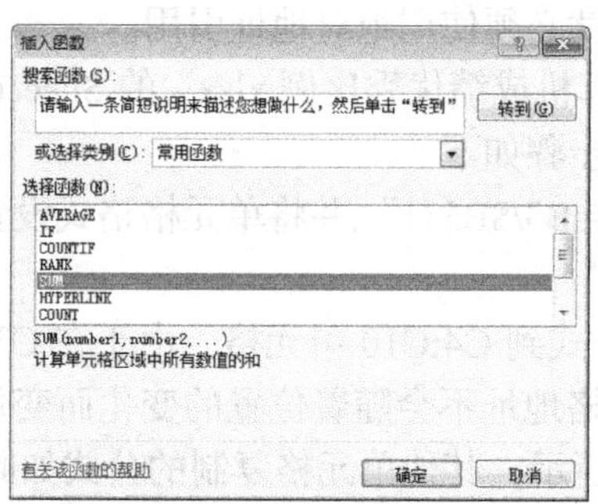

图 4.107　插入 SUM 函数对话框

④ 弹出“函数参数”对话框，如图 4.108 所示。在对话框的参数“Number1”直接输入 D3:F3，或者单击参数“Number1”的“压缩对话框”按钮，打开函数选择范围，拖曳鼠标选择参与计算的单元格区域 D3:F3（本例正好是默认的选择范围），如图 4.109 所示。然后再单击“”按钮，返回“函数参数”对话框。

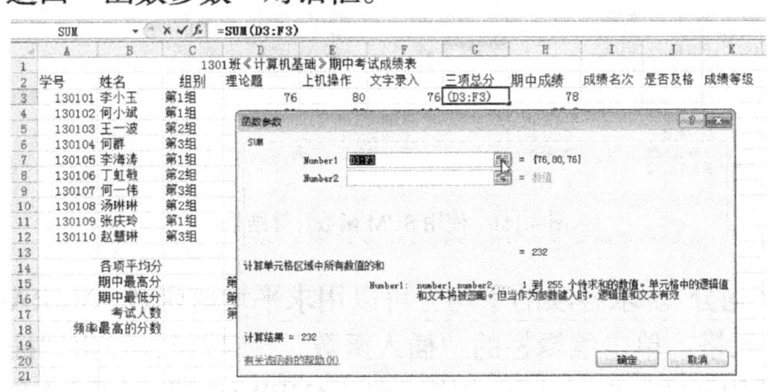

图 4.108　SUM“函数参数”对话框

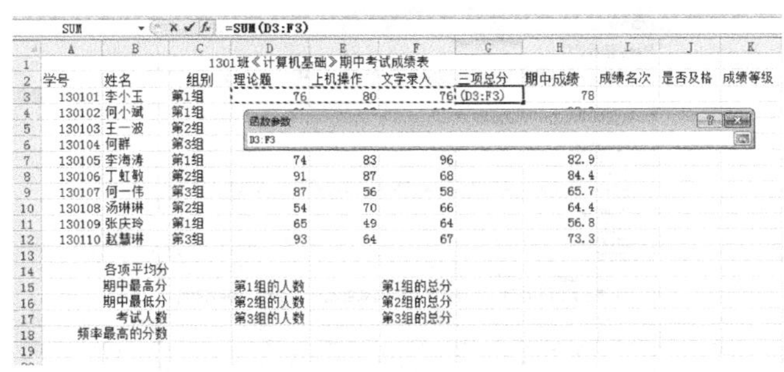

图 4.109　函数对话框收缩后选定的单元格区域

⑤ 到这里就完成了函数的建立，在最下方可以预知计算的结果，如图 4.110 所示。单击“确定”按钮，即可完成求和的计算。

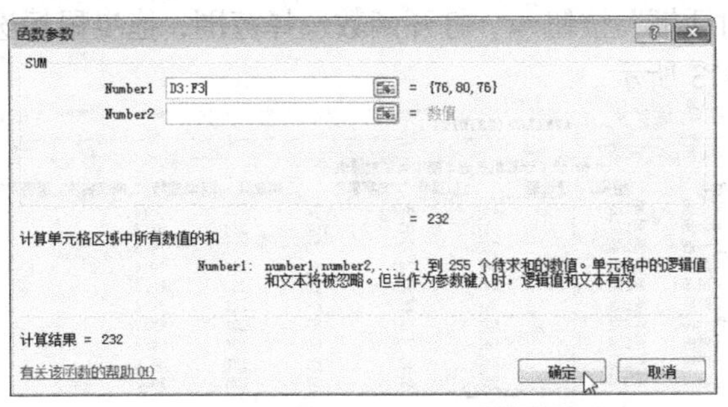

图 4.110　建立函数后的 SUM“函数参数”对话框

⑥ 重新选定 G3 单元格，使用填充柄复制 G3 的公式到 G4:G12 单元格区域，将其他同学的“三项总分”自动计算出来，如图 4.111 所示。计算结果与使用公式计算的结果相同。

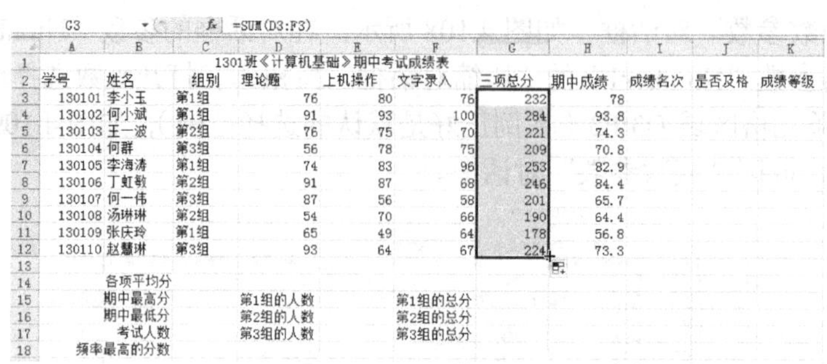

G3 =SUM(D3:F3)

	A	B	C	D	E	F	G	H	I	J	K
1			1301班《计算机基础》期中考试成绩表								
2	学号	姓名	组别	理论题	上机操作	文字录入	三项总分	期中成绩	成绩名次	是否及格	成绩等级
3	130101	李小玉	第1组	76	80	76	232	78			
4	130102	何小斌	第1组	91	93	100	284	93.8			
5	130103	王一波	第2组	76	75	70	221	74.3			
6	130104	何群	第3组	56	78	75	209	70.8			
7	130105	李海涛	第1组	74	83	96	253	82.9			
8	130106	丁虹敏	第2组	91	87	68	246	84.4			
9	130107	何一伟	第3组	87	56	58	201	65.7			
10	130108	汤琳琳	第2组	54	70	66	190	64.4			
11	130109	张庆玲	第1组	65	49	64	178	56.8			
12	130110	赵慧琳	第3组	93	64	67	224	73.3			
13											
14		各项平均分									
15		期中最高分		第1组的人数		第1组的总分					
16		期中最低分		第2组的人数		第2组的总分					
17		考试人数		第3组的人数		第3组的总分					
18		频率最高的分数									

图 4.111　使用 SUM 函数计算结果

（2）求“各项平均分”。求各项的平均分可以用求平均值函数 AVERAGE 来实现。

① 选定 D14 单元格，单击编辑栏的“插入函数” 按钮，弹出“插入函数”对话框，在对话框中选择“常用函数”中的求平均值函数“AVERAGE”，如图 4.112 所示。单击“确定”按钮。

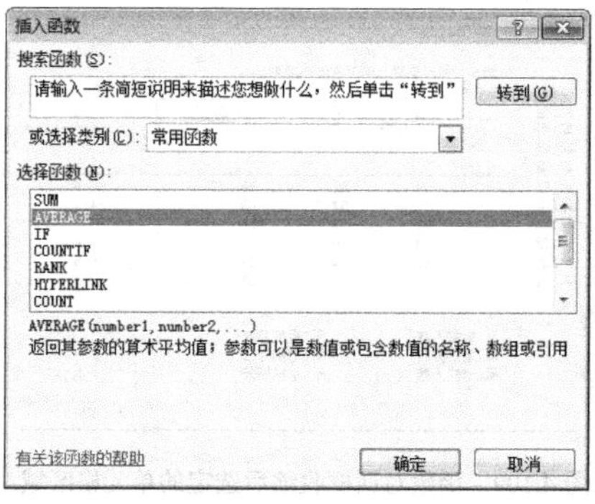

图 4.112　“插入 AVERAGE 函数”对话框

② 在弹出“函数参数”对话框的参数“Number1”直接输入 D3:D12，或者单击参数“Number1”的“压缩对话框”按钮，打开函数选择范围，拖曳鼠标选择参与计算的单元格区域 D3:D12，如图 4.113 所示。

AVERAGE =AVERAGE(D3:D12)

	A	B	C	D	E	F	G	H	I	J	K
1			1301班《计算机基础》期中考试成绩表								
2	学号	姓名	组别	理论题	上机操作	文字录入	三项总分	期中成绩	成绩名次	是否及格	成绩等级
3	130101	李小玉	第1组	76	80	76	232	78			
4	130102	何小斌	第1组	91	93	100	284	93.8			
5	130103	王一波	第2组	76	75	70	221	74.3			
6	130104	何群	第3组	56	78	75	209	70.8			
7	130105	李海涛	第1组	74	83	96	253	82.9			
8	130106	丁虹敏	第2组	91	87	68	246	84.4			
9	130107	何一伟	第3组	87	56	58	201	65.7			
10	130108	汤琳琳	第2组	54	70	66	190	64.4			
11	130109	张庆玲	第1组	65	49	64	178	56.8			
12	130110	赵慧琳	第3组	93	64	67	224	73.3			
13											
14		各项平均分		(D3:D12)							
18		频率最高的分数									

函数参数
D3:D12

图 4.113　函数对话框收缩后选定的单元格区域

③ 然后再单击“”按钮，返回“函数参数”对话框，单击“确定”按钮，如图 4.114 所示，即可完成求平均值的计算。

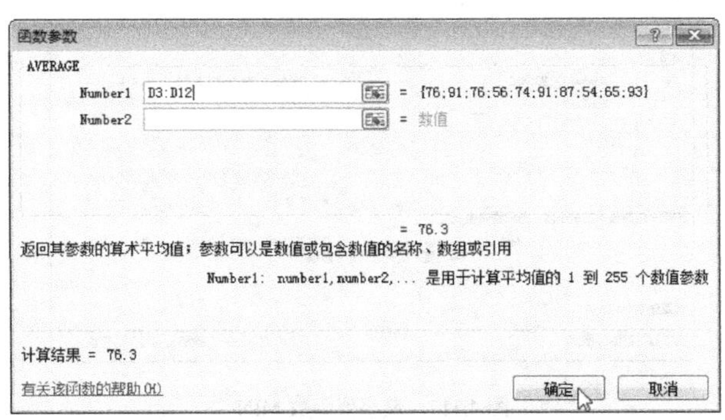

图 4.114　AVERAGE“函数参数”对话框

④ 使用填充柄复制 D14 的公式到 E14:H14 单元格区域，其他各项的平均分就自动计算出来了，如图 4.115 所示。

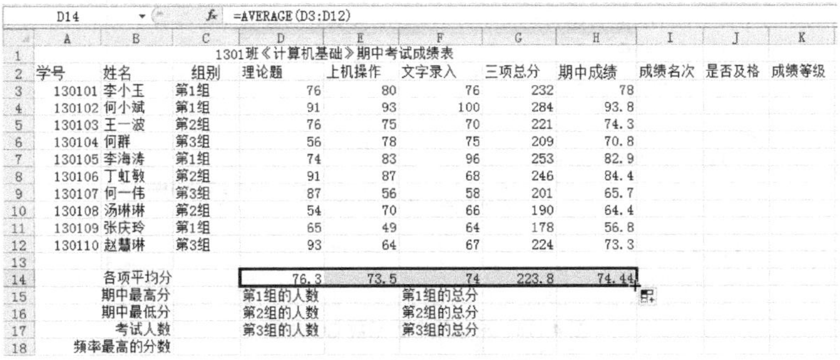

D14　=AVERAGE(D3:D12)

	A	B	C	D	E	F	G	H	I	J	K
1				1301班《计算机基础》期中考试成绩表							
2	学号	姓名	组别	理论题	上机操作	文字录入	三项总分	期中成绩	成绩名次	是否及格	成绩等级
3	130101	李小玉	第1组	76	80	76	232	78			
4	130102	何小斌	第1组	91	93	100	284	93.8			
5	130103	王一波	第2组	76	75	70	221	74.3			
6	130104	何群	第3组	56	78	75	209	70.8			
7	130105	李海涛	第1组	74	83	96	253	82.9			
8	130106	丁虹敏	第2组	91	87	68	246	84.4			
9	130107	何一伟	第3组	87	56	58	201	65.7			
10	130108	汤琳琳	第2组	54	70	66	190	64.4			
11	130109	张庆玲	第1组	65	49	64	178	56.8			
12	130110	赵慧琳	第3组	93	64	67	224	73.3			
13											
14		各项平均分		76.3	73.5	74	223.8	74.44			
15		期中最高分		第1组的人数		第1组的总分					
16		期中最低分		第2组的人数		第2组的总分					
17		考试人数		第3组的人数		第3组的总分					
18		频率最高的分数									

图 4.115　各项平均分的结果

（3）求期中成绩最高分。求期中成绩最高分可以用求最大值函数 MAX 来实现。选定 C15 单元格，用类似求平均值函数的方法计算出期中成绩的最高分，如图 4.116 所示。

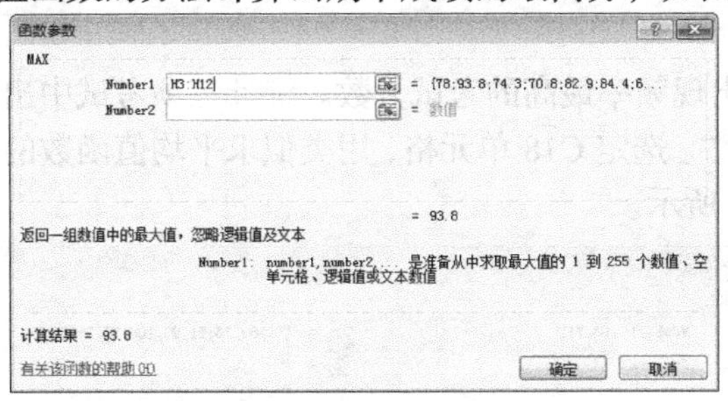

图 4.116　最大值函数 MAX

（4）求期中成绩最低分。求最低分可以用求最小值函数 MIN 来实现。选定 C16 单元格，用类似求平均值函数的方法计算出期中成绩的最低分，如图 4.117 所示。

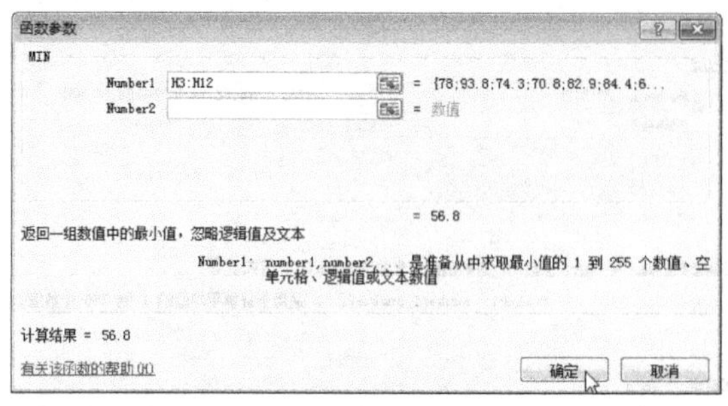

图 4.117　最小值函数 MIN

（5）求考试总人数。求考试总人数可以用计数函数 COUNT 来实现。选定 C17 单元格，用类似求平均值函数的方法计算参加期中考试的人数，如图 4.118 所示。

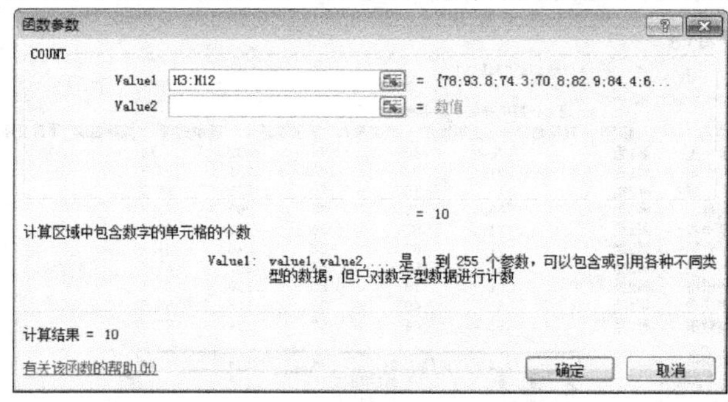

图 4.118　求数值个数函数 COUNT

小提示

COUNT 函数用于求出包含数字的单元格参数列表中的数字个数。

（6）求三项考试中出现频率最高的考试分数。统计三项考试中出现频率最高的考试分数可以用 MODE.SNGL 函数。选定 C18 单元格，用类似求平均值函数的方法计算出现频率最高的考试分数，如图 4.119 所示。

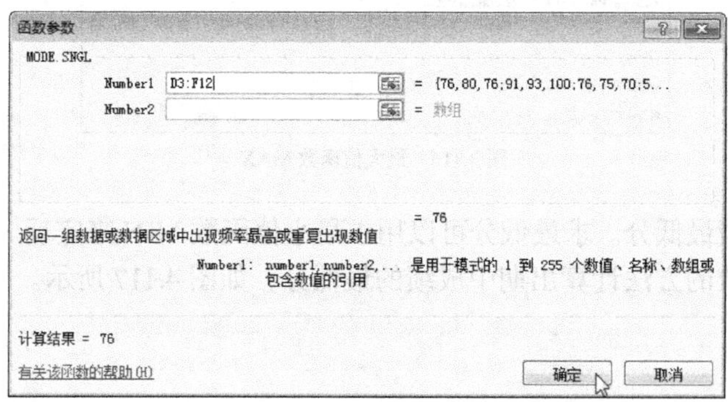

图 4.119　求出现频率最高的数值函数 MODE.SNGL

（7）计算各人期中考试的名次。计算各人期中考试的名次可以用 RANK.EQ 函数。操作

步骤如下。

①选定 I3 单元格，单击编辑栏的“插入函数”按钮 f_x，弹出“插入函数”对话框，在对话框中选择“统计”分类中的排名函数“RANK.EQ”,如图 4.120 所示。单击“确定”按钮。

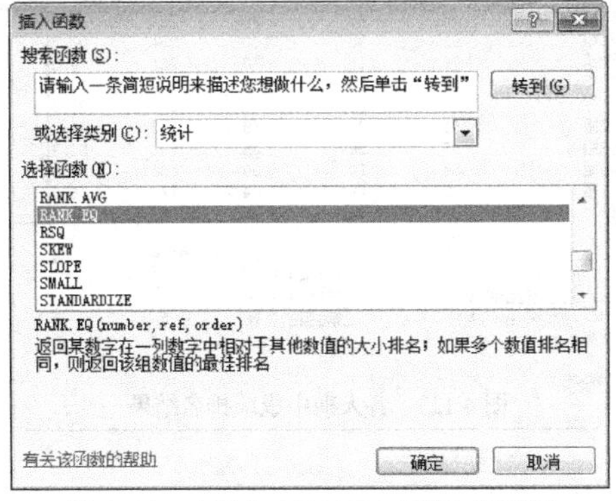

图 4.120　“插入 RANK.EQ 函数”对话框

② 在弹出的“函数参数”对话框中，在第 1 个参数“Number”栏中单击 H3 单元格，在第 2 个参数“Ref”栏中选定 H3:H12 单元格区域，第 3 个参数“Order”栏中不用输入任何数据（为降序排名），如图 4.121 所示。

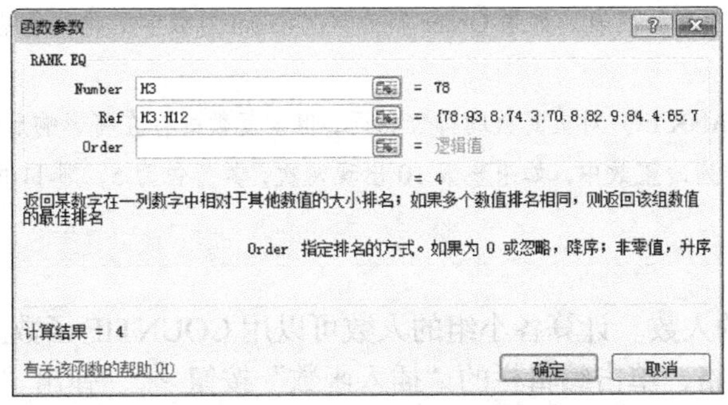

图 4.121　RANK.EQ 函数参数

③ 此时，第一个学生的排名结果已经显示出来了。I3:I12 单元格的计算方法可以使用公式复制，为了使 Ref 参数的单元格引用地址不变， H3:H12 单元格引用改为绝对单元格引用 $H$3:$H$12，如图 4.122 所示。再单击“确定”按钮。

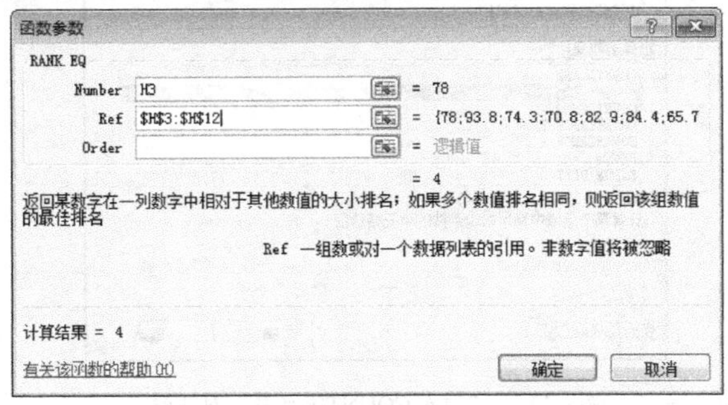

图 4.122　使用绝对单元格引用

④ 使用填充柄复制 I3 的公式到 I4:I12 单元格区域，其他各位同学的期中考试成绩排名

就自动计算出来了，如图 4.123 所示。

I3 | f_x | =RANK.EQ(H3,$H$3:$H$12)

	A	B	C	D	E	F	G	H	I	J	K
1	1301班《计算机基础》期中考试成绩表										
2	学号	姓名	组别	理论题	上机操作	文字录入	三项总分	期中成绩	成绩名次	是否及格	成绩等级
3	130101	李小玉	第1组	76	80	76	232	78	4		
4	130102	何小斌	第1组	91	93	100	284	93.8	1		
5	130103	王一波	第2组	76	75	70	221	74.3	5		
6	130104	何群	第3组	56	78	75	209	70.8	7		
7	130105	李海涛	第1组	74	83	96	253	82.9	3		
8	130106	丁虹敏	第2组	91	87	68	246	84.4	2		
9	130107	何一伟	第3组	87	56	58	201	65.7	8		
10	130108	汤琳琳	第2组	54	70	66	190	64.4	9		
11	130109	张庆玲	第1组	65	49	64	178	56.8	10		
12	130110	赵慧琳	第3组	93	64	67	224	73.3	6		
13											
14		各项平均分		76.3	73.5	74	223.8	74.44			
15		期中最高分	93.8	第1组的人数		第1组的总分					
16		期中最低分	56.8	第2组的人数		第2组的总分					
17		考试人数	10	第3组的人数		第3组的总分					
18		频率最高的分数	76								

图 4.123　各人期中成绩排名结果

小提示

① 参数说明。

Number：需要排名次的数字。

Ref：数字列表数组或对数字列表的引用。Ref 中的非数值型参数将被忽略。

Order：一个数字，指明排位的方式。如果 order 为 0 或省略，Excel 对数字的排位是基于 Ref 并按照降序排列的列表。如果 Order 不为零，Excel 对数字的排位是基于 Ref 并按照升序排列的列表。

② 函数 RANK.EQ 对重复数的排位相同，但重复数的存在将影响后续数值的排位。例如，在一列按升序排列的整数中，如果整数 10 出现两次，其排位为 5，则 11 的排位为 7（没有排位为 6 的数值）。

（8）计算各小组的人数。计算各小组的人数可以用 COUNTIF 函数。操作步骤如下。

① 选定 E15 单元格，单击编辑栏的“插入函数”按钮 f_x，弹出“插入函数”对话框，在对话框中选择“统计”分类中的根据条件求单元格个数的“COUNTIF”函数，如图 4.124 所示。单击“确定”按钮。

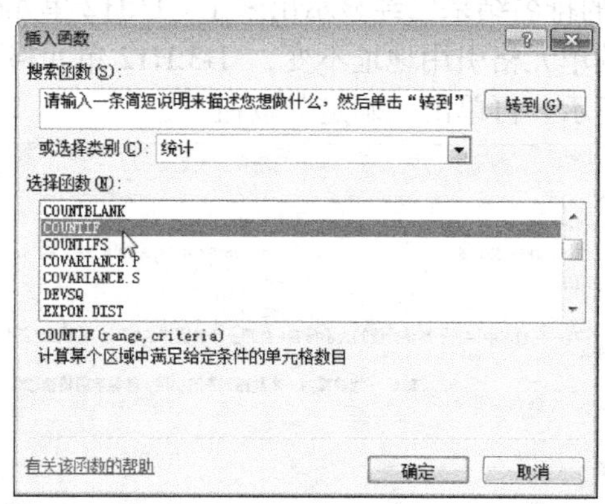

图 4.124　“插入 COUNTIF 函数”对话框

② 在弹出的“函数参数”对话框中，在第 1 个参数“Range”栏中选定 C3:C12 单元格区域，在第 2 个参数“Criteria”栏输入“第 1 组”，如图 4.125 所示。

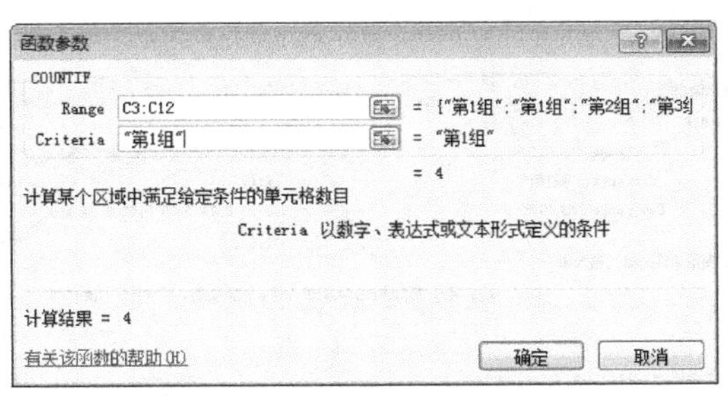

图 4.125　COUNTIF“函数参数”对话框

③ 单击“确定”按钮，返回 Excel 工作窗口，求出“第 1 组”的人数为“4”。

④ 使用类似的方法，求出第 2 组和第 3 组的人数都为“3”，如图 4.126 所示。

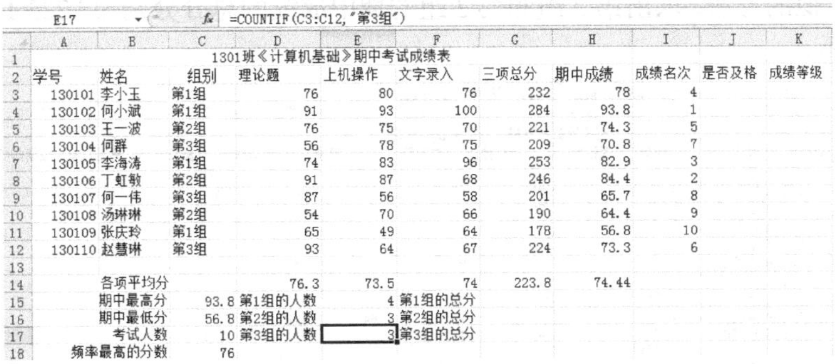

E17　=COUNTIF(C3:C12,"第3组")

	A	B	C	D	E	F	G	H	I	J	K
1				1301班《计算机基础》期中考试成绩表							
2	学号	姓名	组别	理论题	上机操作	文字录入	三项总分	期中成绩	成绩名次	是否及格	成绩等级
3	130101	李小玉	第1组	76	80	76	232	78	4		
4	130102	何小斌	第1组	91	93	100	284	93.8	1		
5	130103	王一波	第2组	76	75	70	221	74.3	5		
6	130104	何群	第3组	56	78	75	209	70.8	7		
7	130105	李海涛	第1组	74	83	96	253	82.9	3		
8	130106	丁虹敏	第2组	91	87	68	246	84.4	2		
9	130107	何一伟	第3组	87	56	58	201	65.7	8		
10	130108	汤琳琳	第2组	54	70	66	190	64.4	9		
11	130109	张庆玲	第1组	65	49	64	178	56.8	10		
12	130110	赵慧琳	第3组	93	64	67	224	73.3	6		
13											
14		各项平均分		76.3	73.5	74	223.8	74.44			
15		期中最高分	93.8	第1组的人数	4	第1组的总分					
16		期中最低分	56.8	第2组的人数	3	第2组的总分					
17		考试人数	10	第3组的人数	3	第3组的总分					
18		频率最高的分数	76								

图 4.126　求出各小组的人数的结果

（9）计算各小组的期中成绩的总分。计算各小组的期中成绩的总分可以用 SUMIF 函数。操作步骤如下。

① 选定 G15 单元格，单击编辑栏的“插入函数”按钮 *fx*，弹出“插入函数”对话框，在对话框中选择“数学与三角函数”分类中的根据条件求单元格的和的“SUMIF 函数”，如图 4.127 所示。单击“确定”按钮。

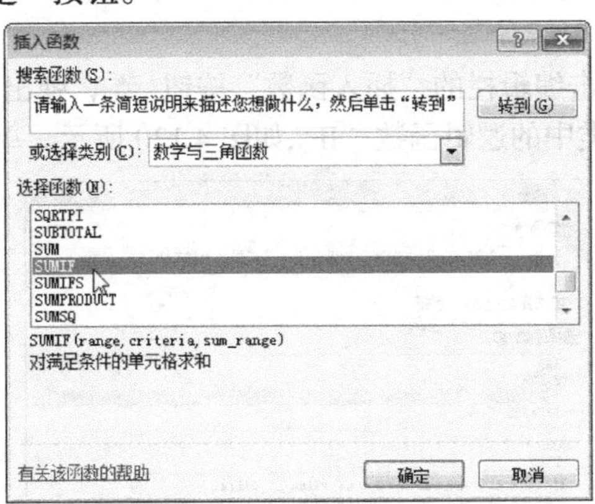

图 4.127　“插入 SUMIF 函数”对话框

② 在弹出的“函数参数”对话框中，在第 1 个参数“Range”栏中选定 C3:C12 单元格区域，在第 2 个参数“Criteria”栏输入“第 1 组”，在第 3 个参数“Sum_range”栏输入“H3:H12”

单元格区域，如图 4.128 所示。

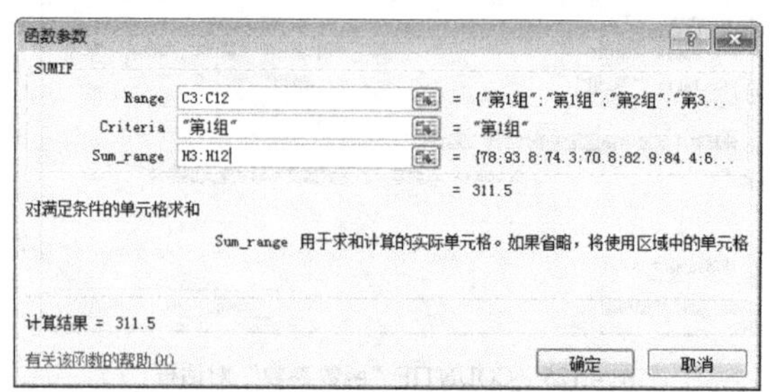

图 4.128 SUMIF“函数参数”对话框

③ 单击“确定”按钮，返回 Excel 工作窗口，求出“第 1 组”的期中成绩的总分为“311.5”。

④ 使用类似的方法，求出第 2 组和第 3 组的期中成绩的总分分别为“223.1”和“209.8”，如图 4.129 所示。

G17 =SUMIF(C3:C12,"第3组",H3:H12)

	A	B	C	D	E	F	G	H	I	J	K
1				1301班《计算机基础》期中考试成绩表							
2	学号	姓名	组别	理论题	上机操作	文字录入	三项总分	期中成绩	成绩名次	是否及格	成绩等级
3	130101	李小王	第1组	76	80	76	232	78	4		
4	130102	何小斌	第1组	91	93	100	284	93.8	1		
5	130103	王一波	第2组	76	75	70	221	74.3	5		
6	130104	何群	第3组	56	78	75	209	70.8	7		
7	130105	李海涛	第1组	74	83	96	253	82.9	3		
8	130106	丁虹敏	第2组	91	87	68	246	84.4	2		
9	130107	何一伟	第3组	87	56	58	201	65.7	8		
10	130108	汤琳琳	第2组	54	70	66	190	64.4	9		
11	130109	张庆玲	第1组	65	49	64	178	56.8	10		
12	130110	赵慧琳	第3组	93	64	67	224	73.3	6		
13											
14		各项平均分		76.3	73.5	74	223.8	74.44			
15		期中最高分	93.8	第1组的人数	4	第1组的总分	311.5				
16		期中最低分	56.8	第2组的人数	3	第2组的总分	223.1				
17		考试人数	10	第3组的人数	3	第3组的总分	209.8				
18		频率最高的分数	76								

图 4.129 各小组期中成绩的总分

（10）判断各人的期中成绩是否及格和等级。判断各人的期中成绩是否及格和等级，都可以用逻辑函数 IF。

① 计算各人的期中成绩是否及格。

操作步骤如下。

a.选定 J3 单元格，单击编辑栏的“插入函数”按钮 f_x，弹出“插入函数”对话框，在对话框中选择“逻辑”分类中的逻辑函数“IF”,如图 4.130 所示。单击“确定”按钮。

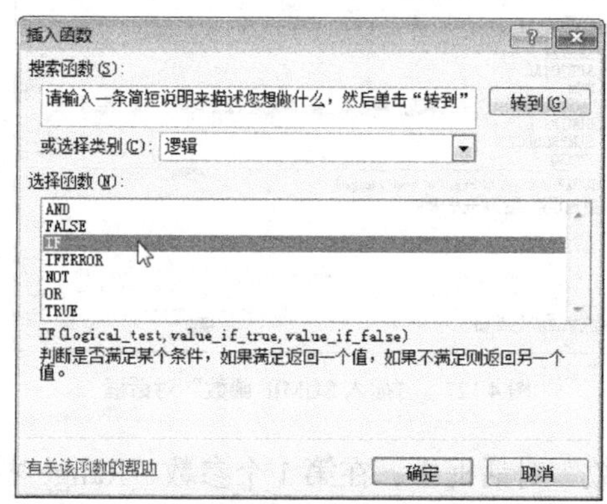

图 4.130 “插入 IF 函数”对话框

b.在弹出的“函数参数”对话框中，在第 1 个参数“Logical_test”栏中输入“H3>=60”条件表达式，在第 2 个参数“Value_if_true”栏中输入“及格”，在第 3 个参数“Value_if_false”栏输入“不及格”，如图 4.131 所示。

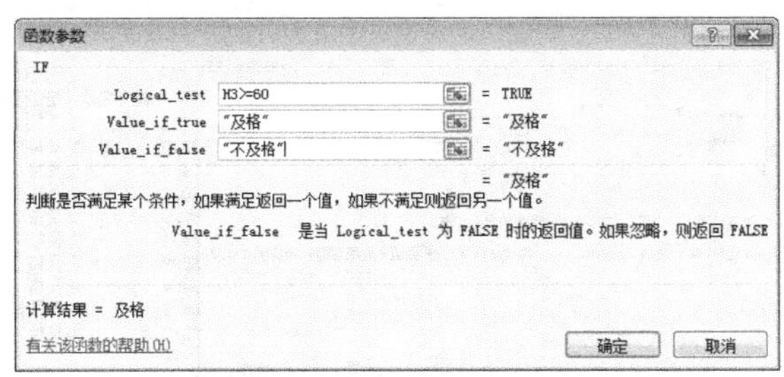

图 4.131　IF“函数参数”对话框

c.单击“确定”按钮，即可求出第 1 位学生的期中成绩是“及格”，如图 4.132 所示。再使用填充柄复制 J3 的公式到 J4:J12 单元格区域，即可判断出其他各位学生的期中成绩是否及格，如图 4.133 所示。

J3　=IF(H3>=60,"及格","不及格")

	A	B	C	D	E	F	G	H	I	J	K
1				1301班《计算机基础》期中考试成绩表							
2	学号	姓名	组别	理论题	上机操作	文字录入	三项总分	期中成绩	成绩名次	是否及格	成绩等级
3	130101	李小玉	第1组	76	80	76	232	78	4	及格	
4	130102	何小斌	第1组	91	93	100	284	93.8	1		
5	130103	王一波	第2组	76	75	70	221	74.3	5		
6	130104	何群	第3组	56	78	75	209	70.8	7		
7	130105	李海涛	第1组	74	83	96	253	82.9	3		
8	130106	丁虹敏	第2组	91	87	68	246	84.4	2		
9	130107	何一伟	第3组	87	56	58	201	65.7	8		
10	130108	汤琳琳	第2组	54	70	66	190	64.4	9		
11	130109	张庆玲	第1组	65	49	64	178	56.8	10		
12	130110	赵慧琳	第3组	93	64	67	224	73.3	6		
13											
14		各项平均分		76.3	73.5	74	223.8	74.44			
15		期中最高分	93.8	第1组的人数	4	第1组的总分	311.5				
16		期中最低分	56.8	第2组的人数	3	第2组的总分	223.1				
17		考试人数	10	第3组的人数	3	第3组的总分	209.8				
18		频率最高的分数	76								

图 4.132　使用 IF 函数判断第 1 位学生的期中成绩是否及格的结果

J3　=IF(H3>=60,"及格","不及格")

	A	B	C	D	E	F	G	H	I	J	K
1				1301班《计算机基础》期中考试成绩表							
2	学号	姓名	组别	理论题	上机操作	文字录入	三项总分	期中成绩	成绩名次	是否及格	成绩等级
3	130101	李小玉	第1组	76	80	76	232	78	4	及格	
4	130102	何小斌	第1组	91	93	100	284	93.8	1	及格	
5	130103	王一波	第2组	76	75	70	221	74.3	5	及格	
6	130104	何群	第3组	56	78	75	209	70.8	7	及格	
7	130105	李海涛	第1组	74	83	96	253	82.9	3	及格	
8	130106	丁虹敏	第2组	91	87	68	246	84.4	2	及格	
9	130107	何一伟	第3组	87	56	58	201	65.7	8	及格	
10	130108	汤琳琳	第2组	54	70	66	190	64.4	9	及格	
11	130109	张庆玲	第1组	65	49	64	178	56.8	10	不及格	
12	130110	赵慧琳	第3组	93	64	67	224	73.3	6	及格	
13											
14		各项平均分		76.3	73.5	74	223.8	74.44			
15		期中最高分	93.8	第1组的人数	4	第1组的总分	311.5				
16		期中最低分	56.8	第2组的人数	3	第2组的总分	223.1				
17		考试人数	10	第3组的人数	3	第3组的总分	209.8				
18		频率最高的分数	76								

图 4.133　各位学生的期中成绩是否及格的结果

② 计算各人的期中成绩的等级李老师希望再进一步查看每位学生的期中成绩，并把期中成绩分为三个等级：大于或等于 85 分的为“优秀”；介于 60 到 85 之间的为“一般”，小于 60 的为“不及格”。这个操作，同样可以用 IF 函数完成，具体操作步骤如下。

a.选定 K3 单元格，单击编辑栏的“插入函数”按钮 f_x，弹出“插入函数”对话框，在对话框中选择“逻辑”分类中的逻辑函数“IF”，如图 4.130 所示。单击“确定”按钮。

b.在弹出的“函数参数”对话框中，在第 1 个参数“Logical_test”栏中输入“H3>=85”条件表达式，在第 2 个参数“Value_if_true”栏中输入“优秀”，单击第 3 个参数“Value_if_false”栏输入框，如图 4.134 所示。

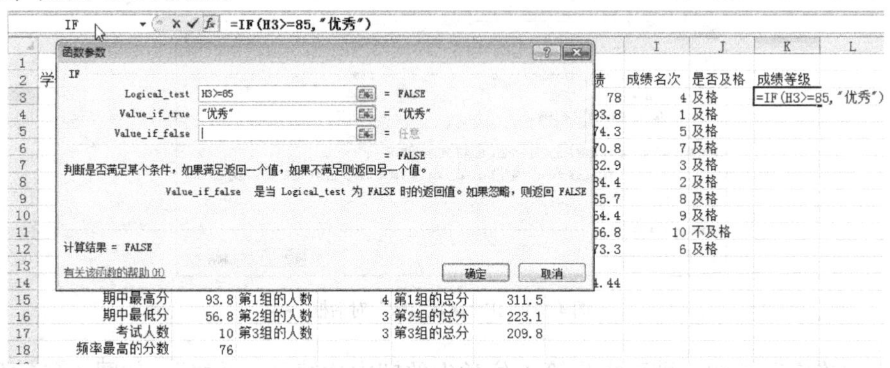

图 4.134 IF“函数参数”对话框

c. 再单击编辑栏的“IF”函数，再一次弹出的“IF 函数参数”对话框中，在第 1 个参数“Logical_test”栏中输入“H3>=60”条件表达式，在第 2 个参数“Value_if_true”栏中输入“一般”，在第 3 个参数“Value_if_false”栏中输入“不及格”，如图 4.135 所示。

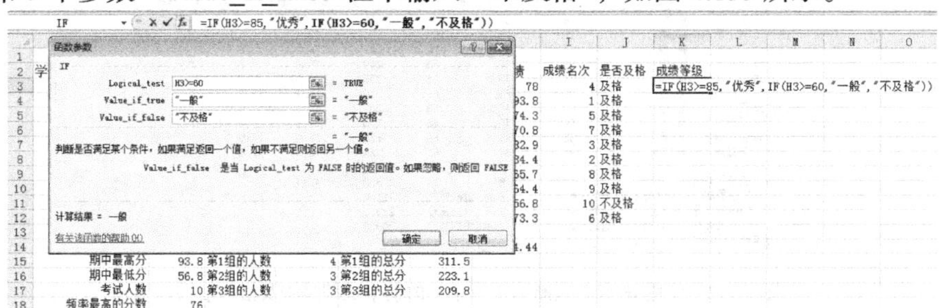

图 4.135 嵌套 IF 函数的参数

d.单击“确定”按钮，K3 单元格显示为“一般”。使用填充柄复制 K3 的公式到 K4:L12 单元格区域，如图 4.136 所示。

K3 =IF(H3>=85,"优秀",IF(H3>=60,"一般","不及格"))

	A	B	C	D	E	F	G	H	I	J	K
1			1301班《计算机基础》期中考试成绩表								
2	学号	姓名	组别	理论题	上机操作	文字录入	三项总分	期中成绩	成绩名次	是否及格	成绩等级
3	130101	李小玉	第1组	76	80	76	232	78	4	及格	一般
4	130102	何小斌	第1组	91	93	100	284	93.8	1	及格	优秀
5	130103	王一波	第2组	76	75	70	221	74.3	5	及格	一般
6	130104	何群	第3组	56	78	75	209	70.8	7	及格	一般
7	130105	李海涛	第1组	74	83	96	253	82.9	3	及格	一般
8	130106	丁虹敏	第2组	91	87	68	246	84.4	2	及格	一般
9	130107	何一伟	第3组	87	56	58	201	65.7	8	及格	一般
10	130108	汤琳琳	第2组	54	70	66	190	64.4	9	及格	一般
11	130109	张庆玲	第1组	65	49	64	178	56.8	10	不及格	不及格
12	130110	赵慧琳	第3组	93	64	67	224	73.3	6	及格	一般
13											
14		各项平均分		76.3	73.5	74	223.8	74.44			
15		期中最高分	93.8	第1组的人数	4	第1组的总分	311.5				
16		期中最低分	56.8	第2组的人数	3	第2组的总分	223.1				
17		考试人数	10	第3组的人数	3	第3组的总分	209.8				
18		频率最高的分数	76								

图 4.136 各位学生期中成绩等级的结果

（1）函数的一般形式。

函数的一般形式：=函数名（参数）。

① 公式必须以“=”开头，例如“=SUM(D3:F3)”。

② 函数的参数必须用 “( )”括起来。其中，函数名与左括号间不能有空格，个别函数如果不需要参数，也必须在函数名后加上空括号。例如“=PI()*3^2”。

③ 函数的参数个数多于 1 时，参数之间必须用“,”分隔。例如：=IF(H3>=60,“及格”,“不及格”)。

④ 函数参数的类型可以是数字、文本、逻辑值、单元格的引用等，但都必须使用英文半角标点符号。

（2）自动求和。

求各位学生的“理论题”、“上机操作”、“文字录入”三项总分，也可利用“开始”选项卡的“编辑”组的“自动求和”按钮 Σ 自动求和 ▾，可以更快速地求出三项之和。操作步骤如下：

① 选择 D3:G3 单元格区域。

② 单击“开始”选项卡的“编辑”组的“自动求和”按钮 Σ 自动求和 ▾，如图 4.137 所示，即可出现用 SUM 函数所计算的结果。

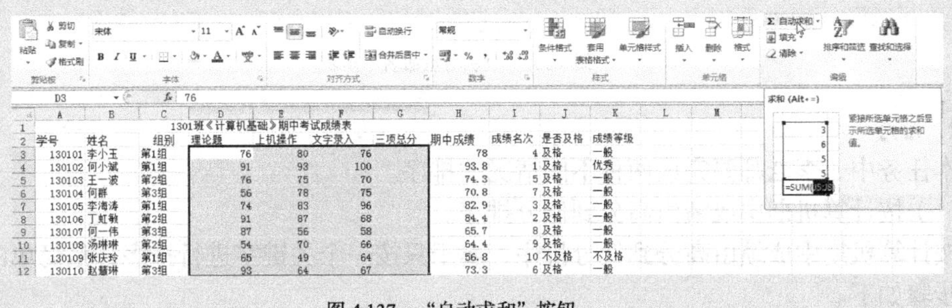

图 4.137　“自动求和”按钮

知识链接

任务 5　处理数据

【任务描述】

李老师已经使用公式或函数对 1301 班的《计算机基础》的期中考试成绩统计出来了，他需要进一步了解该班的计算机考试成绩情况，打算完成以下几项操作。

（1）按计算机期中成绩由高分到低分排序；

（2）先按各小组排序，再按期中成绩由高分到低分排序；

（3）筛选出“理论题”、“上机操作”、“文字录入”三项考试成绩都在是 85 分以上的记录；

（4）筛选出第 1 组的学生中期中成绩大于或等于 85 分的记录；

（5）分类汇总出每个小组的各项的分数情况。

【任务实现】

对 1301 班的《计算机基础》期中考试成绩表的数据进行分析与处理，可以使用 Excel 2010

中的“排序”、“数据筛选”和“分类汇总”等功能。

Excel 2010 的一个数据表是以相同结构方式存储的数据集合，如图 4.138 所示。每一列的栏目名称为字段名，如学号、姓名、组别、理论题、上机操作、文字录入等。表格中除字段名之外，每一行数据称为一条记录，记录了一个学生的成绩相关信息。

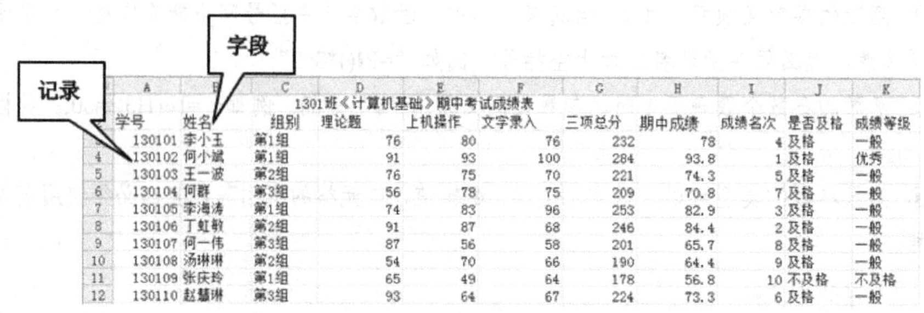

	A	B	C	D	E	F	G	H	I	J	K
1	1301班《计算机基础》期中考试成绩表										
2	学号	姓名	组别	理论题	上机操作	文字录入	三项总分	期中成绩	成绩名次	是否及格	成绩等级
3	130101	李小玉	第1组	76	80	76	232	78	4	及格	一般
4	130102	何小斌	第1组	91	93	100	284	93.8	1	及格	优秀
5	130103	王一波	第2组	76	75	70	221	74.3	5	及格	一般
6	130104	何群	第3组	56	78	75	209	70.8	7	及格	一般
7	130105	李海涛	第1组	74	83	96	253	82.9	3	及格	一般
8	130106	丁虹敏	第2组	91	87	68	246	84.4	2	及格	一般
9	130107	何一伟	第3组	87	56	58	201	65.7	8	及格	一般
10	130108	汤琳琳	第2组	54	70	66	190	64.4	9	及格	一般
11	130109	张庆玲	第1组	65	49	64	178	56.8	10	不及格	不及格
12	130110	赵慧琳	第3组	93	64	67	224	73.3	6	及格	一般

图 4.138　Excel 的一个数据表

为了方便查看处理之后的数据，复制“Sheet1”工作表中的第 1 行到第 12 行的数据到不同的工作表，并根据要求重命名各工作表，如“期中成绩排序”、“小组期中成绩排序”、“三项成绩筛选”、“第 1 组成绩筛选”、“汇总小组成绩”，如图 4.139 所示。

Sheet1 / 期中成绩排序 / 小组期中成绩排序 / 三项成绩筛选 / 第1组成绩筛选 / 汇总各小组成绩

图 4.139　复制与重命名工作表

1. 排序

本任务中，李老师要完成两种不同情况的排序。

（1）按计算机期中成绩由高分到低分排序。

按计算机期中成绩由高分到低分排序，属于只按一个关键字进行排序，是简单的排序，操作步骤如下。

① 选定“期中成绩排序”工作表。

② 单击作为排序依据的“期中成绩”列的任意一个单元格，如 H3。

③ 单击“开始”选项卡的“编辑”组的“排序和筛选”按钮 排序和筛选。

④ 单击下拉菜单中的“降序”选项，如图 4.140 所示，即可按“期中成绩”由高分到低分进行重新排序，如图 4.141 所示。

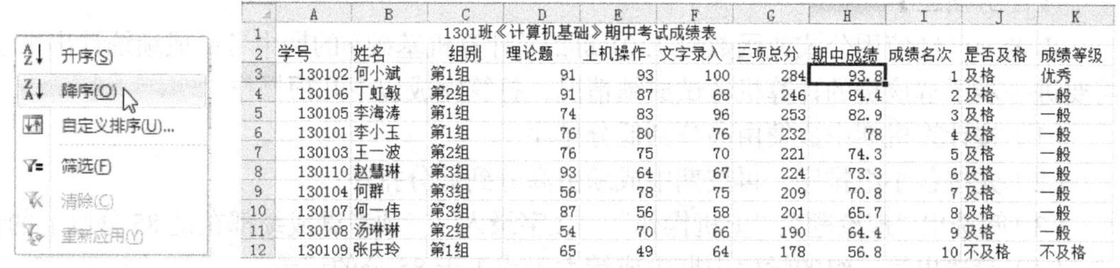

	A	B	C	D	E	F	G	H	I	J	K
1	1301班《计算机基础》期中考试成绩表										
2	学号	姓名	组别	理论题	上机操作	文字录入	三项总分	期中成绩	成绩名次	是否及格	成绩等级
3	130102	何小斌	第1组	91	93	100	284	93.8	1	及格	优秀
4	130106	丁虹敏	第2组	91	87	68	246	84.4	2	及格	一般
5	130105	李海涛	第1组	74	83	96	253	82.9	3	及格	一般
6	130101	李小玉	第1组	76	80	76	232	78	4	及格	一般
7	130103	王一波	第2组	76	75	70	221	74.3	5	及格	一般
8	130110	赵慧琳	第3组	93	64	67	224	73.3	6	及格	一般
9	130104	何群	第3组	56	78	75	209	70.8	7	及格	一般
10	130107	何一伟	第3组	87	56	58	201	65.7	8	及格	一般
11	130108	汤琳琳	第2组	54	70	66	190	64.4	9	及格	一般
12	130109	张庆玲	第1组	65	49	64	178	56.8	10	不及格	不及格

图 4.140　“排序和筛选”下拉菜单

图 4.141　按期中成绩降序排序结果

（2）先按各小组排序，再按期中成绩由高分到低分排序。

先按各小组排序，再按期中成绩由高分到低分排序，属于按多个关键字进行排序，要采

取“自定义排序”的方法来完成，操作步骤如下。

① 选定“小组期中成绩排序”工作表。

② 单击该工作表中 A2:K12 单元格区域中的任意一个单元格，如 B3。

③ 单击“开始”选项卡的“编辑”组的“排序和筛选”按钮，选择下拉菜单中的“自定义排序”选项。

④ 弹出“排序”对话框，在“主要关键字”的下拉列表中选择“组别”，排序依据为“数值”，次序为“升序”，然后单击“添加条件”按钮，在“次要关键字”的下拉列表中选择“期中成绩”，排序依据为“数值”，次序为“降序”，如图 4.142 所示。

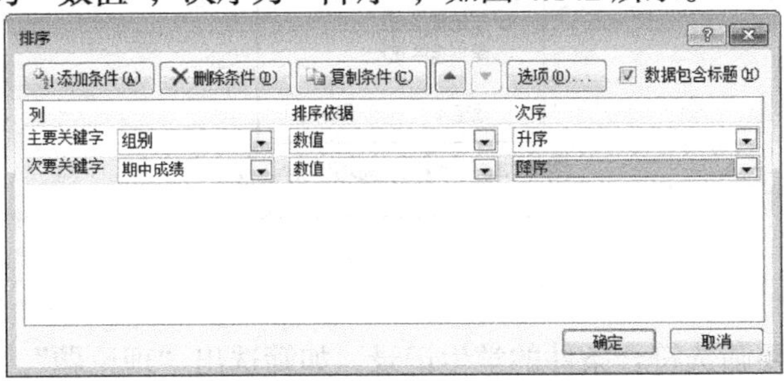

图 4.142　自定义“排序”对话框

⑤单击“确定”按钮，返回工作表编辑窗口，即可得到先按小组升序排序，如果小组相同，再按期中成绩降序排序的结果，如图 4.143 所示。

	A	B	C	D	E	F	G	H	I	J	K
1	1301班《计算机基础》期中考试成绩表										
2	学号	姓名	组别	理论题	上机操作	文字录入	三项总分	期中成绩	成绩名次	是否及格	成绩等级
3	130102	何小斌	第1组	91	93	100	284	93.8	1	及格	优秀
4	130105	李海涛	第1组	74	83	96	253	82.9	3	及格	一般
5	130101	李小玉	第1组	76	80	76	232	78	4	及格	一般
6	130109	张庆玲	第1组	65	49	64	178	56.8	10	不及格	不及格
7	130106	丁虹敏	第2组	91	87	68	246	84.4	2	及格	一般
8	130103	王一波	第2组	76	75	70	221	74.3	5	及格	一般
9	130108	汤琳琳	第2组	54	70	66	190	64.4	9	及格	一般
10	130110	赵慧琳	第3组	93	64	67	224	73.3	6	及格	一般
11	130104	何群	第3组	56	78	75	209	70.8	7	及格	一般
12	130107	何一伟	第3组	87	56	58	201	65.7	8	及格	一般

图 4.143　按组别与期中成绩排序的结果

知识链接

（1）对数据进行排序的另一种方法。

对数据进行排序除了可以利用“开始”选项卡的“编辑”组的“排序和筛选”按钮外，还可以使用“数据”选项卡的“排序和筛选”组的“升序”按钮、“降序”按钮和“自定义排序”按钮，操作方法与前面所述相同。

（2）“排序”对话框的说明。

① “添加条件(A)”按钮，可以在“主要关键字”和“次要关键字”之间再添加“次要关键字”，或者在“次要关键字”之后再添加“次要关键字”。

② “删除条件(D)”按钮，删除排序的条件，包括主要关键字和次要关键字。

③ “复制条件(C)”按钮，复制主要关键字或次要关键字的排序条件。

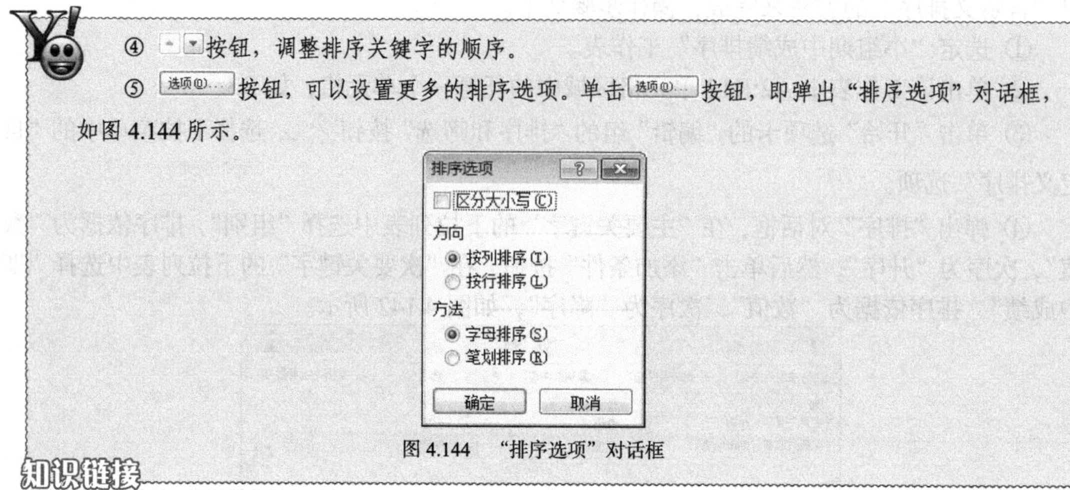

④ 按钮，调整排序关键字的顺序。

⑤ 选项(O)... 按钮，可以设置更多的排序选项。单击 选项(O)... 按钮，即弹出“排序选项”对话框，如图 4.144 所示。

图 4.144 “排序选项”对话框

2. 筛选

接下来，李老师要筛选符合条件的学生记录，如筛选出“理论题”、“上机操作”、“文字录入”三项考试成绩都在是 85 分以上的记录和第 1 组的学生中期中成绩大于或等于 85 分的记录。Excel 2010 的筛选有“自动筛选”和“高级筛选”两类。

（1）筛选“理论题”、“上机操作”、“文字录入”三项成绩都是 85 分以上的记录。

李老师打算使用“自动筛选”的方法来完成此操作。

① 选定“三项成绩筛选”工作表。

② 单击该工作表中 A2:K12 单元格区域中的任意一个单元格，如 A2。

③ 单击“开始”选项卡的“编辑”组的“排序和筛选”按钮，选择下拉菜单中的“筛选”选项。此时数据工作表各列标题旁都出现一个下拉列表框按钮，如图 4.145 所示。

	A	B	C	D	E	F	G	H	I	J	K
1	1301班《计算机基础》期中考试成绩表										
2	学号	姓名	组别	理论题	上机操作	文字录入	三项总分	期中成绩	成绩名次	是否及格	成绩等级
3	130101	李小玉	第1组	76	80	76	232	78	4	及格	一般
4	130102	何小斌	第1组	91	93	100	284	93.8	1	及格	优秀
5	130103	王一波	第2组	76	75	70	221	74.3	5	及格	一般
6	130104	何群	第3组	56	78	75	209	70.8	7	及格	一般
7	130105	李海涛	第1组	74	83	96	253	82.9	3	及格	一般
8	130106	丁虹敏	第2组	91	87	68	246	84.4	2	及格	一般
9	130107	何一伟	第3组	87	56	58	201	65.7	8	及格	一般
10	130108	汤琳琳	第2组	54	70	66	190	64.4	9	及格	一般
11	130109	张庆玲	第1组	65	49	64	178	56.8	10	不及格	不及格
12	130110	赵慧琳	第3组	93	64	67	224	73.3	6	及格	一般

图 4.145 “筛选”窗口

④ 单击 D2 单元格（即“理论题”列标题）的下拉列表按钮，从弹出的下拉菜单中选择“数字筛选”中的“大于或等于”命令，如图 4.146 所示。

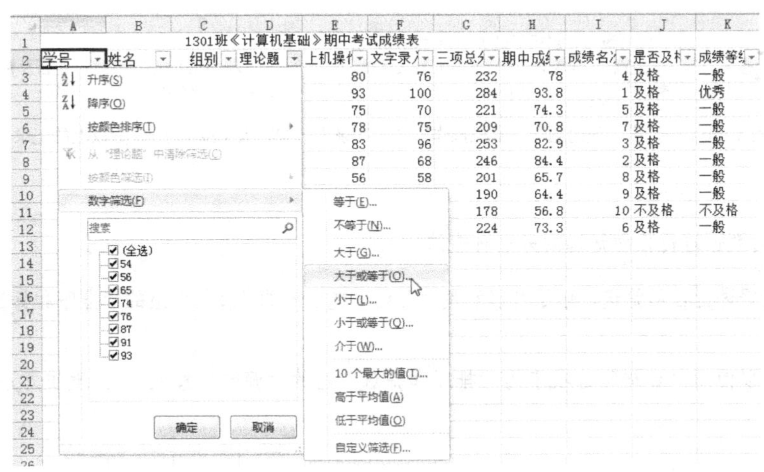

图 4.146　“筛选”的下拉菜单

⑤ 在弹出的“自定义自动筛选方式”对话框的“大于或等于”条件框中输入“85”，如图 4.147 所示。

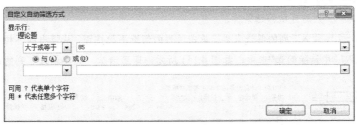

图 4.147　“自定义自动筛选方式”对话框

⑥ 单击“确定”按钮，筛选出符合条件的 4 条记录，如图 4.148 所示。

	A	B	C	D	E	F	G	H	I	J	K
1	1301班《计算机基础》期中考试成绩表										
2	学号	姓名	组别	理论题	上机操作	文字录入	三项总分	期中成绩	成绩名次	是否及格	成绩等级
4	130102	何小斌	第1组	91	93	100	284	93.8	1	及格	优秀
8	130106	丁虹敏	第2组	91	87	68	246	84.4	2	及格	一般
9	130107	何一伟	第3组	87	56	58	201	65.7	8	及格	一般
12	130110	赵慧琳	第3组	93	64	67	224	73.3	6	及格	一般

图 4.148　筛选出“理论题”大于或等于 85 分以上的记录

⑦ 单击 E2 单元格（即“上机操作”列标题）的下拉列表按钮，使用类似步骤④～⑥的方法筛选出同时上机操作大于或等于 85 分以上的 2 条记录，如图 4.149 所示。

	A	B	C	D	E	F	G	H	I	J	K
1	1301班《计算机基础》期中考试成绩表										
2	学号	姓名	组别	理论题	上机操作	文字录入	三项总分	期中成绩	成绩名次	是否及格	成绩等级
4	130102	何小斌	第1组	91	93	100	284	93.8	1	及格	优秀
8	130106	丁虹敏	第2组	91	87	68	246	84.4	2	及格	一般

图 4.149　筛选出“理论题”和“上机操作”同时大于或等于 85 分以上的记录

⑧ 单击 F2 单元格（即“文字录入”列标题）的下拉列表按钮，使用类似步骤④～⑥的方法筛选出“理论题”、“上机操作”、“文字录入”同时大于或等于 85 分以上的 1 条记录，如图 4.150 所示。

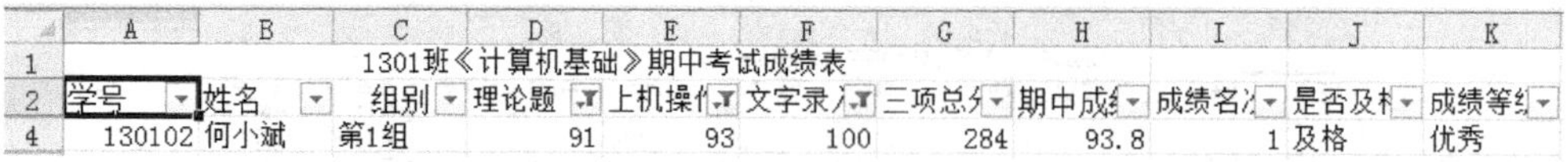

	A	B	C	D	E	F	G	H	I	J	K
1			1301班《计算机基础》期中考试成绩表								
2	学号	姓名	组别	理论题	上机操作	文字录入	三项总分	期中成绩	成绩名次	是否及格	成绩等级
4	130102	何小斌	第1组	91	93	100	284	93.8	1	及格	优秀

图 4.150　筛选出“理论题”、“上机操作”、“文字录入”同时大于或等于 85 分以上的记录

① 对数据进行自动筛选的另一种方法。

对数据进行自动筛选，除了可以利用“开始”选项卡的“编辑”组的“排序和筛选”按钮外，还可以使用“数据”选项卡的“排序和筛选”组的“筛选”按钮，操作方法与前面所述相同。

② “自定义自动筛选方式”对话框的“与”或“或”。

当同一列有两个筛选条件时，有“与”或“或”两种情况，“与”表示两个条件均成立才满足，“或”表示只要有一个条件成立就可满足。

③ 清除自动筛选。

a.清除其中一列的自动筛选条件。

如消除“文字录入”列的筛选条件：单击该列的筛选下拉按钮，从弹出的下拉菜单中选择“从‘从文字录入’中清除筛选”选项，如图 4.151 所示。即可清除“文字录入”列的筛选条件。

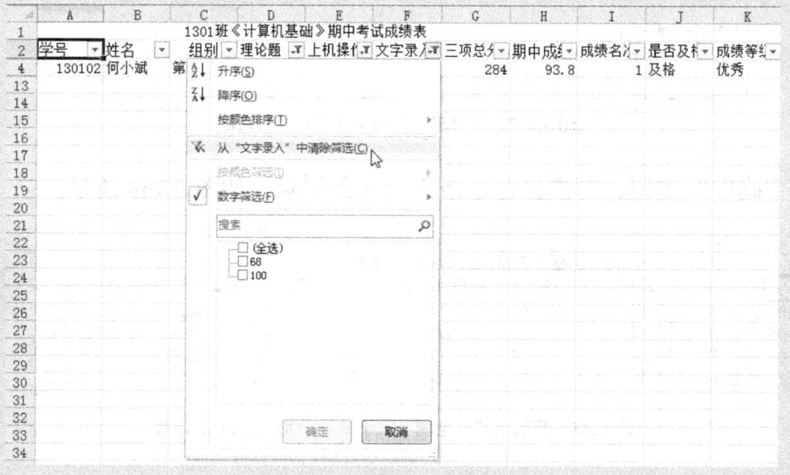

图 4.151　清除某一列的筛选条件

b.清除所有自动筛选条件。

如果要清除所有的自动筛选条件，恢复显示所有数据，可以单击“开始”选项卡的“编辑”组的“排序和筛选”按钮的下拉列表中的“筛选”选项或“清除”选项；也可以单击“数据”选项卡的“排序和筛选”组中的“筛选”按钮或“清除”按钮。

知识链接

（2）筛选出第 1 组的期中成绩大于或等于 85 分的学生记录。李老师打算使用“高级筛选”的方法来完成此操作。

① 选定“第 1 组成绩筛选”工作表。

② 在 A15:B16 单元格区域输入高级筛选的条件，如图 4.152 所示。

	A	B	C	D	E	F	G	H	I	J	K
1	1301班《计算机基础》期中考试成绩表										
2	学号	姓名	组别	理论题	上机操作	文字录入	三项总分	期中成绩	成绩名次	是否及格	成绩等级
3	130101	李小玉	第1组	76	80	76	232	78	4	及格	一般
4	130102	何小斌	第1组	91	93	100	284	93.8	1	及格	优秀
5	130103	王一波	第2组	76	75	70	221	74.3	5	及格	一般
6	130104	何群	第3组	56	78	75	209	70.8	7	及格	一般
7	130105	李海涛	第1组	74	83	96	253	82.9	3	及格	一般
8	130106	丁虹敏	第2组	91	87	68	246	84.4	2	及格	一般
9	130107	何一伟	第3组	87	56	58	201	65.7	8	及格	一般
10	130108	汤琳琳	第2组	54	70	66	190	64.4	9	及格	一般
11	130109	张庆玲	第1组	65	49	64	178	56.8	10	不及格	不及格
12	130110	赵慧琳	第3组	93	64	67	224	73.3	6	及格	一般
13											
14											
15	组别	期中成绩									
16	第1组	>=85									

图 4.152　输入高级筛选的条件

③ 单击该工作表中 A2:K12 单元格区域中的任意一个单元格，如 A2。

④ 单击“数据”选项卡中“排序和筛选”组的“高级筛选”按钮 高级，在弹出的“高级筛选”对话框中设置“方式”为“将筛选结果复制到其他位置”，“列表区域”框选择 A2:K12 单元格区域，“条件区域”框中选择 A15:B16 单元格，“复制到”框中选择 A18 单元格，如图 4.153 所示。

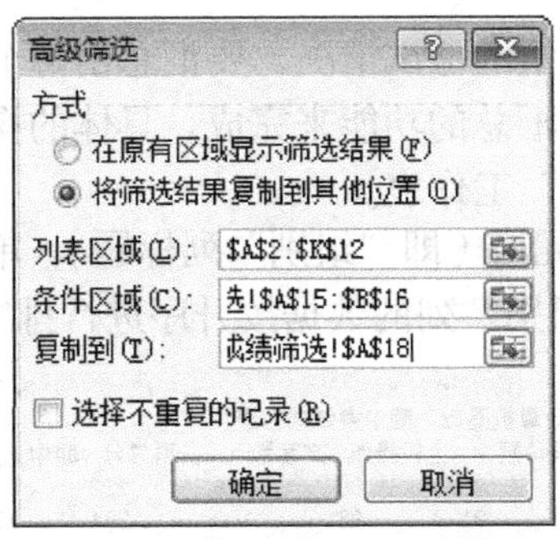

图 4.153　“高级筛选”对话框

⑤ 单击“确定”按钮，即从 A18 单元格开始显示筛选结果，共 1 条学生记录，如图 4.154 所示。

18	学号	姓名	组别	理论题	上机操作	文字录入	三项总分	期中成绩	成绩名次	是否及格	成绩等级
19	130102	何小斌	第1组	91	93	100	284	93.8	1	及格	优秀

图 4.154　高级筛选结果

知识链接

高级筛选条件的设置。

进行高级筛选时，必须在工作表中建立一个条件区域，输入条件的字段名称和条件值。筛选条件设置原则如下。

（1）条件区域的字段名放在同一行，字段名必须与数据表区域内容完全一样。

（2）同一行的条件值是逻辑“与”的关系，即所有条件都满足才符合筛选条件。

（3）不在同一行的条件值是逻辑“或”的关系，即满足其中任何一个条件都是符合筛选条件。

（4）同一列的条件值也是逻辑“或”的关系。

（5）在输入高级筛选的条件时，条件表达式的逻辑符号必须使用半角的英文符号。

图 4.155 的（A）表示要筛选出第 1 组的期中成绩大于或等于 85 分的记录的条件；（B）代表要筛选出“理论题”、“上机操作”或“文字录入”任一项大于或等于 85 分的记录的条件；（C）代表要筛选出期中成绩大于或等于 85 分或 60 分以下的记录的条件。

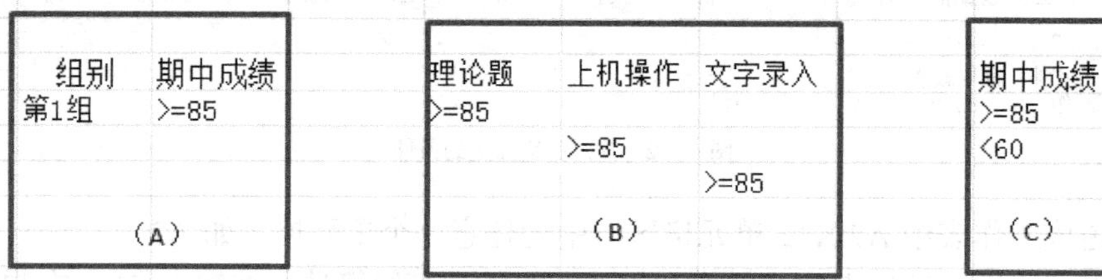

图 4.155 高级筛选的“与”和“或”条件

知识链接

3. 分类汇总

李老师为了进一步了解各小组的考试情况，要汇总出每个小组的各项的分数情况。这个操作可以使用 Excel 2010 的分类汇总的功能来完成。具体的操作步骤如下。

（1）选定“汇总各小组成绩”工作表。

（2）单击该工作表中 C2 单元格（即“组别”列标题），单击“数据”选项卡的“排序和筛选”组的升序按钮 A↓Z，即“组别”列的数据按升序进行排序，如图 4.156 所示。

	A	B	C	D	E	F	G	H	I	J	K
1			1301班《计算机基础》期中考试成绩表								
2	学号	姓名	组别	理论题	上机操作	文字录入	三项总分	期中成绩	成绩名次	是否及格	成绩等级
3	130101	李小玉	第1组	76	80	76	232	78	4	及格	一般
4	130102	何小斌	第1组	91	93	100	284	93.8	1	及格	优秀
5	130105	李海涛	第1组	74	83	96	253	82.9	3	及格	一般
6	130109	张庆玲	第1组	65	49	64	178	56.8	10	不及格	不及格
7	130103	王一波	第2组	76	75	70	221	74.3	5	及格	一般
8	130106	丁虹敏	第2组	91	87	68	246	84.4	2	及格	一般
9	130108	汤琳琳	第2组	54	70	66	190	64.4	9	及格	一般
10	130104	何群	第3组	56	78	75	209	70.8	7	及格	一般
11	130107	何一伟	第3组	87	56	58	201	65.7	8	及格	一般
12	130110	赵慧琳	第3组	93	64	67	224	73.3	6	及格	一般

图 4.156 组别按升序排序

（3）单击“数据”选项卡的“分级显示”组的“分类汇总”按钮 分类汇总，在弹出的“分类汇总”对话框进行相应的设置：在“分类字段”的下拉列表中选择“组别”；在“汇总方式”的下拉列表中选择“平均值”；在“选定汇总项”列表框中选择“理论题”、“上机操作”、“文字录入”和“期中成绩”四个字段；勾上“替换当前分类汇总”和“汇总结果显示在数据下方”两项，如图 4.157 所示。

（4）单击“确定”按钮，按各小组分类汇总的结果如图 4.158 所示。

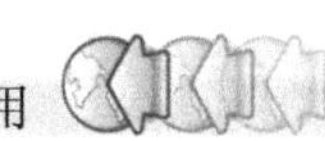

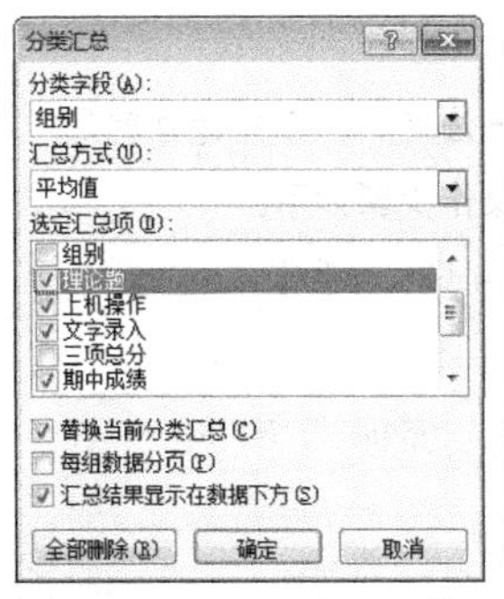

图 4.157　“分类汇总”对话框

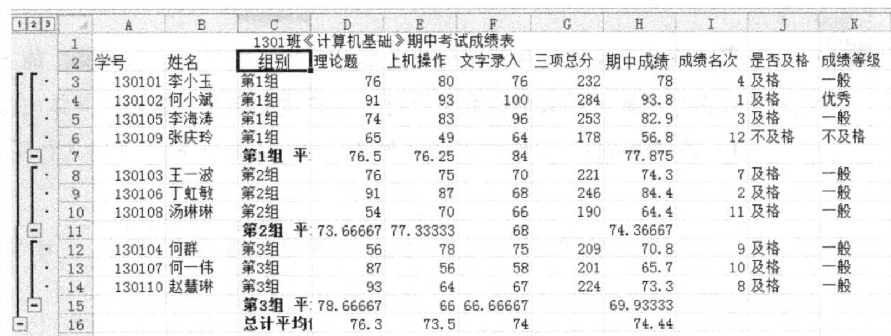

	A	B	C	D	E	F	G	H	I	J	K
1			1301班《计算机基础》期中考试成绩表								
2	学号	姓名	组别	理论题	上机操作	文字录入	三项总分	期中成绩	成绩名次	是否及格	成绩等级
3	130101	李小玉	第1组	76	80	76	232	78	4	及格	一般
4	130102	何小斌	第1组	91	93	100	284	93.8	1	及格	优秀
5	130105	李海涛	第1组	74	83	96	253	82.9	3	及格	一般
6	130109	张庆玲	第1组	65	49	64	178	56.8	12	不及格	不及格
7			**第1组 平**	76.5	76.25	84		77.875			
8	130103	王一波	第2组	76	75	70	221	74.3	7	及格	一般
9	130106	丁虹敏	第2组	91	87	68	246	84.4	2	及格	一般
10	130108	汤琳琳	第2组	54	70	66	190	64.4	11	及格	一般
11			**第2组 平**	73.66667	77.33333	68		74.36667			
12	130104	何群	第3组	56	78	75	209	70.8	9	及格	一般
13	130107	何一伟	第3组	87	56	58	201	65.7	10	及格	一般
14	130110	赵慧琳	第3组	93	64	67	224	73.3	8	及格	一般
15			**第3组 平**	78.66667	66	66.66667		69.93333			
16			**总计平均**	76.3	73.5	74		74.44			

图 4.158　按各小组分类汇总结果

（1）分类汇总后，工作表的左上角显示层级编号 1、2、3，单击“1”将显示第一级，即“总计平均值”行；单击“2”将显示第一级和第二级，即“总计平均值”行和“第 1 组平均值”、“第 2 组平均值”、“第 3 组平均值”汇总行；单击“3”则显示所示内容。

（2）分类汇总后，可以单击工作表行号左边的“展开数据”按钮 ▭ 或“折叠数据”按钮 ⊞，显示或隐藏详细数据。

（3）如果要删除当前的分类汇总，单击“数据”选项卡的“分级显示”组的“分类汇总”按钮 分类汇总，在弹出的“分类汇总”对话框中再单击“全部删除”按钮，单击“确定”按钮即可。

1. 合并计算

李老师为了鼓励每个学生遵守学校的宿舍纪律，分别对各宿舍 1 ~ 10 周的卫生评比和纪律评比做了登记，各宿舍卫生评比加分情况如图 4.159 所示，各宿舍纪律评比加分情况如图 4.160 所示。期中考试后，他要计算出各宿舍两项的加分，并把结果放在一个工作表中。再根据加分，评比出优秀宿舍。

	A	B	C	D	E	F	G	H	I	J	K
1	1301班各宿舍第1～10周的卫生评比加分情况										
2	宿舍	第1周	第2周	第3周	第4周	第5周	第6周	第7周	第8周	第9周	第10周
3	8栋422	15	17	13	15	14	16	18	15	17	18
4	8栋423	16	13	14	15	18	18	16	19	18	19
5	8栋424	17	14	14	16	16	19	17	20	19	17
6	16栋301	20	14	15	17	19	16	15	16	15	15
7	16栋302	16	16	17	18	18	18	12	18	17	16

图 4.159　各宿舍 1 ~ 10 周卫生评比加分情况表

	A	B	C	D	E	F	G	H	I	J	K
1	1301班各宿舍第1～10周的纪律评比加分情况										
2	宿舍	第1周	第2周	第3周	第4周	第5周	第6周	第7周	第8周	第9周	第10周
3	8栋422	18	16	16	19	19	16	17	17	18	18
4	8栋423	17	14	18	16	20	13	19	19	19	19
5	8栋424	15	16	17	17	17	18	20	18	19	17
6	16栋301	18	17	18	18	15	19	16	17	15	15
7	16栋302	14	14	20	19	18	17	15	20	17	16

图 4.160　各宿舍 1 ~ 10 周纪律评比加分情况表

知识拓展

计算各宿舍卫生评比和纪律评比的加分，可以使用“合并计算”的方法完成。合并计算就是把一个或多个源数据区域中的数据进行汇总并建立合并计算表。具体的操作步骤如下。

（1）将“Sheet3”工作表重命名为“1～10周总加分”，并输入如图4.161的数据。

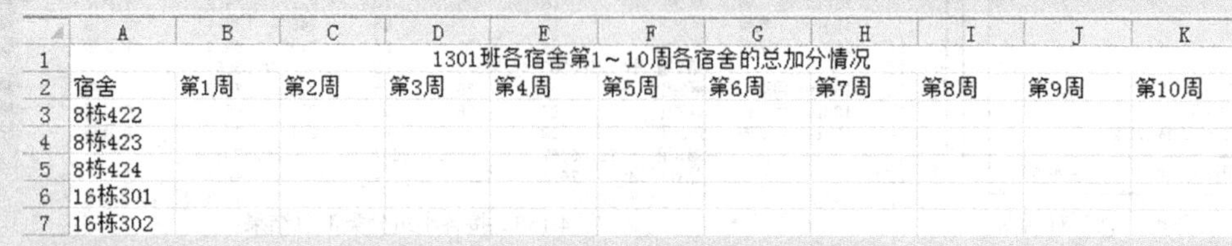

	A	B	C	D	E	F	G	H	I	J	K
1	1301班各宿舍第1～10周各宿舍的总加分情况										
2	宿舍	第1周	第2周	第3周	第4周	第5周	第6周	第7周	第8周	第9周	第10周
3	8栋422										
4	8栋423										
5	8栋424										
6	16栋301										
7	16栋302										

图4.161　1～10周总加分工作表

（2）选定“1～10周总加分”工作表的B3:K7单元格区域，单击“数据”选项卡中“数据工具”组的“合并计算”按钮，即弹出“合并计算”对话框，如图4.162所示。

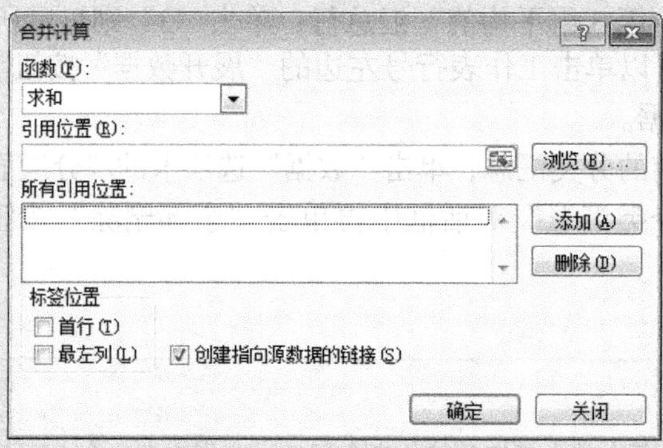

图4.162　“合并计算”对话框

（3）在“合并计算”对话框的“函数”下拉列表框中选择“求和”方式。

（4）单击“引用位置”的“压缩对话框”按钮，选定“卫生评比加分”工作表中B3:K7的单元格数据，再单击“添加”按钮。然后重复此步骤，将“纪律评比加分”工作表中B3:K7单元格区域也添加进来，选择“创建连至源数据的链接”，如图4.163所示。

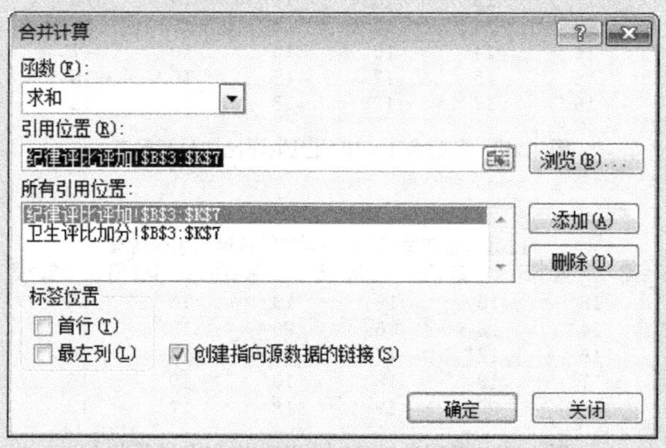

图4.163　设置后的“合并计算”对话框

知识拓展

（5）单击“确定”按钮，则前两个工作表的数据被合并到“1 ~ 10 周总加分”工作表中，如图 4.164 所示。

	A	B	C	D	E	F	G	H	I	J	K
1	1301班各宿舍第1～10周各宿舍的总加分情况										
2	宿舍	第1周	第2周	第3周	第4周	第5周	第6周	第7周	第8周	第9周	第10周
5	8栋422	33	33	29	34	33	32	35	32	35	36
8	8栋423	33	27	32	31	38	31	35	38	37	38
11	8栋424	32	30	31	33	33	37	37	38	38	34
14	16栋301	38	31	33	35	34	35	31	33	30	30
17	16栋302	30	30	37	37	36	35	27	38	34	32

图 4.164　合并计算结果

2. 数据透视表

学校在第 8 周举行了技能节比赛，13 级学生参加各项技能比赛的成绩如图 4.165 所示。李老师要对各班每个学生参加的各项比赛进行汇总分析。这个操作可以使用 Excel 2010 的“数据透视表”功能来完成操作。

	A	B	C	D	E	F
1	13级技能比赛成绩表					
2	比赛项目	班别	学号	姓名	成绩	奖项
3	打字比赛	1301	130106	丁虹敏	88	二等奖
4	现场书法	1301	130108	汤琳琳	85	二等奖
5	打字比赛	1302	130245	谢晓琳	82	三等奖
6	数学公式	1303	130316	赵显芝	79	优秀奖
7	朗读古诗	1302	130236	方永勋	89	二等奖
8	默写单词	1304	130429	何山谷	75	优秀奖
9	默写单词	1303	130312	何诗欣	85	二等奖
10	现场书法	1305	130532	汪以浩	91	一奖项
11	朗读古诗	1301	130106	丁虹敏	91	一奖项
12	翻打传票	1302	130245	谢晓琳	93	一奖项
13	翻打传票	1305	130503	谭旋齐	88	二等奖
14	现场书法	1304	130421	柳秀玲	89	二等奖
15	翻打传票	1303	130312	何诗欣	87	二等奖
16	现场书法	1302	130218	方秀晶	81	三等奖
17	默写单词	1302	130245	谢晓琳	78	优秀奖
18	打字比赛	1303	130316	赵显芝	92	一奖项
19	数学公式	1302	130236	方永勋	84	三等奖
20	朗读古诗	1301	130108	汤琳琳	87	二等奖
21	翻打传票	1304	130425	周从刚	83	三等奖
22	默写单词	1304	130421	柳秀玲	90	一奖项
23	默写单词	1305	130510	谢倩晶	77	优秀奖
24	朗读古诗	1302	130245	谢晓琳	88	二等奖
25	默写单词	1302	130218	方秀晶	92	一奖项
26	现场书法	1304	130429	何山谷	81	三等奖
27	现场书法	1303	130309	刘明明	86	二等奖
28	翻打传票	1303	130316	赵显芝	83	三等奖
29	翻打传票	1305	130532	汪以浩	86	二等奖
30	打字比赛	1303	130312	何诗欣	82	三等奖

图 4.165　13 级技能比赛成绩表

Excel 2010 数据透视表是一种对大量数据快速汇总和建立交叉列表的交互式格式报表。它可以将数据的排序、筛选和分类汇总三个过程结合在一起，可以转换行和列以查看源数据的不同汇总结果，还可以根据需要显示所选区域中的明细数据，非常便于用户在一个清单中重新组织和统计数据。具体的操作步骤如下。

（1）打开“13 级技能比赛成绩表”工作表，选定 Sheet1 工作表中 A2:F30 的任一单元格为当前活动单元格。

（2）单击“插入”选项卡的“表格”组的“数据透视表”按钮，即弹出“创建数据透视表”对话框，如图 4.166 所示。

（3）在“创建数据透视表”对话框中，由于前面已选定 A2:F30 的任一单元格为当前单元格，所以“选择一个表或区域”输入框中自动选定了 A2:F30 的数据表区域。“选择放置数据透视表的位置”为“现有工作表”，位置为当前工作表的 H3 单元格。如图 4.167 所示。

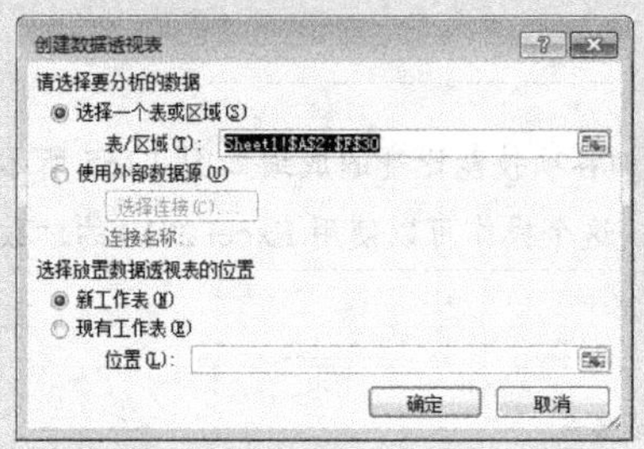

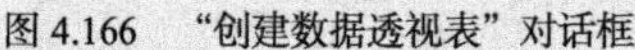
图 4.166　“创建数据透视表”对话框

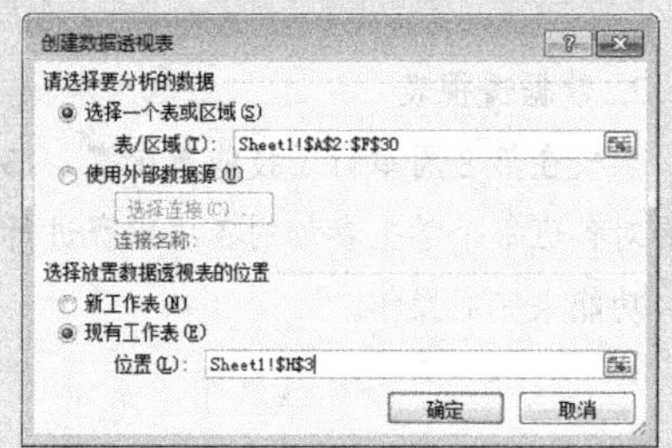

图 4.167　选择后的“创建数据透视表”对话框

（4）单击“确定”按钮，因没有设置字段，数据透视表显示为空白，如图 4.168 所示。

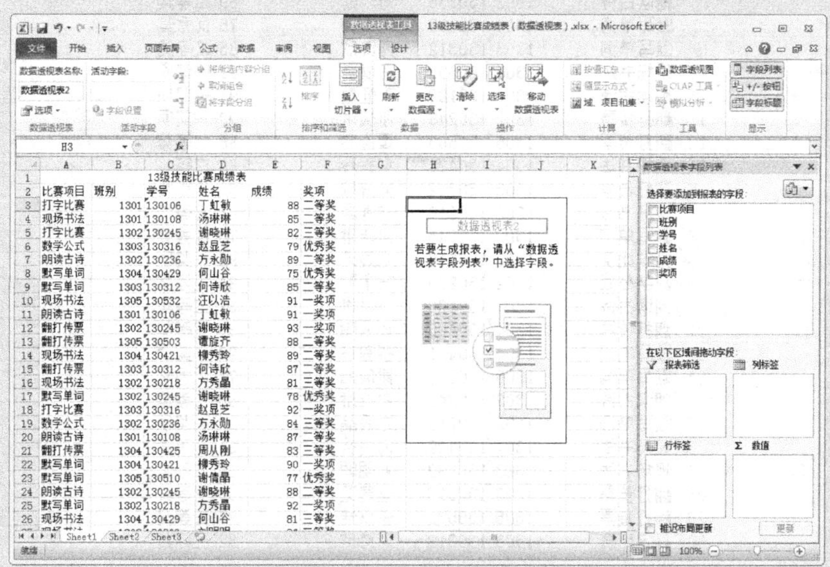

图 4.168　生成的数据透视表

（5）在“数据透视表字段列表”中将“班别”和“姓名”拖到“行标签”中，将“比赛项目”拖到“列标签”中，将“成绩”拖到“数值”中，则会按“班别”和“姓名”自动统计各班和各位学生的成绩之和，如图 4.169 所示。

知识拓展

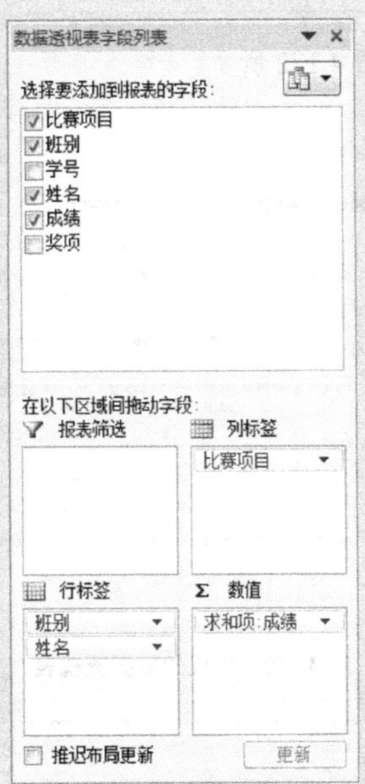

图 4.169　数据透视表字段列表

（6）由于各班参赛的人数不一样或每位学生参加的项目之数也不同，所以李老师要汇总成绩的平均值。单击“求和项:成绩”的下拉列表按钮，从弹出的下拉列表选项中选择“值字段设置”选项，如图 4.170 所示。即弹出“值字段设置”对话框，从对话框的“值字段汇总方式”的“计算类型”中选择“平均值”，如图 4.171 所示。再单击“确定”按钮。

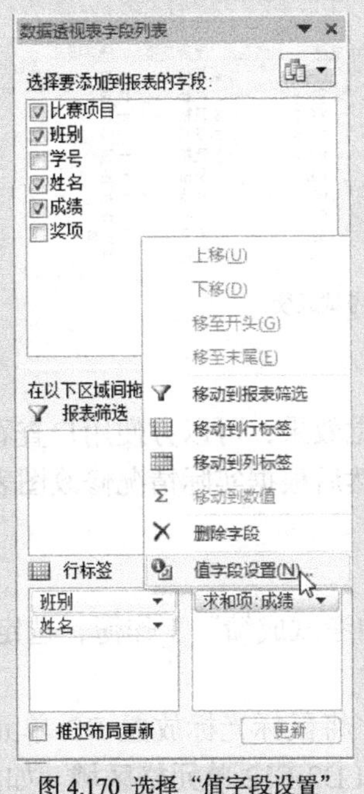

图 4.170 选择“值字段设置”

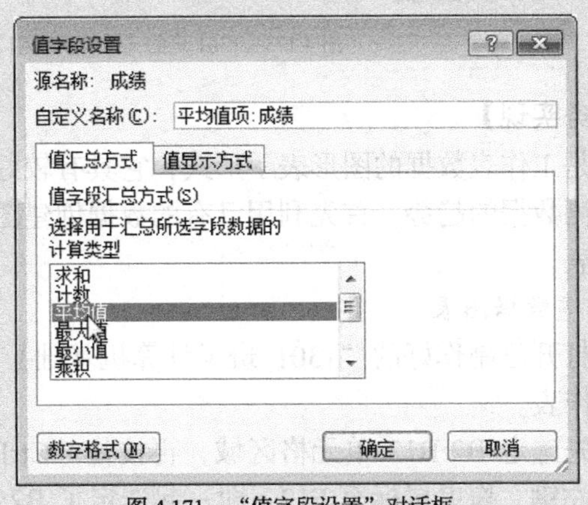

图 4.171　“值字段设置”对话框

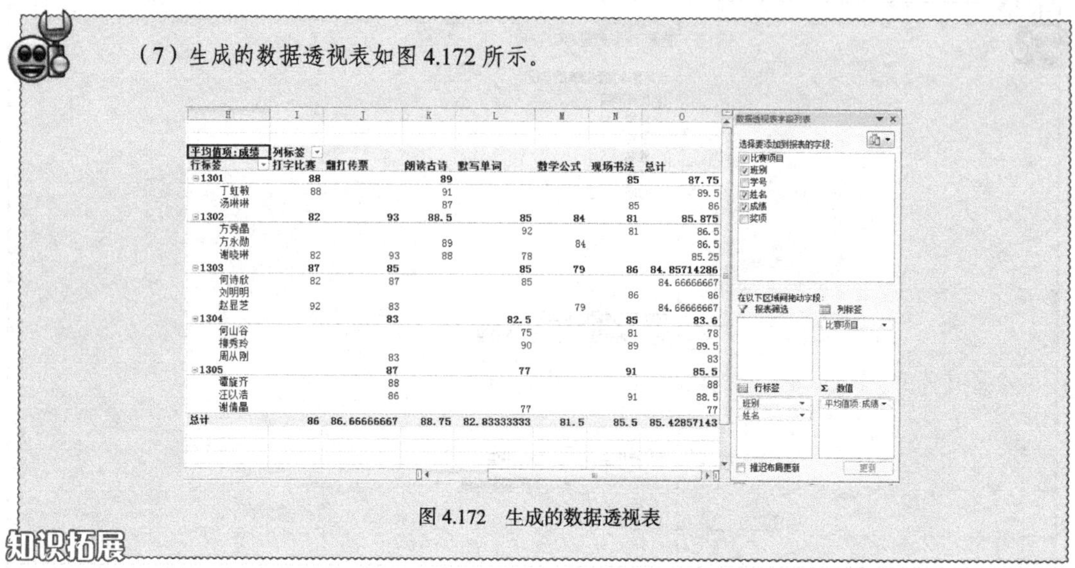

（7）生成的数据透视表如图 4.172 所示。

平均值项:成绩	列标签						
行标签	打字比赛	翻打传票	朗读古诗	默写单词	数学公式	现场书法	总计
⊟1301	88		89			85	87.75
丁虹敏	88		91				89.5
汤琳琳			87			85	86
⊟1302	82	93	88.5	85	84	81	85.875
方秀晶				92		81	86.5
方永勋			89		84		86.5
谢晓琳	82	93	88	78			85.25
⊟1303	87	85		85	79	86	84.85714286
何诗欣	82	87		85			84.66666667
刘明明						86	86
赵昱芝	92	83			79		84.66666667
⊟1304		83		82.5		85	83.6
何山谷				75		81	78
撵秀玲				90		89	89.5
周从刚		83					83
⊟1305		87		77		91	85.5
谭旋齐		88					88
汪以浩		86				91	88.5
谢倩晶				77			77
总计	86	86.66666667	88.75	82.83333333	81.5	85.5	85.42857143

图 4.172　生成的数据透视表

任务 6　制作数据图表

【任务描述】

李老师已经统计出 1301 班的《计算机基础》的期中考试成绩，如图 4.173 所示。为了更清晰、直观地分析各个学生三项考试的情况，李老师打算使用图表的方式来表示和分析。

1301班《计算机基础》期中考试成绩表										
学号	姓名	组别	理论题	上机操作	文字录入	三项总分	期中成绩	成绩名次	是否及格	成绩等级
130101	李小玉	第1组	76	80	76	232	78	4	及格	一般
130102	何小斌	第1组	91	93	100	284	93.8	1	及格	优秀
130103	王一波	第2组	76	75	70	221	74.3	5	及格	一般
130104	何群	第3组	56	78	75	209	70.8	7	及格	一般
130105	李海涛	第1组	74	83	96	253	82.9	3	及格	一般
130106	丁虹敏	第2组	91	87	68	246	84.4	2	及格	一般
130107	何一伟	第3组	87	56	58	201	65.7	8	及格	一般
130108	汤琳琳	第2组	54	70	66	190	64.4	9	及格	一般
130109	张庆玲	第1组	65	49	64	178	56.8	10	不及格	不及格
130110	赵慧琳	第3组	93	64	67	224	73.3	6	及格	一般

图 4.173　1301 班的《计算机基础》的期中考试成绩

【任务实现】

图表是工作表数据的图形表示形式，它具有较好的视觉效果，可以方便用户查看数据的差异和预测数据的趋势。首先利用已有的数据创建图表，然后根据实际情况修改图表的布局和美化图表。

1. 创建数据图表

（1）打开已制作好的“1301 班《计算机基础》的期中考试成绩”工作簿，选定 Sheet1 为当前工作表。

（2）先选定 B2:B12 单元格区域，再按住“Ctrl”键，将鼠标光标放置 D2 单元格上，按下鼠标左键，拖曳鼠标至 F12，即一起选定了 B2:B12 和 D2:F12 单元格区域。如图 4.174 所示。

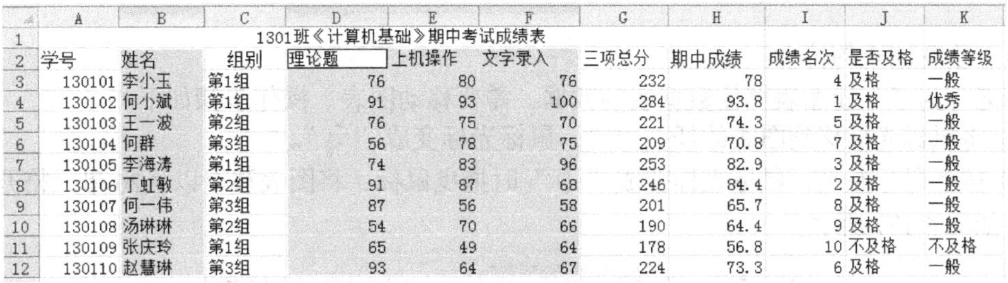

	A	B	C	D	E	F	G	H	I	J	K
1				1301班《计算机基础》期中考试成绩表							
2	学号	姓名	组别	理论题	上机操作	文字录入	三项总分	期中成绩	成绩名次	是否及格	成绩等级
3	130101	李小玉	第1组	76	80	76	232	78	4	及格	一般
4	130102	何小斌	第1组	91	93	100	284	93.8	1	及格	优秀
5	130103	王一波	第2组	76	75	70	221	74.3	5	及格	一般
6	130104	何群	第3组	56	78	75	209	70.8	7	及格	一般
7	130105	李海涛	第1组	74	83	96	253	82.9	3	及格	一般
8	130106	丁虹敏	第2组	91	87	68	246	84.4	2	及格	一般
9	130107	何一伟	第3组	87	56	58	201	65.7	8	及格	一般
10	130108	汤琳琳	第2组	54	70	66	190	64.4	9	及格	一般
11	130109	张庆玲	第1组	65	49	64	178	56.8	10	不及格	不及格
12	130110	赵慧琳	第3组	93	64	67	224	73.3	6	及格	一般

图 4.174　选定创建图表的数据源

（3）单击“插入”选项卡中“图表”组的“柱形图”按钮，从弹出的下拉菜单中选择“二维柱形图”的“簇状柱形图”，如图 4.175 所示。

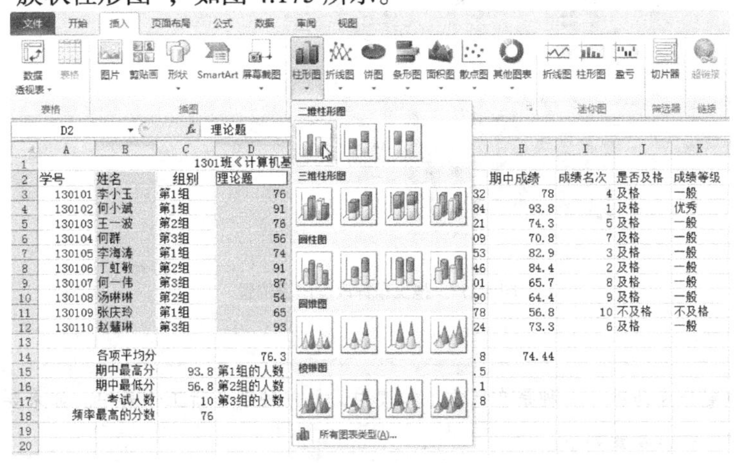

图 4.175　选定图表类型为“簇状柱形图”

（4）这时，在屏幕上出现了创建的图表，并且在选项卡栏中出现了“图表工具”的三个加载项：设计、布局和格式，如图 4.176 所示。

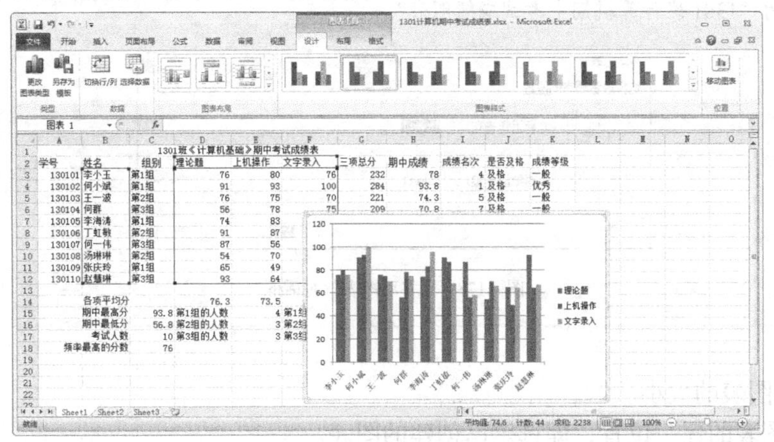

图 4.176　创建的图表

2. 修改数据图表

刚才创建的图表，还需要进一步修改，如改变大小与位置、增加图表标题、改变图例位

置等。

（1）改变图表的位置。

李老师为了不让图表挡住数据表的数据，需要移动图表。操作步骤如下。

① 将鼠标光标移到图表的任一位置，鼠标光标变成“✥”。

② 按下鼠标左键，鼠标光标变成“✥”时拖曳鼠标，将图表移至以 A20 单元格开始的区域，如图 4.177 所示。

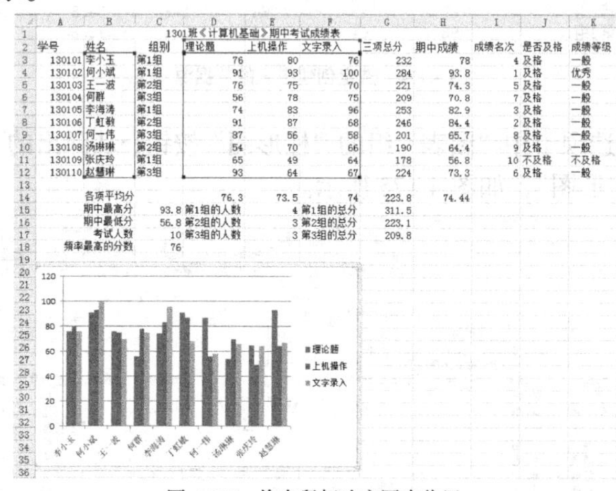

	A	B	C	D	E	F	G	H	I	J	K
1				1301班《计算机基础》期中考试成绩表							
2	学号	姓名	组别	理论题	上机操作	文字录入	三项总分	期中成绩	成绩名次	是否及格	成绩等级
3	130101	李小玉	第1组	76	80	76	232	78	4	及格	一般
4	130102	何小斌	第1组	91	93	100	284	93.8	1	及格	优秀
5	130103	王一波	第2组	76	75	70	221	74.3	5	及格	一般
6	130104	何群	第3组	56	78	75	209	70.8	7	及格	一般
7	130105	李海涛	第1组	74	83	96	253	82.9	3	及格	一般
8	130106	丁虹敏	第2组	91	87	68	246	84.4	2	及格	一般
9	130107	何一伟	第3组	87	56	58	201	65.7	8	及格	一般
10	130108	汤琳琳	第2组	54	70	66	190	64.4	9	及格	一般
11	130109	张庆玲	第1组	65	49	64	178	56.8	10	不及格	不及格
12	130110	赵慧琳	第3组	93	64	67	224	73.3	6	及格	一般
13											
14		各项平均分		76.3	73.5	74	223.8	74.44			
15		期中最高分	93.8	第1组的人数	4	第1组的总分	311.5				
16		期中最低分	56.8	第2组的人数	3	第2组的总分	223.1				
17		考试人数	10	第3组的人数	3	第3组的总分	209.8				
18		频率最高的分数	76								

图 4.177　拖曳鼠标改变图表位置

图表位置分为两种：一种是在已有工作表中，另一种是在新工作表中。如果要将图表创建在新工作表中，操作步骤如下。

①单击图表的任一位置，即选定已创建的图表，单击“设计”选项卡的“位置”组的“移动图表”按钮 [移动图表]。

②从弹出的“移动图表”对话框中选择“新工作表”选项，如图 4.178 所示。也可以把“Chart1”重命名为“1301 班计算机期中考试成绩图表”。

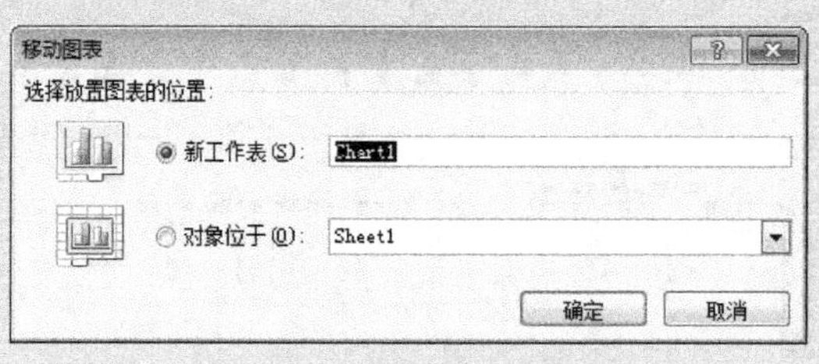

图 4.178　“移动图表”对话框

知识链接

（2）改变图表的大小。

① 单击图表的任一位置，即选定已创建的图表。

② 将鼠标光标移至图表区的任意一个角或任意一条边框的控点，鼠标光标变成“⇔”，按下鼠标左键，此时鼠标光标变成“✚”，拖曳鼠标到适当的位置即可，改变大小后的图表如图 4.179 所示。

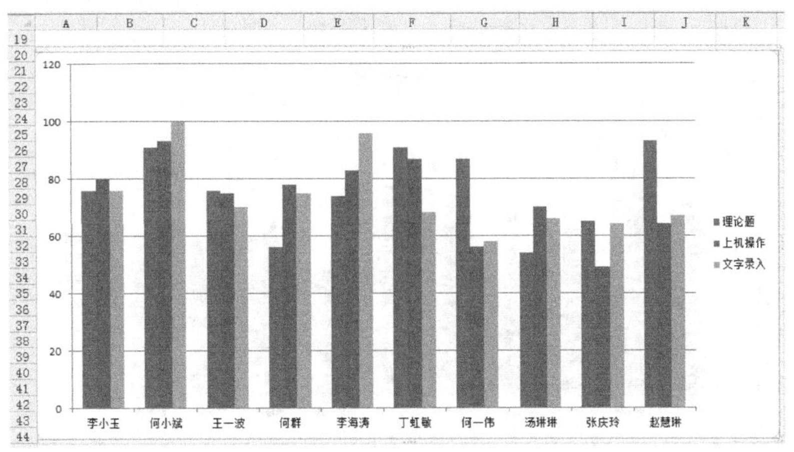

图 4.179　改变大小后的图表

（3）添加图表标题。

为了更清楚地说明该图表，为该图表添加标题，具体操作步骤如下。

① 单击图表的任一位置，即选定已创建的图表。

② 单击“布局”选项卡的“标签”组的“图表标题”按钮，从弹出的下拉菜单中选择“图表上方”选项，如图 4.180 所示。

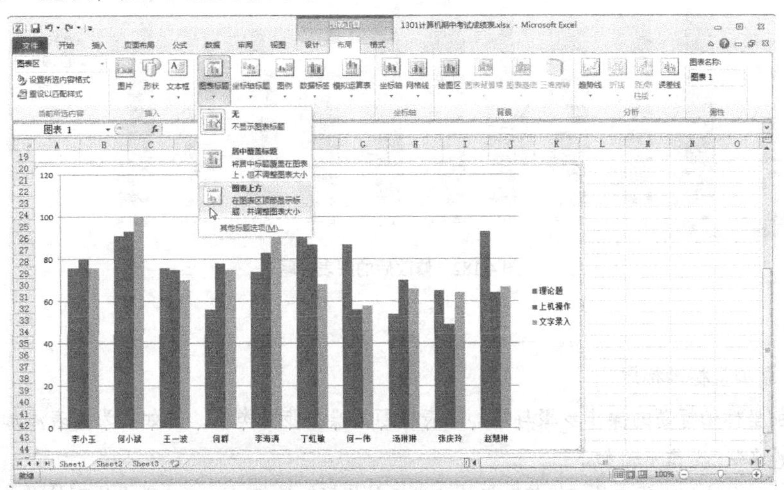

图 4.180　添加“图表上方”的标题

③ 在图表区中添加了一图表标题，如图 4.181 所示。单击“图表标题”框内，删除原来的文字，再输入“1301 班计算机期中考试成绩图表”为图表标题，如图 4.182 所示。

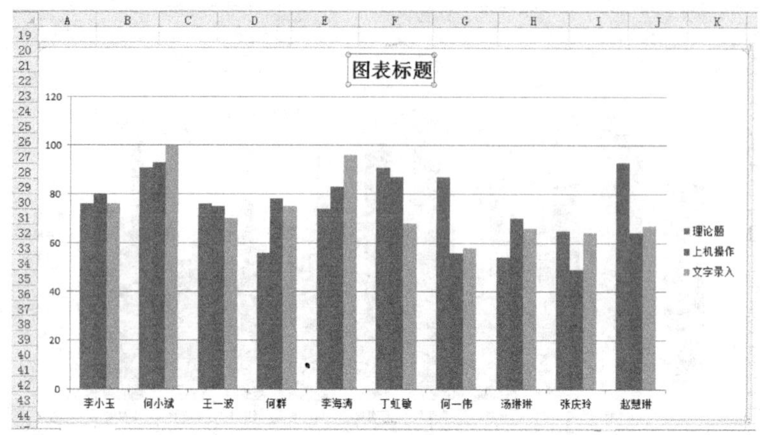

图 4.181　添加了的图表标题

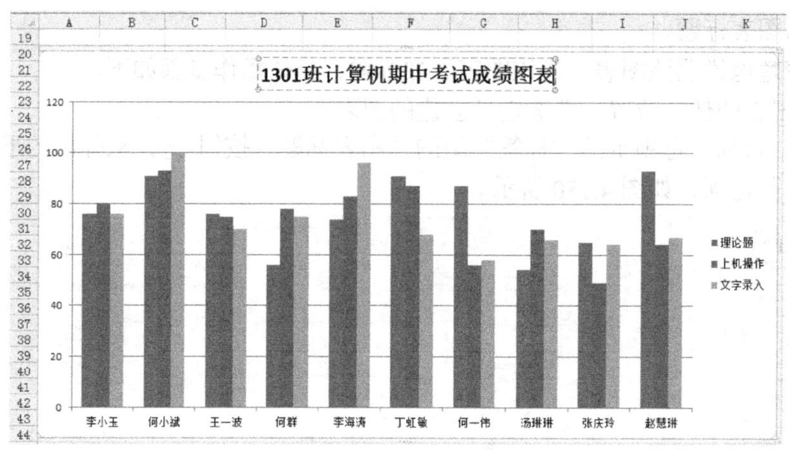

图 4.182　修改后的图表标题

知识链接

① 添加坐标轴标题

添加坐标轴标题的操作步骤与添加图表标题的操作步骤类似。例如要为图表添加一横坐标标题为“姓名”。操作步骤如下。

单击“布局”选项卡的“标签”组的“坐标轴标题”按钮 坐标轴标题，从弹出的下拉菜单中选择“主要横坐标轴标题”选项，再从下一级菜单中单击“坐标轴下方标题”选项，如图 4.183 所示。将添加的“坐标轴标题”修改为“姓名”即可。

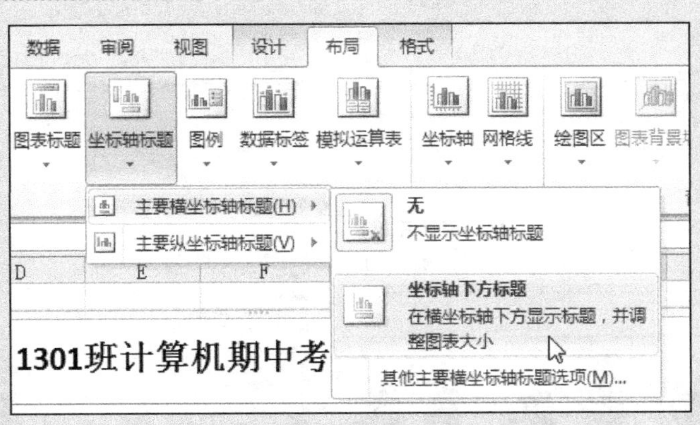

图 4.183　添加横坐标标题

② 改变图例的位置。

系统默认图例位于图表的右侧，如果要改变图例的位置，可以单击“布局”选项卡的“标签”组的“图例”按钮，从弹出的下拉菜单中选择图例的位置即可，如图 4.184 所示。

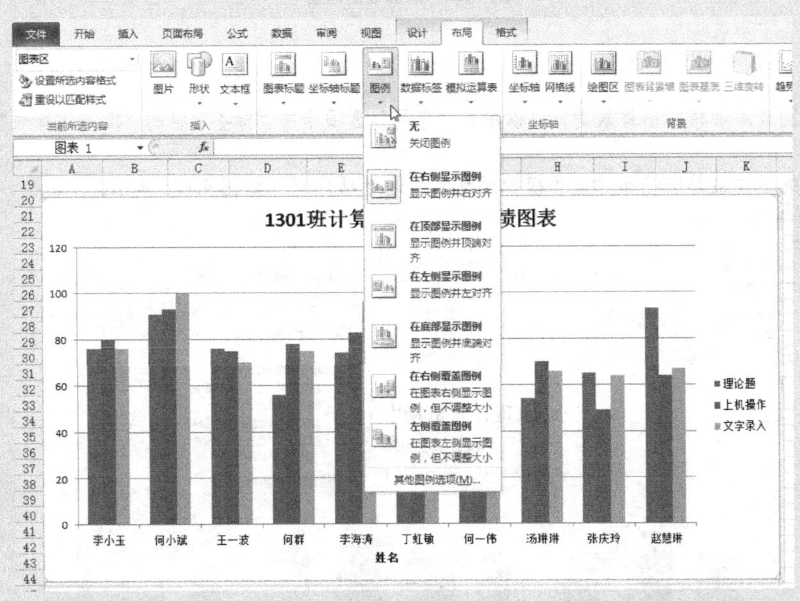

图 4.184　改变图例的位置菜单命令

③ 添加数据标签。

为了更清楚地显示图表中各系列的数据，可以为系统添加数据标签，具体操作步骤如下。

单击“布局”选项卡的“标签”组的“数据标签”按钮，从弹出的下拉菜单中选择数据的显示位置即可，如图 4.185 所示。

知识链接

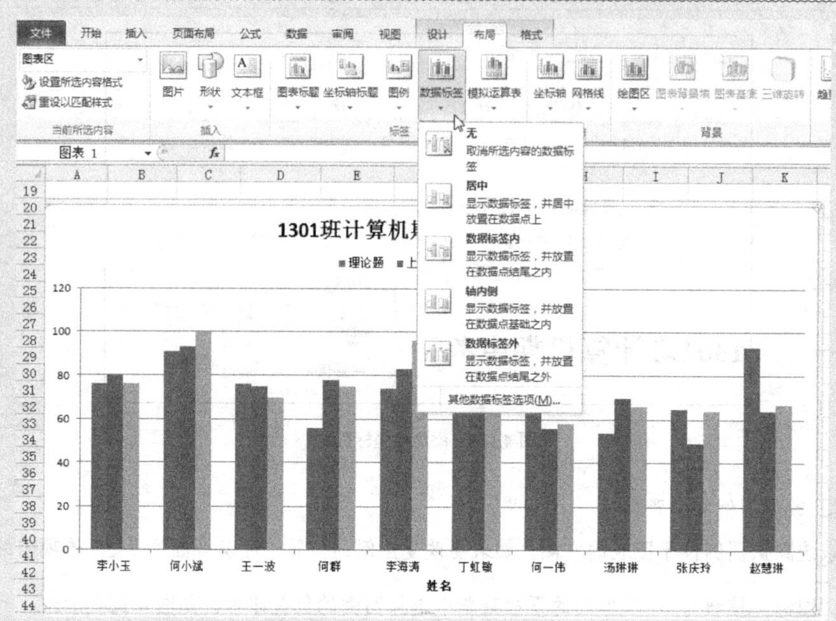

图 4.185　添加数据标签

④ 添加模拟运算表。

为图表添加模拟运算表时，可以单击“布局”选项卡中“标签”组的“模拟运算表”按钮，从弹出的下拉菜单中选择“显示模拟运算表”的选项即可，如图 4.186 所示。

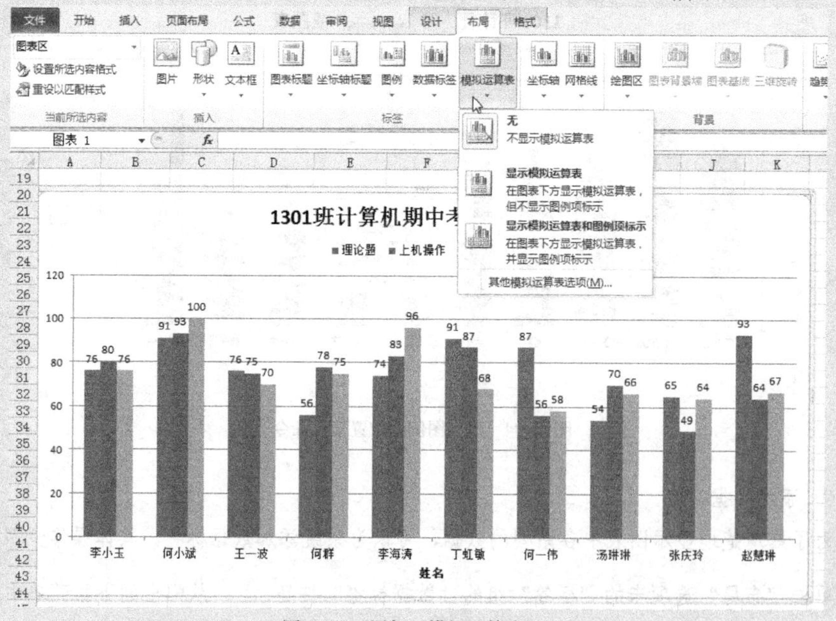

图 4.186　添加“模拟运算表”

知识链接

（4）显示主要和次要横网格线。具体的操作步骤如下。

① 单击图表的任一位置，即选定已创建的图表。

② 单击“布局”选项卡中“坐标轴”组的“网格线”按钮，从弹出的下拉菜单中选择“主要横网格线”，再从下一级菜单中单击“主要网格线和次要网格线”选项，如图 4.187 所示。

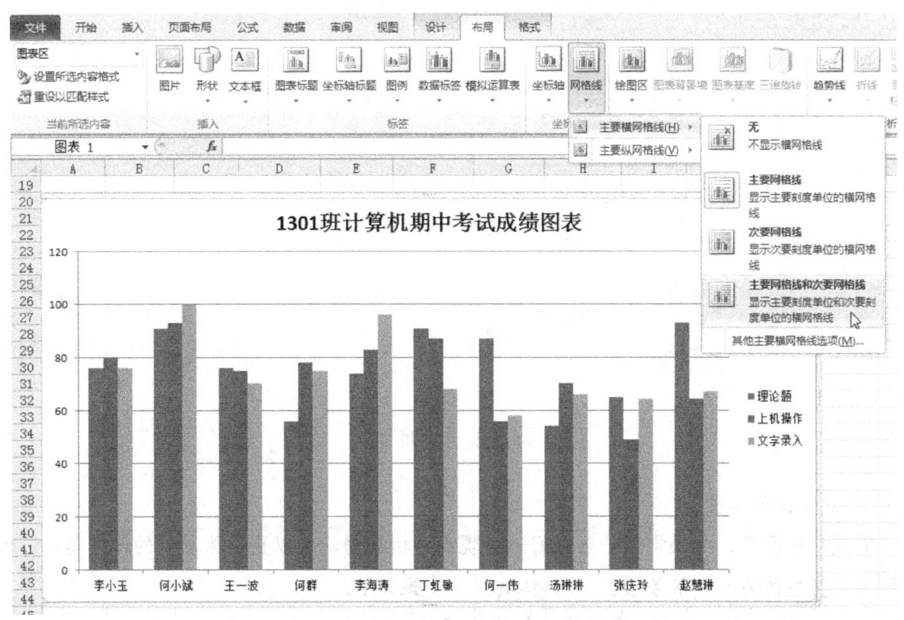

图 4.187　添加“主要网格线和次要网络线”

③ 添加了主要网络线和次要网格线的图表如图 4.188 所示。

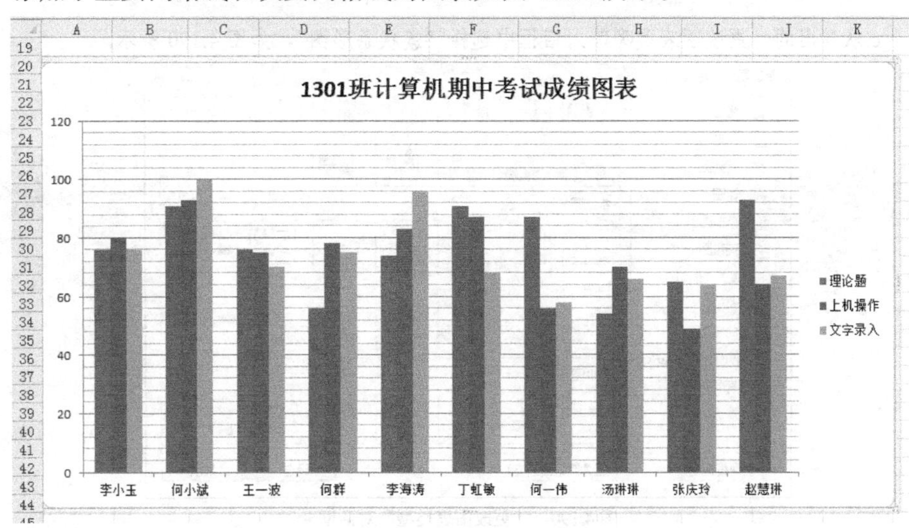

图 4.188　添加了“主要网格线和次要网格线”的效果

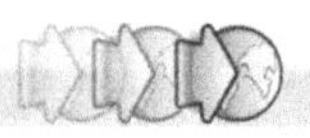

① 快速设置图表布局。

如果不想一步一步地修改图表，可以单击“设计”选项卡的“图表布局”组中的各种布局，即可快速地设置图表。如图 4.189 所示。

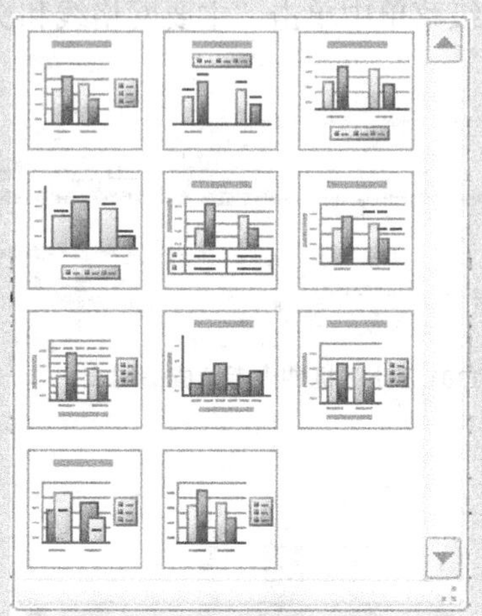

图 4.189 图表布局

② 更改图表类型。

完成后的图表，如果觉得不能很好地表现或分析数据，可以更改为其他的图表类型。例如把该图表的类型改为“簇状条形图”。具体的操作步骤如下。

a.单击图表的任一位置，即选定已创建的图表。

b.单击“设计”选项卡的“类型”组的“更改图表类型”按钮 更改图表类型。

c.从弹出的“更改图表类型”对话框中选择“簇状条形图”，如图 4.190 所示。

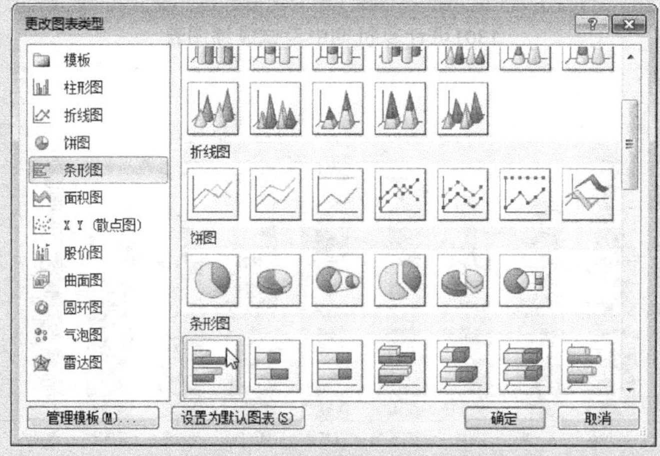

图 4.190 “更改图表类型”对话框

d.单击“确定”按钮，图表如图 4.191 所示。

知识链接

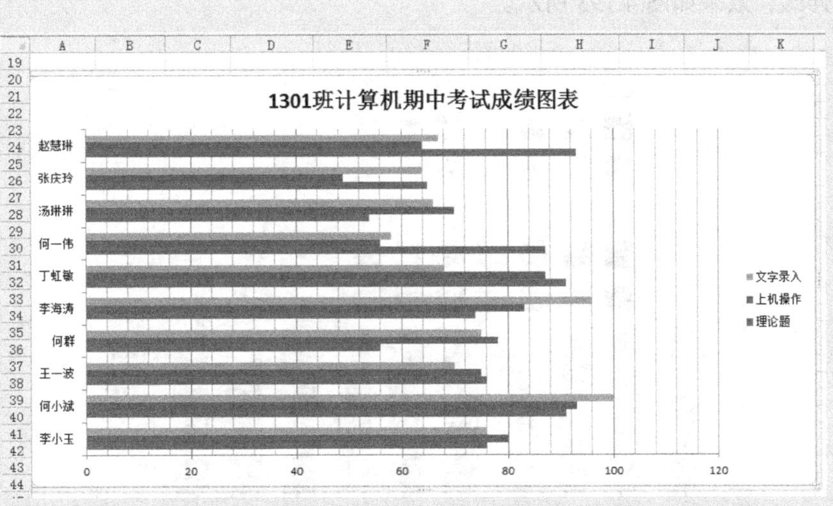

图 4.191　更改后的“簇状条形图”

③ 切换图表的行与列。

图 4.188 的图表是系列产生在“列”。图表的系列产生在“列”或“行”，是可以切换的，即单击“设计”选项卡的“数据”组的“切换行/列”按钮 切换行/列，将图 4.191 的图表进行行列的相互交换后，如图 4.192 所示。

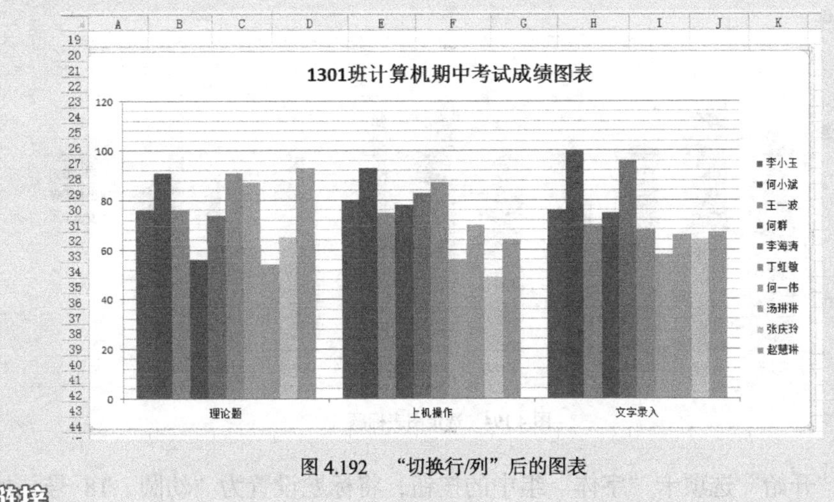

图 4.192　“切换行/列”后的图表

知识链接

3. 格式化数据图表

一个图表由图表区、绘图区、坐标轴、标题、图例、系列数据、网格线等图表元素组成。各个图表元素都可使用已有的样式或自定义的样式。李老师需要进一步美化图表和设置各图表元素。

（1）使用样式修改图表区。

① 在图表空白的位置单击鼠标，即选定图表的图表区。

② 单击“格式”选项卡的“形状样式”组中的各样式，如选择“细微效果-橄榄色，强

调颜色 3”样式，效果如图 4.193 所示。

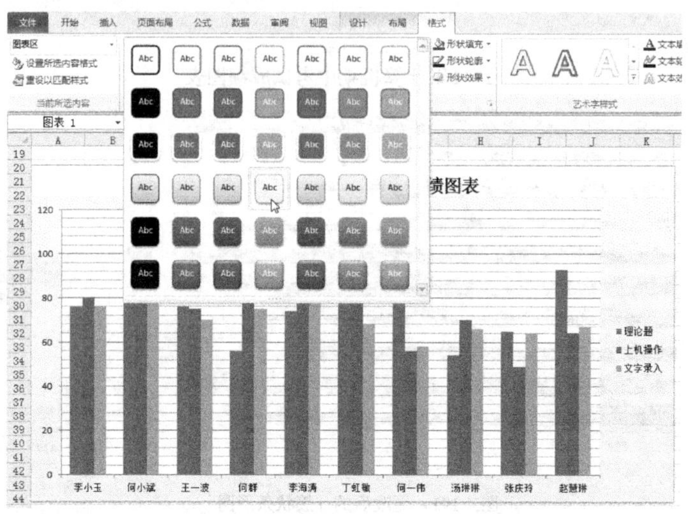

图 4.193 选择形状和颜色美化图表区

（2）设置图表标题格式。

① 将鼠标移到图表标题上方，单击鼠标，即选定图表标题。如图 4.194 所示。

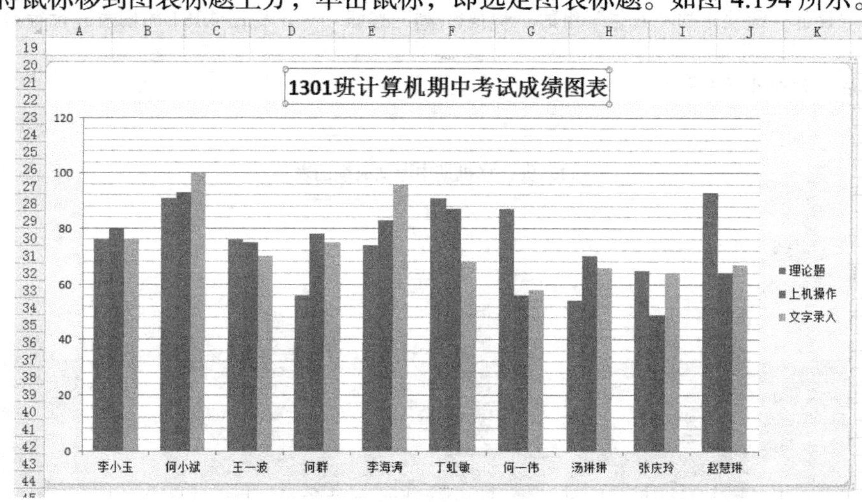

图 4.194 选定图表标题

② 使用“开始”选项卡“字体”组中的按钮，将标题设置为“幼圆、18 号、加粗、深蓝色”字体，如图 4.195 所示。

图 4.195 图表标题字体格式设置

③使用“格式”选项卡中“形状样式”组的“形状填充”按钮 形状填充 和“形状轮廓”按钮 形状轮廓，为图表标题添加“水绿色，强调文字颜色 5，淡色 80%”的填充颜色和大小为 1 磅的深蓝色边框，如图 4.196 和图 4.197 所示。

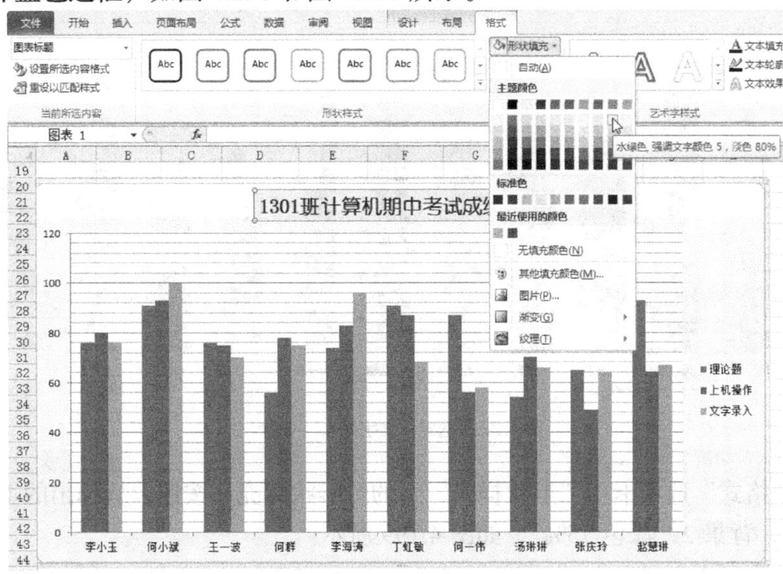

图 4.196　为图表标题添加填充颜色

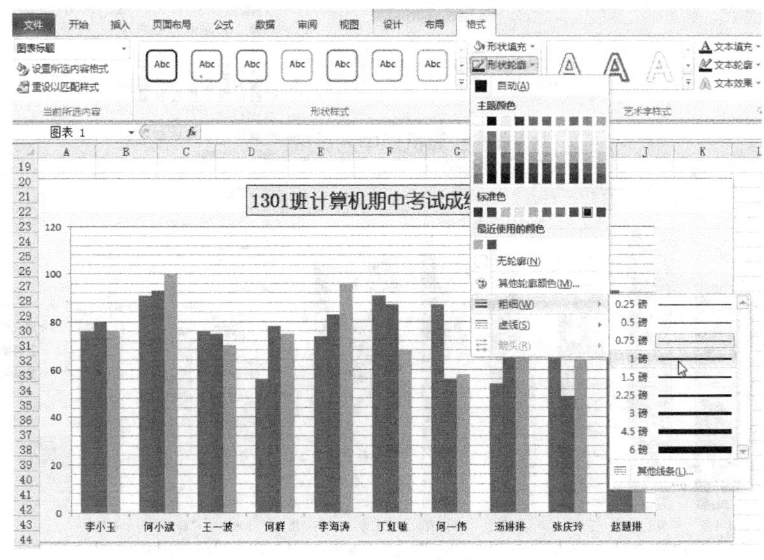

图 4.197　为图表标题添加边框

（3）改变“文字录入”系列的填充颜色。

“理论题”、“上机操作”、“文字录入”各个系列的填充颜色也可以改变，这里以改变“文字录入”系列的填充颜色为例进行说明。具体的操作步骤如下。

① 将鼠标移到“文字录入”系列上方，单击鼠标，即选定所有的“文字录入”系列。如图 4.198 所示。

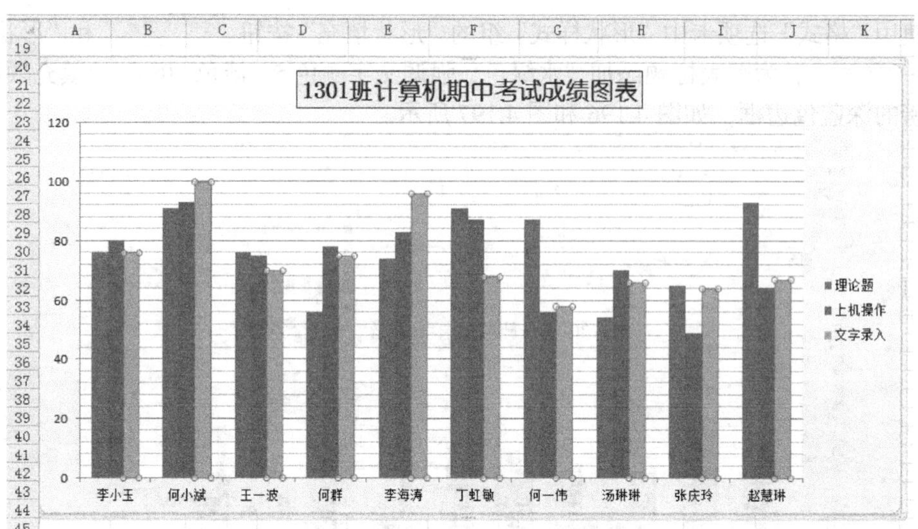

图 4.198　选定“文字录入”系列

② 单击“格式”选项卡中“形状样式”组的“形状填充”按钮，从弹出的下列颜色列表中选择“茶色，背景 2，深色 75%”，如图 4.199 所示。

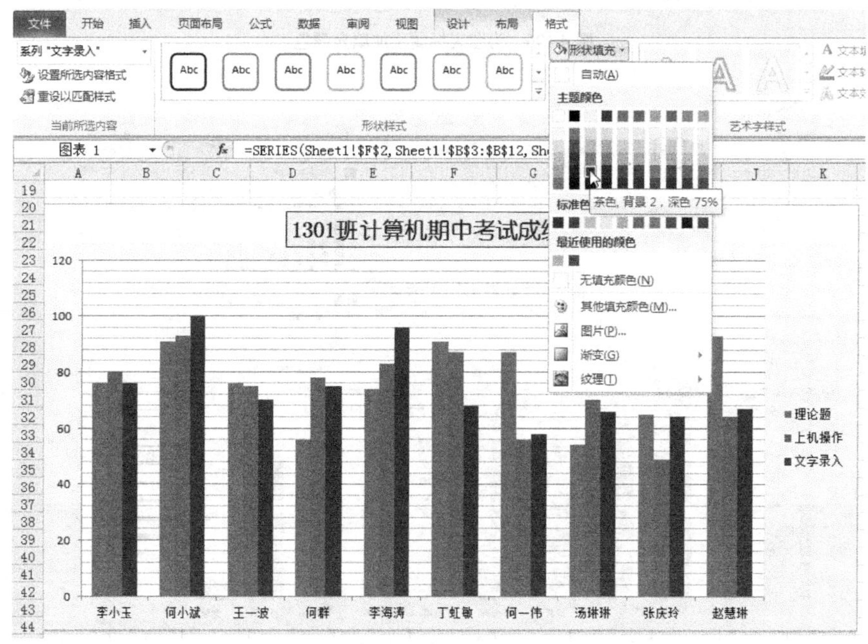

图 4.199　选择“文字录入”系列的填充颜色

在 Excel 2010 中，提供了多种的“图表样式”可以快速地修改各系列的填充颜色：单击“设计”选项卡的“图表样式”组的各种样式，即可快速地设置各系列的填充颜色，如图 4.200 所示。

知识链接

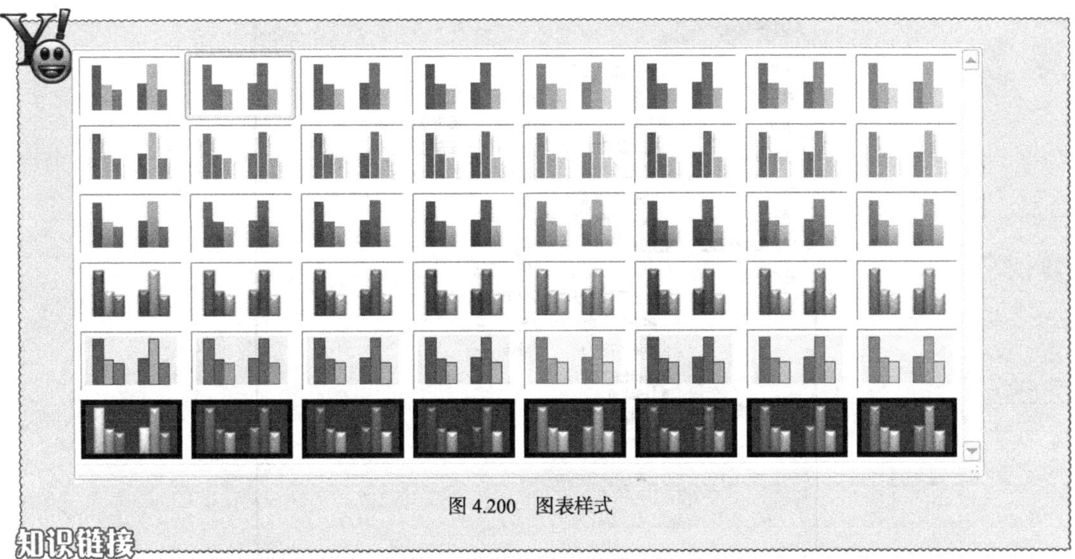

图 4.200　图表样式

知识链接

（4）设置垂直轴的刻度。

一般来说，表示成绩的最大值为 100。李老师要把表示成绩的垂直轴的刻度重新设置，最大值为 100，主要刻度单位为 10，次要刻度单位为 5。具体操作步骤如下。

① 将鼠标移到垂直坐标轴上方，单击鼠标，即选定垂直坐标轴。如图 4.201 所示。

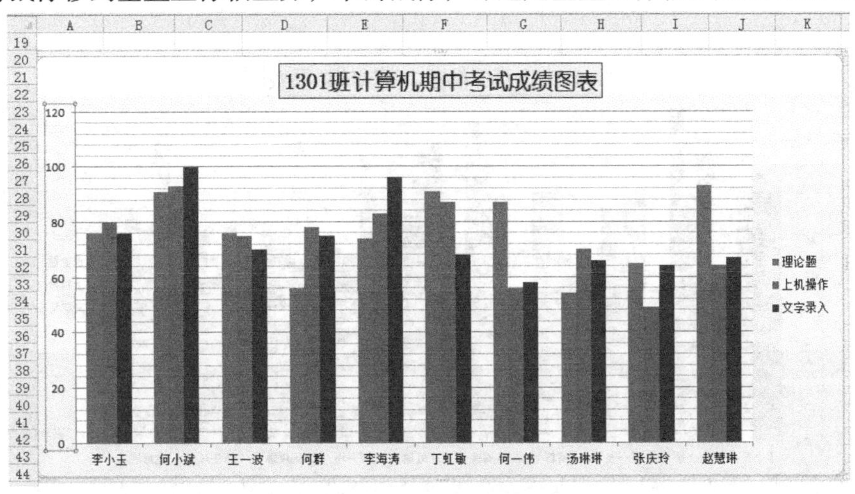

图 4.201　选定垂直坐标轴

② 单击“格式”选项卡中“形状样式”组右下方的“设置形状格式”对话框启动器 。

③ 在弹出的“设置坐标轴格式”对话框中设置各坐标轴选项：最大值为“固定 100”，主要刻度单位为“固定 10”，次要刻度单位为“固定 5”，如图 4.202 所示。

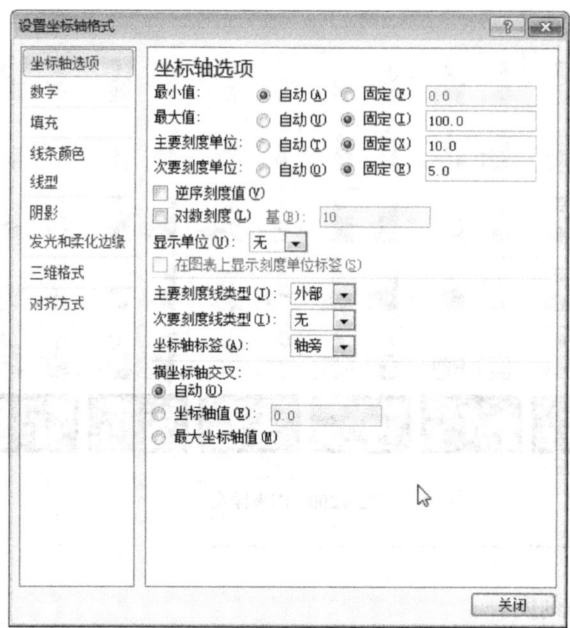

图 4.202 “设置坐标轴格式”对话框

④ 单击“关闭”按钮，图表的垂直坐标轴的刻度如图 4.203 所示。

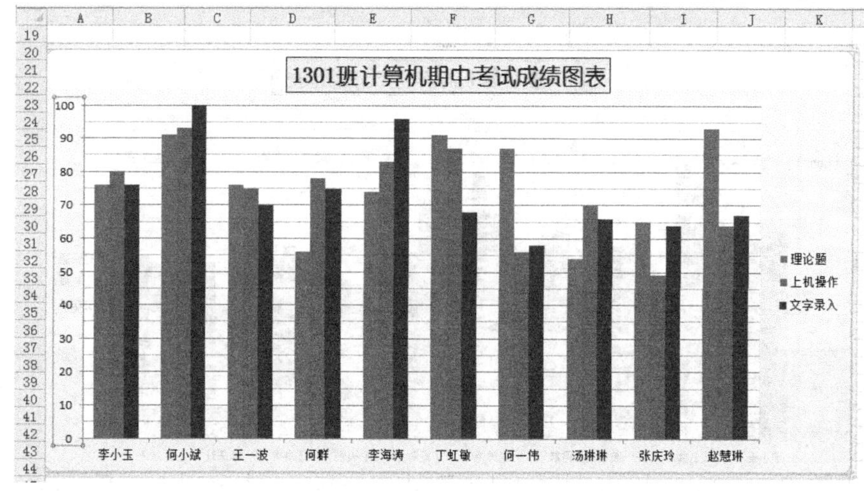

图 4.203 设置后的垂直坐标轴刻度

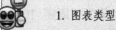

1. 图表类型

Excel 2010 的图表有多种类型，主要有柱形图、折线图、饼图、条形图、面积图、散点图、股份图、曲面图、圆环图、气泡图、雷达图等，而每一种类型的图表又有多种不同的表现形式。表 4-2 是常见图表类型的使用特点。

知识拓展

表 4-2　常见图表类型的使用特点

图表类型	使用特点
柱形图	显示一段时间内数据的变化或者描述各项之间的比较，主要反映几个序列之间的差异，或者各序列随时间的变化情况
条形图	描述各个项之间的对比情况，垂直坐标轴为分类，横向坐标轴为数值，突出了数值的比较，而淡化了随时间的变化情况
折线图	以等间隔显示数据的变化趋势，强调随时间变化速率。
饼图	显示数据系统中每一项占该系统数值总和的比例关系，一般只显示一个数据系列（若有几个系列同时被选中，也只显示其中一个），多用于突出某个重要项

下面以“学校最近五年招生各分数段的人数.xlsx”工作簿为例来说明几个常用图表的创建及特点。“学校最近五年招生各分数段的人数.xlsx”工作簿的 Sheet1 工作表如图 4.204 所示。

	A	B	C	D	E	F
1	学校最近五年招生各分数段的人数					
2	级别	650分以上	600～650	550～600	550以下	总人数
3	2009级	211	563	452	112	1338
4	2010级	265	589	432	103	1389
5	2011级	245	567	367	88	1267
6	2012级	276	603	407	106	1392
7	2013级	367	627	394	97	1485

图 4.204　学校最近五年招生各分段人数表

（1）各级各分数段的人数比较图表。

柱形图用于显示一段时间内的数据变化或说明各项之间的比较情况，其子类型的“簇状柱形图”可比较多个类别的值。各级各分数段的人数比较图表，可以选用“簇状柱形图”来表示。如图 4.205 所示。

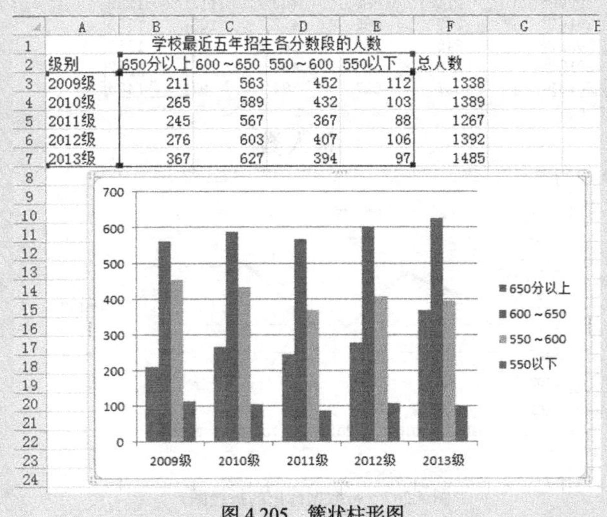

	A	B	C	D	E	F
1	学校最近五年招生各分数段的人数					
2	级别	650分以上	600～650	550～600	550以下	总人数
3	2009级	211	563	452	112	1338
4	2010级	265	589	432	103	1389
5	2011级	245	567	367	88	1267
6	2012级	276	603	407	106	1392
7	2013级	367	627	394	97	1485

图 4.205　簇状柱形图

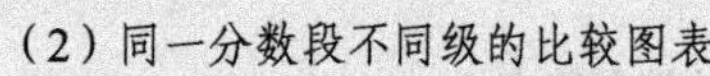

（2）同一分数段不同级的比较图表

条形图显示各项之间的比较情况，其子类型“簇状条形图”采用分类垂直组织，数据水平组织，突出各个类别的值，淡化时间的变化。同一分数段不同级的比较图表，主要是对比不同级的同一分数段的人数，可以选用“簇状条形图”。如图 4.206 所示。

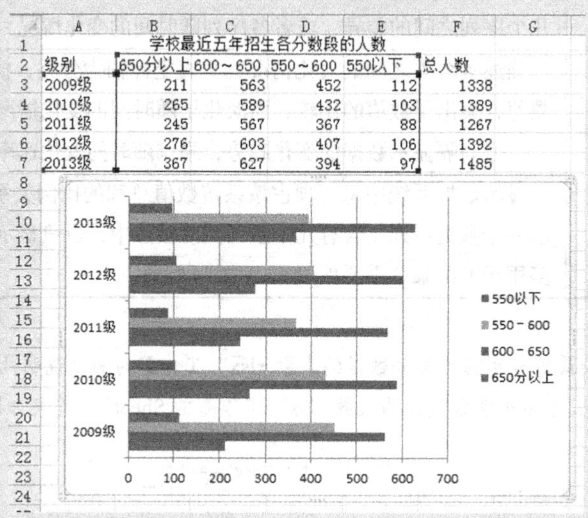

	A	B	C	D	E	F
1		学校最近五年招生各分数段的人数				
2	级别	650分以上	600～650	550～600	550以下	总人数
3	2009级	211	563	452	112	1338
4	2010级	265	589	432	103	1389
5	2011级	245	567	367	88	1267
6	2012级	276	603	407	106	1392
7	2013级	367	627	394	97	1485

图 4.206 簇状条形图

（3）最近五年总招生人数情况图表。

折线图可以显示随时间而变化的连续数据，因此非常适用于显示在相等时间间隔内数据的变化趋势。最近五年总招生人数情况图表，要突出随着时间的变化，招生总人数的变化情况，应选用“带数据标记的折线图”。如图 4.207 所示。

	A	B	C	D	E	F
1		学校最近五年招生各分数段的人数				
2	级别	650分以上	600～650	550～600	550以下	总人数
3	2009级	211	563	452	112	1338
4	2010级	265	589	432	103	1389
5	2011级	245	567	367	88	1267
6	2012级	276	603	407	106	1392
7	2013级	367	627	394	97	1485

图 4.207 带数据标记的折线图

知识拓展

（4）2013 级各分数段的人数比较图表。

饼图显示各个值相对于总数值的分布情况。2013 级各分数段的人数比较图表，要突出各分数段所占的比例，可以选用“三维饼图”。如图 4.208 所示。

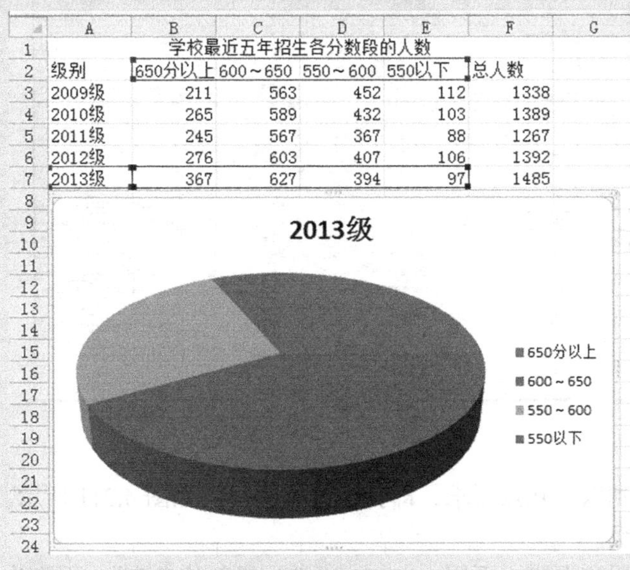

	A	B	C	D	E	F
1	学校最近五年招生各分数段的人数					
2	级别	650分以上	600～650	550～600	550以下	总人数
3	2009级	211	563	452	112	1338
4	2010级	265	589	432	103	1389
5	2011级	245	567	367	88	1267
6	2012级	276	603	407	106	1392
7	2013级	367	627	394	97	1485

图 4.208　三维饼图

2. 清除图表格式

如果要清除图表元素的格式，还原默认格式，操作步骤如下。

（1）选定要清除格式的图表元素，如选定“图表标题”。

（2）单击“格式”选项卡的“当前所选内容”组的“重设以匹配样式”按钮。如图 4.209 所示。“图表标题”所设字体、填充颜色、边框等格式全部被清除，还原默认格式。

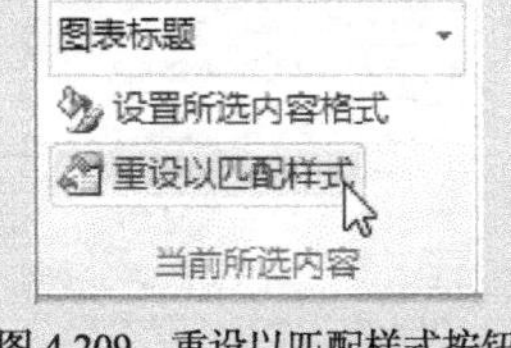

图 4.209　重设以匹配样式按钮

知识拓展

任务 7　打印工作表

【任务描述】

把学生的相关信息已经录入和编辑好后，李老师要把“学生信息表”打印出来，让每个学生核对自己的信息是否正确，以便日后使用。如果不做任何调整就打印出来，从图 4.210 中的虚线可以看出，此工作表的数据会分 4 张纸打印，而且打印的效果不好。

学生信息表

学号	姓名	性别	政治面貌	出生年月	宿舍	原毕业学校	入学成绩	身份证号	联系电话
130101	李小玉	女	团员	1998年2月6日	8栋422	可园中学	637.0	442500199802062226	13509988776
130102	何小斌	男	群众	1998年3月18日	16栋302	东城初级中学	642.0	440100199803185879	13609876543
130103	王一波	男	团员	1999年7月17日	16栋301	樟木头中学	639.0	441900199707170816	13701234567
130104	何群	女	团员	1997年9月12日	8栋424	桥头中学	631.0	442300199709121343	13812345678
130105	李海涛	男	团员	1998年10月12日	16栋301	虎门林则徐中学	629.0	441100199810126574	13998765432
130106	丁虹敏	女	群众	1998年6月14日	8栋423	麻涌中学	645.0	441900199806146555	13612345678
130107	何一伟	男	群众	1997年12月13日	16栋302	厚街中学	612.0	440200199712134444	13313313313
130108	汤琳琳	女	群众	1999年7月27日	8栋423	可园中学	641.0	443400199907271169	13712345678
130109	张庆玲	女	群众	1997年9月14日	8栋423	黄江中学	637.0	442500199709143814	13823456789
130110	赵慧琳	女	团员	1998年3月2日	8栋424	东城初级中学	633.0	441600199802087667	13512345678
130111	刘建伟	男	团员	1999年5月7日	16栋301	大朗一中	652.0	441900199505076436	13312345678
130112	孙静	女	群众	1998年6月18日	8栋424	樟木头中学	548.0	441900199806182421	13311223344
130113	曾景辉	男	群众	1997年11月17日	16栋302	桥头中学	663.0	440100199711170279	13412345678
130114	李文丽	女	团员	1997年12月15日	8栋423	虎门林则徐中学	678.0	440200199712151224	13522334455
130115	张华玲	女	群众	1999年1月5日	8栋422	大朗一中	643.0	441100199901052245	13622334455
130116	苏国芬	女	团员	1998年2月23日	8栋424	虎门林则徐中学	567.0	441900199802233227	13711223344
130117	赵敏芳	女	团员	1996年12月25日	8栋422	香市中学	621.0	441900199612254221	13111223344
130118	李艳	女	团员	1997年4月17日	8栋423	黄江中学	643.0	441900199704173248	13011223344
130119	陈伟军	男	群众	1998年7月12日	16栋301	香市中学	669.0	440300199807123335	13611223344
130120	曾艳芬	女	团员	1997年10月8日	8栋422	石排中学	615.0	441100199710081241	13811223344
130121	林欣	女	群众	1998年6月6日	8栋424	樟木头中学	654.0	441100199806061223	13911223344
130122	张海斌	男	团员	1997年5月12日	16栋302	桥头中学	633.0	440100199705121234	18711223344
130123	潘秀智	男	群众	1999年3月4日	16栋301	石排中学	625.0	440200199903041234	18811223344
130124	冯阁林	男	团员	1996年8月29日	16栋302	麻涌中学	646.0	441900199808292343	18911223344
130125	高文欣	男	群众	1998年1月30日	16栋302	南城初级中学	603.0	441900199801302334	18712345678
130126	周锦象	女	团员	1998年5月21日	8栋422	可园中学	622.0	442300199805210021	18812345678
130127	马晶玲	女	团员	1997年11月12日	8栋424	黄江中学	609.0	442300199711121243	18912345678
130128	洪峰	男	团员	1998年3月19日	16栋301	东城初级中学	635.0	442500199803190073	18722334455
130129	王光立	男	群众	1998年4月16日	16栋302	塘厦中学	623.0	441900199804161234	18822334455
130130	杨开帆	女	团员	1998年6月23日	8栋423	南城初级中学	647.0	441900199806230023	18922334455

图 4.210　打印“学生信息表”

李老师希望能做到以下几点要求，即打印出来的效果如图 4.211 所示。

（1）同一行不分页。

（2）每页都有页眉和页脚，页眉：“1301 班学生最新信息表”，页脚为页码。

（3）每页都有列标题。

1301班学生最新信息表

学生信息表

学号	姓名	性别	政治面目	出生年月	宿舍	原毕业学校	入学成绩	身份证号	联系电话
130101	李小玉	女	团员	1998年2月6日	8栋422	可园中学	637.0	442500199802062226	13509988776
130102	何小斌	男	群众	1998年3月18日	16栋302	东城初级中学	642.0	440100199803185879	13609876543
130103	王一波	男	团员	1999年7月17日	16栋301	樟木头中学	639.0	441900199707170816	13701234567
130104	何群	女	团员	1997年9月12日	8栋424	桥头中学	631.0	442300199709121343	13812345678
130105	李海涛	男	团员	1998年10月12日	16栋301	虎门林则徐中学	629.0	441100199810126574	13998765432
130106	丁虹敏	女	群众	1998年6月14日	8栋423	麻涌中学	645.0	441900199806146555	13612345678
130107	何一伟	男	群众	1997年12月13日	16栋302	厚街中学	612.0	440200199712134444	13313313313
130108	汤琳琳	女	群众	1999年7月27日	8栋423	可园中学	641.0	443400199907271169	13712345678
130109	张庆玲	女	群众	1997年9月14日	8栋423	黄江中学	637.0	442500199709143814	13823456789
130110	赵慧琳	女	团员	1998年3月2日	8栋424	东城初级中学	633.0	441600199802087667	13512345678
130111	刘建伟	男	团员	1999年5月7日	16栋301	大朗一中	652.0	441900199505076436	13312345678
130112	孙静	女	群众	1998年6月18日	8栋424	樟木头中学	548.0	441900199806182421	13311223344
130113	曾景辉	男	群众	1997年11月17日	16栋302	桥头中学	663.0	440100199711170279	13412345678
130114	李文丽	女	团员	1997年12月15日	8栋423	虎门林则徐中学	678.0	440200199712151224	13522334455
130115	张华玲	女	群众	1999年1月5日	8栋422	大朗一中	643.0	441100199901052245	13622334455
130116	苏国芬	女	团员	1998年2月23日	8栋424	虎门林则徐中学	567.0	441900199802233227	13711223344
130117	赵敏芳	女	团员	1996年12月25日	8栋422	香市中学	621.0	441900199612254221	13111223344

1

1301班学生最新信息表

学号	姓名	性别	政治面目	出生年月	宿舍	原毕业学校	入学成绩	身份证号	联系电话
130118	李艳	女	团员	1997年4月17日	8栋423	黄江中学	643.0	441900199704173248	13011223344
130119	陈伟军	男	群众	1998年7月12日	16栋301	香市中学	669.0	440300199807123335	13611223344
130120	曾艳芬	女	团员	1997年10月8日	8栋422	石排中学	615.0	441100199710081241	13811223344
130121	林欣	女	群众	1998年6月6日	8栋424	樟木头中学	654.0	441100199806061223	13911223344
130122	张海斌	男	团员	1997年5月12日	16栋302	桥头中学	633.0	440100199705121234	18711223344
130123	潘秀智	男	群众	1999年3月4日	16栋301	石排中学	625.0	440200199903041234	18811223344
130124	冯阁林	男	团员	1996年8月29日	16栋302	麻涌中学	646.0	441900199808292343	18911223344
130125	高文欣	男	群众	1998年1月30日	16栋302	南城初级中学	603.0	441900199801302334	18712345678
130126	周锦象	女	团员	1998年5月21日	8栋422	可园中学	622.0	442300199805210021	18812345678
130127	马晶玲	女	团员	1997年11月12日	8栋424	黄江中学	609.0	442300199711121243	18912345678
130128	洪峰	男	团员	1998年3月19日	16栋301	东城初级中学	635.0	442500199803190073	18722334455
130129	王光立	男	群众	1998年4月16日	16栋302	塘厦中学	623.0	441900199804161234	18822334455
130130	杨开帆	女	团员	1998年6月23日	8栋423	南城初级中学	647.0	441900199806230023	18922334455

图 4.211　“学生信息表”打印效果图

【任务实现】

如果想准确地按效果图打印出来，首先必须设置好“页面设置”，再查看“打印预览”，无误后才能打印工作表。“页面设置”一般包括纸张大小、纸张方向、页边距、页眉与页脚等。“同一行不分页”就是要调整纸张大小、纸张方向或页边距等。“每页都有页眉和页脚”和“每页都有列标题”也是在“页面设置”对话框中完成。

1. 设置纸张大小

一般来说,打印文稿时都会用 A4 纸张,李老师设置“学生信息表”的打印纸张为 A4 纸。具体的操作步骤如下。

（1）打开“学生信息表.xlsx”工作簿，并选定“最新数据”工作表为当前工作表。

（2）单击“页面布局”选项卡的“页面设置”组的“纸张大小”按钮，从弹出的下拉列表中选择“A4”选项，如图 4.212 所示。

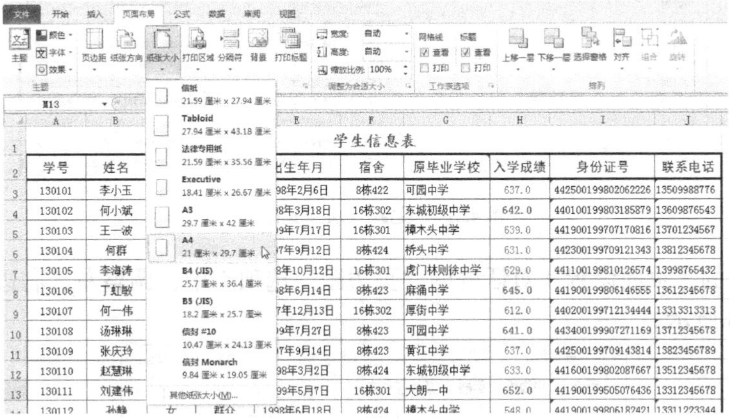

图 4.212　设置“纸张大小”

2. 设置纸张方向

在 Excel 2010 中，系统默认的纸张方向为“纵向”。本工作表的数据如果“纵向”打印，同一行的文本要分开两张纸打印，李老师要把纸张的方向改为“横向”。具体操作方法如下。

单击“页面布局”选项卡的“页面设置”组的“纸张大小”按钮，从弹出的下拉列表中选择“横向”选项，如图 4.213 所示。

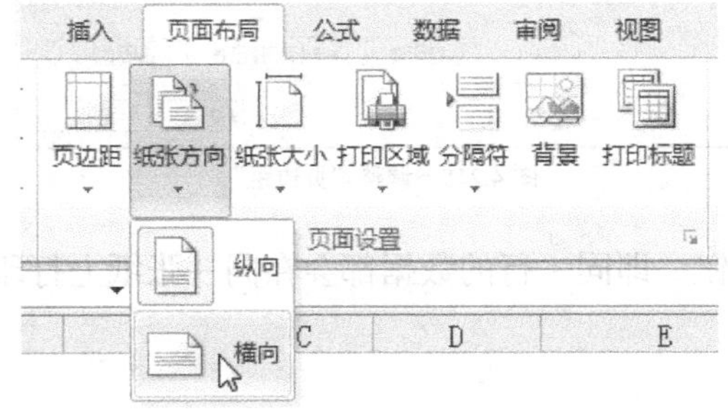

图 4.213　设置“纸张方向”

3. 设置页边距

设置了纸张方向为“横向”后，李老师发现同一行的数据的最后一列还是要在下一张纸打印，所以要调整纸张的页边距，使同一行的数据都在同一张纸打印。具体的操作步骤如下。

（1）单击“页面布局”选项卡的“页面设置”组的“页边距”按钮，从弹出的下拉列表中选择“自定义边距”选项，如图 4.214 所示。

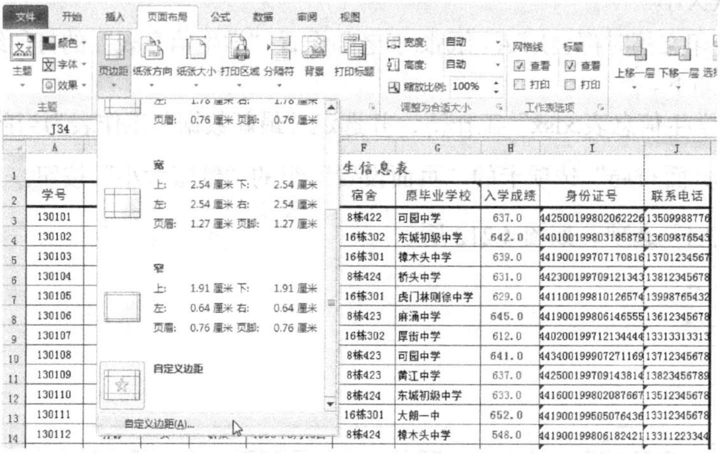

图 4.214　设置“自定义边距”

（2）在弹出的“页面设置”对话框的“页边距”选项卡中，调整左、右边距的大小都为“1”，如图 4.215 所示。

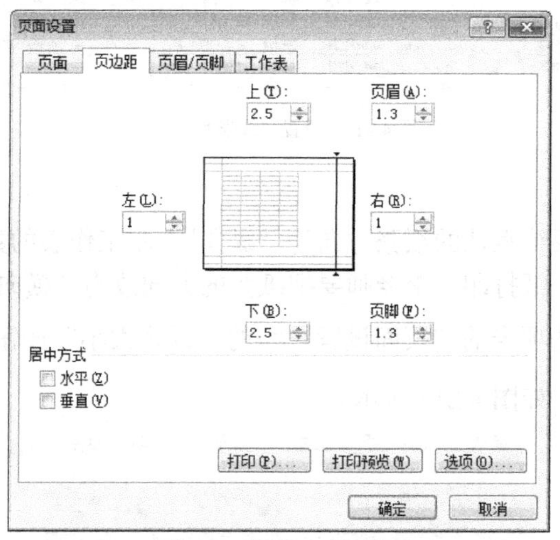

图 4.215　调整“页边距”

（3）单击“确定”按钮。即同一行的数据都会在同一张纸上打印，如图 4.216 所示。

学生信息表									
学号	姓名	性别	政治面目	出生年月	宿舍	原毕业学校	入学成绩	身份证号	联系电话
130101	李小玉	女	团员	1998年2月6日	8栋422	可园中学	637.0	442500199802062226	13509988776
130102	何小斌	男	群众	1998年3月18日	16栋302	东城初级中学	642.0	440100199803185879	13609876543
130103	王一波	男	团员	1999年7月17日	16栋301	樟木头中学	639.0	441900199707170816	13701234567
130104	何群	女	团员	1997年9月12日	8栋424	桥头中学	631.0	442300199709121343	13812345678
130105	李海涛	男	团员	1998年10月12日	16栋301	虎门林则徐中学	629.0	441100199810126574	13998765432
130106	丁虹敏	女	群众	1998年6月14日	8栋423	麻涌中学	645.0	441900199806146555	13612345678
130107	何一伟	男	群众	1997年12月13日	16栋302	厚街中学	612.0	440200199712134444	13313313313
130108	汤琳琳	女	群众	1999年7月27日	8栋423	可园中学	641.0	443400199907271169	13712345678
130109	张庆玲	女	群众	1997年9月14日	8栋423	黄江中学	637.0	442500199709143814	13823456789
130110	赵慧琳	女	团员	1998年3月2日	8栋424	东城初级中学	633.0	441600199802087667	13512345678
130111	刘建伟	男	团员	1999年5月7日	16栋301	大朗一中	652.0	441900199505076436	13312345678
130112	孙静	女	群众	1998年6月18日	8栋424	樟木头中学	548.0	441900199806182421	13311223344
130113	唐景辉	男	群众	1997年11月17日	16栋302	桥头中学	663.0	440100199711170279	13412345678
130114	李文丽	女	团员	1997年12月15日	8栋423	虎门林则徐中学	678.0	440200199712151224	13522334455

最新数据　原始数据

图 4.216　设置纸张大小、方向和页边距后的效果

4. 设置页眉和页脚

接着，李老师为工作表添加页眉和页脚，具体操作步骤如下。

（1）单击“页面布局”选项卡中“页面设置”组的右下方的“页面设置”对话框启动器按钮 。

（2）在弹出的“页面设置”对话框中，选择“页眉/页脚”选项卡，如图 4.217 所示。

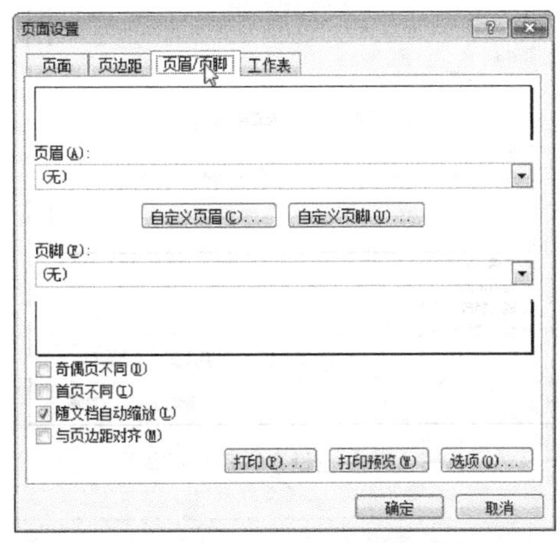

图 4.217　“页面设置”对话框的“页眉/页脚”选项卡

（3）单击对话框中的“自定义页眉”按钮，在弹出的“页眉”对话框的中间文本框中输入“1301 班学生最新信息表”，如图 4.218 所示。单击“确定”按钮。

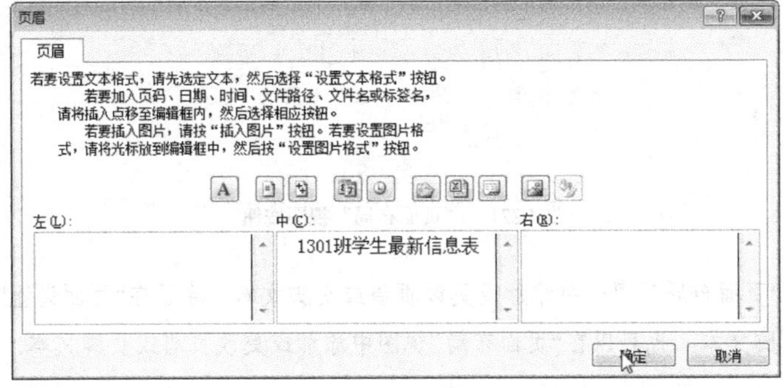

图 4.218　输入工作表的页眉

（4）接着单击对话框中的“自定义页脚”按钮，在弹出的“页脚”对话框中，单击中间文本框，再单击“插入页码”按钮，即在页脚居中的位置插入页码，如图 4.219 所示。单击“确定”按钮。

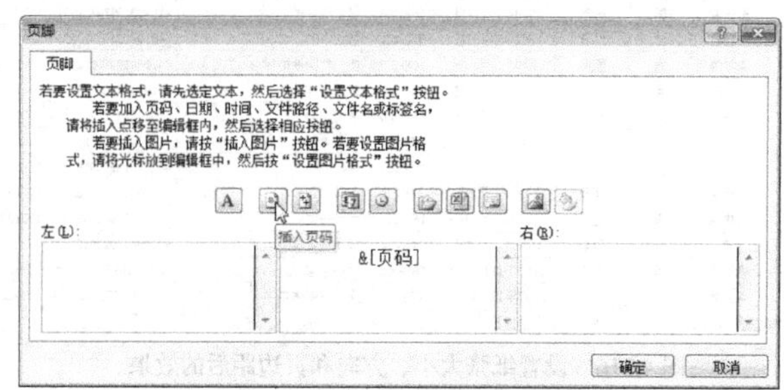

图 4.219　输入工作表的页脚

（5）返回“页面设置”对话框，“页眉/页脚”选项卡如图 4.220 所示。单击“确定”按钮，就设置好当前工作表的页眉和页脚。

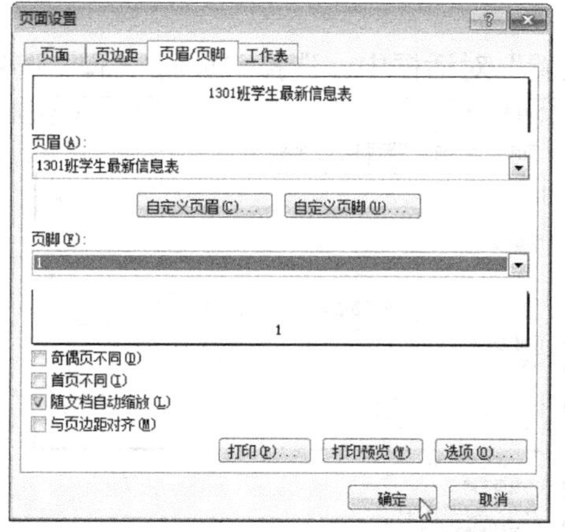

图 4.220　已设置的页眉/页脚

（1）查看工作表的页眉和页脚。在“普通”视图下，工作表不显示页眉和页脚，如果要查看当前工作表的页眉和页脚，要把当前视图改为“页面布局”视图。操作方法如下。

单击“视图”选项卡中“工作簿视图”组的“页面布局”按钮，如图 4.221 所示。或单击工作簿状态栏的“页面布局”按钮。

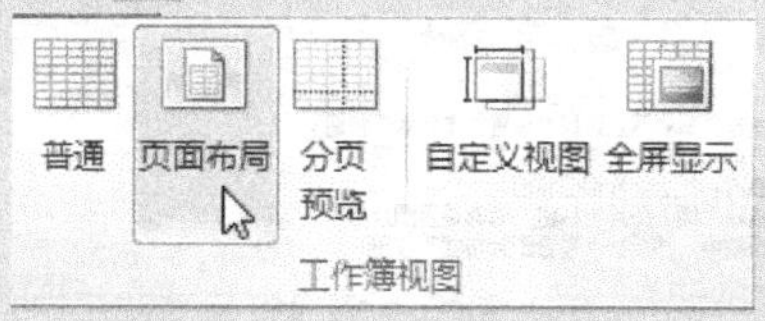

图 4.221　“页面布局”视图按钮

（2）在“页面布局”视图中添加或更改页眉或页脚文本。除了在“页面设置”对话框中添加或更改页眉或页脚文本，也可以在“页面布局”视图中添加或更改页眉或页脚文本。操作方法如下。

知识链接

① 单击要添加或更改页眉或页脚的工作表。

② 单击“插入”选项卡的“文本”组的“页眉和页脚”按钮。如图 4.222 所示。

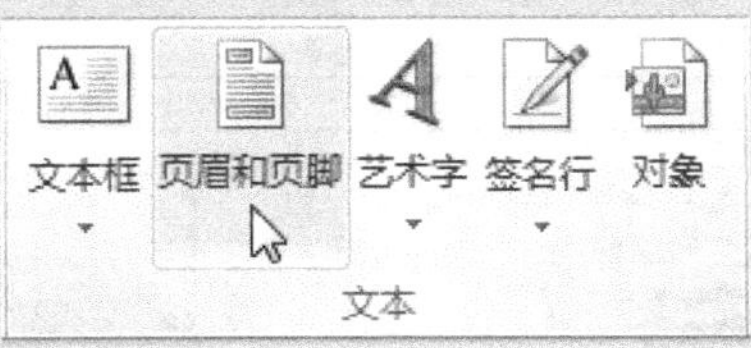

图 4.222　选择“页眉和页脚”按钮

③ 单击工作表页面顶部（页眉）或底部（页脚）的左侧、中间或右侧输入或更改页眉/页脚的内容。如图 4.223 所示。

1301班学生最新信息表

学生信息表

学号	姓名	性别	政治面目	出生年月	宿舍	原毕业学校	入学成绩	身份证号	联系电话
130101	李小玉	女	团员	1998年2月6日	8栋422	可园中学	637.0	442500199802062226	13509988776
130102	何小斌	男	群众	1998年3月18日	16栋302	东城初级中学	642.0	440100199803185879	13609876543
130103	王一波	男	团员	1999年7月17日	16栋301	樟木头中学	639.0	441900199707170816	13701234567
130104	何群	女	团员	1997年9月12日	8栋424	桥头中学	631.0	442300199709121343	13812345678
130105	李海涛	男	团员	1998年10月12日	16栋301	虎门林则徐中学	629.0	441100199810126574	13998765432
130106	丁虹敏	女	群众	1998年6月14日	8栋423	麻涌中学	645.0	441900199806146555	13612345678
130107	何一伟	男	群众	1997年12月13日	16栋302	厚街中学	612.0	440200199712134444	13313313313
130108	汤琳琳	女	群众	1999年7月27日	8栋423	可园中学	641.0	443400199907271169	13712345678
130109	张庆玲	女	群众	1997年9月14日	8栋423	黄江中学	637.0	442500199709143814	13823456789
130110	赵慧琳	女	团员	1998年3月2日	8栋424	东城初级中学	633.0	441600199802087667	13512345678

图 4.223　在“页面布局”视图中添加或更改页眉或页脚文本

④ 输入或更改页眉/页脚的内容后，单击工作表的任意一单元格，即可退出编辑页眉和页脚。

知识链接

5．设置打印标题

“学生信息表”的数据需要两张纸才能打印完。所以，李老师要在两张纸上都打印工作表第 2 行的列标题，以帮助学生可以正确地查看数据。具体的操作步骤如下。

（1）单击“页面布局”选项卡的“页面设置”组的“打印标题”按钮 打印标题，如图 4.224 所示。

学生信息表

学号	姓名	性别	政治面目	出生年月	宿舍	原毕业学校	入学成绩	身份证号	联系电话
130101	李小玉	女	团员	1998年2月6日	8栋422	可园中学	637.0	442500199802062226	13509988776
130102	何小斌	男	群众	1998年3月18日	16栋302	东城初级中学	642.0	440100199803185879	13609876543
130103	王一波	男	团员	1999年7月17日	16栋301	樟木头中学	639.0	441900199707170816	13701234567
130104	何群	女	团员	1997年9月12日	8栋424	桥头中学	631.0	442300199709121343	13812345678

图 4.224　选择“打印标题”按钮

（2）在弹出的“页面设置”对话框的“工作表”选项卡中，单击“顶端标题行”的输入框，将鼠标移至第 2 行上方，单击鼠标，即选定第 2 行所有单元格，在“顶端标题行”的输入框显示为“$2:$2”。如图 4.225 所示。

学生信息表

学号	姓名	性别	政治面目	出生年月	宿舍	原毕业学校	入学成绩	身份证号	联系电话
130101	李小玉						637.0	442500199802062226	13509988776
130102	何小斌						642.0	440100199803185879	13609876543
130103	王一波						639.0	441900199707170816	13701234567
130104	何群						631.0	442300199709121343	13812345678
130105	李海涛						629.0	441100199810126574	13998765432
130106	丁虹敏						645.0	441900199806146555	13612345678
130107	何一伟						612.0	440200199712134444	13313313313
130108	汤琳琳						641.0	443400199907271169	13712345678
130109	张庆玲						637.0	442500199709143814	13823456789
130110	赵慧琳						633.0	441600199802087667	13512345678
130111	刘建伟						652.0	441900199505076436	13312345678
130112	孙静						548.0	441900199806182421	13311223344
130113	唐景辉						663.0	440100199711170279	13412345678
130114	李文丽						678.0	440200199712151224	13522334455

图 4.225　输入顶端标题行区域

（3）单击“确定”按钮。同样，在“页面布局”视图下可以查看每页的打印标题。

6. 预览打印工作表

在正式打印工作表之前，李老师先进行预览以确保它符合所需的外观，以免浪费纸张。

（1）单击“文件”选项卡的“打印”命令。

（2）在窗口的右边显示打印模拟效果，如图 4.226 所示。如果工作表含有多页数据，在“打印预览”窗口的底部，单击“下一页”和“上一页”，可以预览下一页和上一页。

图 4.226　“打印预览”窗口

（1）预览窗口将以黑白模式显示（无论工作表是否包括颜色），除非已配置使用彩色打印机进行打印。

（2）在打印预览窗口设置“页面设置”的方法如下。

知识链接

① 单击打印预览窗口右下角“显示边距”按钮，即预览窗口显示出上、下、左、右边距，如图 4.227 所示，可以通过拖曳鼠标将边距拖至所需的高度和宽度。

1301班学生最新信息表

学生信息表

学号	姓名	性别	政治面目	出生年月	宿舍	原毕业学校	入学成绩	身份证号	联系电话
130101	李小玉	女	团员	1998年2月6日	8栋422	可园中学	637.0	442500199802062226	13509988776
130102	何小嫣	男	群众	1998年3月18日	16栋302	东城初级中学	642.0	440100199803185879	13609876543
130103	王一波	男	团员	1999年7月17日	16栋301	樟木头中学	639.0	441900199707170816	13701234567
130104	何群	女	团员	1997年9月12日	8栋424	桥头中学	631.0	442300199709121343	13812345678
130105	李海涛	男	团员	1998年10月12日	16栋301	虎门林则徐中学	629.0	441100199810126574	13998765432
130106	丁虹敏	女	群众	1998年6月14日	8栋423	麻涌中学	645.0	441900199806146555	13612345678
130107	何一伟	男	群众	1997年12月13日	16栋302	厚街中学	612.0	440200199712134444	13313313313
130108	汤琳琳	女	群众	1999年7月27日	8栋423	可园中学	641.0	443400199907271169	13712345678
130109	张庆玲	女	群众	1997年9月14日	8栋423	黄江中学	637.0	442500199709143814	13823456789
130110	赵慧琳	女	团员	1998年3月2日	8栋424	东城初级中学	633.0	441600199802087667	13512345678
130111	刘建伟	男	团员	1999年5月7日	16栋301	大朗一中	682.0	441900199505076436	13312345678
130112	孙静	女	群众	1998年6月18日	8栋424	樟木头中学	548.0	441900199806182421	13311223344
130113	唐景辉	男	群众	1997年11月17日	16栋302	桥头中学	663.0	440100199711170279	13412345678
130114	李文丽	女	团员	1997年12月15日	8栋423	虎门林则徐中学	678.0	440200199712151224	13522334455
130115	张华玲	女	群众	1999年1月5日	8栋422	大朗一中	643.0	441100199901052245	13622334455
130116	苏雪芬	女	团员	1998年2月23日	8栋424	虎门林则徐中学	567.0	441900199802233227	13711223344
130117	赵敏芳	女	团员	1996年12月25日	8栋422	香市中学	621.0	441900199612254221	13111223344

1

图 4.227　显示边距

② 在“打印预览”窗口“设置”下可以重新设置“页面设置”，包括纸张方向、大小、边距等，如图 4.228 所示。

设置
打印活动工作表
仅打印活动工作表
页数: 至
调整
1,2,3　1,2,3　1,2,3
横向
A4
21 厘米 x 29.7 厘米
上一个自定义边距设置
左: 1 厘米　右: 1 厘米
无缩放
打印实际大小的工作表
页面设置

图 4.228　在“打印预览”窗口重新进行页面设置

③ 要退出打印预览并返回工作簿编辑窗口，单击预览窗口顶部的任何其他选项卡即可。

知识链接

7. 打印工作表

查看了打印预览窗口，李老师觉得符合打印的外观，确定将“学生信息表”打印出来，单击“文件”选项卡的“打印”命令，再单击“打印”按钮 ，即可将当前工作表的数据打印出来。

（1）调整打印份数。

Excel 2010 预设打印的份数为 1，可以通过单击“份数”的列表框的按钮，调整打印份数，如图 4.229 所示。

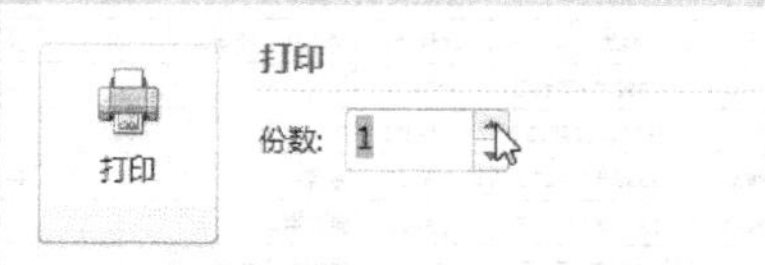

图 4.229　调整打印份数

（2）设置打印范围。

Excel 2010 预设打印范围为当前工作表，在打印预览窗口的“设置”处，可以设置打印的范围，如图 4.230 所示。

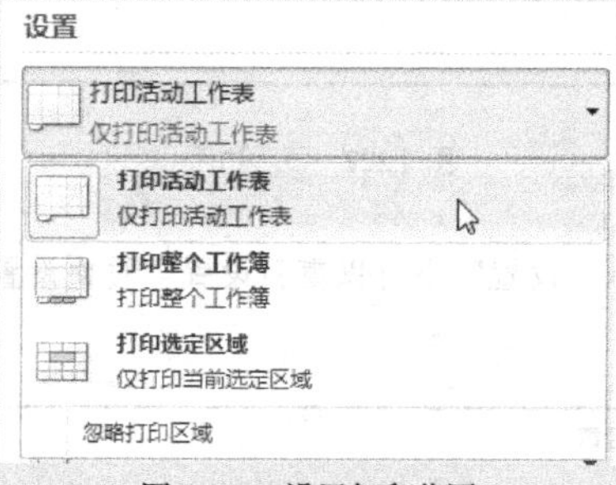

图 4.230　设置打印范围

（3）设置打印页数。

Excel 2010 预设打印所有页，在打印预览窗口的“设置”处的“页数”输入框在空白时，表示打印指定范围的所有页，如图 4.231 所示。可以在“页数”框内输入数字，指定打印的页数。

图 4.231　设置打印页数

知识链接

【项目小结】

通过完成本项目的 7 个任务，应该学会了使用 Excel 2010 创建一个电子表格；学会了运用 Excel 2010 的公式和函数进行计算；学会了分析、统计与处理数据；学会了利用表格的数据创建图表；学会了打印工作表。

随着社会信息化的快速发展，在日常生活中经常会遇到对数据进行分析与处理的问题，例如统计工资、统计学习成绩、统计产品销售等。Excel 2010 是数据处理软件，如果能够熟练使用它来解决在日常生活中遇到的分析与处理数据的问题，必将能大大提高工作效率与精确性，从而提高个人的社会竞争力。

拓展实训

拓展练习 1

1. 新建一个空白的工作簿，在 Sheet1 工作表中输入如图 4.232 所示的数据，并保存为“教职工信息表.xlsx”。

	A	B	C	D	E	F	G	H	I	J	K
1	某学校教职工信息表										
2	编号	姓名	性别	教研室	职称	学历	年龄	何时进入学校	电话	籍贯	工资
3	001	林婷婷	女	计算机	高讲	本科	42	1995/7/1	13022334455	广东	3823
4	002	谢凯伦	男	会计	讲师	研究生	37	2003/8/20	13522334455	湖南	3534
5	003	叶秋莉	女	计算机	高讲	研究生	45	1993/7/1	13722334455	广东	4212
6	004	梁永健	男	物流	助教	本科	27	2008/6/30	13312345678	山东	3208
7	005	李伟波	男	会计	教员	本科	24	2012/8/22	13323456789	湖北	2776
8	006	梁进东	男	会计	助教	大专	35	2002/8/1	13912345678	广东	3115
9	007	余建强	男	计算机	讲师	本科	39	1998/7/20	18911223344	广东	3675
10	008	林倩瑜	女	物流	高讲	研究生	37	2001/6/30	18823456789	湖南	3875
11	009	谢海明	男	物流	教员	本科	26	2010/8/25	13411223344	湖北	2749
12	010	李茗玮	女	会计	高讲	本科	38	1999/7/1	13712345678	广东	3776

图 4.232　教职工信息表

2. 将表标题“某学校教职工信息”合并且居中，并设置字体为幼圆、20 号、深蓝色、加粗。

3. 将 A2:K12 单元格区域的内容设置为水平居中和垂直居中，并全部添加蓝色细实线边框。

4. 设置列标题行（A2:K2 单元格区域）的字体为宋体、14 号、加粗、字体颜色为自定义蓝色（红 0，绿 0，蓝 204），单元格的填充颜色为自定义的浅蓝色（红 204，绿 236，蓝 255）。

5. 设置所有记录（A3:K12 单元格区域）的字体为宋体、14 号。

6. 设置第 1 行的行高为 32，第 2 行的行高为 24，第 3 ~ 12 行的行高为“自动”。

7. 设置 H 列和 I 列的列宽为 16，C 列和 G 列的列宽为“自动”。

8. 设置 H3:H12 单元格区域的日期格式为“yyyy-mm-dd”，如 1999-07-01。

9. 设置 K3:K12 单元格区域的数字格式为货币格式，并有千位分隔符，保留两位小数，如￥3，823.00。

10. 使用条件格式，将年龄在 40 岁以上的设置为红色加粗，30 ~ 40 的设置为蓝色，30 岁以下的设置为绿色。

11. 将 Sheet1 工作表重命名为“教职工信息表”。

12. 为 F2 单元格添加批注，批注为“第一学历”。

验收标准

完成后，“教职工信息表”效果如图 4.233 所示。

	A	B	C	D	E	F	G	H	I	J	K
1	某学校教职工信息表										
2	编号	姓名	性别	教研室	职称	学历	年龄	何时进入学校	电话	籍贯	工资
3	001	林婷婷	女	计算机	高讲	本科	42	1995-07-01	13022334455	广东	¥3,823.00
4	002	谢凯伦	男	会计	讲师	研究生	37	2003-08-20	13522334455	湖南	¥3,534.00
5	003	叶秋莉	女	计算机	高讲	研究生	45	1993-07-01	13722334455	广东	¥4,212.00
6	004	梁永健	男	物流	助教	本科	27	2008-06-30	13312345678	山东	¥3,208.00
7	005	李伟波	男	会计	教员	本科	24	2012-08-22	13323456789	湖北	¥2,776.00
8	006	梁进东	男	会计	助教	大专	35	2002-08-01	13912345678	广东	¥3,115.00
9	007	余建强	男	计算机	讲师	本科	39	1998-07-20	18911223344	广东	¥3,675.00
10	008	林倩瑜	女	物流	高讲	研究生	37	2011-06-30	18823456789	湖南	¥2,875.00
11	009	谢海明	男	物流	教员	本科	26	2010-08-25	13411223344	湖北	¥2,749.00
12	010	李茗玮	女	会计	高讲	本科	38	1999-07-01	13712345678	广东	¥3,776.00

图 4.233 “教职工信息表”完成效果

拓展练习 2

打开“教职工任课情况表.xlsx”，在 Sheet1 工作表中已录入数据，如图 4.234 所示。完成以下操作。

	A	B	C	D	E	F	G
1	编号	姓名	教研组	职称	年龄	课程	班别
2	001	林婷婷	计算机	高讲	42	计算机基础	1201/1202/1203
3	002	谢凯伦	会计	讲师	37	成本会计	1103/1104
4	003	叶秋莉	计算机	高讲	45	程序设计语言	1113/1114
5	004	梁永健	物流	助教	27	物流基础	1207/1208
6	005	李伟波	会计	教员	24	基础会计	1201/1202
7	006	梁进东	会计	助教	35	会计电算化	1201/1202
8	007	余建强	计算机	讲师	39	网页设计	1113/1114
9	008	林倩瑜	物流	高讲	27	库存管理	1207/1208
10	009	谢海明	物流	教员	26	物流地理	1207/1208/1209
11	010	李茗玮	会计	高讲	38	企业财务会计	1103/1104

图 4.234 教职工任课情况表

1．将 Sheet1 工作表重命名为“12-13 上半学年”，将 Sheet2 工作表重命名“12-13 下半学年”。

2．在“12-13 上半学年”工作表中，插入一行作为表标题，表标题为“某学校 12-13 学年第一学期教师任课情况表”，设置为宋体、16 号、加粗、合并且居中。

3．在“12-13 上半学年”工作表中，删除“年龄”列（E 列）的数据，在“班别”列（F 列）前插入一列，列标题为“周课时”，单元格的内容分别为：12、10、12、12、16、8、12、12、12、10。

4．在“12-13 上半学年”工作表中，将同一教研组的教师任课记录放在一起。如图 4.235 所示。

5．在“12-13 上半学年”工作表中，将所有职称为“助教”的替换为“助理讲师”，将所有职称为“高讲”的替换为“高级讲师”。

6．在“12-13 上半学年”工作表中，设置 A2:G12 单元格区域的内容水平居中和垂直居中，并添加细实线边框。

7．为在“12-13 上半学年”工作表添加页眉和页脚：页眉为“专业教师任课分表”，居左；页脚为页码，居右。

8．将“12-13 上半学年”工作表中的所有数据全部复制到“12-13 下半学年”工作表中，并修改相应的数据，如图 4.236 所示。

9．删除 Sheet3 工作表。

10．将“12-13 上半学年”工作表的标签颜色设置为“绿色”，“12-13 下半学年”工作表的标签颜色设置为“红色”。

验收标准

完成后，“12-13 上半学年”工作表的效果如图 4.235 所示。

	A	B	C	D	E	F	G
1	某学校12-13学年第一学期教师任课情况表						
2	编号	姓名	教研组	职称	课程	周课时	班别
3	001	林婷婷	计算机	高级讲师	计算机基础	12	1201/1202/1203
4	003	叶秋莉	计算机	高级讲师	程序设计语言	12	1113/1114
5	007	余建强	计算机	讲师	网页设计	12	1113/1114
6	002	谢凯伦	会计	讲师	成本会计	8	1103/1104
7	005	李伟波	会计	教员	基础会计	16	1201/1202
8	006	梁进东	会计	助理讲师	会计电算化	8	1201/1202
9	010	李茗玮	会计	高级讲师	企业财务会计	8	1103/1104
10	004	梁永健	物流	助理讲师	物流基础	12	1207/1208
11	008	林倩瑜	物流	高级讲师	库存管理	12	1207/1208
12	009	谢海明	物流	教员	物流地理	12	1207/1208/1209

图 4.235 “12-13 上半学年”工作表

“12-13 下半学年”工作表的效果如图 4.236 所示。

	A	B	C	D	E	F	G
1	某学校12-13学年第二学期教师任课情况表						
2	编号	姓名	教研组	职称	课程	周课时	班别
3	001	林婷婷	计算机	高级讲师	Flash动画	12	1113/1114
4	003	叶秋莉	计算机	高级讲师	局域网	8	1113/1114
5	007	余建强	计算机	讲师	硬件组装与维修	12	1113/1114
6	002	谢凯伦	会计	讲师	财经法规	12	1203/1204
7	005	李伟波	会计	教员	会计实务	10	1201/1202
8	006	梁进东	会计	助理讲师	财务管理	10	1101/1102
9	010	李茗玮	会计	高级讲师	税法	12	1103/1104
10	004	梁永健	物流	助理讲师	商品学	9	1207/1208/1209
11	008	林倩瑜	物流	高级讲师	物流营销实务	16	1208/1209
12	009	谢海明	物流	教员	物流法律法规	12	1207/1208/1209

图 4.236 “12-13 下半学年”工作表

拓展练习 3

打开“教职工某月工资表.xlsx”，在 Sheet1 工作表中已录入数据，如图 4.237 所示。完成以下操作。

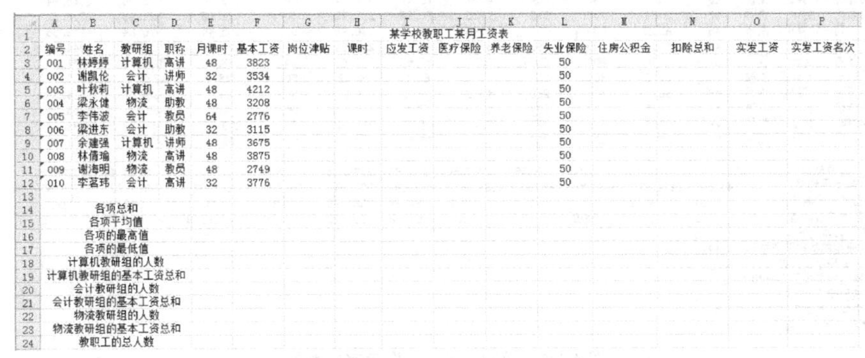

	A	B	C	D	E	F	G	H	I	J	K	L	M	N	O	P
1	某学校教职工某月工资表															
2	编号	姓名	教研组	职称	月课时	基本工资	岗位津贴	课时	应发工资	医疗保险	养老保险	失业保险	住房公积金	扣除总和	实发工资	实发工资名次
3	001	林婷婷	计算机	高讲	48	3823						50				
4	002	谢凯伦	会计	讲师	32	3534						50				
5	003	叶秋莉	计算机	高讲	48	4212						50				
6	004	梁永健	物流	助教	48	3208						50				
7	005	李伟波	会计	教员	64	2776						50				
8	006	梁进东	会计	助教	32	3115						50				
9	007	余建强	计算机	讲师	48	3675						50				
10	008	林倩瑜	物流	高讲	48	3875						50				
11	009	谢海明	物流	教员	48	2749						50				
12	010	李茗玮	会计	高讲	32	3776						50				
13																
14	各项总和															
15	各项平均值															
16	各项的最高值															
17	各项的最低值															
18	计算机教研组的人数															
19	计算机教研组的基本工资总和															
20	会计教研组的人数															
21	会计教研组的基本工资总和															
22	物流教研组的人数															
23	物流教研组的基本工资总和															
24	教职工的总人数															

图 4.237 教职工某月工资表

1．在“岗位津贴”列，使用 IF 函数，根据“职称”计算每位教职工的“岗位津贴”：高讲的岗位津贴为 500，讲师的岗位津贴为 400，其他职称的都为 300。

2．在“课时”列，使用 IF 函数，计算每位教职工的课时费：高讲的每节课的课时费为 8 元，讲师的每节课的课时费为 6 元，其他职称的每节课的课时费为 4 元。

3．在“应发工资”列，计算每位教职工的应发工资：应发工资＝基本工资+岗位津贴+课时。

4．在“医疗保险”列，计算每位教职工的要交纳的医疗保险费，医疗保险费占基本工资的 2%。

5．在“养老保险”列，计算每位教职工的要交纳的养老保险费，养老保险费占基本工资的 8%。

6．在“住房公积金”列，计算每位教职工的要交纳的住房公积金，住房公积金占基本工资的 12%。

7．在“扣除总和”列，计算每位教职工的要扣除总和：扣除总和＝医疗保险+养老保险+失业保险。

8．在“实发工资”列，计算每位教职工的实发工资：实发工资＝应发工资－扣除总和。并保留两位小数。

9．在“实发工资名次”列，将每位教职工的实发工资由高到低排名。

10．在第 14 行相应的单元格计算各项的总和。

11．在第 15 行相应的单元格计算各项的平均值。

12．在第 16 行相应的单元格计算各项的最高值。

13．在第 17 行相应的单元格计算各项的最低值。

14．在 E18、E20、E22 单元格分别计算“计算机教研组”、“会计教研组”、“物流教研组”的人数。

15．在 E19、E21、E23 单元格分别计算“计算机教研组”、“会计教研组”、“物流教研组”的基本工资总金额。

16．在 E24 单元格计算该表的教职工总人数。

验收标准

完成后，“教职工某月工资表”效果如图 4.238 所示。

	A	B	C	D	E	F	G	H	I	J	K	L	M	N	O	P
1	某学校教职工某月工资表															
2	编号	姓名	教研组	职称	月课时	基本工资	岗位津贴	课时	应发工资	医疗保险	养老保险	失业保险	住房公积金	扣除总和	实发工资	实发工资名次
3	001	林婷婷	计算机	高讲	48	3823	500	384	4707	76.46	305.84	50	458.76	891.06	3815.94	3
4	002	谢凯伦	会计	讲师	32	3534	400	192	4126	70.68	282.72	50	424.08	827.48	3298.52	6
5	003	叶秋莉	计算机	高讲	48	4212	500	384	5096	84.24	336.96	50	505.44	976.64	4119.36	1
6	004	梁永健	物流	助教	48	3208	300	192	3700	64.16	256.64	50	384.96	755.76	2944.24	7
7	005	李伟波	会计	教员	64	2776	300	256	3332	55.52	222.08	50	333.12	660.72	2671.28	9
8	006	梁进东	会计	助教	32	3115	300	128	3543	62.3	249.2	50	373.8	735.3	2807.70	8
9	007	余建强	计算机	讲师	48	3675	400	288	4363	73.5	294	50	441	858.5	3504.50	5
10	008	林倩瑜	物流	高讲	48	3875	500	384	4759	77.5	310	50	465	902.5	3856.50	2
11	009	谢海明	物流	教员	48	2749	300	192	3241	54.98	219.92	50	329.88	654.78	2586.22	10
12	010	李茗玮	会计	高讲	32	3776	500	256	4532	75.52	302.08	50	453.12	880.72	3651.28	4
13																
14	各项总和				448	34743	4000	2656	41399	694.86	2779.44	500	4169.16	8143.46	33255.54	
15	各项平均值				44.80	3474.30	400.00	265.60	4139.90	69.49	277.94	50.00	416.92	814.35	3325.55	
16	各项的最高值				64	4212	500	384	5096	84.24	336.96	50	505.44	976.64	4119.36	
17	各项的最低值				32	2749	300	128	3241	54.98	219.92	50	329.88	654.78	2586.22	
18	计算机教研组的人数				3											
19	计算机教研组的基本工资总和				11710											
20	会计教研组的人数				4											
21	会计教研组的基本工资总和				13201											
22	物流教研组的人数				3											
23	物流教研组的基本工资总和				9832											
24	教职工的总人数				10											

图 4.238　教职工某月工资表完成效果

拓展练习 4

打开拓展练习 3 已完成的“教职工某月工资表.xlsx”工作簿，完成以下操作。

1. 插入 5 个工作表，并将 Sheet2 ~ Sheet8 工作表分别重命名为“职称基本工资排序”、“高讲实发工资”、“助教教员”、“姓李的高讲”、“高讲或实发工资超 3500”、“教研组汇总”、“数据透视表”。

2. 将工作表 Sheet1 的 A1:P12 单元格区域的数据复制到“职称基本工资排序”、“高讲实发工资”、“助教教员”、“姓李的高讲”、“高讲或实发工资超 3500”、“教研组汇总”、“数据透视表”7 个工作表以 A1 单元格为左上角的区域。

3. 在“职称基本工资排序”工作表中，先按“职称”升序排序，如“职称”相同，再按“基本工资”降序排序。

4. 在“高讲实发工资”工作表中，使用自动筛选将职称为“高讲”并且实发工资在 4000 元以上（包括 4 000）的记录筛选出来。

5. 在“助教教员”工作表中，使用自动筛选将职称为“助教”或“教员”的记录筛选出来。

6. 在“姓李的高讲”工作表中，使用自动筛选将姓李的“高讲”的记录筛选出来。

7. 在“高讲或实发工资超 3 500”工作表中，使用高级筛选将职称为“高讲”或者实发工资在 3 500（包括 3 500）的记录筛选到以 A18 单元格为左上角的区域，条件区域建立在以 A14 单元格为左上角的区域。

8. 在“教研组汇总”工作表中，按“教研组”分类，计算“月课时”、“基本工资”、“岗位津贴”、“课时”、“应发工资”、“医疗保险”、“养老保险”、“失业保险”、“住房公积金”、“扣除总和”、“实发工资”各项的总和。

9. 在“数据透视表”工作表中，插入数据透视表，汇总出各职称各教研组的实发工资的总额。

验收标准

完成后，“职称基本工资排序”工作表的效果如图 4.239 所示。

某学校教职工某月工资表

编号	姓名	教研组	职称	月课时	基本工资	岗位津贴	课时	应发工资	医疗保险	养老保险	失业保险	住房公积金	扣除总和	实发工资	实发工资名次
003	叶秋莉	计算机	高讲	48	4212	500	384	5096	84.24	336.96	50	505.44	976.64	4119.36	1
008	林倩瑜	物流	高讲	48	3875	500	384	4759	77.5	310	50	465	902.5	3856.50	2
001	林婷婷	计算机	高讲	48	3823	500	384	4707	76.46	305.84	50	458.76	891.06	3815.94	3
010	李茗玮	会计	高讲	32	3776	500	256	4532	75.52	302.08	50	453.12	880.72	3651.28	4
007	余建强	计算机	讲师	48	3675	400	288	4363	73.5	294	50	441	858.5	3504.50	5
002	谢凯伦	会计	讲师	32	3534	400	192	4126	70.68	282.72	50	424.08	827.48	3298.52	6
005	李伟波	会计	教员	64	2776	300	256	3332	55.52	222.08	50	333.12	660.72	2671.28	9
009	谢海明	物流	教员	48	2749	300	192	3241	54.98	219.92	50	329.88	654.78	2586.22	10
004	梁永健	物流	助教	48	3208	300	192	3700	64.16	256.64	50	384.96	755.76	2944.24	7
006	梁进东	会计	助教	32	3115	300	128	3543	62.3	249.2	50	373.8	735.3	2807.70	8

Sheet1 职称基本工资排序 高讲实发工资 助教教员 姓李的高讲 高讲或实发工资超3500 教研组汇总 数据透视表

图 4.239　排序的结果

完成后，“高讲实发工资”工作表的效果如图 4.240 所示。

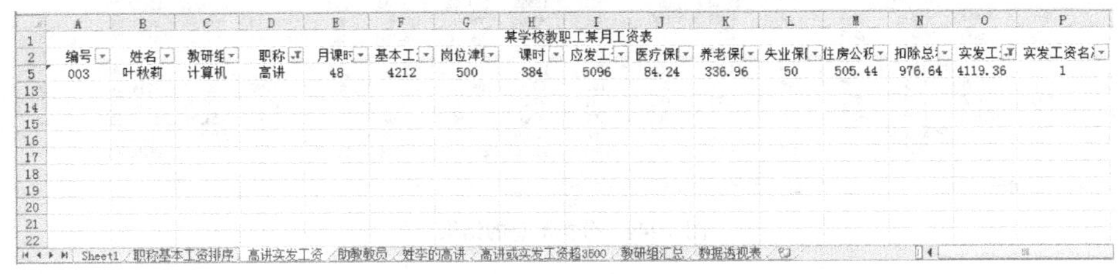

某学校教职工某月工资表

编号	姓名	教研组	职称	月课时	基本工	岗位津	课时	应发工	医疗保	养老保	失业保	住房公积	扣除总	实发工	实发工资名
003	叶秋莉	计算机	高讲	48	4212	500	384	5096	84.24	336.96	50	505.44	976.64	4119.36	1

Sheet1 职称基本工资排序 高讲实发工资 助教教员 姓李的高讲 高讲或实发工资超3500 教研组汇总 数据透视表

图 4.240　自动筛选的结果（1）

完成后，“助教教员”工作表的效果如图 4.241 所示。

	A	B	C	D	E	F	G	H	I	J	K	L	M	N	O	P
1								某学校教职工某月工资表								
2	编号	姓名	教研组	职称	月课时	基本工	岗位津	课时	应发工	医疗保	养老保	失业保	住房公积	扣除总	实发工	实发工资名
6	004	梁永健	物流	助教	48	3208	300	192	3700	64.16	256.64	50	384.96	755.76	2944.24	7
7	005	李伟波	会计	教员	64	2776	300	256	3332	55.52	222.08	50	333.12	660.72	2671.28	9
8	006	梁进东	会计	助教	32	3115	300	128	3543	62.3	249.2	50	373.8	735.3	2807.70	8
11	009	谢海明	物流	教员	48	2749	300	192	3241	54.98	219.92	50	329.88	654.78	2586.22	10
13																
14																
15																
16																
17																
18																

Sheet1 / 职称基本工资排序 / 高讲实发工资 / 助教教员 / 姓李的高讲 / 高讲或实发工资超3500 / 教研组汇总 / 数据透视表

图 4.241　自动筛选的结果（2）

完成后，“姓李的高讲”工作表的效果如图 4.242 所示。

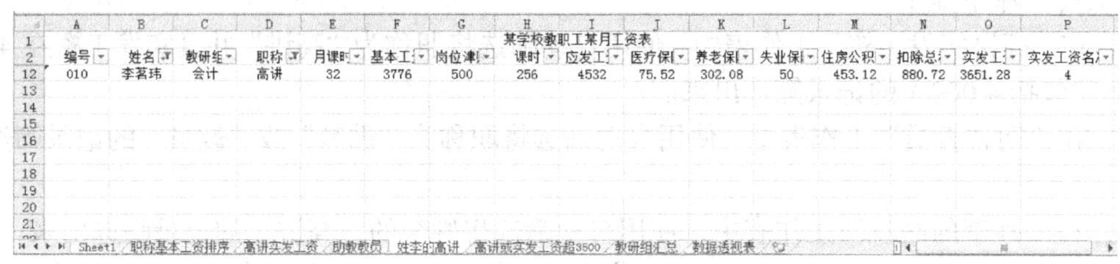

	A	B	C	D	E	F	G	H	I	J	K	L	M	N	O	P
1								某学校教职工某月工资表								
2	编号	姓名	教研组	职称	月课时	基本工	岗位津	课时	应发工	医疗保	养老保	失业保	住房公积	扣除总	实发工	实发工资名
12	010	李茗玮	会计	高讲	32	3776	500	256	4532	75.52	302.08	50	453.12	880.72	3651.28	4
13																
14																
15																
16																
17																
18																
19																
20																
21																

Sheet1 / 职称基本工资排序 / 高讲实发工资 / 助教教员 / 姓李的高讲 / 高讲或实发工资超3500 / 教研组汇总 / 数据透视表

图 4.242　自动筛选的结果（3）

完成后，“高讲或实发工资超 3500”工作表的效果如图 4.243 所示。

	A	B	C	D	E	F	G	H	I	J	K	L	M	N	O	P
1								某学校教职工某月工资表								
2	编号	姓名	教研组	职称	月课时	基本工资	岗位津贴	课时	应发工资	医疗保险	养老保险	失业保险	住房公积金	扣除总和	实发工资	实发工资名次
3	001	林婷婷	计算机	高讲	48	3823	500	384	4707	76.46	305.84	50	458.76	891.06	3815.94	3
4	002	谢凯伦	会计	讲师	32	3534	400	192	4126	70.68	282.72	50	424.08	827.48	3298.52	6
5	003	叶秋莉	计算机	高讲	48	4212	500	384	5096	84.24	336.96	50	505.44	976.64	4119.36	1
6	004	梁永健	物流	助教	48	3208	300	192	3700	64.16	256.64	50	384.96	755.76	2944.24	7
7	005	李伟波	会计	教员	64	2776	300	256	3332	55.52	222.08	50	333.12	660.72	2671.28	9
8	006	梁进东	会计	助教	32	3115	300	128	3543	62.3	249.2	50	373.8	735.3	2807.70	8
9	007	余建强	计算机	讲师	48	3675	400	288	4363	73.5	294	50	441	858.5	3504.50	5
10	008	林倩瑜	物流	高讲	48	3875	500	384	4759	77.5	310	50	465	902.5	3856.50	2
11	009	谢海明	物流	教员	48	2749	300	192	3241	54.98	219.92	50	329.88	654.78	2586.22	10
12	010	李茗玮	会计	高讲	32	3776	500	256	4532	75.52	302.08	50	453.12	880.72	3651.28	4
13																
14	职称	实发工资														
15	高讲															
16		>=3500														
17																
18	编号	姓名	教研组	职称	月课时	基本工资	岗位津贴	课时	应发工资	医疗保险	养老保险	失业保险	住房公积金	扣除总和	实发工资	实发工资名次
19	001	林婷婷	计算机	高讲	48	3823	500	384	4707	76.46	305.84	50	458.76	891.06	3815.94	3
20	003	叶秋莉	计算机	高讲	48	4212	500	384	5096	84.24	336.96	50	505.44	976.64	4119.36	1
21	007	余建强	计算机	讲师	48	3675	400	288	4363	73.5	294	50	441	858.5	3504.50	5
22	008	林倩瑜	物流	高讲	48	3875	500	384	4759	77.5	310	50	465	902.5	3856.50	2
23	010	李茗玮	会计	高讲	32	3776	500	256	4532	75.52	302.08	50	453.12	880.72	3651.28	4

Sheet1 / 职称基本工资排序 / 高讲实发工资 / 助教教员 / 姓李的高讲 / 高讲或实发工资超3500 / 教研组汇总 / 数据透视表

图 4.243　高级筛选的结果

完成后，“教研组汇总”工作表的效果如图 4.244 所示。

	A	B	C	D	E	F	G	H	I	J	K	L	M	N	O	P
1								某学校教职工某月工资表								
2	编号	姓名	教研组	职称	月课时	基本工资	岗位津贴	课时	应发工资	医疗保险	养老保险	失业保险	住房公积金	扣除总和	实发工资	实发工资名次
3	002	谢凯伦	会计	讲师	32	3534	400	192	4126	70.68	282.72	50	424.08	827.48	3298.52	8
4	005	李伟波	会计	教员	64	2776	300	256	3332	55.52	222.08	50	333.12	660.72	2671.28	11
5	006	梁进东	会计	助教	32	3115	300	128	3543	62.3	249.2	50	373.8	735.3	2807.70	10
6	010	李茗玮	会计	高讲	32	3776	500	256	4532	75.52	302.08	50	453.12	880.72	3651.28	6
7			会计 汇总		160	13201	1500	832	15533	264.02	1056.08	200		3104.22	12428.78	
8	001	林婷婷	计算机	高讲	48	3823	500	384	4707	76.46	305.84	50	458.76	891.06	3815.94	5
9	003	叶秋莉	计算机	高讲	48	4212	500	384	5096	84.24	336.96	50	505.44	976.64	4119.36	3
10	007	余建强	计算机	讲师	48	3675	400	288	4363	73.5	294	50	441	858.5	3504.50	7
11			计算机 汇总		144	11710	1400	1056	14166	234.2	936.8	150		2726.2	11439.80	
12	004	梁永健	物流	助教	48	3208	300	192	3700	64.16	256.64	50	384.96	755.76	2944.24	9
13	008	林倩瑜	物流	高讲	48	3875	500	384	4759	77.5	310	50	465	902.5	3856.50	4
14	009	谢海明	物流	教员	48	2749	300	192	3241	54.98	219.92	50	329.88	654.78	2586.22	12
15			物流 汇总		144	9832	1100	768	11700	196.64	786.56	150		2313.04	9386.96	
16			总计		448	34743	4000	2656	41399	694.86	2779.44	500		8143.46	33255.54	
17																

Sheet1 / 职称基本工资排序 / 高讲实发工资 / 助教教员 / 姓李的高讲 / 高讲或实发工资超3500 / 教研组汇总 / 数据透视表

图 4.244　分类汇总的结果

完成后，“数据透视表”工作表的效果如图 4.245 所示。

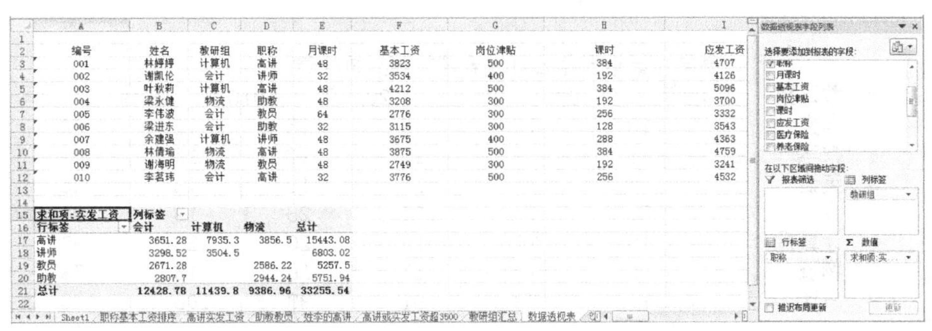

编号	姓名	教研组	职称	月课时	基本工资	岗位津贴	课时	应发工资
001	林婷婷	计算机	高讲	48	3823	500	384	4707
002	谢凯伦	会计	讲师	32	3534	400	192	4126
003	叶秋莉	计算机	高讲	48	4212	500	384	5096
004	梁永健	物流	助教	48	3208	300	192	3700
005	李伟波	会计	教员	64	2776	300	256	3332
006	梁进东	会计	助教	32	3115	300	128	3543
007	余建强	计算机	讲师	48	3675	400	288	4363
008	林倩瑜	物流	高讲	48	3875	500	384	4759
009	谢海明	物流	教员	48	2749	300	192	3241
010	李茗玮	会计	高讲	32	3776	500	256	4532

求和项:实发工资	列标签			
行标签	会计	计算机	物流	总计
高讲	3651.28	7935.3	3856.5	15443.08
讲师	3298.52	3504.5		6803.02
教员	2671.28		2586.22	5257.5
助教	2807.7		2944.24	5751.94
总计	12428.78	11439.8	9386.96	33255.54

图 4.245　数据透视表的结果

拓展练习 5

打开“教职工发表论文篇数统计表.xlsx”，在 Sheet1 工作表中已录入数据，如图 4.246 所示。完成以下操作。

	A	B	C	D	E	F	G
1	某学校教职工最近五年公开发表论文篇数统计表						
2	教研组	2009年	2010年	2011年	2012年	2013年	总计
3	语文	13	12	8	15	18	
4	数字	11	9	13	12	15	
5	英语	7	11	15	12	13	
6	会计	21	17	16	23	19	
7	计算机	15	17	22	20	23	
8	物流	10	12	17	16	18	
9	总计						

图 4.246　教职工发表论文篇数统计表

1．将表标题“某学校教职工最近五年公开发表论文篇数统计表”合并且居中。

2．在“总计列”（G 列）计算各教研组最近五年发表论文的总篇数。

3．在“总计行”（第 9 行）计算每年所有教研组发表论文的总篇数。

4．根据 A2:F8 单元格区域的数据创建“簇状圆柱图”图表，横向轴为各教研组，垂直轴为论文数量，生成的图表放在 A12:K40 区域。在图表上方添加图表标题为“最近五年各教研组公开发表论文篇数统计图”，字体为 16 号、深蓝色的楷体；图例在显示图表右侧；为图表区添加 3 磅深蓝色的实线边框。

5．根据工作表的 A2:A8 和 G2:G8 单元格区域的数据创建“分离型三维饼图”图表，生成的图表放在 M2:U22 区域。修改图表上方的图表标题为“各教研组最近五年公开发表论文总篇数统计图”，字体为 16 号、深红色的仿宋体；不显示图例；为图表的“总计”系列添加类别名称和百分比的标签，为图表区添加自定义浅绿色（红 204，绿 255，蓝 204）填充颜色。

6．根据工作表的 A2:G2 和 A9:F9 单元格区域的数据创建“带数据标记的折线图”图表，生成的图表放在 M25:U40 区域。修改图表上方的图表标题为“2009—2013 年学校发表论文篇数趋势图”，字体为 16 号、绿色的黑体；不显示图例；设置垂直轴的最小值为 70，最大值为 120，主要刻度单位为 5；“总计”系列的数据标记为内置的“圆形”，大小为 9，填充颜色为绿色，线条颜色也为绿色；为图表区添加 3 磅绿色的实线边框。

验收标准

计算总计后的结果如图 4.247 所示。

	A	B	C	D	E	F	G
1	某学校最近五年公开发表论文篇数统计表						
2	教研组	2009年	2010年	2011年	2012年	2013年	总计
3	语文	13	12	8	15	18	66
4	数字	11	9	13	12	15	60
5	英语	7	11	15	12	13	58
6	会计	21	17	16	23	19	96
7	计算机	15	17	22	20	23	97
8	物流	10	12	17	16	18	73
9	总计	77	78	91	98	106	450

图 4.247 计算总计后的结果

最近五年各教研组公开发表论文篇数统计图如图 4.248 所示。

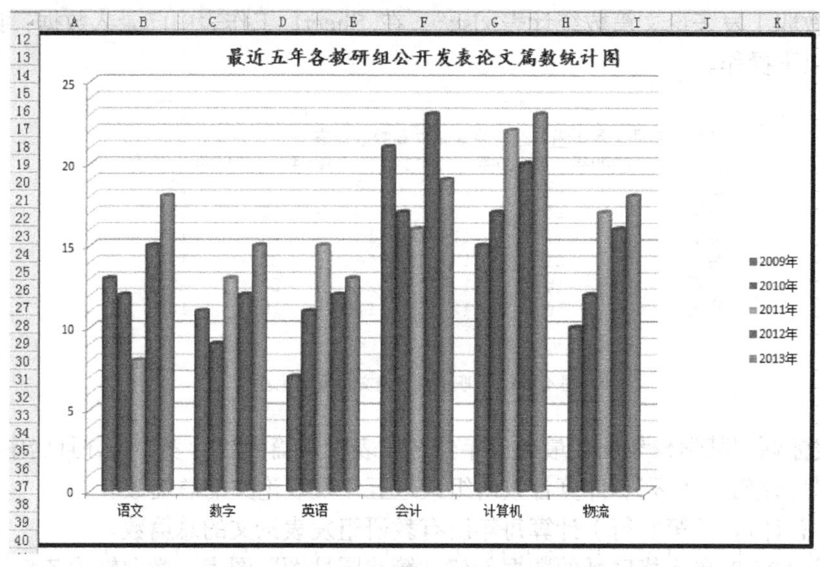

图 4.248 最近五年各教研组公开发表论文篇数统计图

各教研组最近五年公开发表论文总篇数统计图如图 4.249 所示。

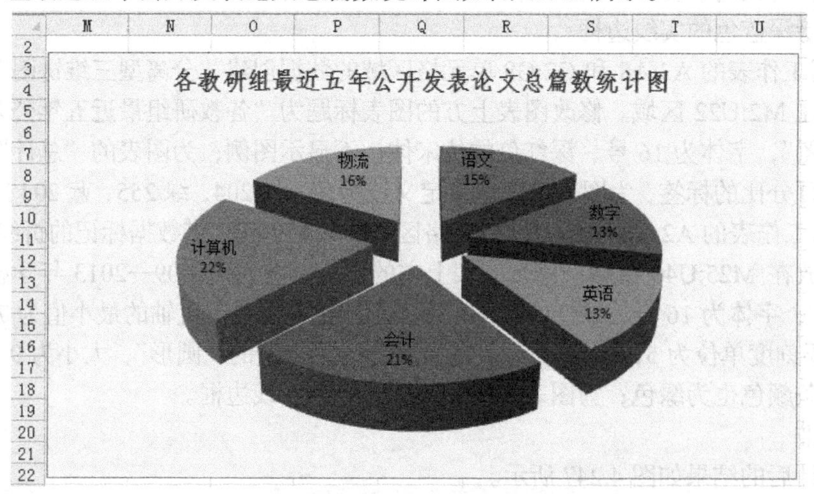

图 4.249 各教研组最近五年公开发表论文总篇数统计图

2009—2013 年学校发表论文篇数趋势图如图 4.250 所示。

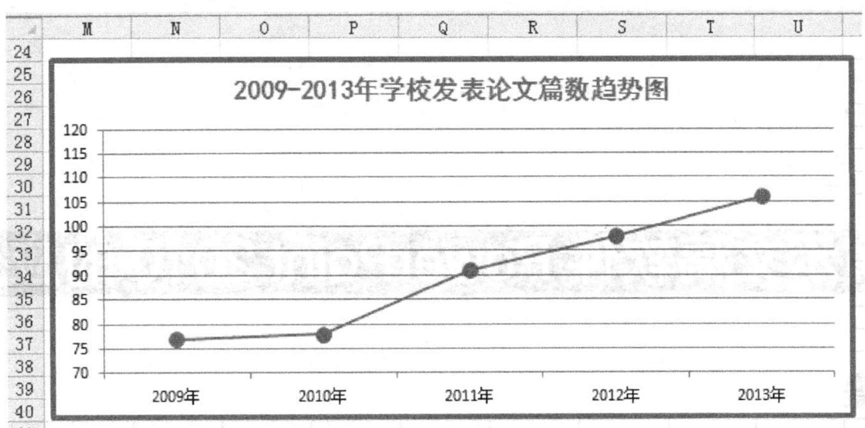

图 4.250　2009 ~ 2013 年学校发表论文篇数趋势图

项目5 演示文稿软件PowerPoint 2010的应用

项目背景

PowerPoint 2010是Microsoft Office 2010办公软件中的一员，专门用于创建演示文稿。

演示文稿可以把演讲的主题、要点和所引用的数据、图表甚至动画、音频、视频片段组合成在一起，集多种媒体于一体，既便于讲解，更有利于观众理解，起到引人入胜、增强活动效果的目的。每年大约有3亿个演示文稿是用PowerPoint制作的。

由于Microsoft Office办公软件中各组件有着较好的集成度，使得各组件之间的信息共享非常容易。例如，可以将Excel中的图表添加到PowerPoint幻灯片中，也可以将PowerPoint演示文稿大纲复制到Word中，并利用Word强大的格式命令编辑其格式。不仅如此，也可以将其他Windows程序创建的各种图形、音频和视频格式导入到PowerPoint中，以丰富PowerPoint演示文稿。

目前，PowerPoint的应用领域已越来越广泛，在工作汇报、企业宣传、产品推介、婚礼庆典、项目竞标、管理咨询、教育培训等领域占着举足轻重的地位，正成为人们工作生活的重要组成部分。

能力目标

- 掌握新建演示文稿的多种方法，熟练编辑演示文稿，并使用不同的视图方式浏览演示文稿。
- 熟练使用幻灯片的版式，会使用幻灯片母版，会设置幻灯片背景、配色方案，会使用幻灯片的主题。
- 熟练插入、编辑艺术字，熟练插入图片、音频、视频等对象，会在幻灯片中建立表格与图表，会创建幻灯片的超链接。
- 熟练设置幻灯片切换方式，熟练设置幻灯片的动画效果。
- 懂得输出、打印演示文稿。

任务 1　创建演示文稿

【任务描述】

为迎接母亲节和父亲节的到来，李老师班的班委商议在班上举行一次倡议活动，号召同学们感恩父母。除了制定好倡议书，还准备制作一份演示文稿来配合这次倡议演讲。

倡议书如下。

> 感恩父母倡议书
>
> 亲爱的同学们：
>
> 父母是我们幸福的源泉，是我们成长中坚强的后盾。他们把一生的情感和关爱倾注于儿女，希望儿女快乐上进，健康幸福，学业有成。儿女长大了，父母变老了，生活的负重和生命的沧桑写在父母的脸上。父母的爱无私，我们的感恩无限。
>
> 每年的母亲节定于 5 月的第二个星期日，每年的父亲节定于 6 月的第三个星期日。在这些温馨而又特别的日子里，让我们真诚地祝愿天下所有的父母幸福、健康、快乐、长寿。请大声的跟我说："爸爸妈妈，我爱你们!"
>
> 当然，不仅仅是节日当天应该做这些事情，我们应该学会感恩，时时处处感激每一个爱你的人。让我们在接受爱的同时，学会关爱，学会付出，学会给予，懂得孝顺，懂得体谅长辈的良苦用心，懂得珍惜这无价的真情！祝所有的爸爸妈妈们节日快乐!
>
> 在此，特向同学们提出倡议，从今天开始请用实际行动去表达你对父母的爱吧！
>
> 1.最直接的办法：在父母的耳边轻轻地道一声"我爱你!"，用你最亲切、最真诚的话向父母表示感谢及祝福。
>
> 2.最温馨的办法：为父母做一顿可口的饭菜，陪父母散散步，唠唠家常，勇于承担家的责任。
>
> 3.最实用的办法：为父母捶捶背、梳梳头、洗洗脚、剪剪指甲，承担家务，你就是父母最好的帮手。
>
> 4.最美丽的办法：献上一份礼物，给父母一个意想不到的"惊喜"，让他们的脸上绽开幸福的笑容。
>
> 5.最浪漫的办法：去拥抱一下自己的父母，告诉他们儿子（女儿）——你——爱他们。
>
> 全体班委
>
> 感恩的 5 月

【任务实现】

要制作"感恩父母"的演示文稿，可以使用 PowerPoint 2010 软件来完成。

1. *启动* PowerPoint 2010

选择下面任一种方法启动 PowerPoint 2010。

（1）方法一：单击"开始"菜单→"所有程序"→"Microsoft Office" →"PowerPoint 2010"程序图标。

（2）方法二：双击桌面的“PowerPoint 2010”快捷图标。

（3）方法三：单击“开始”菜单→“所有程序”→“附件”→“运行”命令，在打开的“运行”对话框中输入“PowerPoint”。

（4）方法四：搜索或沿路径找到 PowerPoint 2010 的主程序可执行文件 PowerPoint.exe，双击该文件。

（5）方法五：直接双击 PowerPoint 2010 的工作簿文件（扩展名为. pptx）的图标。

2. *初识 PowerPoint 2010 的工作界面*

PowerPoint 2010 启动后，便进入了 PowerPoint 2010 的工作窗口界面，并且已新建了一个空白演示文稿 1。PowerPoint 2010 的工作界面如图 5.1 所示。

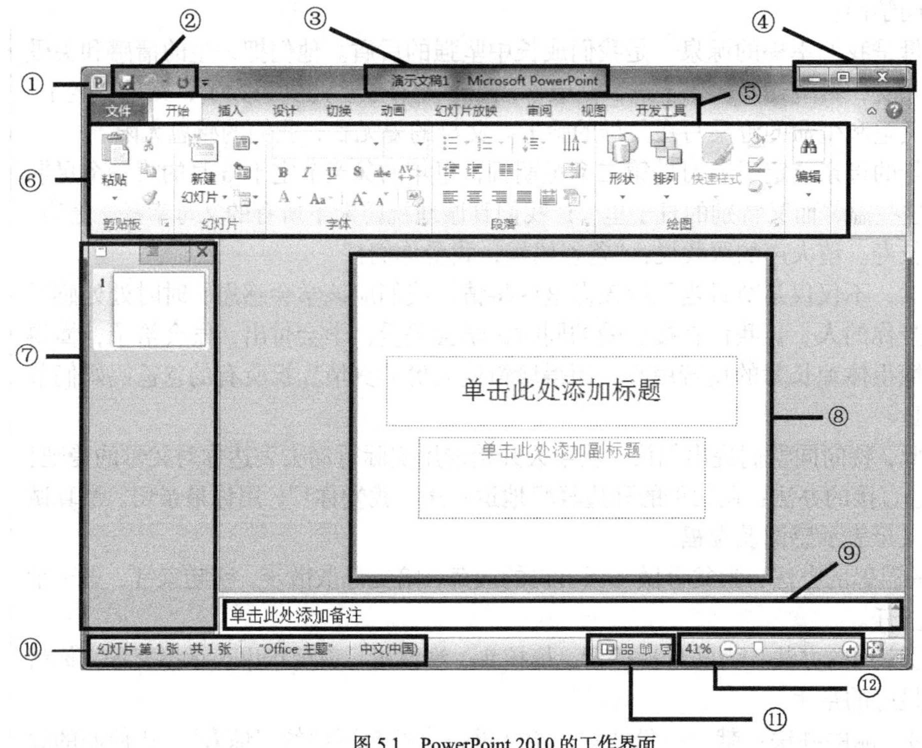

图 5.1　PowerPoint 2010 的工作界面

PowerPoint 2010 的工作界面说明如表 5-1 所示。

表 5-1 PowerPoint 2010 的工作界面说明

编号	名称	说明
①	“PowerPoint”按钮	对当前窗口进行操作，如“还原”、“移动”、“大小”、“最大化”、“最小化”、“退出”等
②	快速访问工具栏	在该工具栏中集成了多个常用的按钮，如“撤销”、“保存”按钮
③	标题栏	显示 PowerPoint 文档的标题，也就是当前文档的文件名
④	窗口控制按钮	使窗口最小化、最大化、关闭的控制按钮
⑤	选项卡	在选项卡中集成了 PowerPoint 功能区

续表

编号	名称	说明
⑥	功能区	在功能区中包括了很多组，并集成了 PowerPoint 的大部分功能按钮
⑦	大纲/幻灯片浏览窗格	显示幻灯片文本的大纲或幻灯片的缩略图
⑧	幻灯片窗格	显示当前幻灯片，用户可以在该窗格中对幻灯片内容进行编辑
⑨	备注窗格	用于添加与幻灯片内容相关的注释，供演讲时参考
⑩	状态栏	用于显示当前文件的信息
⑪	视图按钮	用于切换至视图页面的按钮，其中包括页面视图、阅读版式视图、Web 版式视图、大纲视图和普通视图 5 个按钮
⑫	显示比例	通过拖动中间的缩放滑块来选择工作区的显示比例，也可以单击放大和缩小两个按钮调整窗口的显示比例

3. 新建演示文稿

每次启动 PowerPoint 2010 软件，系统都会自动创建一个新的空白工作簿，也可以单击“文件”选项卡中的“新建”命令，然后双击“空白演示文稿”或单击“创建”命令新建演示文稿，如图 5.2 所示。

图 5.2　新建演示文稿

还有别的创建演示文稿的方法吗？

除空白演示文稿外，还有以下两种方式创建演示文稿。

（1）用模板创建演示文稿——模板是一整套定义好的设计方案（通常是后缀名为.potx 的文件），选择合适的设计模板后只需向其中输入文字并做简单的修改就可以完成一个漂亮的演示文稿。

选择模板时，可从以下类别中进行选择。

① 已安装的模板：Microsoft Office 提供的模板，随 PowerPoint 预安装。

② 我的模板：已创建并保存的模板，以及此前从 Microsoft Office Online 下载的模板。

③ Microsoft Office Online 模板：Microsoft 提供的模板，可按照自己的需求从 Microsoft 的网站下载。

注意：图 5.2 中的“新建”下还有“主题”可选。主题并不完全是模板，但两者相似。任务 2 中将介绍“主题”。

用模板创建演示文稿的步骤如下。

① 在“文件”选项卡下，单击“新建”。

② 在“可用的模板和主题”下，选择对应的模板类别。

③ 在弹出的对话框中选择合适的模板，此时可以查看模板的预览。

④ 使用选定的模板，并回车确认。即可以该模板为基础创建一份新演示文稿。

（2）根据现有演示文稿创建新的演示文稿——如果已有的某个演示文稿与需要创建的新演示文稿类似，那么可以根据现有内容新建演示文稿。

步骤如下。

① 在“文件”选项卡下，单击“新建”。

② 单击“根据现有内容新建”。

③ 在文件列表中，单击所要的演示文稿，再单击“新建”。

④ 根据需要更改演示文稿，然后在“文件”菜单上，单击“另存为”。

⑤ 在“文件名”输入框中，输入新演示文稿的名称。

⑥ 单击“保存”。

知识链接

4. 确定演示文稿的结构

在 Word 中，基本的元素是页面、段落和文字；在 Excel 中，基本的元素是工作表和单元格；在 PowerPoint 中，基本的元素是幻灯片。

在 PowerPoint 中，演示文稿和幻灯片这两个概念是不同的，区别如下。

（1）利用 PowerPoint 做出来的是演示文稿，是一个文件。

（2）演示文稿中的每一页就叫幻灯片。

每张幻灯片都是演示文稿中既相互独立又相互联系的内容。如果把演示文稿看作一本书，幻灯片就是书里的每一页。与书本中每一页不同的是，幻灯片中可以插入图画、动画、备注和讲义等丰富的内容，图表和文字都能够清晰、快速地呈现出来，利用幻灯片可以更生动、直观地表达内容。所以，演示文稿和幻灯片之间是包含与被包含的关系：演示文稿包含幻灯片，演示文稿是幻灯片的组合，制作演示文稿先要制作其中的每一张幻灯片。

对于本次制作“感恩父母”的演示文稿，班委经过讨论，认为除了倡议主题外，倡议书的每个段落都制作成一张幻灯片。最终效果如图 5.3 所示。

图 5.3　任务 1 的完成效果

5. 制作幻灯片

（1）制作标题幻灯片。新建的演示文稿中默认有一张幻灯片，这张幻灯片上已经预设好了几个占位符（占位符是一种带有虚线或阴影线边缘的框，绝大部分幻灯片版式中都有这种框。在这些框内可以放置标题及正文，或者是图表、表格和图片等对象），用户可以直接在占位符中输入文字，这种 PowerPoint 中预先设置好的幻灯片排版布局叫做幻灯片的版式。当前幻灯片的版式叫做“标题幻灯片”，如图 5.4 所示。

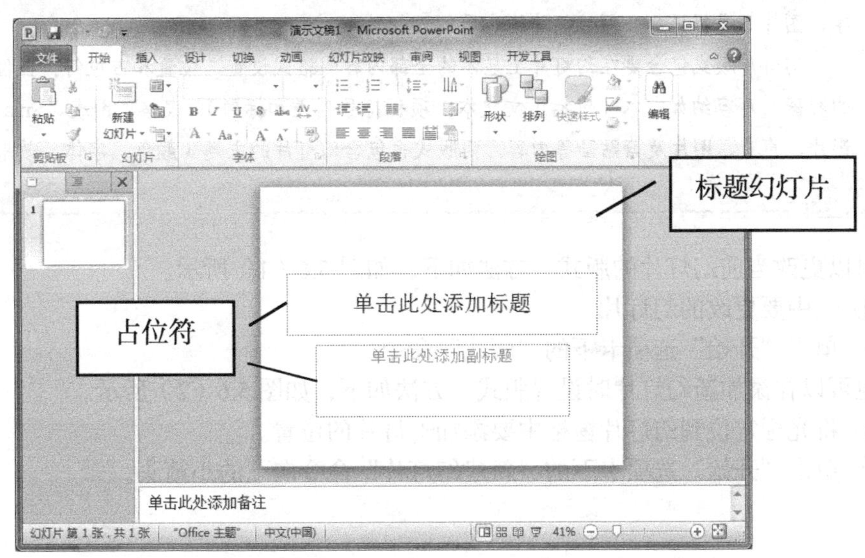

图 5.4　新建演示文稿的默认“标题幻灯片”

标题幻灯片通常用在演示文稿的首页，相当于书本的封面，可以在其中的两个占位符中分别输入演示文稿的标题和副标题。通常标题就是演讲的主题，副标题起到补充说明的作用。在本任务中，标题是“感恩父母”，副标题定为“Father and mother I love you.”制作方法如下。

① 单击“单击此处添加标题”占位符，这时候虚线方框的四周就会出现八个尺寸柄，插入点出现在方框中，如图 5.5（1）所示。

② 向其中输入文字“感恩父母”。同样的方法，向“单击此处添加副标题”占位符输入文字“Father and mother I love you.” ，如图 5.5（2）所示。

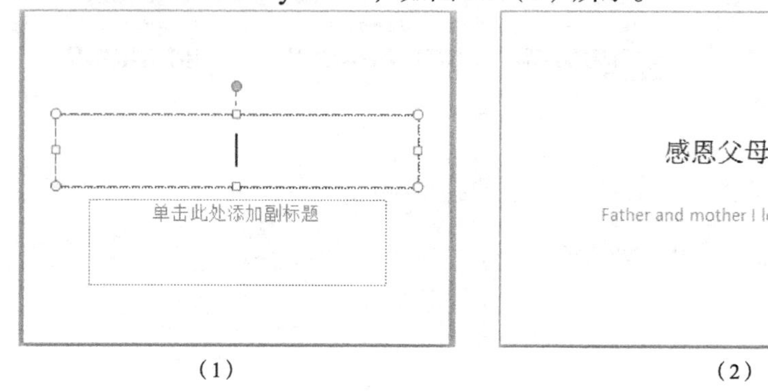

图 5.5 向标题幻灯片输入文字

这样，演示文稿的封面即是第一张幻灯片就是本次倡议的主题，下面要制作的是演示文稿的其他内容，即倡议的正文。

什么是幻灯片的版式？

幻灯片版式是 Power Point 软件中的一种常规排版的格式，通过幻灯片版式的应用可以对文字、图片等进行更加合理、简洁的布局。

幻灯片版式包含要在幻灯片上显示的全部内容的格式设置、位置和占位符。占位符是版式中的容器，可容纳如文本（包括正文文本、项目符号列表和标题）、表格、图表、SmartArt 图形、影片、声音、图片及剪贴画等内容。而版式也包含幻灯片的主题（颜色、字体、效果和背景）。

知识链接

可以更改当前幻灯片的版式，方法如下，如图 5.6（1）所示。

① 选中要更改的幻灯片。

② 单击“开始”选项卡下的“版式”命令。

也可以在添加新幻灯片时设置版式，方法如下，如图 5.6（2）所示。

① 将光标定位到幻灯片窗格中要添加幻灯片的位置。

② 单击“开始”选项卡下的“新建幻灯片”命令向下的小箭头。

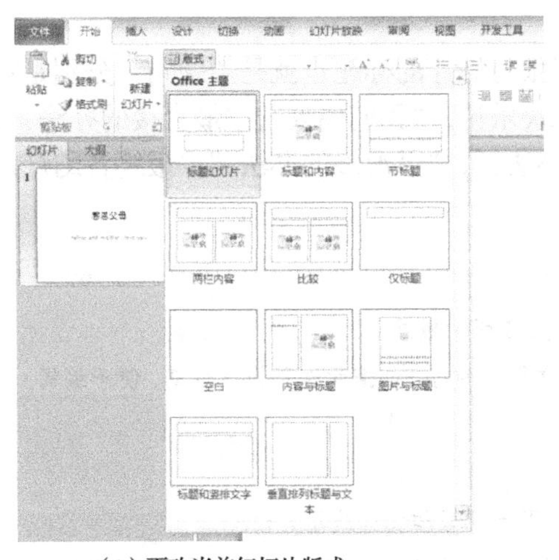

（1）更改当前幻灯片版式

（2）添加指定版式的新幻灯片

图 5.6　幻灯片的版式

PowerPoint 中包含 9 种内置幻灯片版式，也可以创建满足特定需求的自定义版式，创建自定义版式的方法将在“任务 3”中给出说明。

（2）添加其他幻灯片。根据计划，倡议书的每个段落都制作成一张幻灯片，下面先将倡议书的第一段文字制作成幻灯片。该段的主题句定为：“父母的爱无私，我们的感恩无限。”

> 父母是我们幸福的源泉，是我们成长中坚强的后盾。他们把一生的情感和关爱倾注于儿女，希望儿女快乐上进，健康幸福，学业有成。儿女长大了，父母变老了，生活的负重和生命的沧桑写在父母的脸上。父母的爱无私，我们的感恩无限。

下面来制作这张幻灯片。添加新幻灯片的方法是单击“开始”选项卡下的“新建幻灯片”命令 新建幻灯片，如图 5.7（1）所示。

新建的幻灯片版式默认为“标题和内容”，在占位符“单击此处添加标题”中输入主题句，在占位符“单击此处添加文本”中输入整段文字，得到第一张幻灯片，如图 5.7（2）所示。

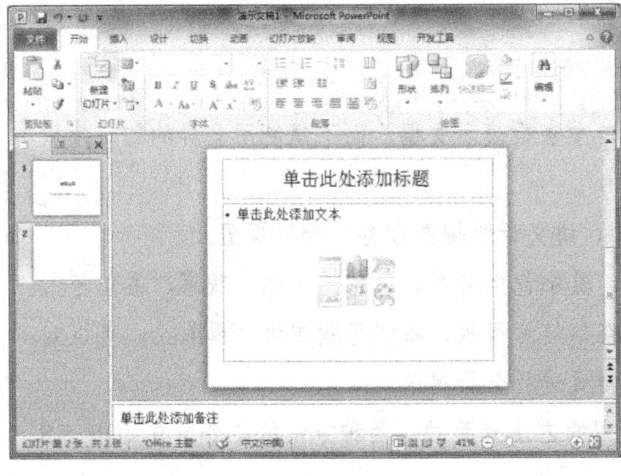

（1）

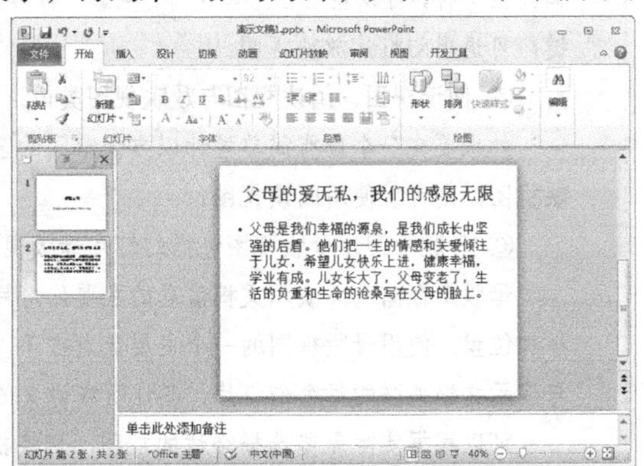

（2）

图 5.7　添加新幻灯片

（3）添加其他幻灯片

用同样的方法，制作剩下的幻灯片。其中，每张幻灯片的标题也就是主题句，分别是："爸爸妈妈，我爱你们!"，"祝所有的爸爸妈妈节日快乐!"，"我们倡议"，"最直接的办法:"，"最温馨的办法:"，"最实用的办法:"，"最美丽的办法:"，"最浪漫的办法:"，最终各幻灯片如图 5.3 所示。

（1）如何使多张幻灯片在同一屏中显示（即图 5.3 所示效果）?

PowerPoint 能够以不同的视图方式来显示演示文稿的内容，使演示文稿易于浏览、便于编辑。图 5.3 所示的视图叫做"幻灯片浏览"视图。

PowerPoint 2010 提供了以下几种视图。

① 普通视图。普通视图是主要的编辑视图，可用于撰写和设计演示文稿。

普通视图共包含三种窗格：大纲窗格、幻灯片窗格和备注窗格。这些窗格使得用户可以在同一位置使用演示文稿的各种功能。拖动窗格边框可调整不同窗格的大小。其中在大纲窗格可以键入演示文稿中的所有文本，然后重新排列项目符号、段落和幻灯片；在幻灯片窗格中，可以查看每张幻灯片中的文本外观，可以在单张幻灯片中添加图形、影片、动画和声音，并创建超级链接；而备注窗格使用户可以添加与观众共享的演说者备注或信息。

② 幻灯片浏览视图。幻灯片浏览视图可查看缩略图形式的幻灯片。

在创建演示文稿以及准备打印演示文稿时，通过视图可以轻松地对演示文稿的顺序进行排列和组织。在幻灯片浏览视图中还可以添加节，并按不同的类别或节对幻灯片进行排序。

③ 备注页视图。在这个视图中，用户可以添加与幻灯片相关的说明内容。

"备注页"窗格位于"幻灯片"窗格下，可以键入要应用于当前幻灯片的备注，可以将备注打印出来并在放映演示文稿时进行参考，还可以将打印好的备注分发给受众，或者将备注包括在发送给受众或发布在网页上的演示文稿中。

④ 幻灯片放映视图（包括演示者视图）。这个视图用于向受众放映演示文稿。

幻灯片放映视图会占据整个计算机屏幕，这与受众观看演示文稿时在大屏幕上显示的演示文稿完全一样，可以重看图形、计时、电影、动画效果和切换效果在实际演示中的具体效果。按 Esc 键即可退出幻灯片放映视图。

⑤ 阅读视图。阅读视图与放映视图类似。

如果要在一个设有简单控件以方便审阅的窗口中查看演示文稿，而不想使用全屏的幻灯片放映视图，则可以使用阅读视图。

⑥ 母版视图。母版视图包括幻灯片母版视图、讲义母版视图和备注母版视图。

母版是存储有关演示文稿信息的主要幻灯片，其中包括背景、颜色、字体、效果、占位符大小和位置。使用母版视图的一个主要优点在于，在幻灯片母版、备注母版或讲义母版上，可以对与演示文稿关联的每个幻灯片、备注页或讲义的样式进行全局更改。

可以根据实际需要选择合适的视图，切换视图的方法有两种，两种方法的命令所在如图 5.8 所示。

① "视图"选项卡上的"演示文稿视图"组和"母版视图"组中。

② 在 PowerPoint 窗口底部有一个易用的栏，其中提供了各个主要视图（普通视图、幻灯片浏览视图、阅读视图和幻灯片放映视图）。

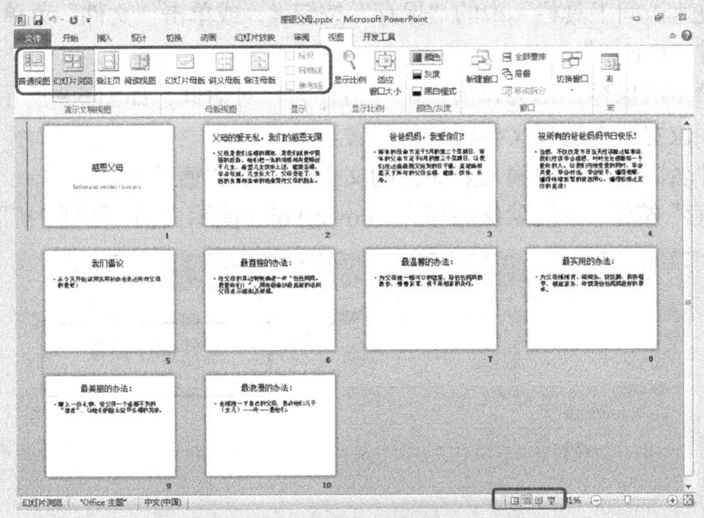

图 5.8 切换视图

（2）对幻灯片还有哪些操作？

除了添加幻灯片外，还可以复制幻灯片、重新排列幻灯片的顺序、删除幻灯片。

① 复制幻灯片。

如果要创建两个或多个内容和布局都类似的幻灯片，则可以通过创建一个具有两个幻灯片都共享的所有格式和内容的幻灯片，然后复制该幻灯片，最后向每个幻灯片单独添加最终的风格。方法如下。

a. 在普通视图中包含“大纲”和“幻灯片”选项卡的窗格上，单击“幻灯片”选项卡，右键单击要复制的幻灯片，然后单击“复制”。

b. 在“幻灯片”选项卡上，右键单击要添加幻灯片的新副本的位置，然后单击“粘贴”。

② 重新排列幻灯片的顺序。

a. 在普通视图中包含“大纲”和“幻灯片”选项卡的窗格上，单击“幻灯片”选项卡。

b. 再单击要移动的幻灯片（一张或多张）。

c. 然后将其拖动到所需的位置。

选择多张幻灯片的方法是：单击某个要移动的幻灯片，然后按住“Ctrl”键并单击要移动的其他每个幻灯片。

③ 删除幻灯片。

a. 在普通视图中包含“大纲”和“幻灯片”选项卡的窗格上，单击“幻灯片”选项卡。

b. 右键单击要删除的幻灯片

c. 然后单击“删除幻灯片”。

知识链接

6. 保存演示文稿

完成了所有幻灯片的编辑后，需要将此演示文稿保存为“感恩父母.pptx”。操作步骤如下。

（1）单击“快速访问工具栏”中的“保存”按钮，或单击“文件”菜单上选择“保存”命令，或按快捷键“Ctrl+S”。

（2）如果是第1次保存，则会弹出一个“另存为”对话框，如图5.9所示。

（3）在“保存位置”中选择文档所放的位置。

（4）在“文件名”输入框中输入要保存的文件名，如“感恩父母”。

（5）单击“保存”按钮，系统默认保存为“PowerPoint 演示文稿”类型，扩展名为“.pptx”。

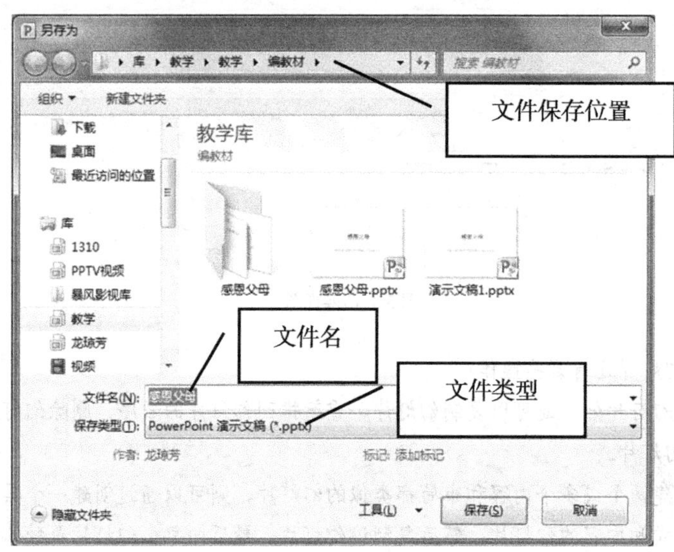

图5.9 “另存为”对话框

注意

（1）如果文档已经进行过保存操作，则系统直接对文档进行保存，不会弹出“另存为”对话框。

（2）如果要将当前文档保存为其他名字或保存在其他位置，可使用“文件”菜单的“另存为”命令（快捷键“Ctrl+shift+S”）进行操作。

（3）在“保存类型”中可以选择其他保存类型，包括历史版本的演示文稿类型。

7. 退出 PowerPoint 2010

完成保存后，可以选择下列操作方法之一可以退出 PowerPoint 2010。

（1）方法一：单击 PowerPoint“文件”菜单中的“退出”命令；

（2）方法二：单击 PowerPoint 窗口标题栏右侧关闭按钮“ x ”；

（3）方法三：双击控制图标“ P ”；

（4）方法四：单击 PowerPoint 窗口标题栏左侧控制图标“ P ”，在弹出的下拉菜单中单击“关闭”命令；

（5）方法五：按下键盘组合键“Alt+F4”。

任务 2　编辑演示文稿对象

【任务描述】

在完成了基本幻灯片制作之后，同学们决定对幻灯片中的文字和段落进行格式化，向其中添加一些对象，使演示文稿内容更丰富、更有吸引力，这些对象包括表格、图片、音频、视频等等。为此，大家搜集了一些素材，并将素材分类，然后规划如何使用这些素材，同学们期望这次修改演示文稿之后的效果如图 5.10 所示。

图 5.10　任务 2 的效果图

【任务实现】

1. *应用幻灯片主题*

PowerPoint 提供了多种设计主题，包含协调配色方案、背景、字体样式和占位符位置。使用预先设计的主题，可以轻松快捷地更改演示文稿的整体外观。

在应用主题前使用实时预览可以看到主题对幻灯片内容产生的变化，而不会应用这种改变，方法是将指针停留在主题库的缩略图上。

打开“感恩父母.pptx”文档，在“设计”选项卡的“主题”组中选择“精装书”，PowerPoint 会将主题应用于整个演示文稿，如图 5.11 所示。

图 5.11　应用“精装书”主题

在“设计”选项卡的“主题”组中，除了选择主题，还可以设置主题的颜色、字体和效果。这是 PowerPoint 为每一套主题提供的一些个性化设置，优点在于可以对整个文稿进行统一的改变。

这里，同学们认为“精装书”的默认颜色配置过于平淡，因此，在“颜色”里改选了更明快的“基本”主题颜色，如图 5.12 所示。

图 5.12　更改主题颜色

PowerPoint 中的主题、模板、母版、版式有什么区别？

（1）主题：一组统一的设计元素，使用颜色、字体和图形设置文档的外观，以及幻灯片的背景。

（2）模板文件（.potx 文件）：一个记录了对幻灯片母版、版式和主题组合所做的任何自定义修改。可以模板为基础重复创建相似的演示文稿，从而将所有幻灯片上的内容设置成一致的格式。

（3）幻灯片母版：存储有关应用的设计模板信息的幻灯片，包括字形、占位符大小或位置、背景设计和配色方案。关于母版的操作将在“任务 3”中详细说明。

（4）版式：幻灯片上标题和副标题文本、列表、图片、表格、图表、自选图形和视频等元素的排列方式。

知识链接

2. 对幻灯片进行排版

幻灯片的排版主要包括幻灯片的版式设置、幻灯片顺序的调整、幻灯片中内容的排版等操作。其中，内容的排版与 Word 中文字排版操作相似。下面针对“任务 2”要完成的结果进行如下操作。

（1）更改幻灯片版式。为幻灯片选择不同的版式可以让整个演示文稿看起来富有变化。对幻灯片做以下修改。

① 为第 3 张和第 8 张幻灯片应用“图片与标题”。

② 为第 5 张幻灯片应用“标题幻灯片”。

③ 为第 6 张幻灯片应用“两栏内容”。

④ 为第 7 张幻灯片应用“垂直排列标题与文本”。

方法是选中要更改的幻灯片，再单击“开始”选项卡下的“版式”命令，选择合适的版式。

（2）取消项目符号。在一部分幻灯片的文字前有图案，这是“精装书”主题的默认项目符号，去除它们的方法如下，如图 5.13 所示。

① 先选中要取消项目符号的文本框。

② 再单击“开始”选项卡下的“项目符号”。

③ 在弹出的列表中选择“无”。

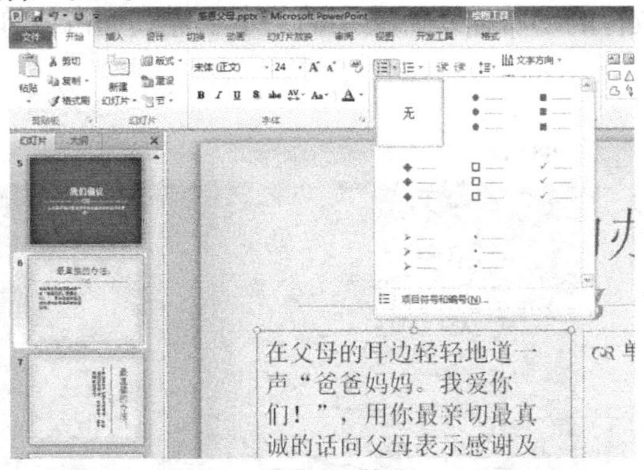

图 5.13　取消项目符号

用这种方法可将所有幻灯片中的项目符号都取消。

（3）适当拆分段落，并对段落格式化。对第 2、3、5、6、8、10 张幻灯片中的文字进行段落的拆分，并修改部分文字内容，结果如图 5.14 所示。

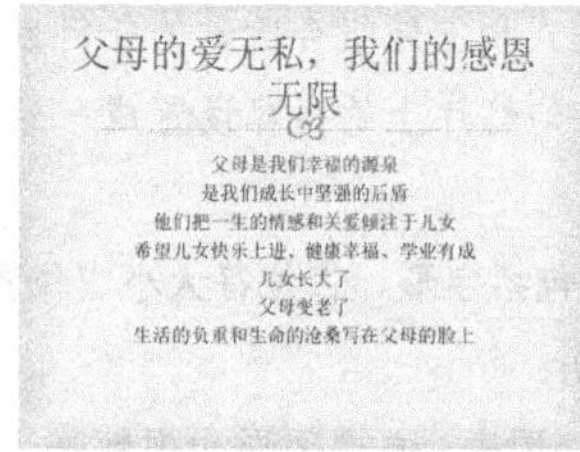

第 2 张

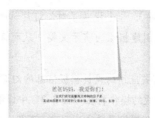

第 3 张

第 5 张

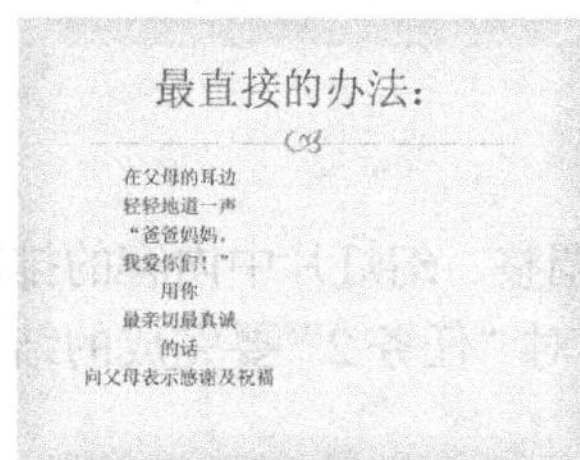

第 6 张

第 8 张

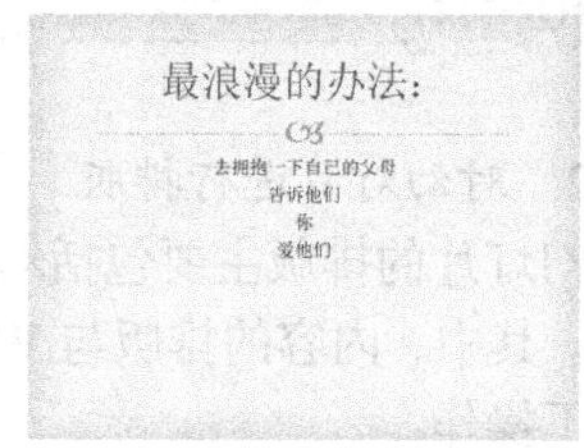

第 10 张

图 5.14 拆分段落

其中，第 2、6、10 张幻灯片的文字对其方式为居中，设置方法与 Word 中操作方法一致。

① 先选中要设置对齐方式的文本框。

② 再单击“开始”选项卡、段落组中的居中对齐图标 ≡ 。

（4）幻灯片中文字的格式化。幻灯片中文字的格式化中与 Word 中的操作一致。

① 先选中要设置的文字。

② 再选择“开始”选项卡中“字体”组下的相关设置。

这里，可以对每张幻灯片中的文字分别设置喜欢的字体、字形、字号、颜色等。

此外，幻灯片中的文字都是放置在占位符中的，因此，每个占位符都可以进行相关的格式设置。如图 5.15 所示，选中“感恩父母”所在的占位符后，工具栏将出现“绘图工具”选项卡，这里可以对占位符的形状样式、文字的艺术字样式、占位符的排列及大小进行设置。

图 5.15　占位符的格式设置

先完成“感恩父母”文字的格式化，具体步骤如下。

① 选中“感恩父母”占位符。

② 在“绘图工具”的“格式”选项卡下“艺术字样式”组中打开所有的预设样式，找到名为“填充-金色，强调文字颜色 2，暖色粗糙棱台”的预设样式，单击并应用该样式。如图 5.16（1）所示。

③ 在“开始”选项卡下“字体”组中设置字体为“华文琥珀”、字号为“96”磅。如图 5.16（2）所示。

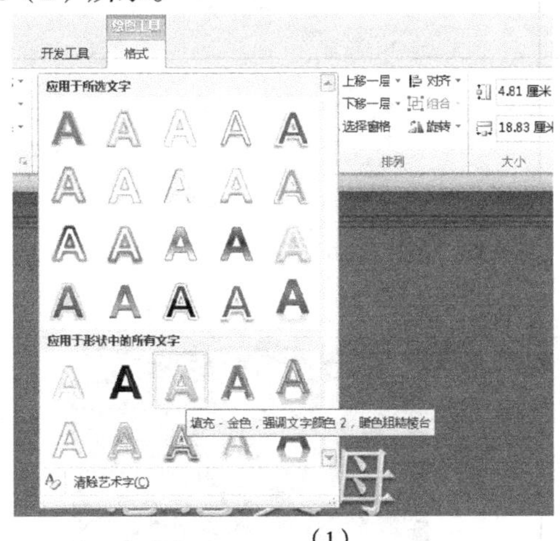

（1）

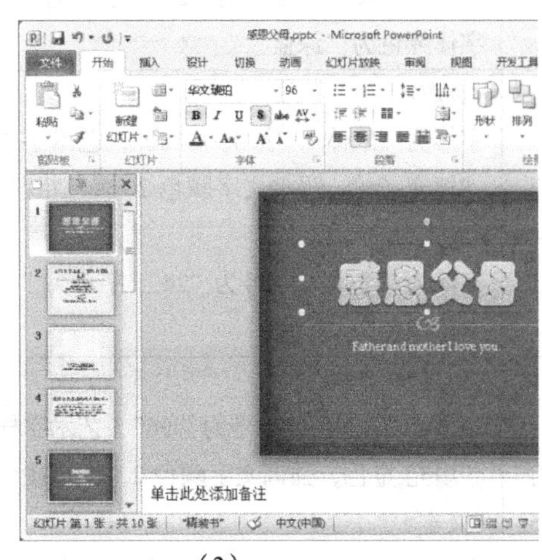

（2）

图 5.16 “感恩父母”文字格式化

用同样的方法对其他内容进行格式化。参考设置如表 5-2 所示。

表 5-2　所有幻灯片的参考设置及格式化效果

编号	设　置	效　果
幻灯片 1	<主标题> 字体为“华文琥珀”，字号为“96”，艺术字样式为“填充-金色，强调文字颜色 2，暖色粗糙棱台” <副标题> 字体为“Book Antiqua (正文)”，字号为“24”，字形为“加粗”，字体颜色为“深蓝”	感恩父母 Father and mother I love you.
幻灯片 2	<标题> 字体为“宋体”，字号为“40”，艺术字样式为“填充金色，强调文字颜色 2，暖色粗糙棱台” <文本> 字体为“楷体”，字号为“24”，字形为“加粗”，字体颜色为“深蓝”	父母的爱无私，我们的感恩无限 父母是我们幸福的源泉 是我们成长中坚强的后盾 他们把一生的情感和关爱倾注于儿女 希望儿女快乐上进、健康幸福、学业有成 儿女长大了 父母变老了 生活的负重和生命的沧桑写在父母的脸上

续表

编号	设 置	效 果
幻灯片 3	<标题> 字体为“宋体”，字号为“40”，艺术字样式为“填充-金色，强调文字颜色 2，暖色粗糙棱台” <文本> 字体为“宋体”，字号为“24”，字形为“加粗”，字体颜色为“深蓝”	
幻灯片 4	<标题> 字体为“宋体”，字号为“40”，艺术字样式为“填充-金色，强调文字颜色 2，暖色粗糙棱台” <文本> 字体为“楷体”，字号为“24”，字形为“加粗”，字体颜色为“深蓝”	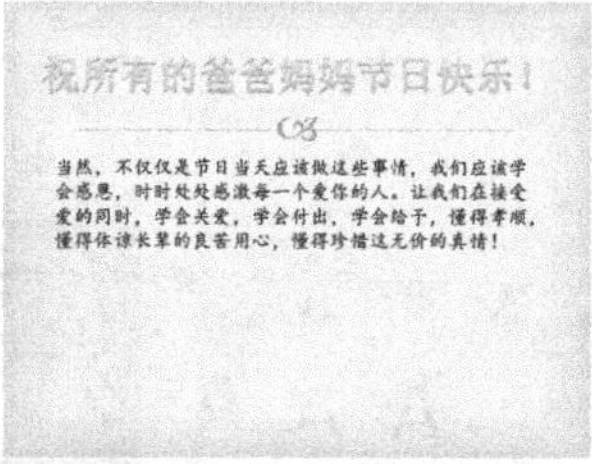
幻灯片 5	<标题> 字体为“宋体”，字号为“96”，艺术字样式为“填充-金色，强调文字颜色 2，粗糙棱台” <文本> 字体为“宋体”，字号为“24”，字形为“加粗”，字体颜色为“深蓝”	
幻灯片 6 至幻灯片 9	<标题> 字体为“宋体”，字号为“54”，文字颜色为“红色”，艺术字文本效果为发光、发光变体、“金色，8pt 发光，强调文字颜色 2” <文本> 字体为“宋体”，字号为“24”，字形为“加粗”，字体颜色为“深蓝”	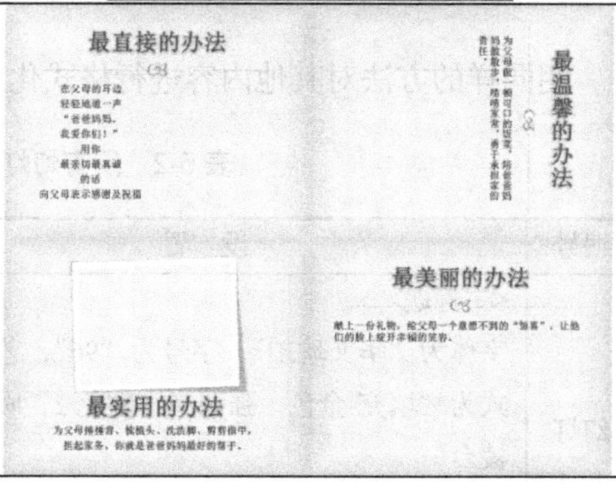
幻灯片 10	<标题> 字体为“宋体”，字号为“54”，文字颜色为“红色”，艺术字文本效果为“发光”、“发光变体”、“金色，8pt 发光，强调文字颜色 2” <文本> 字体为“宋体”，字号为“24”，字形为“加粗”，字体颜色为“深蓝” <文本“爱他们”> 字体为“宋体”，字号为“24”，字形为“加粗”，字体颜色为“红色”，艺术字文本效果为“发光”、“发光变体”、“橙色，18pt 发光，强调文字颜色 5”	

（1）PowerPoint 排版与 Word 排版有什么区别？

PowerPoint 中的文字格式化和段落格式化与 Word 中的操作区别不大，在“开始”选项卡中可以对字体和段落进行设置，如图 5.17 所示。

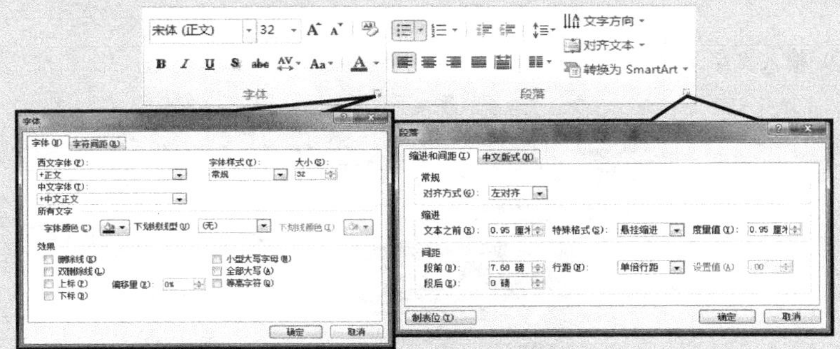

图 5.17　字体和段落设置

但是，在 PowerPoint 中所有的文字必须在文本框中输入，文本框作为对象也有对象格式设置，包括“大小和位置”以及“设置形状格式”。在文本框的右键菜单中可以看到，单击这两个命令均可调出“设置形状格式”对话框，在对话框中可以对文本框的各种属性进行精确设置，如图 5.18 所示。

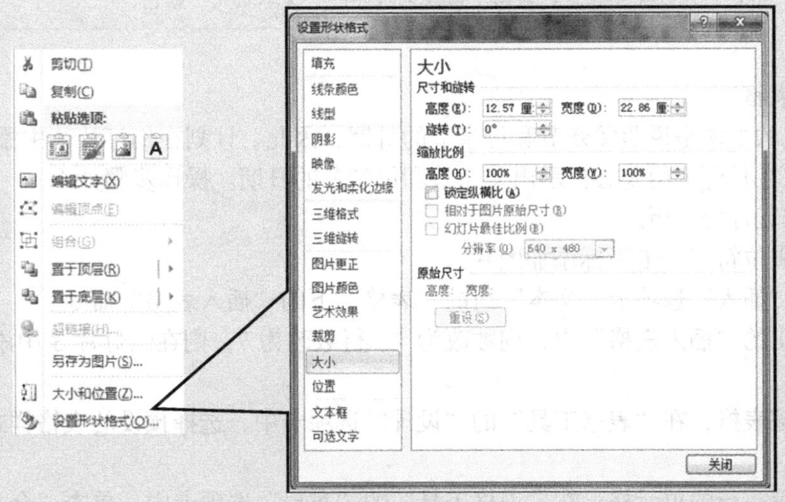

图 5.18　设置形状格式

（2）什么是艺术字？还有别的方法添加艺术字吗？

艺术字是一个文字样式库，可以将艺术字添加到 Office 文档中以制作出装饰性效果，如带阴影的文字或镜像（反射）文字。在 PowerPoint 中，还可以将现有文字转换为艺术字。在之前“感恩父母”的文字格式化操作中，就是将文字转换为艺术字。

除此之外，还可以直接插入艺术字，方法如下。

① 选中要添加艺术字的幻灯片。

② 在“插入”选项卡下“文本”组中，单击“艺术字”，然后单击所需艺术字样式。如图 5.19 所示。

③ 输入文字。

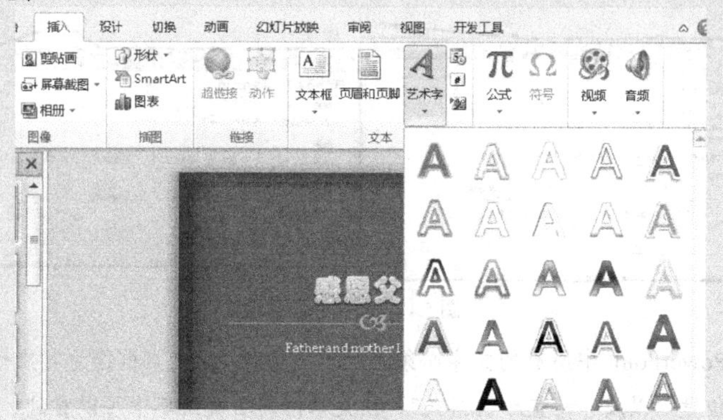

图 5.19 添加艺术字

值得注意的是：对文字设置了艺术字效果后，原本的文字颜色就被取代了。但是设置了艺术字效果之后，再修改文字颜色，等同于修改艺术字的“文本填充”颜色。

知识链接

3. 添加表格

幻灯片 3 的主体是说明父亲节和母亲节的日期，因此，计划在幻灯片 3 中添加五月和六月的月历，并在月历上用爱心标示出父亲节和母亲节的日期。操作步骤如下。

（1）制作五月份月历。

① 删除占位符“单击图标添加图片”。

② 单击“插入”选项卡“文本”组的“表格”下的“插入表格”命令。

③ 在弹出的“插入表格”中，列数改为 7，行数改为 7，则在幻灯片 3 中添加了一个 7 列 7 行的表格。

④ 选中该表格，在“表格工具”的“设计”选项卡中，选择预设的表格样式 “中度样式 2-强调 2”。

⑤ 选中第一行的单元格，在“表格工具”的“布局”选项卡中，单击“合并单元格”。并在该单元格中输入“五月份”，在“布局”选项卡的“对齐方式”组选择水平居中对齐和垂直居中对齐。在其他单元格中输入文字，如图 5.20（1）所示。

⑥ 选择“插入”选项卡“形状”命令，选择“基本形状”中的“心形”。在幻灯片 3 中拖曳鼠标，绘制一个“心形”。

⑦ 选中心形，在“格式”选项卡的“形状样式”组中将“形状填充”和“形状轮廓”都改为“红色”，单击“形状样式”旁边的 ，在弹出的“设置形状格式”对话框中，将“填充”下的“透明度”改为“50%”。

⑧ 将“心形”移动到表格里的“4”上，如图 5.20（2）所示。

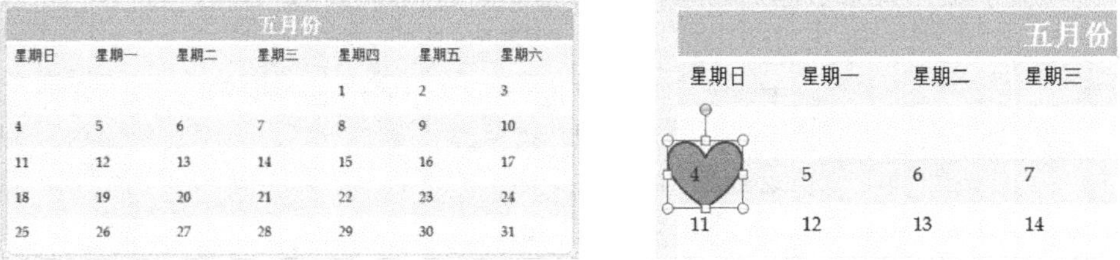

五月份						
星期日	星期一	星期二	星期三	星期四	星期五	星期六
				1	2	3
4	5	6	7	8	9	10
11	12	13	14	15	16	17
18	19	20	21	22	23	24
25	26	27	28	29	30	31

（1）

五月份			
星期日	星期一	星期二	星期三
4	5	6	7
11	12	13	14

（2）

图 5.20　“五月份”月历

（2）制作六月份月历。

① 完成了五月份月历后，将月历与心形同时选中（按住“Shift”键），使用快捷键“Ctrl+D”再制一份（也可使用“Ctrl+C”复制再“Ctrl+V”粘贴）。

② 用鼠标调整再制的月历和心形的位置，修改月历内容，最后效果如图 5.21 所示。

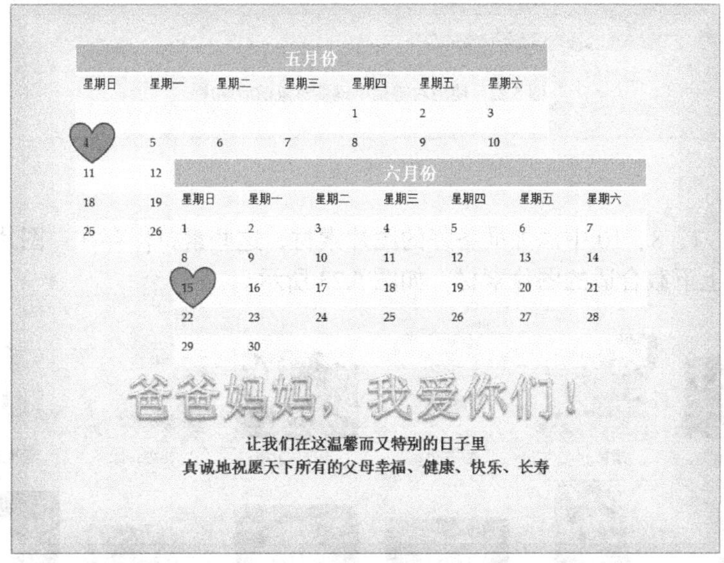

图 5.21　幻灯片 3 最终效果

如何保证图 5.21 中各个对象的前后顺序？

在幻灯片 3 中，六月份的表格应该在五月份表格的前面，这种前后关系称为对象的前后顺序。在 PowerPoint 中可以设置对象的前后顺序，方法如下。

（1）选中要修改顺序的对象，单击鼠标右键。

（2）若要上移一层，则在弹出的菜单中，选择“置于顶层”→“上移一层”。

（3）若要上移至顶层，则在弹出的菜单中，选择“置于顶层”→“置于顶层”。

（4）若要下移一层，则在弹出的菜单中，选择“置于底层”→“下移一层”。

（5）若要下移至底层，则在弹出的菜单中，选择“置于底层”→“置于底层”。

如图 5.22 所示。

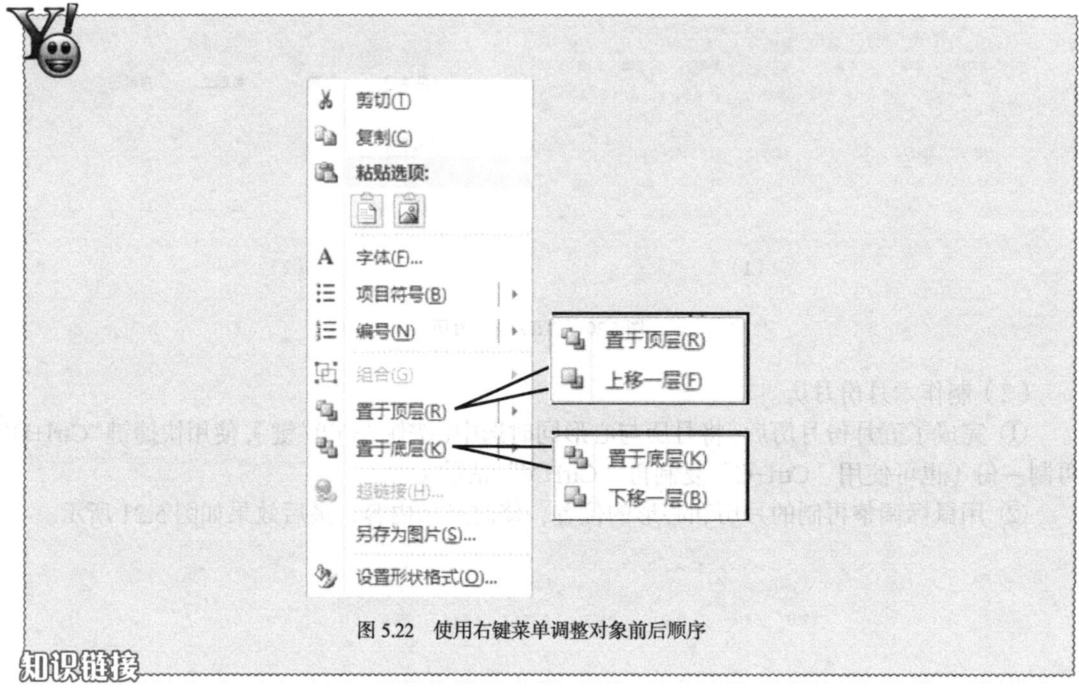

图 5.22 使用右键菜单调整对象前后顺序

4. 添加图片

在幻灯片 6、7、8、10 中添加准备好的图片素材，这些素材保存在“图片素材”文件夹中，也可以从网上下载合适的图片素材，如图 5.23 所示。

图 5.23 事先准备好的图片素材

（1）利用占位符插入图片向幻灯片 6 中插入图片，步骤如下，如图 5.24 所示。

① 选中幻灯片 6。

② 选择占位符“单击此处添加文本”。

③ 单击“插入来自文件的图片”。

④ 在弹出的对话框中，选择“悄悄话 1.jpg”，并单击“插入”。

⑤ 保持选中图片，在“图片工具”的“格式”选项卡“大小”组中，使用“裁剪”命令，将图片的多余部分裁剪掉，然后再单击“裁剪”应用本次操作。

⑥ 应用“图片工具”的“格式”选项卡“图片样式”组中的预设样式“柔化边缘椭圆”。

⑦ 用鼠标拖曳图片四个角，调整其大小。

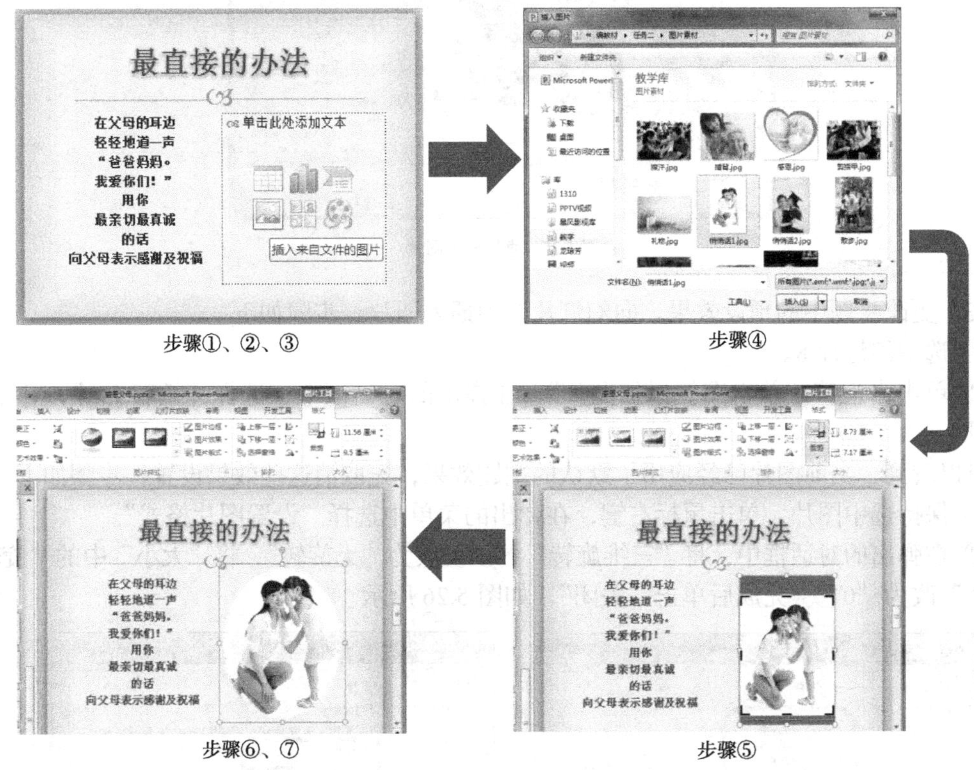

图 5.24 利用占位符插入图片

（2）直接插入图片

向幻灯片 7 中插入图片，步骤如下。

① 选中幻灯片 7。

② 单击“插入”选项卡中“图片”命令，在弹出的对话框中，选择“散步.jpg”，并单击“插入”。

③ 保持选中图片，使用“裁剪”命令，将图片的多余部分裁剪掉，然后再单击“裁剪”应用本次操作。

④ 用鼠标拖曳图片四个角，调整其大小，并拖曳到合适位置。

⑤ 应用“图片工具”的“格式”选项卡“图片样式”组中的预设样式“旋转，白色”。

完成后效果如图 5.25 所示。

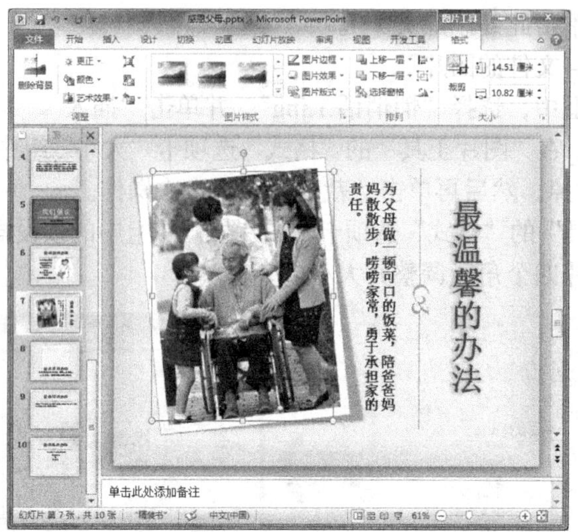

图 5.25　直接插入图片

（3）更改主题中的预设效果。向幻灯片 8 中插入图片，步骤如下。

① 选中幻灯片 8。

② 单击占位符“单击图标添加图片”，在弹出的对话框中，选择“捶背.jpg”，并单击“插入”。

可以看到，当前图片已经应用了默认的主题效果，先取消这些效果设置，步骤如下。

① 保持选中图片，单击鼠标右键，在弹出的菜单中选择“设置图片格式”。

② 在弹出的对话框中，将“三维旋转”的预设改为“无旋转”，将“大小”中的“旋转”由“4°”改为“0°”。完成后单击“关闭”，如图 5.26 所示。

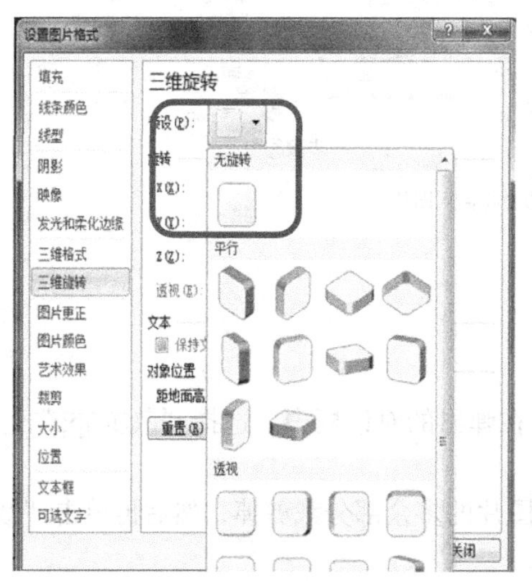

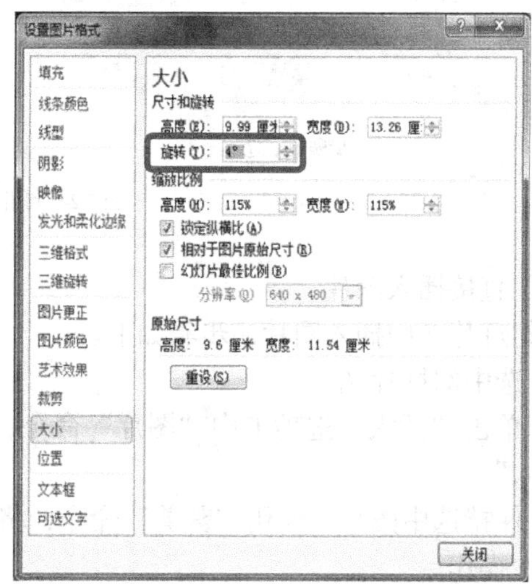

图 5.26　修改图片的格式设置

③ 最后，将“图片样式”改为“金属框架”。完成后效果如图 5.27 所示。

图 5.27　幻灯片 8 中插入图片最终效果

（4）批量插入图片。根据计划，幻灯片 10 中将插入 11 张有关拥抱的图片，大致组成“心”形，将文字环绕在其中。可以一次性向同一幻灯片插入多张图片，步骤如下。

① 打开图片素材所在的文件夹，选中要插入的多张图片（“拥抱 1.jpg”到“拥抱 11.jpg”），按下 Ctrl+C 组合键复制。

② 选中幻灯片 8，按下 Ctrl+V 组合键，把图片粘贴到 PPT 中。

然后分别调整每张图片、标题与文本的大小和位置。注意要把拥抱的主题展示出来，没用的水印和背景应利用图片的前后顺序进行遮挡。调整图片前后顺序的方法在添加表格中介绍过了。完成后效果如图 5.28 所示。

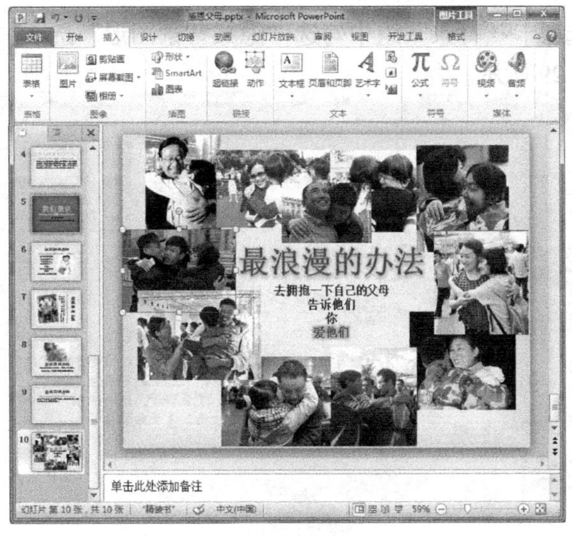

图 5.28　批量插入图片

如果想把批量插入的图片分布到每一页（即制作相册）怎么操作？

刚才的方法适合把图片插入到同一张幻灯片下，如果想把图片按一定顺序分布，如每页幻灯片一张图片，则要采用类似相册的制作方法实现，具体操作步骤如下。

（1）在“插入”选项卡下的“图像”组中，单击“相册”。

（2）在弹出的“相册”对话框中，单击“插入图片来自文件/磁盘”命令。

（3）在弹出的“插入新图片”对话框中，选择要批量插入的图片，单击“插入”。

（4）回到“相册”对话框，可以调整图片的顺序、方向、对比度、亮度、显示模式等，单击“创建”按钮，即可得到纯白背景的图片集。

（5）对图片集进行编辑，换上合适的背景，并调整大小和位置。

知识链接

5. 应用幻灯片背景

对幻灯片 2、4、9 添加背景图片，这些背景图片素材保存在“图片素材”文件夹中，如图 5.23 所示。以幻灯片 4 为例，操作步骤如下。

（1）选中幻灯片 4。

（2）在“设计”选项卡下“背景”组中单击，调出“设置背景格式”对话框。

（3）在“填充”中选择“图片或纹理填充”，单击插入自“文件...”按钮，在弹出的“插入图片”对话框中找到“图片素材”文件夹下的“感恩.jpg”文件，单击“插入”按钮。

下面对图片背景做进一步设置。

（4）在“设置背景格式”对话框“填充”中将上偏移量改为 20%、下偏移量改为 0%、透明度改为 20%，在“艺术效果”中设置艺术效果为“标记”，透明度改为 50%。完成后单击“关闭”按钮。

（5）在“设计”选项卡“背景”组中勾选“隐藏背景图形”选项。

完成后效果如图 5.29 所示。

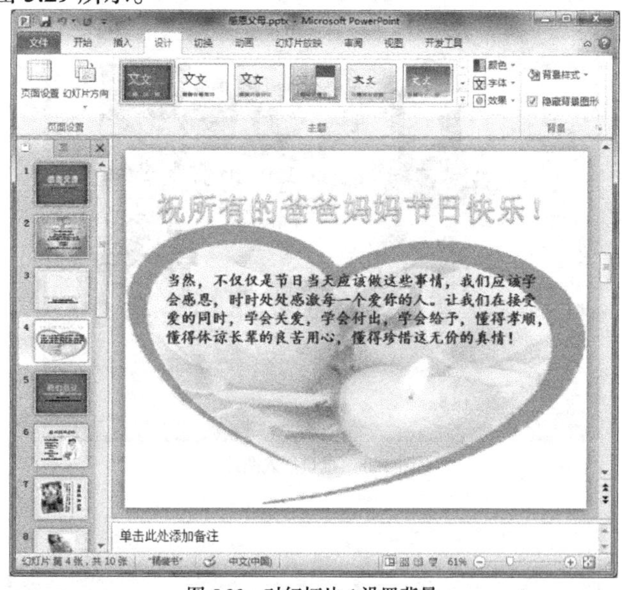

图 5.29 对幻灯片 4 设置背景

用同样的方法为幻灯片 2 和幻灯片 9 设置背景。

幻灯片 2——添加背景图片“手.jpg”，设置为填充透明度 50%、艺术效果为“标记”。

幻灯片 9——添加背景图片“礼物.jpg”，设置为下偏移量-5%。

6. 添加音频

在 PowerPoint 中应用的声音主要有三种：背景音乐、动作声音、真人配音。这里用背景音乐来营造气氛，片头和内页采用不同的背景音乐。

事先下载好两段音频素材，保存到“声音素材”文件夹下。一段是比较短的片头音乐，命名为“抒情片头.wav”；一段是比较长的钢琴曲，命名为“感恩的心.mp3”

（1）添加片头背景音乐

片头背景音乐指放在第一张幻灯片中的背景音乐，添加的方法如下。

① 选中幻灯片 1。

② 在“插入”选项卡“媒体”组选择“音频”下“文件中的音频...”命令。

③ 在弹出的“插入音频”对话框中，选择“声音素材”文件夹下的“抒情片头.wav”。

④ 单击“插入”按钮。

此时，幻灯片 1 中将出现图标，在放映幻灯片时，默认该图标是显示的。利用该图标可以在放映幻灯片时对声音进行控制。如不想显示该图标，可以选中后在“音频工具”的“播放”选项卡中勾选“放映时隐藏”。本例中，选择勾选“放映时隐藏”。

幻灯片中的音乐默认在单击鼠标时开始播放，如果想播放幻灯片的同时播放音乐，则在“播放”选项卡中将“开始”由默认设置“单击时”改为“自动”。本例中，选择“自动”。

如图 5.30 所示。

图 5.30 设置音频的播放选项

（2）添加内页背景音乐

内页背景音乐通常指片头之后一直播放的背景音乐，这时需要考虑如下问题。

① 整个 PPT 演示时间很长，而背景音乐一般都在 5 分钟以内，这时需要设置背景音乐播放结束后自动从头播放。

② 当 PPT 跳转到下一页时，音乐会自动停止，这时可以根据需要设置音乐跨幻灯片播放，这样，无论如何单击鼠标、上下翻页都不会影响背景音乐的播放。

本任务中，添加内页背景音乐的操作如下，如图 5-31 所示。

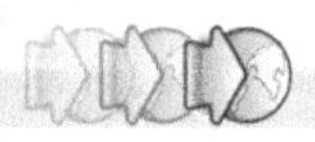

① 选中幻灯片 2。

② 在“插入”选项卡“媒体”组选择“音频”下“文件中的音频...”命令。

③ 在弹出的“插入音频”对话框中，选择“声音素材”文件夹下的“感恩的心.mp3”。

④ 选中音频图标后在“音频工具”的“播放”选项卡中勾选“放映时隐藏”，音量改为“低”，“开始”改为“跨幻灯片播放”，勾选“循环播放，直到停止”。

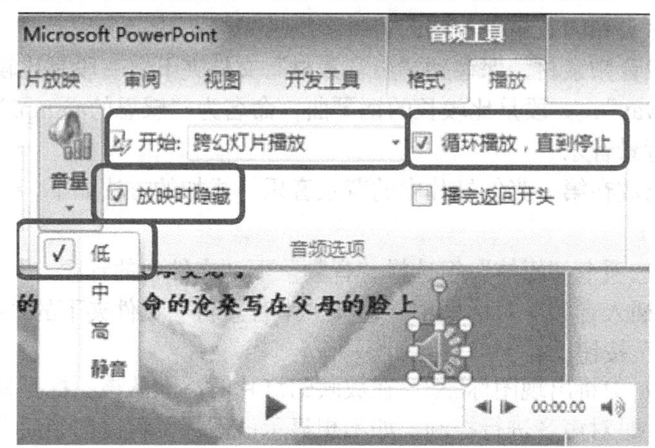

图 5.31 设置音频的播放选项

7. 添加视频

视频在 PPT 中主要起到辅助说明的作用，PowerPoint 支持的视频格式较多，例如 avi、wmv、mpeg、mp4 等。本任务中，在标题页之后添加一段视频——央视的《Family》公益广告，主要是增加演示文稿的吸引力。

事先下载好的视频“Father and Mother I Love You 标清.mp4”存放在“视频素材”文件夹中，添加的步骤如下。

（1）在幻灯片/大纲窗格中，将光标定位到幻灯片 1 和幻灯片 2 之间，新建一张“空白”幻灯片。

（2）单击“插入”选项卡“视频”下“文件中的视频...”命令。

（3）在弹出的“插入视频文件”对话框中，选中视频“Father and Mother I Love You 标清.mp4”，单击“插入”按钮。

（4）利用鼠标调整视频播放画面的大小（也可在“视频工具”的“格式”选项卡中直接设置播放画面的大小）和位置。

（5）在“播放”选项卡勾选“全屏播放”，“开始”改为“自动”。这样当跳转到幻灯片 2 时，将自动全屏播放视频。

（6）从网上下载的视频需要裁减掉前后各一小段无关的内容，单击“播放”选项卡的“裁剪视频”，在弹出的裁剪视频对话框中，移动左右两端的标尺或者设置开始时间和结束时间，完成后单击“确定”按钮，如图 5.32 所示。

图 5.32 裁剪视频

（7）视频对象与图片对象一样可以设置格式，方法与图片的格式设置相同。本例设置视频样式为“透视阴影，白色”。完成后如图 5.33 所示。

图 5.33　添加视频

8. 添加 SmartArt 对象

在演示文稿的最后增加一张幻灯片作为结尾，号召大家行动起来。图 5.34 所示的主体部分“这里将由你的行动来谱写……”图文用 SmartArt 对象来实现。

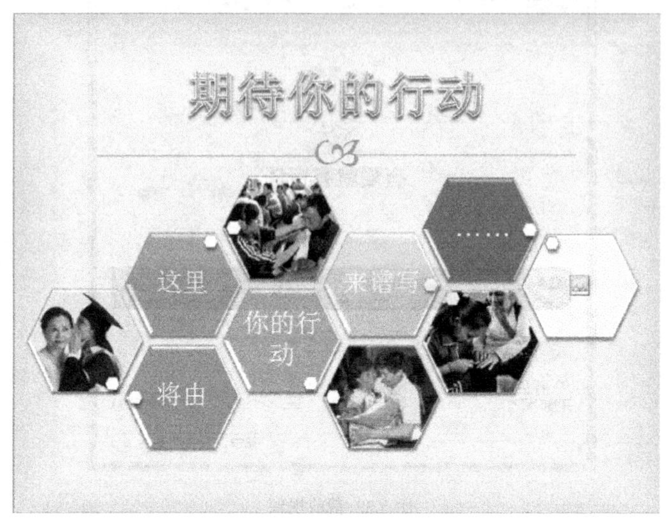

图 5.34　结尾幻灯片

具体操作步骤如下。

（1）插入一张版式为“仅标题”的新幻灯片。

（2）标题输入文字“期待你的行动”，应用艺术字样式“填充-金色，强调文字颜色 2，粗糙棱台”，字号为“54”磅。

（3）选择“插入”选项卡的“SmartArt”命令，将弹出“选择 SmartArt 图形”对话框。

（4）在对话框中选择“图片”类的“六边形群集”，如图 5.35 所示。

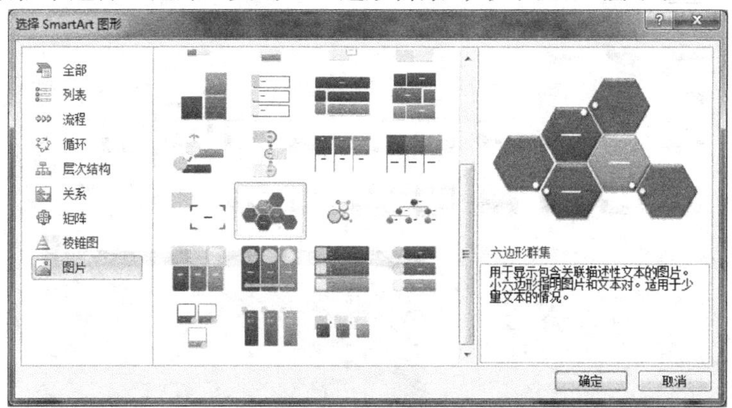

图 5.35　“插入 SmartArt 图形”对话框

（5）单击“确定”按钮，则向当前幻灯片中插入 SmartArt 对象，如图 5.36 所示。在“在此处键入文字”窗格中“文本”处回车增加一组文字图片组，一共需要 5 组，因此回车两次。

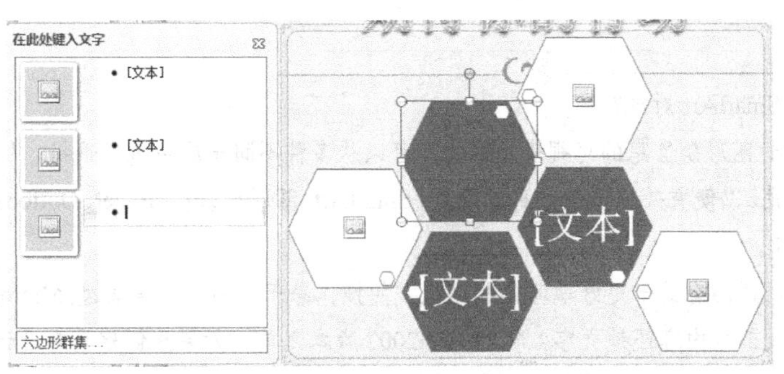

图 5.36　“六边形群集” SmartArt 对象

（6）直接在 SmartArt“文本”对象上输入文字，也可以在文字窗格中输入文字，效果如图 5.37 所示。

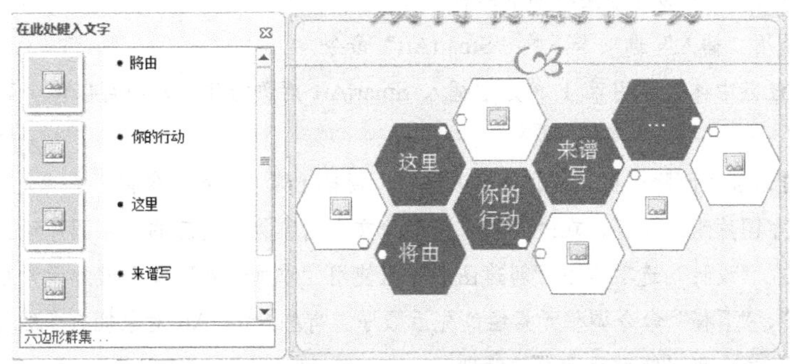

图 5.37　向 SmartArt 对象输入文字

（7）在最左侧的图片对象上单击，在弹出的“插入图片”对话框中选择合适的图片（例如 “悄悄话 2.jpg”）。用同样的方法为其他图片对象添加图片（从左到右依次为“擦汗.jpg”、“拥抱.jpg”、“剪指甲.jpg”），最右侧的图片对象不添加图片。效果如图 5.38 所示。

图 5.38　向 SmartArt 对象添加图片

（8）使用鼠标移动整个 SmartArt 对象的位置并拖曳调整其大小。在“设计”选项卡的“SmartArt 样式”组中单击“更改颜色”命令，选择“彩色”组下的“彩色范围-强调文字颜色 4 至 5”，再修改样式为“优雅”，最终效果如图 5.34 所示。

什么是 SmartArt 对象?

SmartArt 图形是信息的可视表示形式，可以从多种不同布局中进行选择，从而快速、轻松地创建所需形式，以便有效地传达信息或观点。SmartArt 图形可以在 Excel、Outlook、PowerPoint 和 Wprd 中创建。

虽然使用插图有助于更好地理解和记忆并使操作易于应用，但是通过 Microsoft Office 2010 程序创建的大部分内容还是文字。在 Office 2007 版本之前，如果想创建具有设计师水准的插图，需要花费大量时间进行以下操作：使各形状大小相同并完全对齐；使文字正确显示；手动设置形状的格式使其与文档的总体样式相匹配。而从 Office2007 版本开始，通过使用 SmartArt 图形，只需轻点几下鼠标即可创建具有设计师水准的插图。

创建 SmartArt 图形的方法有如下两种。

（1）使用“插入”选项卡下的“SmartArt”命令。

在本次任务中体验了用第 1 种方法插入 SmartArt 对象操作，从中可以体会到使用 SmartArt 的便利。

① 智能添加和删除：在“在此处键入文字”窗格（即“文本”窗格）中“文本”处回车即可增加一组文字图片组；同样，在“文本”处删除文本则删除了对应的文字图片组。除了这种方法外，还可以在“设计”选项卡中“创建图形”组使用“添加形状”命令增加元素组，在这里也可以用“上移”、“下移”命令调整元素组的先后顺序。有些 SmartArt 对象拥有多级元素，使用“升级”、“降级”命令可以修改元素组的级别。

② 快速配色：在“设计”选项卡的“SmartArt 样式”组中单击“更改颜色”命令，这里有预设好的多种配色方案供选择，SmartArt 的所有图形会自动填充相应的色彩。如果不需要这种快速配色，也可以利用“格式”选项卡中的命令进行自定义的设置。

③ 智能调整大小：当直接拖曳修改整个 SmartArt 对象的大小时，其中所有元素的大小会随之按照统一的比例变化。如果只修改其中某个元素的大小时，其他元素大小会自动按反比例变化以适应整个 SmartArt 对象的大小。

（2）将幻灯片文本转换为 SmartArt 图形。

将幻灯片文本转换为 SmartArt 图形是将现有幻灯片转换为专业设计的插图的快速方法。例如只需一次单击，就可以将日程幻灯片转换为 SmartArt 图形，以增加视觉吸引力。具体方法如下。

① 单击包含要转换的幻灯片文本的占位符。

② 在“开始”选项卡的“段落”组中，单击“转换为 SmartArt 图形”。

③ 在库中，单击所需的 SmartArt 图形布局。

也可以使用另一种方法将幻灯片转换为 SmartArt 图形：右键单击包含要转换的幻灯片文本，然后单击“转换为 SmartArt”。

知识链接

任务 3　修饰演示文稿

【任务描述】

设置了版式、主题、背景，添加了图片、表格、音频、视频、SmartArt 对象之后，同学们认为演示文稿在美观方面有了改进，但光靠这些来打动观众还是不够的，气氛的渲染离不开图像、声音、动画、视频等多媒体的综合手段，因此演示文稿“感恩父母”中也要添加合适的动画。并且，班长提出要在演示文稿中体现出倡议者是本班班委，最简单的做法是在每张幻灯片不起眼的地方统一出现“东莞经济贸易学校 1301 班委会 宣”字样。

【任务实现】

1. 认识 PowerPoint 中的动画效果

制作演示文稿，不仅需要在内容上精美设计，还需要在动画上下功夫，好的动画能给 PPT 演示带来一定的帮助与推力。最新版本的 PowerPoint 2010 动画效果更为绚丽，与之前版本相比，PowerPoint 2010 展示出了强大的动画效果。

在 PowerPoint 2010 中，动画包括如下两种。

（1）自定义动画。演示文稿中的文本、图片、形状、表格、SmartArt 图形和其他对象均可添加自定义动画，具体有以下 4 种自定义动画效果，如图 5.39 所示。

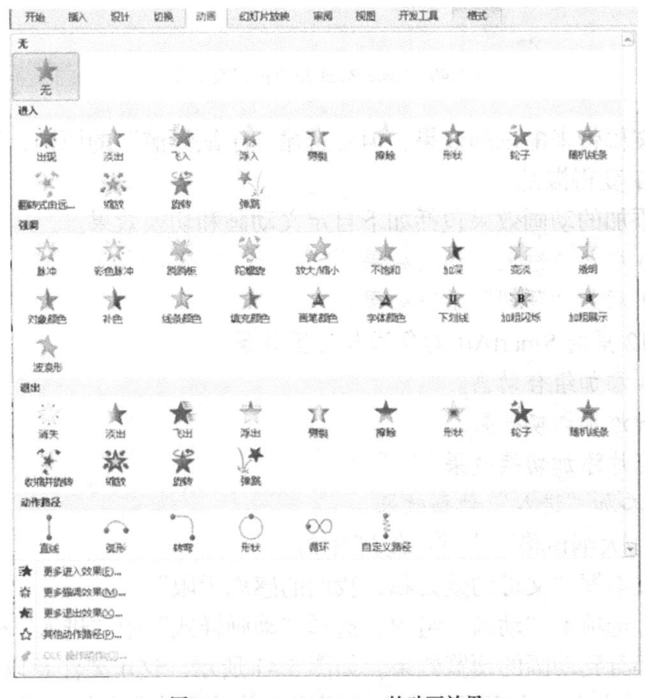

图 5.39　PowerPoint 2010 的动画效果

① “进入”动画。这是最基本的自定义动画效果，即幻灯片里面的对象（包括文本、图形、图片、组合及多媒体素材）从无到有、陆续出现的动画效果。

② “强调”动画。这种动画是在放映过程中引起观众注意的一类动画，它不是从无到有，而是一开始就存在，进行动画时形状或颜色发生变化。有“基本型”、“细微型”、“温和型”

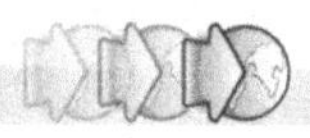

以及“华丽型”四种动画效果。

③ “退出”动画。它与“进入”效果类似但是相反，是对象退出时所表现的动画形式，如让对象飞出幻灯片、从视图中消失或者从幻灯片旋出。

④ “动作路径”动画。这种动画可以让对象按照绘制的路径运动，使用这些效果可以使对象上下移动、左右移动或者沿着星形或圆形图案移动（与其他效果一起）。

以上4种自定义动画，可以单独使用任何一种动画，也可以将多种效果组合在一起。

（2）切换效果。切换效果指演示文稿放映时从一张幻灯片切换到下一张幻灯片时的动画，在“切换”选项卡下“切换到此幻灯片”组有“切换方案”以及“效果选项”，在“切换方案”中可以看到有“细微型”、“华丽型”以及“动态内容”三种动画效果，如图5.40所示。

图5.40　PowerPoint 2010的切换效果

动画能为演示文稿带来酷炫的效果，但要遵循“宁缺毋滥”的原则，避免出现动画效果过多而让自己的PPT变得混乱。

本任务中，要添加的动画效果包括如下自定义动画和切换效果。

- 向幻灯片3添加“进入”动画效果。
- 向幻灯片1添加“强调”动画效果。
- 向幻灯片12里的SmartArt对象添加动画效果。
- 向幻灯片4添加组合动画。
- 向幻灯片6添加切换效果。
- 向多张幻灯片添加切换效果。

2. 向幻灯片3添加“进入”动画效果

（1）在“幻灯片/大纲窗格”中选中幻灯片3。

（2）选中标题文本框“父母的爱无私，我们的感恩无限”。

（3）在“动画”选项卡“动画”组中，选择“动画样式”中“进入”效果组的“淡出”动画效果，可以立即看到动画的预览效果，如图5.41所示。这里要注意以下3点。

① 标题文本框的左上角出现了记号 1，说明当前动画的顺序是“1”。

② 幻灯片中插入的音频上动画顺序是“0”，说明该段音频的播放与幻灯片出现是同时进行的，先于顺序编号为“1”的动画。

③ 在“计时”组中，“开始”确定动画的触发条件、“持续时间”确定动画的时长、“延迟”确定触发后动画是立即执行还是延迟执行。这里采用了默认设置，即单击鼠标后立即执

行动画、动画时长为 0.5 秒。

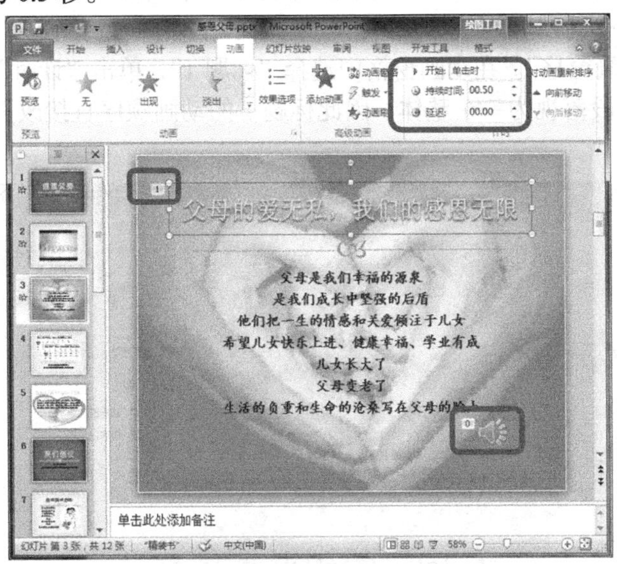

图 5.41　幻灯片 3 的“淡出”动画效果

（4）选中正文文本框“父母是我们幸福的源泉……生活的负重和生命的沧桑写在父母的脸上”。

（5）在“动画”选项卡“动画”组中，选择“动画样式”中“进入”效果组的“擦除”动画效果，单击“效果选项”，更改“方向”为“自左侧”、“序列”为“按段落”，此时在文本框的每个段落前均出现了动画顺序编号，如图 5.42 所示。请注意以下 2 点。

① 有些动画是有方向的，如“擦除”、“飞入”等，这里的“自左侧”意为动画执行时，文字从左往右逐步出现，呈现出“擦除”的效果。

② 当文本框中有多段文本时，“序列”中会出现“作为一个对象”、“整批发送”、“按段落”三种选择，否则只有“作为一个对象”一种选择，例如标题文本的动画效果。

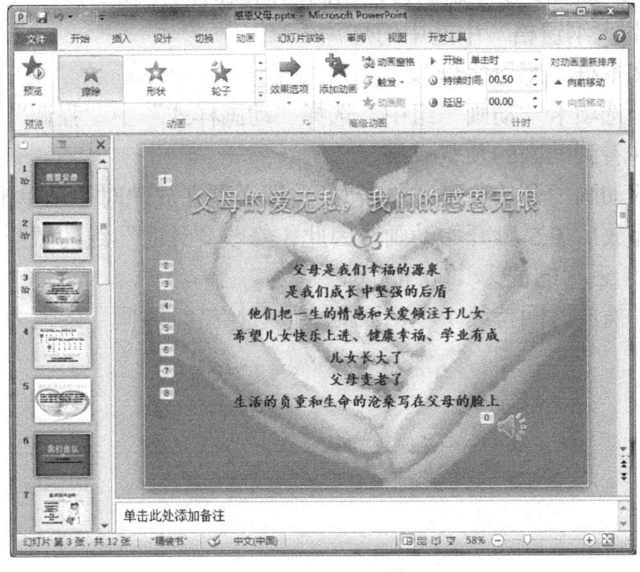

图 5.42　动画的先后顺序

（6）按照倡议书的内容，标题文本是本段的最后一句，因此可以修改动画顺序让标题晚于正文出现。这个操作可以利用“动画窗格”来完成。单击“高级动画”组的“动画窗格”命令，则可调出“动画窗格”。在动画窗格中选择“标题 1”，单击“计时”组的“向后移动”，由于正文的 7 个文本段落视为一个整体，因此标题 1 的动画顺序直接改为了“8”，如图 5.43 所示。

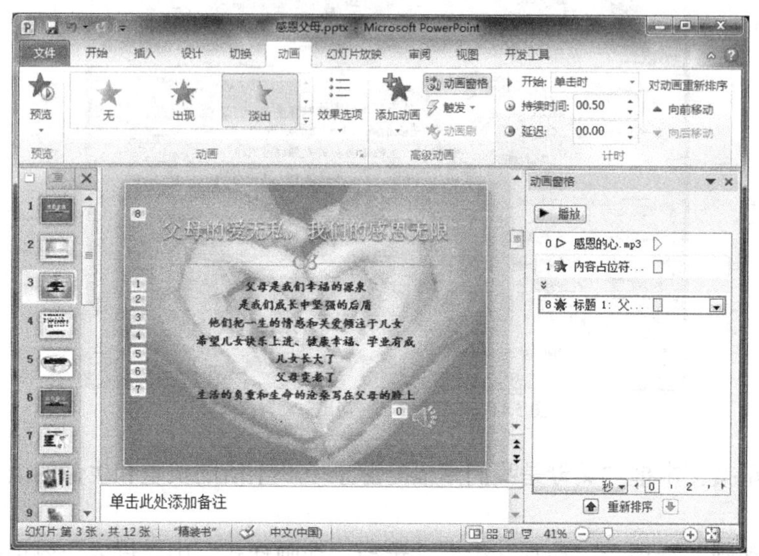

图 5.43　动画窗格

在动画窗格中可以查看并管理当前幻灯片中的所有自定义动画，包括调整动画的先后顺序、对每个动画进行设置等。

3. 向幻灯片 1 添加“强调”动画效果（见图 5.44）

特别要求对幻灯片 1 的标题“感恩父母”添加名为“脉冲”的“强调”动画效果，并且要求该动画在页面显示后 0.5 秒开始执行，动画的播放时间持续 1 秒。

（1）在“幻灯片/大纲窗格”中选中幻灯片 1。

（2）选中标题文本框“感恩父母”。

（3）在“动画”选项卡“动画”组中，选择“动画样式”中“强调”效果组的“脉冲”动画效果，可以立即看到动画的预览效果。

（4）由于默认的动画“开始”是“单击时”，即必须在放映时手动单击鼠标才开始动画。而这里希望幻灯片播放后 0.5 秒开始动画，因此，修改“计时”组的“开始”为“与上一动画同时”，再设置“延迟”的值为“00.50”。

（5）要求动画的播放时间持续 1 秒，因此，设置“持续时间”的值为“01.00”。

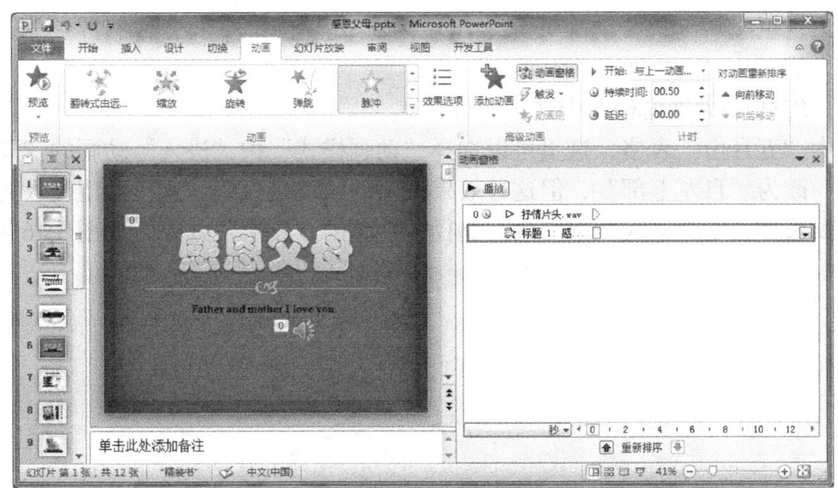

图 5.44　幻灯片 1 的“强调”动画效果

4. 向幻灯片 12 里的 SmartArt 对象添加动画效果

（1）在“幻灯片/大纲窗格”中选中幻灯片 12。

（2）选中 SmartArt 对象（选中整个对象，而不是选择其中某个元素）。

（3）在“动画”选项卡“动画”组中，选择“动画样式”中“强调”效果组的“彩色脉冲”动画效果。

（4）单击“效果选项”，更改“序列”为“逐个”。

（5）在“计时”组中修改“开始”为“上一动画之后”。

由于 SmartArt 对象中包含多个元素，因此动画窗格中显示的是该组元素的动画，单击动画窗格中的“单击展开内容”，可以看到其中每个元素的动画，如图 5.45 所示。

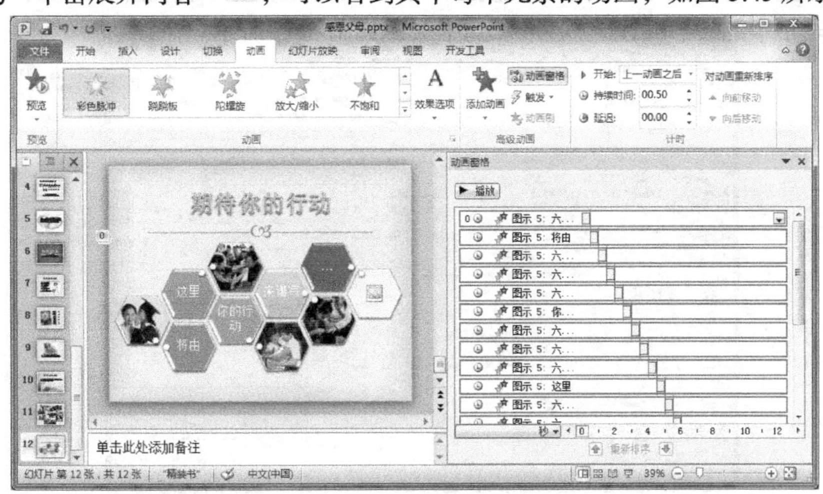

图 5.45　幻灯片 12 中 SmartArt 的动画效果

5. 向幻灯片 4 添加组合动画

在幻灯片 4 中，预想的动画效果是：首先，五月份月历由幻灯片上方飞入（“进入”动画），在第二周周日位置出现红心并持续闪烁（由一个“进入”动画后接一个“强调”动画实现）；然后，六月份月历同样由幻灯片上方飞入，在第三周周日位置出现红心并持续闪烁；接下来

打字效果般出现正文（“进入”动画）；最后出现标题“爸爸妈妈，我爱你们！”（“进入”动画）。具体步骤如下。

（1）在“幻灯片/大纲窗格”中选中幻灯片4。

（2）选中“五月份”表格，这里可以选择“动画样式”中“进入”动画的“飞入”效果（“效果选项”改为“自左上部”），但这种效果飞入的路线是直线，这里希望飞入的路径是带弧度的，因此选择“动画样式”中“动作路径”动画的“弧形”效果，如图5.46所示。

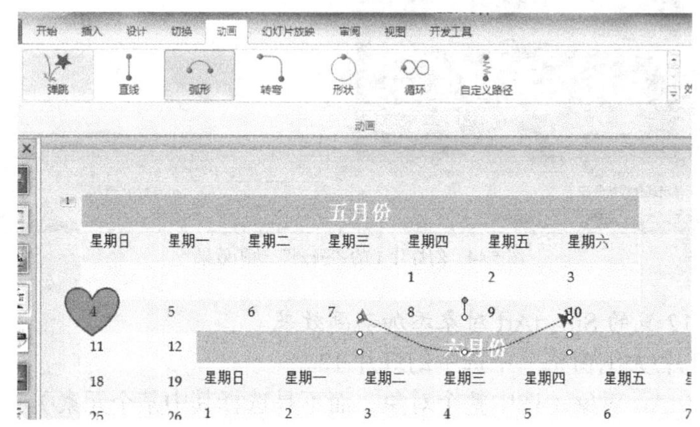

图5.46 “动作路径”动画效果

（3）“动作路径”的绿色箭头表示对象的起始位置，红色箭头为终止位置，虚线为对象移动的路径。这里需要将起始位置改到幻灯片外部上方，先按住“Ctrl”键滚动鼠标滚轮，扩大画面，将“五月份”表格移动到幻灯片外部上方合适的位置（之后还可以调整），修改动作路径的起始位置、终止位置和路径的弧度，单击“预览”按钮可以观察动画效果，最终确保动画结束时表格中的“4”处于“心形”的中央，如图5.47所示。

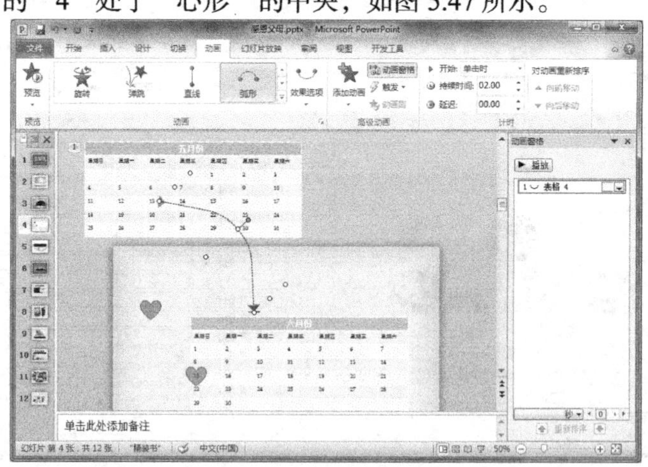

图5.47 对表格“五月份”应用“动作路径”动画效果

（4）选中第一个“心形”对象（左上角），在“动画”选项卡“动画”组中，选择“动画样式”中“进入”效果组的“缩放”动画效果，“效果选项”为“对象中心”。

（5）保持“心形”对象的选中状态，在“动画”选项卡“高级动画”组中，单击“添加动画”，选择“强调”动画中的“脉冲”效果，修改“开始”为“上一动画之后”。注意，不

可以在“动画”组中选择“脉冲”效果，那样将修改之前的“缩放”动画效果。这样，在动画窗格中“心形”对象有两个动画，选中第二个动画，单击鼠标右键，选择“计时”命令，在弹出的“脉冲”对话框中修改“重复”的值为“直到幻灯片末尾”，如图 5.48 所示。

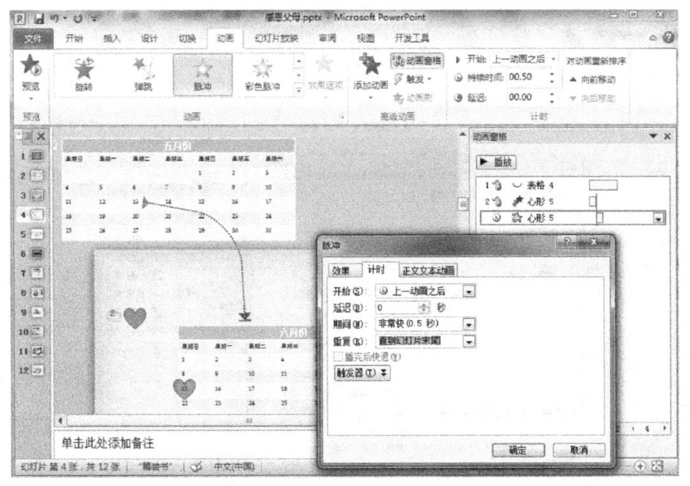

图 5.48　对“心形”对象应用“进入”和“强调”组合动画效果

“动画”选项卡下“动画”组“动画样式”中的命令按钮与“高级动画”组“添加动画”中的命令按钮区别如下。

“动画样式”中的命令按钮：如果对象没有动画效果，使用该命令将会添加动画；如果对象已有动画效果，使用该命令将会修改动画。

“添加动画”中的命令按钮：无论对象是否已有动画效果，使用该命令都会增加动画。

（6）对“六月份”表格及对应“心形”对象重复步骤（2）~（5）的操作。这里选择使用动画刷来快速完成。先选中“五月份”表格，在“高级动画”组单击“动画刷”按钮，再单击“六月份”表格，则完成了动画的复制。用同样的方法完成“心形”对象的动画复制。调整“六月份”表格路径动画的起始位置、终止位置及路径，如图 5.49 所示。

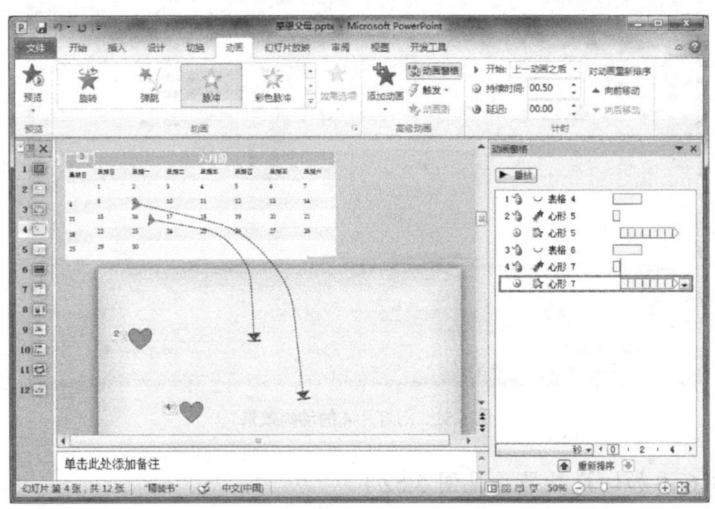

图 5.49　“六月份”表格及对应心形的动画效果

（7）选中正文文本框，应用“进入”动画的“出现”效果，效果选项改为“按段落”，在“动画窗格”中右键单击该动画，选择“效果选项”命令，在弹出的“出现”对话框中，设置“声音”为“打字机”，“动画文本”为“按字母”，“字母之间延迟秒数”改为“0.1”，如图 5.50 所示。

图 5.50　正文文本框的“打字机”动画效果

（8）选中标题文本框，应用“进入”动画的“缩放”效果。

整个幻灯片 4 的动画效果如图 5.51 所示。

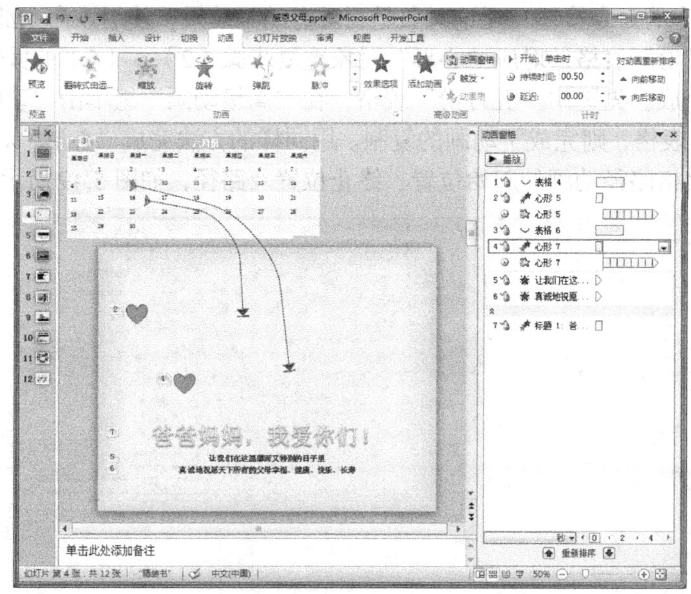

图 5.51　幻灯片 4 的动画效果

6. 向幻灯片 6 添加切换效果（见图 5.52）

（1）在“幻灯片/大纲窗格”中选中幻灯片 6。

（2）在“切换”选项卡的“切换到此幻灯片”组中选择“华丽型”的“缩放”效果，可

以看到该切换的预览效果。

（3）在“计时”组中修改“声音”为“鼓声”，则在切换动画的同时播放声音。

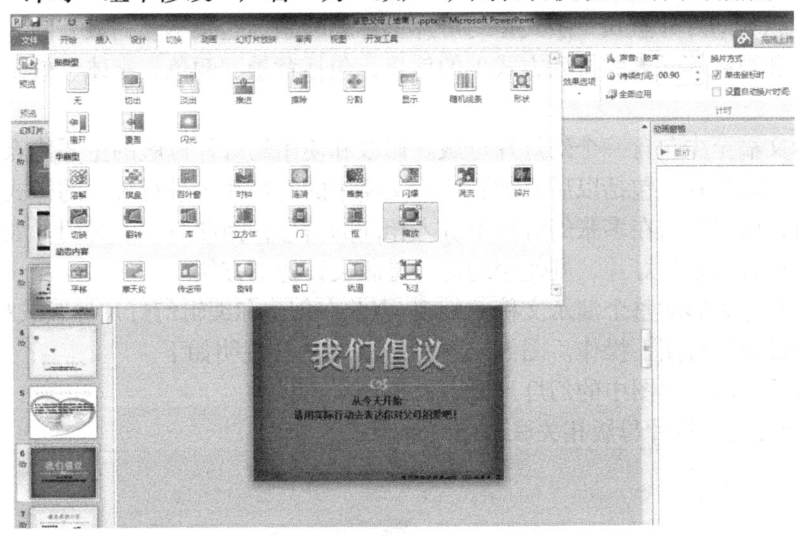

图 5.52　幻灯片 6 的切换效果

7. 向多张幻灯片添加切换效果（见图 5.53）

对幻灯片 7 至幻灯片 11 设置相同的切换效果，可以在“幻灯片浏览”视图中完成此操作。步骤如下。

（1）在“视图”选项卡下单击“幻灯片浏览”，或者在状态栏的视图按钮中单击▦，进入“幻灯片浏览”视图。

（2）按住“Ctrl”键同时选中幻灯片 7 至幻灯片 11，在“切换”选项卡的“切换到此幻灯片”组中选择“华丽型”的“涟漪”效果。

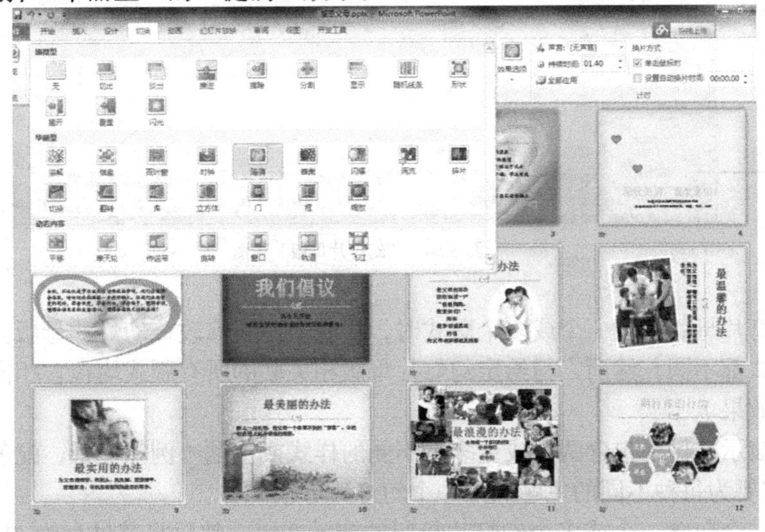

图 5.53　向多张幻灯片添加切换效果

8. 利用母版为演示文稿添加统一的文字

（1）幻灯片母版的概念。幻灯片母版是幻灯片层次结构中的顶层幻灯片，用于存储有关演示文稿的主题和幻灯片版式（版式指幻灯片上标题和副标题文本、列表、图片、表格、图表、自选图形和视频等元素的排列方式）的信息，包括背景、颜色、字体、效果、占位符大小和位置。

每个演示文稿至少包含一个幻灯片母版。修改和使用幻灯片母版的主要优点是可以对演示文稿中的每张幻灯片（包括以后添加到演示文稿中的幻灯片）进行统一的样式更改。使用幻灯片母版时，由于无需在多张幻灯片上键入相同的信息，因此节省了时间。如果演示文稿非常长，其中包含大量幻灯片，则使用幻灯片母版设计特别方便。

由于幻灯片母版影响整个演示文稿的外观，因此在创建和编辑幻灯片母版或相应版式时，将在"幻灯片母版"视图下操作。图 5.54 所示，视图内容说明如下。

①"幻灯片母版"视图中的幻灯片母版；

② 与它上面的幻灯片母版相关联的幻灯片版式。

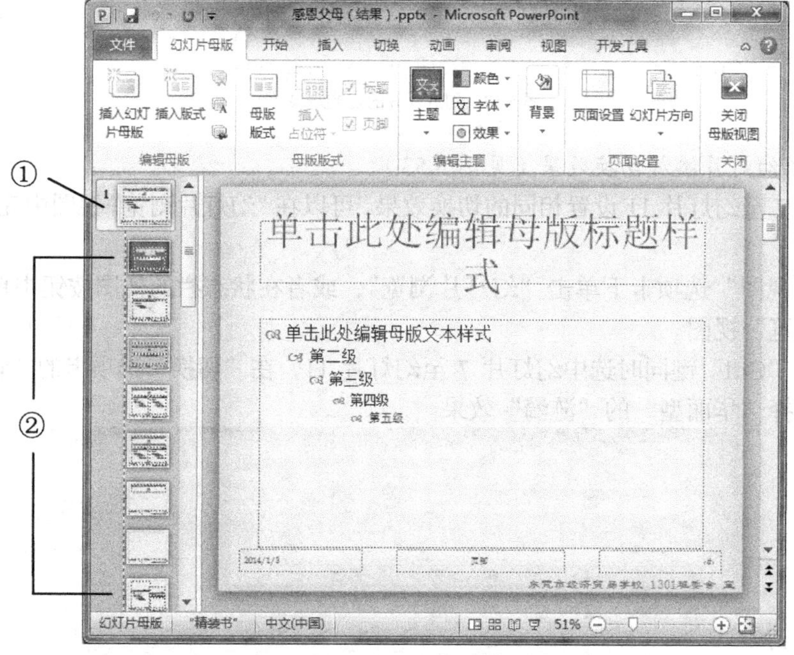

图 5.54 "幻灯片母版"视图

在修改幻灯片母版下的一个或多个版式时，实质上是在修改该幻灯片母版。每个幻灯片版式的设置方式都不同，然而，与给定幻灯片母版相关联的所有版式均包含相同主题（配色方案、字体和效果）。

如果希望演示文稿中包含两种或更多种不同的样式或主题（例如背景、配色方案、字体和效果），则需要为每种不同的主题插入一个幻灯片母版。

可以创建一个包含一个或多个幻灯片母版的演示文稿，然后将其另存为 PowerPoint 模板（.potx 或 .pot）文件，并使用该文件创建其他演示文稿。

制作演示文稿最好的流程是，在开始构建各张幻灯片之前创建幻灯片母版，而不是在构建了幻灯片之后再创建母版。如果先创建了幻灯片母版，则添加到演示文稿中的所有幻灯片

都会基于该幻灯片母版和相关联的版式。开始更改时，请务必在幻灯片母版上进行。

类似本章任务这种简单的演示文稿制作，也可以不先创建母版。但是如果在构建了各张幻灯片之后再创建幻灯片母版，则幻灯片上的某些项目可能不符合幻灯片母版的设计风格。可以使用背景和文本格式设置功能在各张幻灯片上覆盖幻灯片母版的某些自定义内容，但其他内容（例如页脚和徽标 ——标识个人、商务或组织的唯一符号，可包含名称、格言和图形。）则只能在“幻灯片母版”视图中修改。

（2）在“感恩父母.pptx”母版中添加文本框。

要在每张幻灯片不起眼的地方统一出现“东莞经济贸易学校 1301 班委会 宣”字样，可以把文字放在母版的文本框中，具体步骤如下。

① 在“视图”选项卡下单击“幻灯片母版”，则进入“幻灯片母版”视图。

② 选中幻灯片母版（不是单击相关联的母版版式），单击“插入”选项卡下的“文本框”，选择“横排文本框”，在母版的右下角拖曳出一个合适大小的文本框，输入文字“东莞经济贸易学校 1310 班委会 宣”。

③ 修改文字在文本框的对齐方式为“右对齐”，文字颜色改为“白色，背景 1，深色 50%”（也可设置成其他颜色）。如图 5.55 所示。

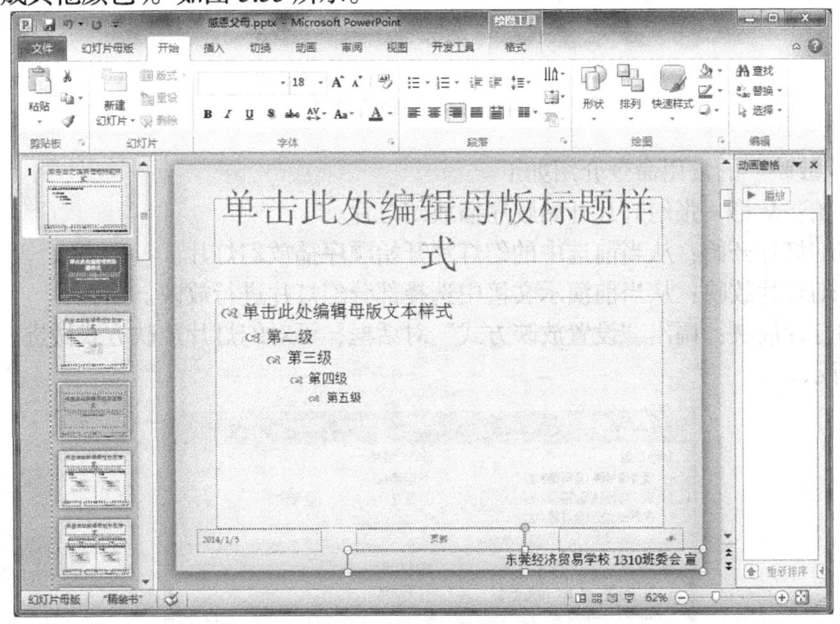

图 5.55　设置幻灯片母版

④ 在“幻灯片母版”选项卡中单击“关闭母版视图”，回到“普通视图”查看每张幻灯片，可以发现除幻灯片 1、5、6 外，其他幻灯片右下角均出现刚才设置的文字。原因有以下两个。

a. 幻灯片 1 和幻灯片 6 是标题幻灯片，默认不应用母版的统一设置，如果要设置则要在幻灯片母版视图下选择“标题”版式，再进行步骤②的设置。

b. 幻灯片 5 则在任务 2 的应用幻灯片背景时，勾选了“隐藏背景图形”，因此忽略了母版的设置。

任务4 放映演示文稿

【任务描述】

至此，同学们已经完成了演示文稿“感恩父母”的创作，下一步就是考虑演示文稿的放映问题了。为了倡议的圆满完成，同学们认为需要准备如下3种形式的演示文稿。

（1）配合倡议演讲用的放映幻灯片。

（2）放在网络上供人观看的视频。

（3）在倡议现场分发的纸质打印演示文稿。

【任务实现】

1. 认识 PowerPoint 2010 的幻灯片放映

在 PowerPoint 2010 中，管理幻灯片放映所需的全部工具都在“幻灯片放映”选项卡中，如图 5.56 所示。

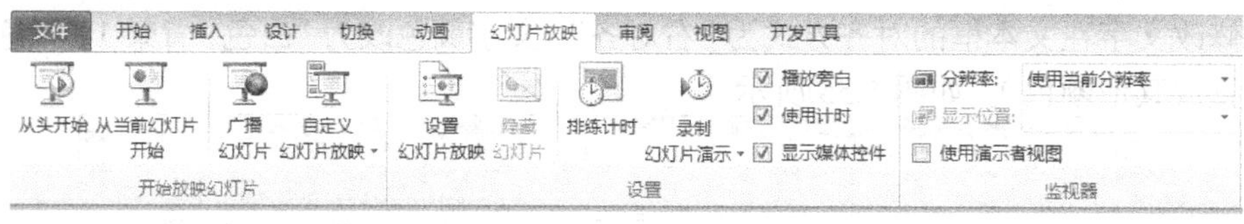

图 5.56 “幻灯片放映”选项卡

“幻灯片放映”的常用命令介绍如下。

从头开始：从第一张幻灯片开始顺序播放幻灯片。

从当前幻灯片开始：从当前选中的幻灯片开始顺序播放幻灯片。

自定义幻灯片放映：从当前演示文稿中选择部分幻灯片进行放映。

设置幻灯片放映：调出“设置放映方式”对话框，可对幻灯片放映方式做进一步设置，如图 5.57 所示。

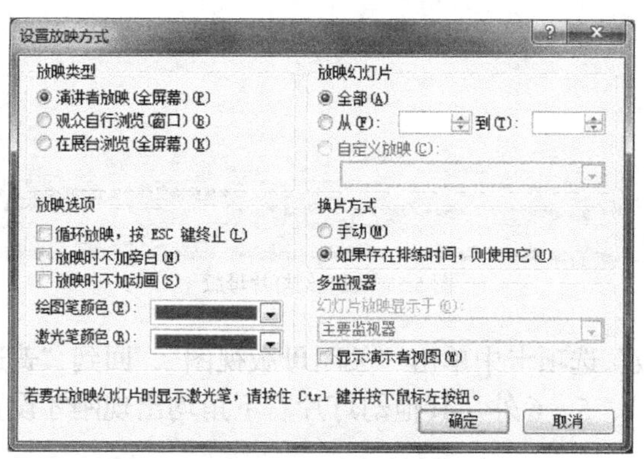

图 5.57 设置幻灯片放映方式

隐藏幻灯片：选中某张幻灯片后单击该命令，则在放映时将跳过该幻灯片，但不会删除该幻灯片。

录制幻灯片演示：录制幻灯片演示是 PowerPoint 2010 的一项新功能，该功能可以记录幻灯片的放映时间，同时，允许用户使用鼠标、激光笔或麦克风为幻灯片加上注释或旁白。也

就是说，制作者对 PPT 的一切相关的注释都可以使用录制幻灯片演示功能记录下来，从而使得幻灯片的互动性能大大提高。录好的幻灯片可以脱离讲演者来放映。

2. 设置配合倡议演讲用的幻灯片放映

演讲时通常要脱离稿子进行演示，这时可以利用 PowerPoint2010 的分屏显示功能来实现这一目的。操作步骤如下。

（1）打开"感恩父母.pptx"文件，将每一页幻灯片要演讲的内容输入到相应的"备注窗格"中，例如在幻灯片 4 的备注窗格中输入文本，如图 5.58 所示。

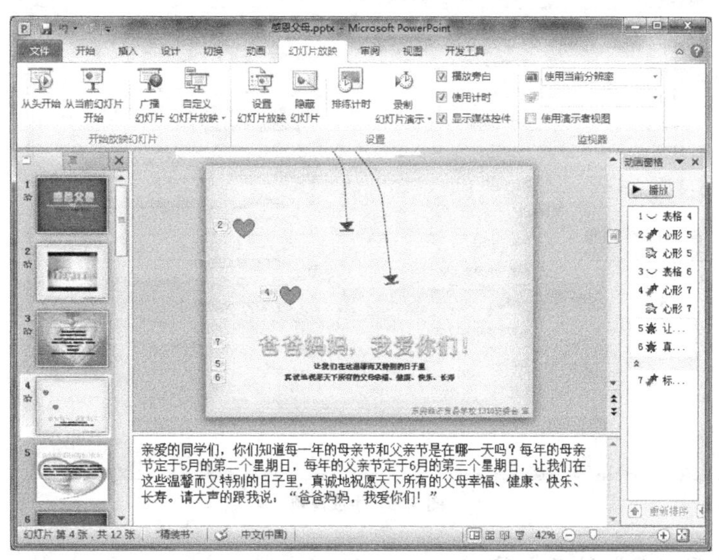

图 5.58　在幻灯片 4 的备注窗格中输入演讲词

（2）连接投影仪（也可以是电视或其他显示器）。注意，先不要把显示切换到投影仪。

（3）为系统设置多屏显示。在桌面单击鼠标右键，选择"属性/设置"，选择"显示器 2"，并勾选"将 Windows 桌面扩展到该监视器上"，确定后投影屏幕上会自动显示本电脑的桌面画面。

（4）在"幻灯片放映"选项卡中选择"设置幻灯片放映"。

（5）在弹出的"设置放映方式"对话框中，"多监视器"组下设置"监视器 2 默认监视器"，勾选"显示演示者视图"。

（6）设置完毕后按下 F5 键，可以看到，投影屏幕中只显示放映画面，跟正常演示播放完全一样，而在电脑上显示了播放画面、备注、缩略图以及播放的时间、手写笔等信息，演示者可以随意操作。

注意：如果要取消以上设置，只需要在"桌面/属性/设置"里，取消勾选"将 Windows 桌面扩展到该监视器上"即可。

3. 制作放在网络上供人观看的视频

在制作好的视频中，幻灯片要自动放映，演讲者的旁白也要随之播放出来。这需要借助录制幻灯片演示来完成。操作步骤如下。

（1）在"幻灯片放映"选项卡中，勾选"播放旁白"、"使用计时"和"显示媒体控件"，单击"录制幻灯片演示"，选择"从头开始录制..."，在弹出的"录制幻灯片演示"对话框中

勾选“幻灯片和动画计时”以及“旁白和激光笔”，单击“开始录制”。之后的操作与正式演讲一样，注意打开麦克风，直至结束。

（2）在“文件”选项卡下选择“保存并发送”，单击“创建视频”，选择“使用录制的计时和旁白”，单击“创建视频”，在弹出的“另存为”对话框中设置保存的文件名和路径，单击“保存”按钮则 PowerPoint 自动生成视频文件。当前支持的视频文件只有.wmv 格式。如图 5.59 所示。

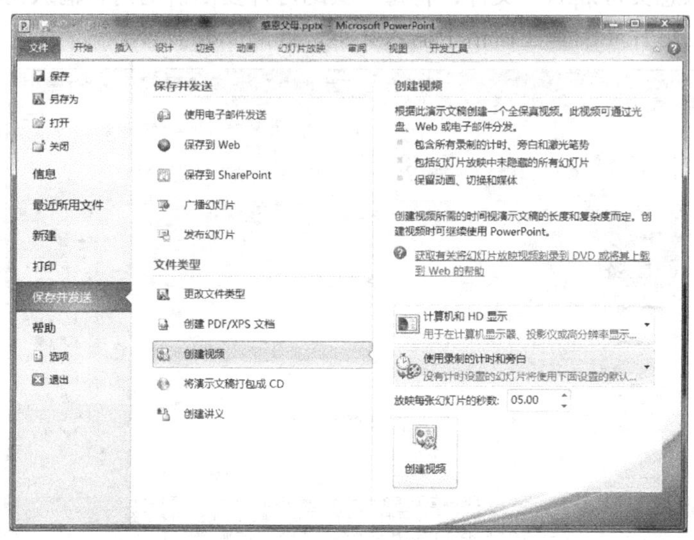

图 5.59　生成视频

4. 打印“感恩父母”演示文稿

在“文件”选项卡下选择“打印”，可以看到打印相关的设置，如图 5.60 所示。

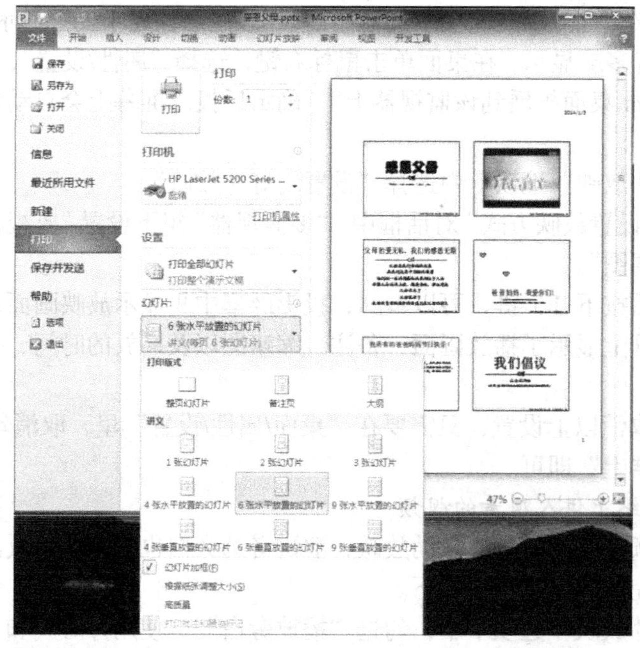

图 5.60　打印演示文稿

在打印设置里，可以设置打印范围（全部或部分页）、打印内容（包括幻灯片、讲义、备注页、大纲视图）、打印份数、质量等。

其中，经常使用的是打印“讲义”的功能，通常设置为“6 张水平放置的幻灯片”，这样比较节省纸张。

打印 PPT 有以下几个方面值得注意。

（1）PowerPoint 直接打印出来的清晰度有限，如果要求较高时尽可能导出为图片（另存为图片格式）再打印。

（2）动画页面常常会有多个对象重叠在一起，或者超出打印范围，需要调整后再打印。

（3）片头动画一般被删除（本任务中的幻灯片 2 属此范畴）。如果有过渡页也要被删除。

（4）一般为了演示时让所有观众都看清楚，PPT 中的文字设置都比较大，可以适当调整文字大小后再打印。

超链接如何使用？

经过一段时间的倡议演讲后，同学们需要对幻灯片 6“我们倡议”进行修改。原本倡议的 5 个办法是顺序播放的，但实际演讲中此处增加与观众互动的环节，让同学们自己提出每个办法的具体做法，再揭晓答案。因此，希望在幻灯片 6 中增加链接，单击链接可以跳转到 5 个办法所在的幻灯片。

（1）对幻灯片 6 做如下修改。

① 修改文本框的文字方向为“竖排”。

② 更改文字为图 5.60 所示文字，“行距”改为“2.5”，其他设置不变。

③ 选中文字“最直接的办法”，单击右键，选择“超链接...”命令，在弹出的“插入超链接”对话框里选择“链接到”为“本文档中的位置”，在“请选择文档中的位置”里单击幻灯片 7“最直接的办法”，单击“确定”按钮。如图 5.61 所示。

④ 对其他文字分别设置对应的超链接，修改完成后的效果如图 5.62 所示。

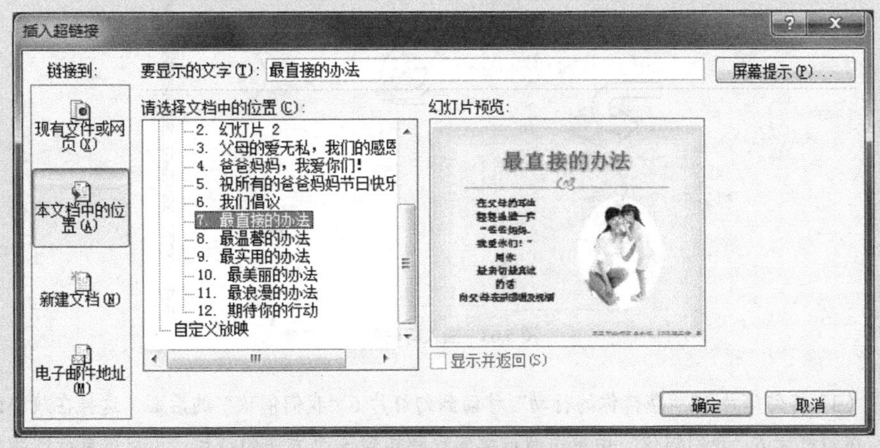

图 5.61　设置超链接

图 5.62　幻灯片 6 修改后效果

（2）以幻灯片 7 为例，对幻灯片 7～11 做如下修改。

① 在“插入”选项卡的“图像”组中单击“剪贴画”命令，搜索“箭头”剪贴画，将“返回”箭头插入到幻灯片右下角，并旋转 90 度，如图 5.63 所示。

② 为插入的剪贴画设置超链接，链接到幻灯片 6。

③ 在“切换”选项卡下“计时”组中，取消勾选“单击鼠标时”。这样在放映该幻灯片时单击鼠标不会切换到下一页，必须单击“返回”箭头，利用超链接回到幻灯片 6。

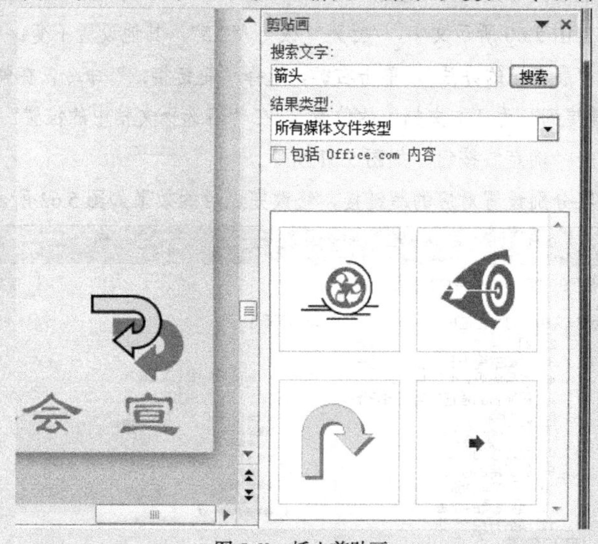

图 5.63　插入剪贴画

（3）将幻灯片 12“期待你的行动”移动到幻灯片 6“我们倡议”的后面。这样在放映幻灯片时，在幻灯片 6“我们倡仪”中单击超链接实现跳转到 5 个方法幻灯片，而单击鼠标则跳转到演讲最后一张幻灯片“期待你的行动”。如图 5.64 所示。注意：由于超链接的存在，这里演讲的最后一张幻灯片并不是演示文稿的最后一张幻灯片。

图 5.64　调整幻灯片顺序

【项目小结】

本章通过完成演示文稿——“感恩父母”的制作，介绍了 PowerPoint 2010 的基本功能，详细说明了幻灯片的排版、修饰、动画和放映的操作方法，同学们也了解了创建演示文稿的一般方法。

PowerPoint 是什么？PowerPoint 是一种演示的工具，是一种可视化、多媒体化的沟通载体，是一种新的交流媒介。PPT 不再是以往呆板、枯燥的，而是“动起来”的；PPT 不再是繁琐、冗长的全文字，而是用大量图表、大量关系图构成；报告会、演讲不需要再像以往用 Word 文档照本宣读，而是用 PPT 进行生动的、全方位的展示、演绎；PPT 不再是像板书般带有说教性，更多的是互动地、根据不同风格进行展现；PPT 可将复杂的逻辑关系更清晰、直观地展示出来。

制作优秀的演示文稿不但需要掌握 PowerPoint 2010 软件的使用，还要从思路、内容、设计等方面着手，同学们在今后的学习、实践中要以与时俱进的眼光去看待 PPT、运用 PPT。

拓展实训

【任务描述】

在入学的第一学期，同学们学习了《职业生涯规划》这门课程。职业生涯是一个人一生中所有与职业相联系的行为与活动，以及相关的态度、价值观、愿望等连续性经历的过程，也是一个人一生中职业、职位的变迁及工作理想的实现过程。职业生涯规划是指个人与组织

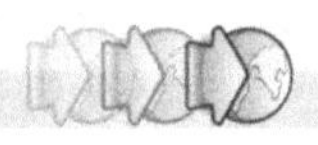

相结合，在对一个人职业生涯的主客观条件进行测定、分析、总结的基础上，对自己的兴趣、爱好、能力、特点进行综合分析与权衡，结合时代特点，根据自己的职业倾向，确定最佳的职业奋斗目标，并为实现这一目标做出行之有效的行动计划。职业生涯规划包括职业规划、自我规划、理想规划、环境规划和组织规划等。

请根据《职业生涯规划》一门课所学的内容，针对自己所学的专业，制作一份职业生涯规划的演示文稿。

【验收标准】

（1）演示文稿的内容要求：个人基本信息（班级、姓名、学号等）、自我分析（兴趣爱好、性格、优缺点等）、职业能力分析（家庭、学校、专业、就业形势优劣分析等）、职业生涯规划（近期、中期、远期、终期目标等）、规划实施（近期、中期、远期、终期规划等）、结束语。

（2）演示文稿的大小要求：幻灯片张数控制在 10 ~ 15 张之间。

（3）演示文稿的命名要求：文件名为本人学号。

（4）演示文稿的评分标准：如表 5-3 所示。

表 5-3 职业生涯规划演示文稿作品评分标准

项目	分值	评分要素	评分标准
内容	40 分	主题突出、内容完整：作品内容能够清晰、准确地表达并再现素材的精要；整部作品已覆盖素材的主要内容 结构合理、逻辑顺畅：幻灯片之间具有层次性和连贯性；逻辑顺畅，过渡恰当；整体风格统一、流畅、协调 紧扣主题：模板、版式、作品的表现方式能够恰当地表现主题内容	31 ~ 40 分 很好 21 ~ 30 分 好 11 ~ 20 分 一般 0 ~ 10 分 差
技术	25 分	作品中使用了文本、图片、表格、图表、图形、动画、音频、视频等表现工具；作品中可使用超链接或动作功能，但不是必选项，不使用不扣分 作品中使用的上述功能经过优化处理，可以迅速载入 整部作品播放流畅，运行稳定、无故障	19 ~ 25 分 很好 12 ~ 18 分 好 6 ~ 11 分 一般 0 ~ 5 分 差
艺术	20 分	整体界面美观，布局合理，层次分明，模版及版式设计生动活泼，富有新意，总体视觉效果好，有较强的表现力和感染力 作品中色彩搭配合理、协调，表现风格引人入胜；文字清晰，字体设计恰当	16 ~ 20 分 很好 11 ~ 15 分 好 6 ~ 10 分 一般 0 ~ 5 分 差
创意	15 分	整体布局风格（包括模版设计、版式安排、色彩搭配等）立意新颖，构思独特，设计巧妙，具有想象力和表现力 作品原创成分高，具有鲜明的个性	12 ~ 15 分 很好 7 ~ 11 分 好 4 ~ 6 分 一般 0 ~ 3 分 差

项目 6 互联网 Internet 的应用

项目背景

互联网（Internet）是一组全球信息资源的总汇，是符合 TCP/IP 的多个计算机网络组成的一个覆盖全球的网络，它缩短了人们的生活距离，把世界变得更小了。人们利用电子邮件可以在极短的时间内与世界各地的亲朋好友联络，接入 Internet 可以漫游世界各地，可以获取各类（如商业的、学术的、生活的）有用的信息。在 Internet 已经非常普及的今天，以下能力是非常重要的：掌握基本的网络常识并能快速地连接到 Internet 上，能够利用网络快速地查找并获取所需的信息资源，可以在网络上发送、接收邮件，能够使用常见的网络软件方便日常工作和学习及娱乐活动。

能力目标

- 掌握计算机网络的基本概念。
- 了解接入 Internet 的方法及相关设备。
- 了解 IP 地址和域名的概念。
- 掌握如何获取网络信息。
- 掌握电子邮件的收发。
- 了解即时通信工具的使用。
- 了解计算机犯罪和相关法律法规。

任务 1 计算机网络基本概念

【任务描述】

大明是一名紧贴时尚的青年，为了紧跟时代步伐，大明需要学习计算机网络的概念以及组网的硬件设备等有关网络的基础知识，以便更好地利用计算机网络为自己的工作、学习、生活服务。

【任务实现】

1. 计算机网络的基本概念

计算机网络是指分布在不同地理位置上的具有独立功能的多个计算机系统，通过通信设

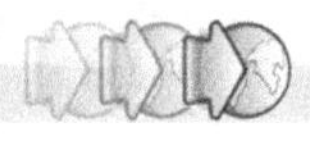

备和通信线路相互连接起来，在网络软件的管理下实现数据传输和资源共享的系统。计算机网络系统具有丰富的功能，其中最重要的是资源共享和快速通信。

2. 计算机网络的分类

按网络覆盖的地理范围（距离）进行分类，可以将计算机网络分为三类：局域网、城域网和广域网。

局域网（Local Area Network,LAN）是一种在小区域内使用的网络，其传送距离一般在几公里之内，最大距离不超过10千米，适合于一个部门或一个单位组建的网络，例如在一个办公室、一幢大楼或校园内，局域网的结构如图6.1（a）所示。

广域网（Wide Area Network, WAN）也叫远程网络，覆盖地理范围比局域网要大得多，可从几十千米到几千千米。广域网可以覆盖一个地区、国家或横跨几个洲，可以使用电话线、微波、卫星等信道进行通信，Internet就是典型的广域网，广域网的结构如图6.1（b）所示。

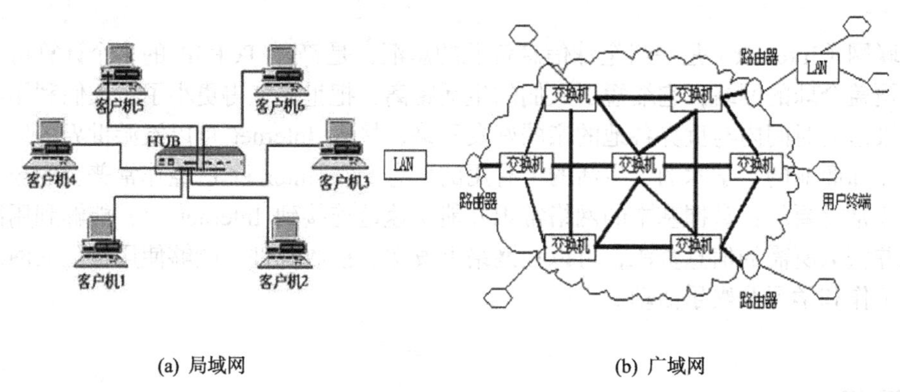

(a) 局域网　　(b) 广域网

图6.1　局域网与广域网

3. 网络的拓扑结构

网络的拓扑结构是指构成网络的节点（如工作站）和连接各个节点的链路（如传输线路）组成的图形的共同特征。网络的拓扑结构主要有星型、环型和总线型等几种。

星型结构是最早的通用网络拓扑结构形式。其中每个站点都通过连线（例如电缆）与主机相连，相邻站点之间的通信都通过主机进行。星型结构要求主控机有很高的可靠性，是一种集中控制方式的结构。星型结构的优点就是结构简单，控制处理也比较简单，增加工作站点容易；缺点是一旦主控机出现故障，会引起整个系统的瘫痪，可靠性较差。星型结构如图6.2（a）所示。

环型结构网络中的各个工作站通过中继器连接到一个闭合的环路上，信息沿环形线路单向（或双向）传输，由目的站点接收。环型网适合那些数据都不需要在中心主控机上集中处理而主要在各自站点处理的情况。环型结构的优点是结构简单、成本低，缺点是环中任意一个站点的故障都会引起网络瘫痪，可靠性低。环型结构如图6.2(b)所示。

总线型结构网络中各个工作站均经一根总线相连，信息可沿两个不同的方向由一个站点传向另一站点。这种结构的优点是：工作站连入或从网络中卸下都非常方便，系统中某个工作站出现故障也不会影响其他站点之间的通信，系统可靠性高，结构简单，成本低。总线型结构如图6.2(c)所示。

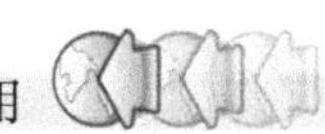

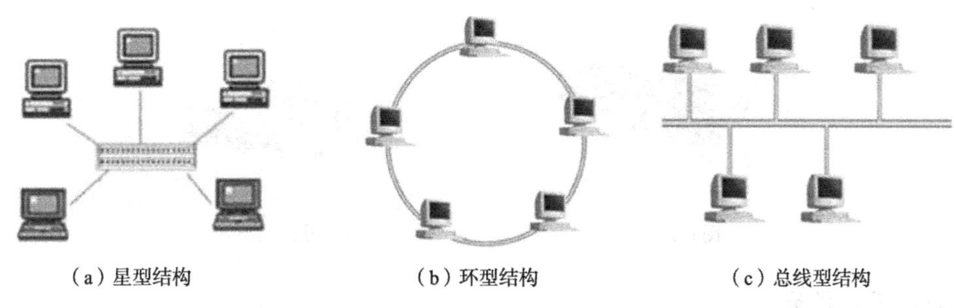

（a）星型结构　（b）环型结构　（c）总线型结构

图 6.2　网络的拓扑结构

4. 数字信号和模拟信号

通信的目的是传输数据，信号则是数据的表现形式。信号分为数字信号和模拟信号两类。数字信号是一种离散的脉冲序列，通常用一个脉冲表示一个二进制数。现在计算机内部处理的信号都是数字信号。模拟信号是一种连续变化的信号，可以用连续的电波表示，例如声音就是一种典型的模拟信号。

5. 数据传输速率

在数字信道中，用数据传输速率（比特率）表示信道的传输能力，即每秒传输的二进制位数（bit/s），单位为 bit/s、kbit/s、Mbit/s 或 Gbit/s。

6. 误码率

误码率是数据通信系统的主要技术指标之一，它是指在信息传输过程中的出错率，是通信系统的可靠性指标。

7. 局域网的组网设备

（1）通信介质。通信介质是指计算机网络中发送方与接收方之间的物理通路，是计算机与计算机之间传输数据的载体。常见的有线通信介质有同轴电缆、双绞线和光纤，如图 6.3 所示，另外还有无线通信介质，如微波、卫星通信等。在常见的有线通信介质中抗干扰能力最强的是光纤。

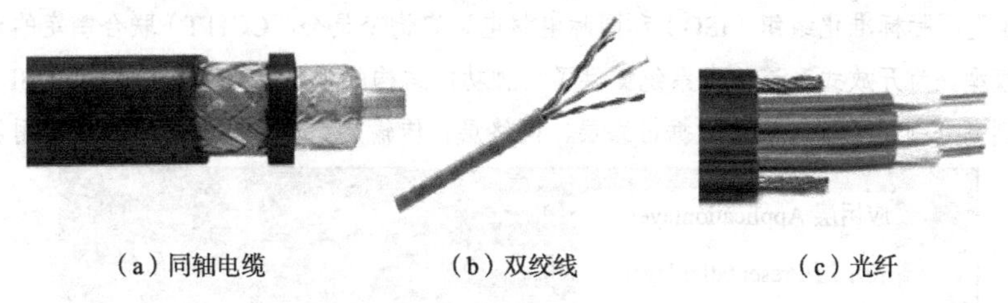

（a）同轴电缆　（b）双绞线　（c）光纤

图 6.3　有线通信介质

（2）网络接口卡。网络接口卡（简称网卡）是构成网络必需的基本设备，用于将计算机和通信电缆连接在一起，以便经电缆在计算机之间进行高速数据传输。因此，每台连接到网络上的计算机都需要安装一块网卡，网卡外观如图 6.4 所示。

（3）集线器（Hub）。集线器是局域网的基本连接设备。在传统的局域网中，连线的结点通过双绞线与集线器连接，构成物理上的星型拓朴结构。集线器外观如图 6.5 所示。

图 6.4 网卡

图 6.5 集线器

8. 网络互连设备

（1）路由器（Router）。处于不同地理位置的局域网通过广域网进行互联是当前网络互联的一种常见的方式。路由器是实现局域网与广域网互联的主要设备。路由器外观如图 6.6 所示。

（2）调制解调器（Modem）。调制解调器是计算机通过电话线接入 Internet 的必备设备，它具有调制和解调两种功能。通信过程中，信道的发送端与接收端都需要调制解调器。发送端的调制解调器将数字信号调制成模拟信号，接收端的调制解调器再将模拟信号解调还原为数字信号进行接收和处理。调制解调器的主要技术指标是数据传输速率，它的度量单位是 Mbit/s。

调制解调器分为外置和内置两种，外置调制解调器是在计算机机箱之外使用，一端用电缆连接在计算机上，另一端与电话插口连接，外置调制解调器外观如图 6.7 所示。内置调制解调器是一块电路板，插在计算机或终端内部。

图 6.6 路由器

图 6.7 外置调制解调器

什么是开放系统互连参考模型（Open System Interconnection，OSI）？

OSI 是国际标准化组织（ISO）和国际电报电话咨询委员会（CCITT）联合制定的开放系统互连参考模型，为开放式互连信息系统提供了一种功能结构的框架。如图 6.8 所示，OSI 7 层网络模型从低到高分别是：物理层、数据链路层、网络层、传输层、会话层、表示层和应用层。

层号	层		功能
7	应用层 Applicationlayer	→	处理网络应用
6	表示层 Presentationlayer	→	数据表示
5	会话层 Sessionlayer	→	主机间通信
4	传输层 Transportlayer	→	进程间的连接
3	网络层 Networdlayer	→	寻址和最短路径
2	数据链路层 Data Linklayer	→	介质访问（接入）
1	物理层 Physicallayer	→	二进制传输

图 6.8 OSI 7 层网络模型

知识拓展

任务 2　将计算机接入 Internet

【任务描述】

个人上网接入方式从最早速度较慢的电话拨号接入方式逐渐被宽带方式所代替，目前国内用户接入 Internet 的方式较常用的有 ADSL、小区宽带等几种。随着无线通信技术的发展，越来越多拥有笔记本电脑的用户将无线上网作为一种常用的 Internet 接入方式。为了方便工作和学习、生活，很多单位与家庭都需要将现有的电脑连接到 Internet。

大明在东莞市城区一家贸易公司做管理工作，办公室新购进了一台电脑，为了与公司内部信息沟通，需要将这台电脑连接到公司的局域网上。另外公司在长安镇成立了一个办事处，需要给该办事处的电脑安装 ADSL 宽带，并将该电脑连接到 Internet。公司经理把这两项工作都安排给大明，大明就开始了把计算机接入网络的工作。

【任务实现】

1. *采用局域网方式连接 Internet*

（1）将网线插入到网卡接口中，保证计算机与网络的连接。

（2）右键单击桌面上的“网络”图标，在弹出的快捷菜单中选择“属性”命令，打开“网络和共享中心”窗口，如图 6.9 所示。

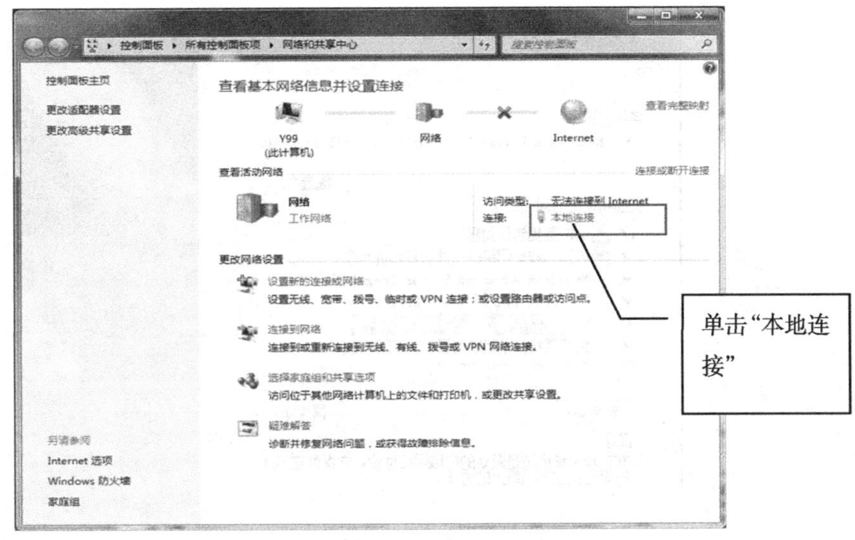

图 6.9　“网络和共享中心”窗口（1）

（3）在图 6.9 中单击右侧“本地连接”，弹出“本地连接状态”对话框，如图 6.10 所示。

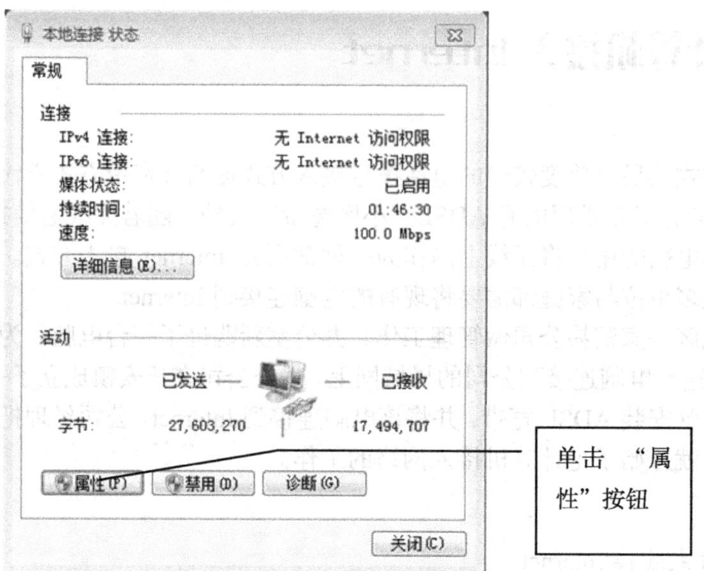

图 6.10 “本地连接状态”对话框

（4）在图 6.10 中单击“属性”按钮，弹出“本地连接属性”对话框，在对话框中拖动滚动条，选择“Internet 协议版本 4（TCP/IPv4）”项，如图 6.11 所示。

图 6.11 “本地连接属性”对话框

（5）在图 6.11 单击“属性”按钮，弹出“Internet 协议版本 4（TCP/IPv4）属性”对话框，如图 6.12 所示，普通个人用户在一般情况下都是使用自动获得的动态 IP 地址，所以在这个对话框中默认的选项是“自动获得 IP 地址”。如果想要人为设置，可以选择“使用下面的 IP 地址”单选按钮，并可在对话框中输入“IP 地址”、“子网掩码”、“默认网关”和“DNS 服务器地址”。

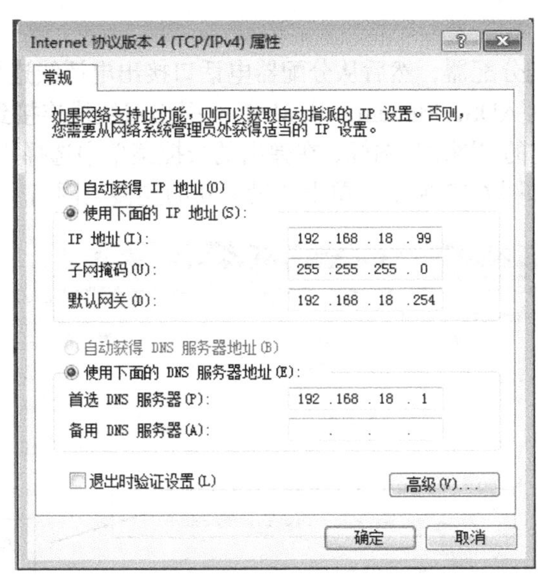

图 6.12　“ Internet 协议（TCP/IP）属性”对话框

（6）完成相应设置后，单击“确定”按钮即可完成设置。

（1）IP 地址。IP 地址是区分网上不同计算机的最重要的标识，每一台计算机只有一个 IP 地址与它相对应，这类似我们日常生活中的门牌号或身份证号码。

IP 地址用二进制数来表示，长度有 32 位与 128 位之分，目前主要采用 32 位，分成 4 段,每段 8 位，用十进制数字表示，每段数字范围为 0~255，段与段之间用“.”分隔，例如 192.160.233.10。

由于网络中的 IP 地址很多，所以又将它们分为不同的类，即把 IP 地址的第一段进一步划分为如下五类。

0 到 127 为 A 类；128 到 191 为 B 类；192 到 223 为 C 类；D 类和 E 类留作特殊用途。

（2）TCP/IP。网络中的信息要确保顺利地传输且不产生冲突，还需要一定的规则，这就是 TCP/IP。TCP/IP 中文译名为传输控制协议/网际协议，是 Internet 最基本的协议，它规范了网络上所有通信设备，尤其是一个主机与另一个主机之间的数据来往格式以及传送方式。

知识链接

2. 通过 ADSL 连接 Internet

（1）选择相应的网络服务商（ISP）。ISP 指的是向用户提供 Internet 的接入业务、信息服务及相关增值服务的运营商。使用 ADSL 方式接入网络，用户首先要在网络运营商（如电信、网通等）处开通 ADSL 服务，获取用户名和密码。

（2）准备计算机上网所需的硬件。

① 一台计算机。对于普通用户来说，现阶段任何类型的计算机都可以适应上网要求。

② 准备并安装一块网卡，在购买计算机时通常都会配备。

③ 准备一台 ADSL MODEM ，通常由 ISP 提供。

④ ADSL 技术是基于普通电话线的宽带接入技术，在申请业务前需具备一条可以拨打外

线的电话线路。

（3）将电话线连接到分配器，然后从分配器电话口接出电话线连接到电话机，同时从网络接口接出电话线连接到 ADSL Modem，从 Modem 引出双绞线连接到计算机。

（4）右键单击桌面上的“网络”图标，在弹出的快捷菜单中选择“属性”命令，打开“网络和共享中心”窗口。如图 6.13 所示，单击“设置新的连接或网络”。

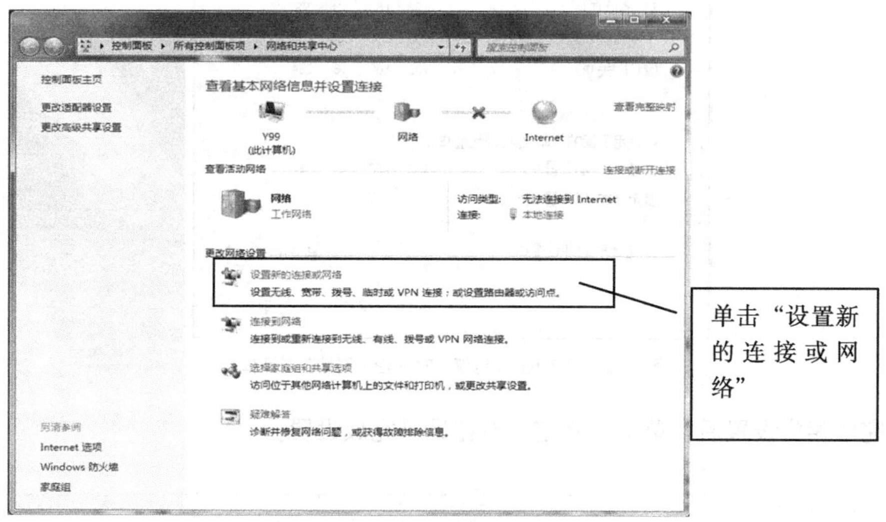

图 6.13 “网络和共享中心”窗口（2）

（5）弹出“设置连接或网络”对话框，如图 6.14 所示，选择“连接到“Internet”选项，单击“下一步”按钮。

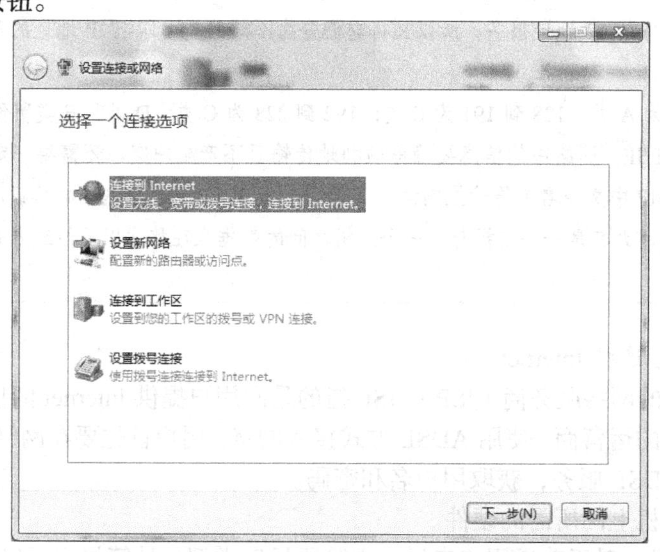

图 6.14 “设置连接或网络”对话框

（6）弹出“连接到 Internet”对话框，如图 6.15 所示，单击“宽带(PPPoE)(R)”选项，弹出如图 6.16 所示对话框，要求输入由 ISP 提供的用户名、密码及连接名称，“连接名称”为该连接命的名字，例如输入“宽带连接”，最后单击“连接”按钮，就可以连接到 ADSL

网络。

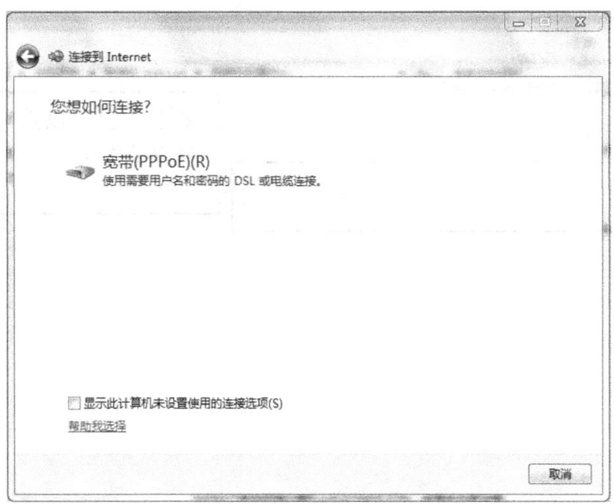

图 6.15　“连接到 Internet”对话框（1）

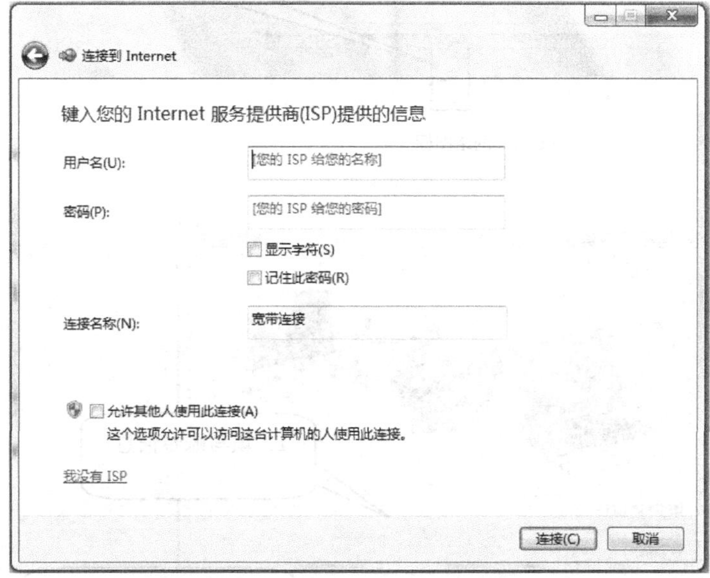

图 6.16　“连接到 Internet”对话框（2）

（7）建立好 ADSL 拨号连接后，单击桌面右下角的网络图标，就可以看到刚才创建的“宽带连接”图标，如图 6.17 所示，单击该图标，然后单击“连接”按纽。

（8）弹出“连接 宽带连接”对话框，如图 6.18 所示，输入用户名和密码后单击“连接”按钮，即可接入 Internet。

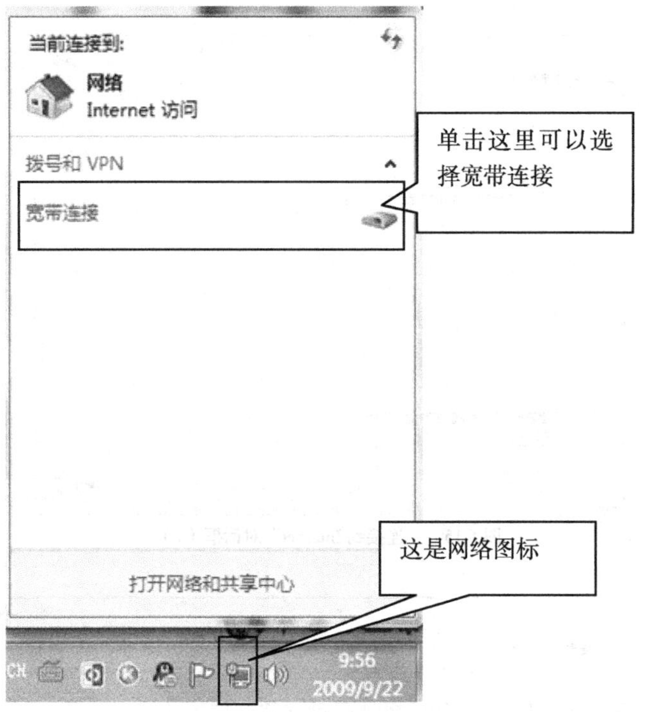

图 6.17　网络图标

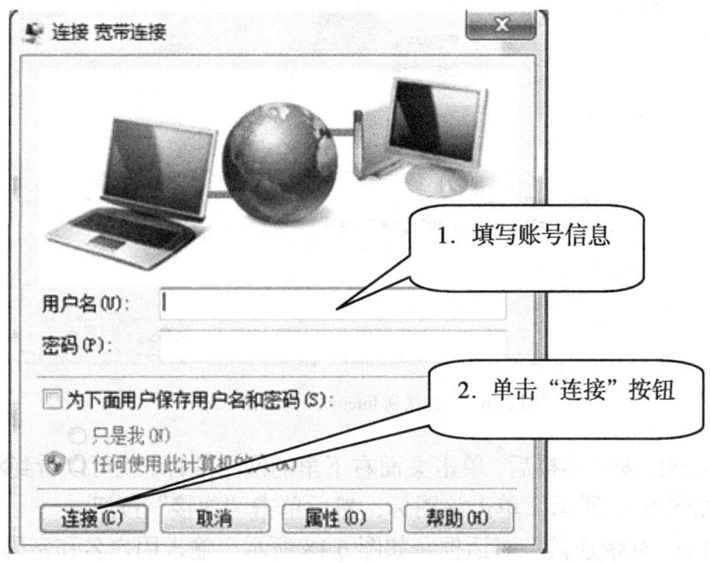

图 6.18　使用 ADSL 拨号连接接入 Internet

（1）域名。IP 地址对一个普通用户来说是难记忆的，因此 Internet 采用了域名管理系统（Domain Name System，DNS），入网的每台主机都具有类似于下列结构的域名：计算机名.机构名.二级域名.一级域名。

国际上，第一级域名采用通用的标准代码，它分组织机构和地理模式两类。由于 Internet 诞生在美国，所以其第一级域名采用组织机构域名，美国以外的其他国家都用主机所在的地区名称（由两个字母组成）为第一级域名，例如 CN 为中国，JP 为日本，KR 为韩国，UK 为英国等。常用一级子域名的标准代码如表 6-1 所示。

表 6-1　常用一级子域名的标准代码

域名代码	意义
COM	商业组织
EDU	教育机构
GOV	政府机关
MIL	军事部门
NET	主要网络支持中心
ORG	其他组织
INT	国际组织
<contrycode>	国家代码（地理域名）

例如 pku.edu.cn 是北京大学的一个域名，其中 pku 是该大学的英文缩写，edu 表示教育机构，cn 表示中国。

（2）ADSL 接入。ADSL 接入指使用非对称数字用户线路（Asymmetric Digital Subscriber Line, ADSL）技术，以现有普通电话线作为传输介质，只需要在 ADSL 线路两端加 ADSL 设备，即可使用 ADSL 提供的宽带上网服务。ADSL 和固定电话使用同一条线路实现宽带上网和语音通信，在上网的同时也可以使用语音通信服务，上网和接听、拨打电话互不干扰。

知识链接

（1）Internet 的发展。Internet 的中文名称是因特网，也叫“国际互联网”，是一种全球性的、开放的计算机网络。它起源于 20 世纪 60 年代末，雏形是美国国防部建立的一个用于军事实验的网络——ARPAnet。其主导思想是：网络必须能够经受住故障的考验而维持正常工作，一旦发生战争，当网络的某一部分因遭受攻击而失去工作能力时，网络的其他部分应能够维持正常通信。今天的 Internet 已不再只是计算机技术人员和军事部门进行科研的领域，而变成了一个开发和使用信息资源的、覆盖全球的信息海洋。Internet 的应用已渗透到各个领域，从学术研究到股票交易、从学校教育到娱乐游戏、从联机信息检索到在线购物等，都有了长足的进步。

知识拓展

（2）Internet 在中国的发展状况。我国在 1994 年正式加入了 Internet。目前，在我国同时存在着几个与 Internet 相连的网络，它们是中国互联网(ChinaNet)、中国科技网（CSTNET）、中国教育和科研计算机网（CERNET）、中国金桥信息网（ChinaGBN）。

（3）Internet 提供的主要服务。

① 电子邮件(E-mail)：电子邮件是 Internet 提供的最常用的、便捷的通信服务。

② 文件传输(FTP)：文件传输为 Internet 用户提供在网上传输各种类型的文件的功能，是 Internet 的基本服务之一。将文件从 FTP 服务器传输到客户机的过程称为下载，反之则称为上传。

③ 远程登录(Telnet)：远程登录是一台主机的 Internet 用户使用另一台主机的登录账号和口令与该主机实现连接，作为它的一个远程终端使用该主机的资源的服务。

④ 万维网(WWW)交互式信息浏览：WWW 是 Internet 的多媒体信息查询工具，是 Internet 上发展最快的服务。它使用超文本和链接技术，使用户能自由地从一个文件跳转到另一个文件，浏览或查阅所需的信息。

知识拓展

任务 3 使用 IE 浏览和保存网页信息

【任务描述】

大明同学在业余时间最喜欢上网“冲浪”，浏览网页的主要目的是为了从 Internet 中获取自己需要的信息，有时不仅要浏览网页信息，还需要将网页的内容保存在自己的计算机中，这样即使在没有接入 Internet 的情况下，仍然可以浏览或使用保存过的信息。Internet 中的网页很多，如果用户知道将要浏览的网页域名，可以在 IE 浏览器的地址栏中输入域名，快速地转到相应的网页中进行浏览。在该任务中大明主要进行以下三方面的学习。

- 浏览东莞阳光网的网页。
- 将东莞阳光网的网站徽标作为图片文件保存到计算机磁盘中。
- 将东莞阳光网的主页保存在计算机磁盘中。

【任务实现】

1. 打开东莞阳光网网站的主页

在 IE 浏览器的地址栏中输入东莞阳光网网站的域名 http://www.sun0769.com，然后按回车键，浏览器主窗口中出现东莞阳光网的主页，如图 6.19 所示。

图 6.19 东莞阳光网主页

2. 保存网站的徽标图片

如果要将网站的徽标保存到自己的计算机中，可以执行下列操作。

（1）在网站的徽标图片上单击鼠标右键，弹出快捷菜单，选择“图片另存为”命令，如图 6.20 所示。

（2）在弹出的“保存图片”对话框中选择保存的位置及保存后的文件名及类型，如图 6.21 所示。单击“保存”按钮后即可将网页中的图片保存在自己的计算机磁盘中。

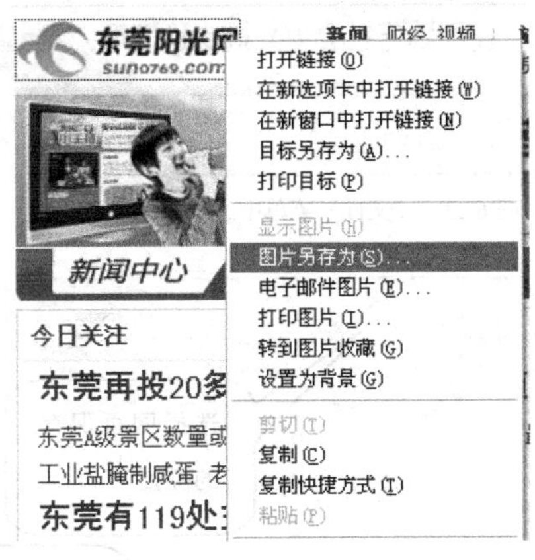

图 6.20　“图片另存为”命令

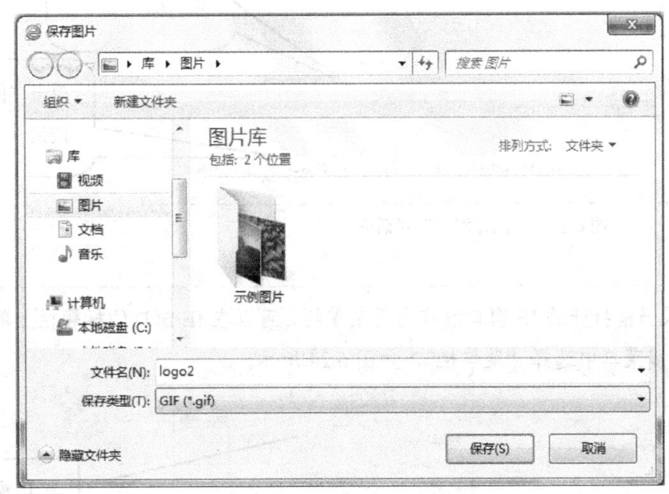

图 6.21　“保存图片”对话框

3. 保存整个网页的内容

当浏览到喜欢的网页时，可以将其保存下来。在本任务中需要将东莞阳光网的主页保存在计算机磁盘中。保存网页的的操作步骤如下。

（1）单击“文件”菜单，选择“另存为...”命令，如图 6.22 所示。

（2）在弹出的“保存网页”对话框中选择保存的位置及保存后的文件名及类型，如图 6.23 所示。单击“保存”按钮后即可将网页保存在计算机磁盘中。

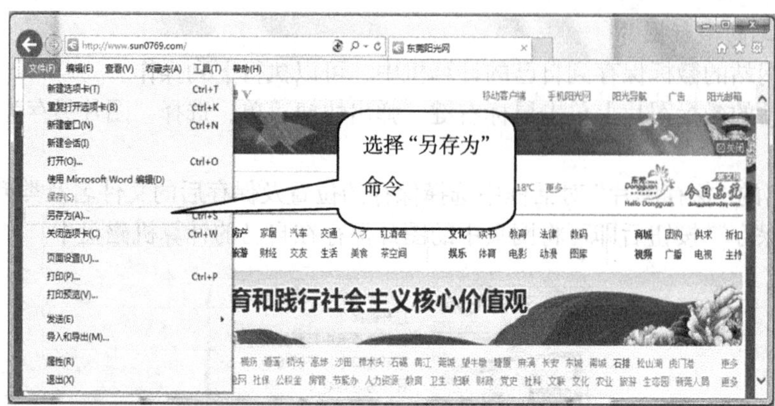

图 6.22　“文件”菜单中的“另存为”命令

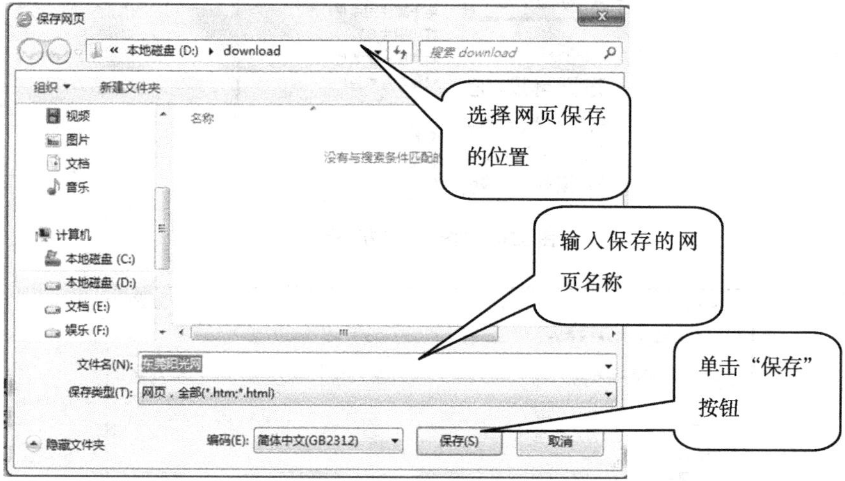

图 6.23　“保存网页”对话框

（1）如果当前打开的 IE 窗口没有出现菜单栏，可以在 IE 窗口的标题栏上单击鼠标右键，在弹出的右键快捷菜单中选择“菜单栏”，如图 6.24 所示。

图 6.24　为窗口添加“菜单栏”

知识链接

（2）网页文件的保存类型有多种，可以根据保存后的不同用途选择以下 4 种保存类型。

① “网页，全部”。这种类型是按原始格式保存显示网页时所需的所有文件，包括图片、框架和样式表。保存后即使计算机没有接入网络也可以看到联网时的效果。保存的文件包括一个 html 文档和一个同名的图片文件夹。

② “Web 档案，单个文件”。这种类型将网页信息、超链接等压缩成.mht 文件，其中有些图片、超链接只是一个定向，要想看到完整效果还需要接入网络。

③ “网页，仅 HTML”。这种类型只保存.html 或.htm 静态页面，可以看到基本的框架、文本等，但不包括图片、Flash、声音和其他文件。

④ “文本文件”。这种类型将网页中的文本信息保存成.txt 文本文件。

如果只想保存网页中的部分文本，则可以只选中这些文本，将其复制到 Word 文档或者文本文档中进行保存。

知识链接

（1）浏览器。IE（Internet Explorer）是微软公司推出的运行在 Windows 系列平台上的网页浏览软件，它安装在客户端，主要作用是接受用户的请求，到相应的网站获取网页并显示出来。现在 IE 最新的版本是 IE11。

IE 并不是唯一的浏览器，还有很多其他的浏览器，它们各有特点，如 Google Chrome、Safari 、Opera，以及近年发展迅猛的火狐浏览器等，国内厂商开发的浏览器有腾讯浏览器、傲游浏览器等。

（2）万维网（WWW）。WWW（Word Wide Web）简称 3W，也称为万维网，它拥有图形用户界面，使用超文本结构链接。WWW 系统也叫做 Web 系统，是一种基于超文本（Hypertext）方式的信息查询工具，是目前 Internet 上最方便、最受用户欢迎的信息检索服务系统，它把 Internet 上现有的资源都联系起来，使用户能在 Internet 上访问已经建立了 WWW 服务的所有站点提供的超文本媒体资源。

（3）统一资源定位符（URL）。统一资源定位符（Uniform Resource Locator，URL）通常称为网址，由三部分组成：所使用的传输协议、主机域名、访问资源的路径和名称。例如 http://news.163.com/special/syrian/diplomatism.html。

①“http://”表示超文本传输协议。

②“news.163.com”表示主机域名。

③“special/syrian/diplomatism.html”表示被访问的文件的路径及名称。

URL 并不仅限于 HTTP，它还包括 FTP、 Gopher 及新闻 URL 等。

知识拓展

任务4 使用搜索引擎检索信息

【任务描述】

如果不知道网站的域名，用户可以使用网页的搜索功能对网站的名称或内容进行搜索。目前功能强大的网页搜索服务工具很多，它们被称为搜索引擎。在本任务中将认识搜索引擎，并利用关键字检索方式在网页浏览过程中快速地找到有用的信息，将其从 Internet 中保存到自己的计算机磁盘上。

在本任务中主要进行以下三方面的学习。

- 利用搜索引擎搜索冰心的作品《纸船》。
- 搜索并下载、安装“迅雷”软件。
- 使用“迅雷”软件下载视频《超级强悍的电脑病毒》。

【任务实现】

1. 认识搜索引擎

Internet 中的信息量非常的庞大，用户要在信息的海洋中查找自己需要的信息，就像大海捞针一样。为了快速查找信息，搜索引擎出现了。搜索引擎是指根据一定的策略、运用特定的计算机程序从 Internet 上搜集信息，在对信息进行组织和处理后，为用户提供检索服务，并将相关的信息展示给用户的系统。

当前较有名气的搜索引擎有百度、谷歌、雅虎、网易等。

搜索引擎在 Internet 上检索网络资源的方式主要有分类目录式检索和关键字检索两种方式，这里用常用的关键字检索方式搜索冰心的作品《纸船》。

2. 搜索冰心的作品《纸船》

在 IE 浏览器的地址栏中输入搜索引擎“百度”的域名“http://www.baidu.com”，然后按回车键，浏览器主窗口中出现百度主页，输入关键字“纸船”，单击“百度一下”按钮，如图 6.25 所示。搜索结果如图 6.26（1）所示，从页面中可以看到搜索结果大多与冰心的作品“纸船”无关。为了更快、更准确地找到所需的信息，可以把关键字改为“纸船 冰心”， 搜索结果如图 6.26（2）所示，可见关键字的选择是非常重要的。

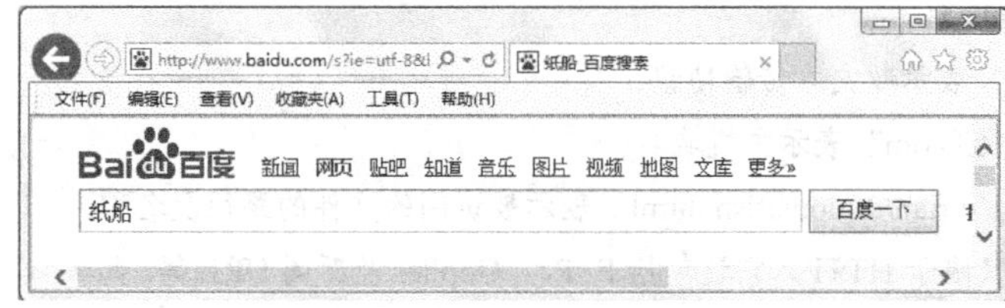

图 6.25 搜索“纸船”网页

（1）

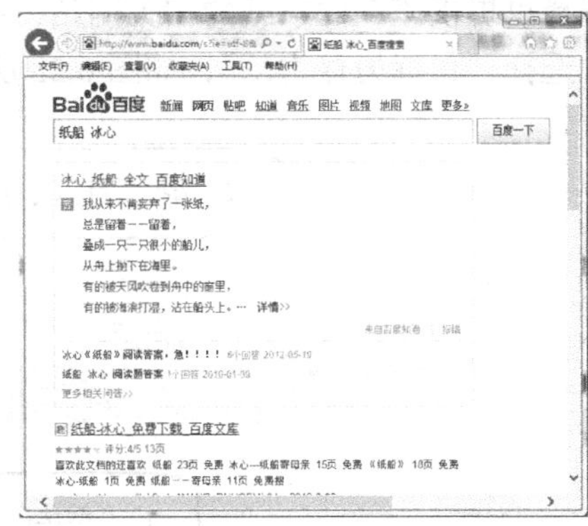

（2）

图 6.26　用关键字检索方式搜索

（1）超文本传输协议（HTTP）。

HTTP 是 Hyper Text　Transport　Protocol 的缩写。浏览网页时在浏览器地址栏中输入的 URL 前面都是以“http://”开始的。Http 定义了信息如何格式化、如何被传输，以及在各种命令下服务器与浏览器所采用的响应方式。

（2）搜索信息时使用的“关键字”。

所谓“关键字”就是指能表达将要查找的信息主题的单词或短语。用户以一定逻辑的组合方式输入各种关键词，搜索引擎根据这些关键词查找用户所需资源的地址，再以一定的规则将包含这些关键词的网页链接提供给用户。使用关键词的操作方法如下。

① 给关键词加双引号（半角形式）可实现精确的查询。

② 组合的关键词用　“+”连接，表明查询结果应同时具有各个关键词。

③ 组合的关键词用　“-”连接，表明查询结果中不会存在减号后面的关键词内容。

知识链接

3. 搜索并下载“迅雷”软件

对于在网络中检索到的文本和图片信息，可以采用前面介绍过的方法进行保存，但如果是其他的文件，则需要下载。从网上搜索并下载“迅雷”软件的操作步骤如下。

（1）打开浏览器，进入百度主页。输入关键字“迅雷下载”，开始搜索，如图 6.27 所示。

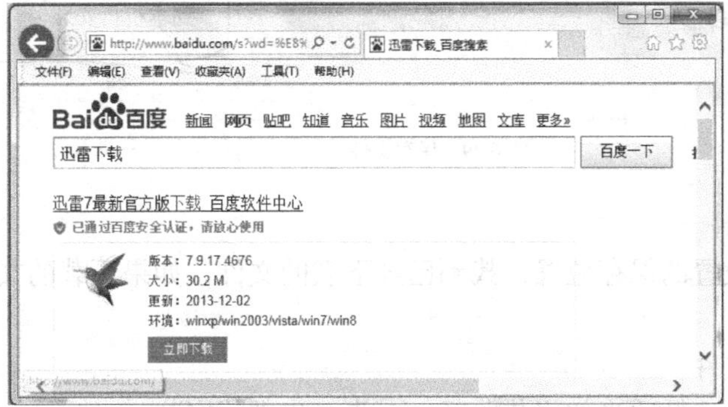

图 6.27　搜索“迅雷”软件

（2）选择可提供该软件下载的相关网站，找到下载链接并单击鼠标右键，在弹出的右键快捷菜单中选择“目标另存为...”，如图 6.28 所示。

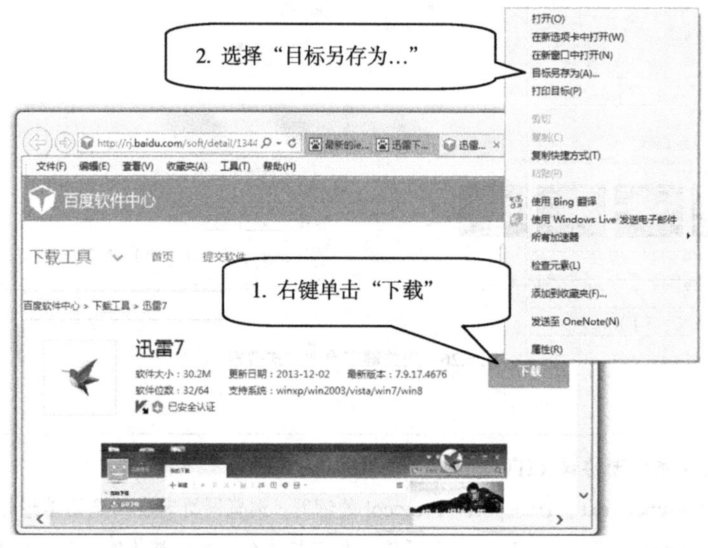

图 6.28　目标另存为

（3）在弹出的“另存为”对话框中，设置保存位置和文件名。单击“保存”按钮，如图 6.29 所示。

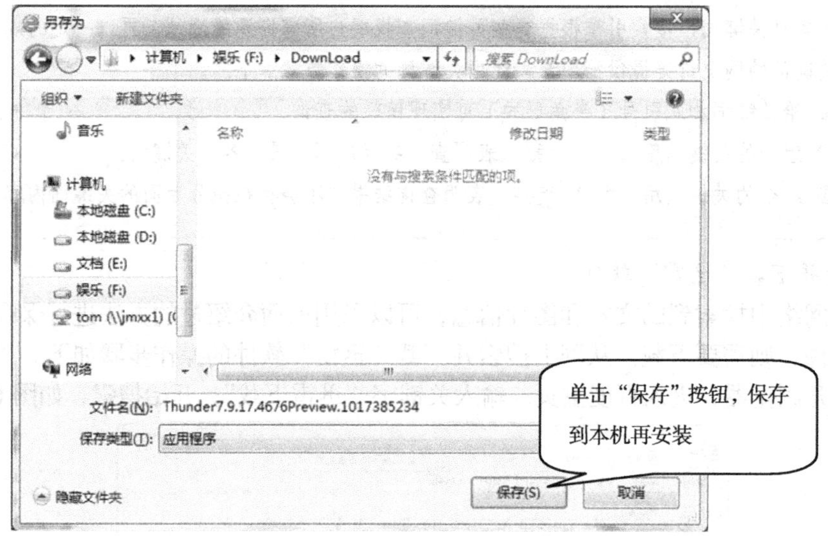

图 6.29　保存文件

4. 安装迅雷软件

（1）打开刚才设置的保存位置，找到已经下载的文件，如果下载的文件是压缩文件，还需要先进行解压缩。

（2）双击安装文件。

（3）根据提示，选择适当的安装路径，一步一步进行安装。

5. 使用“迅雷”软件下载视频《超级强悍的电脑病毒》

（1）打开浏览器，进入百度主页。输入关键字“超级强悍的电脑病毒 视频 下载”，开始搜索，如图 6.30 所示。

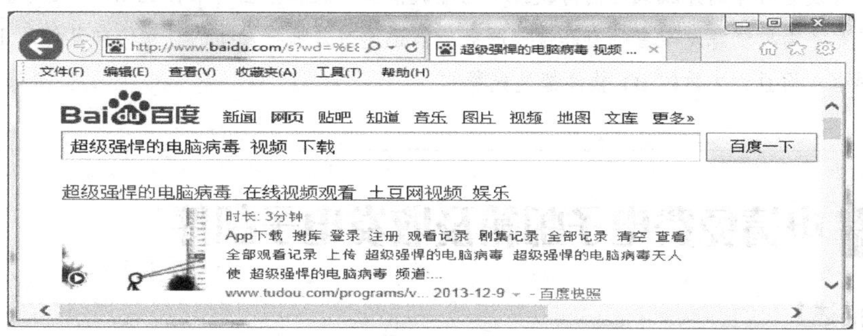

图 6.30　搜索视频《超级强悍的电脑病毒》

（2）找到合适的视频链接，在链接处单击鼠标右键，在弹出的右键快捷菜单中选择“使用迅雷下载”。

（3）弹出“新建任务”对话框，输入保存路径，单击“立即下载”开始下载，如图 6.31 所示。

图 6.31　迅雷“新建任务”对话框

（4）迅雷的“正在下载”窗口显示下载的各项指标，如速度、资源、文件大小、剩余时间等，如图 6.32 所示。

图 6.32　正在下载的迅雷界面

BT 是一种 Internet 上新兴的 P2P 传输协议，全名叫“BitTorrent”，现在已经独立发展成一个有广大开发者群体的开放式传输协议。BT 已经被很多个人和企业用来在 Internet 上发布各种资源，其好处是不需要资源发布者拥有高性能服务就能迅速有效地把发布的资源传向其他的 BT 客户软件使用者，而且大多数的 BT 软件都是免费的。

知识拓展

任务 5 申请免费电子邮箱及收发电子邮件

【任务描述】

李老师今年负责毕业生实习跟踪，学校要求实习的同学每个月填写一份信息表格，分布在全市各地的实习生不可能都回学校填写。因此李老师需要将制作好的空表格通过电子邮件发给所有实习生，让他们把表格填写好后再通过电子邮件发送过来。

李老师需要先申请一个免费邮箱，然后通过邮箱进行邮件的发送与接收。提供免费邮箱的网站很多，国内较著名的有网易的 163 邮箱和 126 邮箱，还有新浪邮箱，李老师选择了用 126 网易免费邮箱。

【任务实现】

1. 申请免费电子邮箱

（1）网络查找，选择网站。利用搜索引擎，例如在“百度”中输入要查找的内容“免费电子邮箱申请”，提供免费电子邮箱的网站很多，常见的有 163.com、126.com、sina.com.cn、qq.com 等，在搜出的免费电子邮箱网站中选择喜欢的网站，例如 126 网易免费邮网站。

（2）注册邮箱。

① 在 126 网易免费邮网站主页中单击“注册”按钮进行注册，如图 6.33 所示。

图 6.33　126 网易免费邮网站

② 注册网易免费邮的页面如图 6.34 所示，在“邮件地址”输入框中创建邮箱地址，填写自己的用户名，如 lifeifandg，网站会自动判断输入的用户名是否可用，用户名必须是该网站邮箱中唯一的。在注册用户的页面上，填写密码、个人信息及验证码，单击“同意服务条款”，最后单击“立即注册”按钮，至此注册成功，如图 6.35 所示。

图 6.34　126 网易免费邮箱注册

图 6.35　126 网易免费邮箱注册成功提示

（1）电子邮件（Electronic Mail，E-mail），它是一种通过 Internet 进行信息交换的通信方式，这些信息可以是文字、图像、声音等各种形式。电子邮件是 Internet 应用最广的服务之一，通过网络的电子邮件系统，用户可以用非常低廉的价格（不管发送到哪里，都只需负担电话费和网费），以非常快速的方式（几秒钟之内可以发送到世界上任何指定的目的地），与世界上任何一个角落的网络用户联系。

（2）电子邮件地址的组成。

电子邮件地址由三部分组成，如上述注册的 lifeifandg@126.com，“lifeifandg”是用户名，由用户申请时自行设定，通常由英文、数字、下划线组成，一般不能用中文；“@”是电子邮件地址的专用标识符；“126.com”是保存邮件的计算机名称（域名）。

知识链接

2. 编辑电子邮件并发送

（1）登录免费邮箱。

启动 IE 浏览器，进入 WWW.126.com，输入用户名和密码，进入 126 免费邮箱。

（2）单击“写信”按钮，进入编辑窗口。

（3）在“收件人”一栏中输入收件人的邮箱地址，例如 xiaomajm@126.com，并在正文框填写邮件内容，如图 6.36 所示。用“添加附件”功能可以在邮件中增加文件或图片，当单击“添加附件”时，将出现图 6.37 所示的对话框，可以在不同的目录中选择要发送的文件。当邮件内容写好并且附件添加完毕后，单击图 6.36 中的“发送”按钮就可以把邮件发送出去。

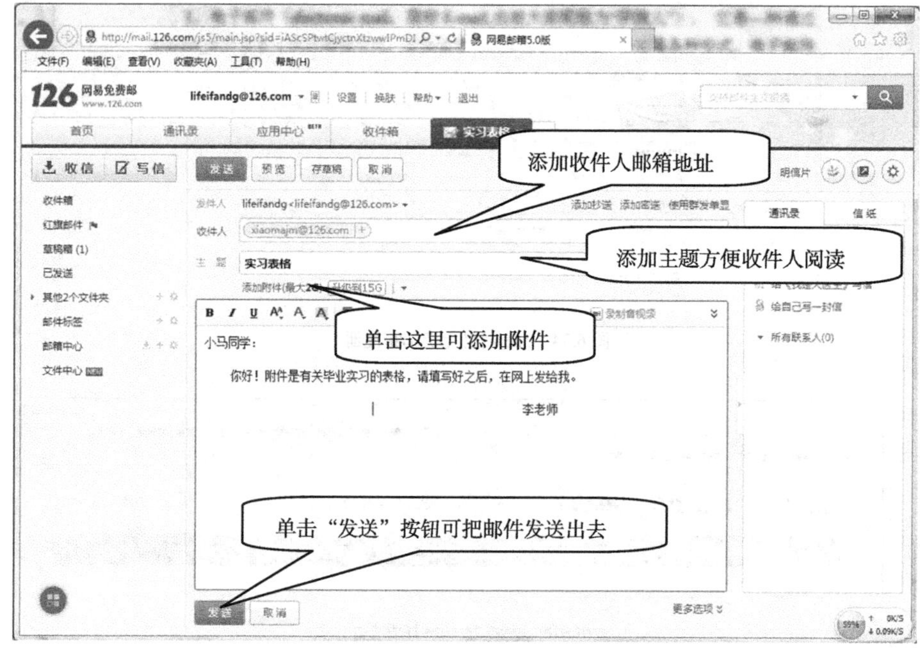

图 6.36　邮件编辑窗口

图 6.37　“添加附件”对话框

3. 接收一封添加了附件的电子邮件

（1）登录免费邮箱。

启动 IE 浏览器，进入 WWW.126.com，输入用户名和密码，进入 126 免费邮箱。

（2）单击“收信”按钮，进入收件箱窗口。

单击第一封 “xiaomadg”发过来的邮件，并阅读邮件内容，如图 6.38 所示。

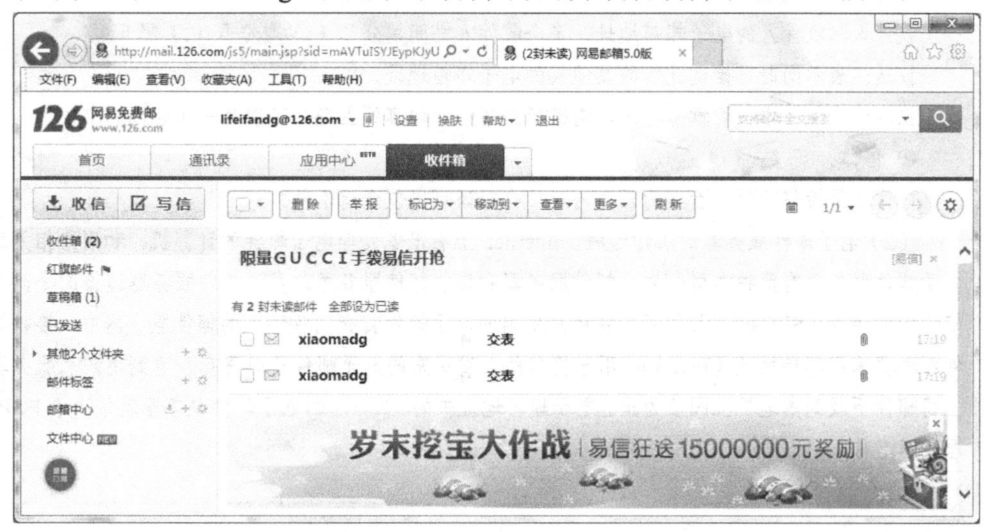

图 6.38　“收件箱”窗口

（3）在打开的邮件中，有一附件“实习表格.xlsx”，把鼠标移动到附件上，会出现如图 6.39 所示的选项，这时可以对该附件进行下载或直接打开等操作。

图 6.39　“阅读邮件”窗口

（1）电子邮件的格式。

电子邮件都有两个基本部分：信头和信体，信头相当于信封，信体相当于信件内容。

① 信头。

信头中通常包括如下几项。

收件人：收件人的电子邮箱地址。多个收件人之间用分号（;）或逗号（,）隔开。

抄送：表示同时可接到此信的其他人的电子邮箱地址。

主题：类似一本书的章节标题，它概括描述信件内容的主题，可以是一句话或一个词。

② 信体。

信体就是希望收件人看到的正文内容，有时还可以包含有附件。

（2）电子邮件服务器的工作过程。Internet 上有很多处理电子邮件的计算机，和用户相关的电子邮件服务器有两种类型：发送邮件服务器和接收邮件服务器。发送邮件服务器遵循的是简单邮件传输协议（SMTP），其作用是将用户发出的电子邮件转交到收件人的邮件服务器中。接收邮件服务器采用邮局协议（POP3），用于将其他人发送来的电子邮件暂时寄存，直到用户从服务器上将邮件下载到本地机上阅读为止。电子邮箱地址中的“@”后的电子邮件服务器就是一个 POP3 服务器名称。

知识链接

Outlook Express 的使用

收发电子邮件应有相应的软件支持，目前这类软件很多，如网易网、新浪网、搜狐网均有各自的电子邮件客户软件，Foxmail、Outlook Express 等都是常用的收发电子邮件的软件。下面以 Microsoft Outlook Express 6.0 为例介绍 Outlook Express 软件的使用。

1. 创建及发送邮件

（1）Outlook Express 主界面如图 6.40 所示。

（2）在图 6.40 中单击“新邮件”按钮，出现图 6.41 所示“新邮件”窗口。

（3）在图 6.41 的“收件人”里填写对方的邮箱地址，若需要同时发送给多个收件人，邮箱地址之间用“,”或“;”分隔。

（4）“主题”栏里的是对这封信内容的一个简短描述。

（5）窗口中最大的一个空白区就是正文区，在这里输入信件内容。

（6）若需要在邮件中添加附件，可单击“附加”按钮，在弹出的对话框中选择需要添加到邮件中的文件。

（7）最后单击“发送”按钮发送邮件。

知识拓展

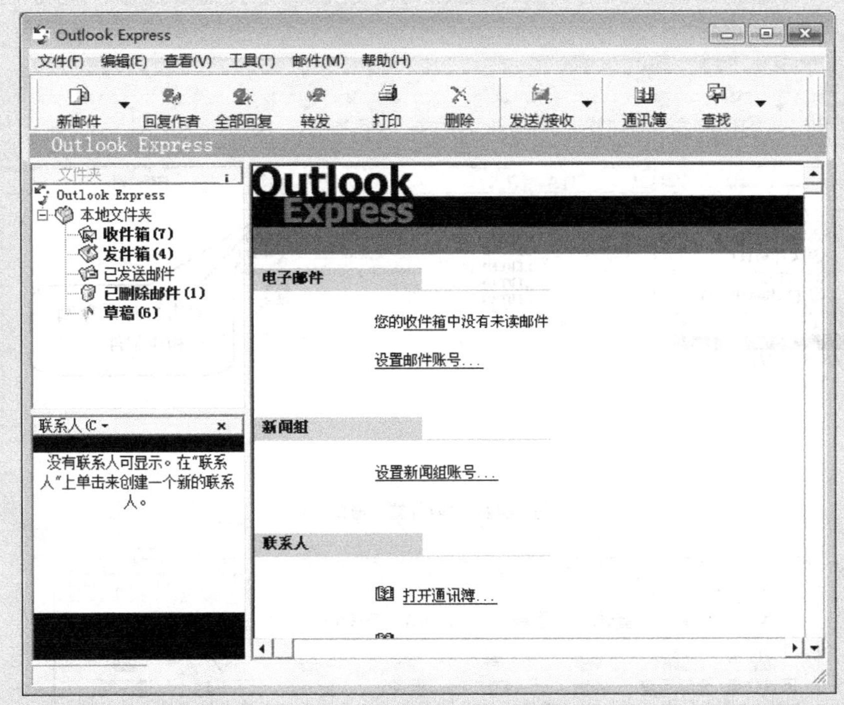

图 6.40　Outlook Express 主界面

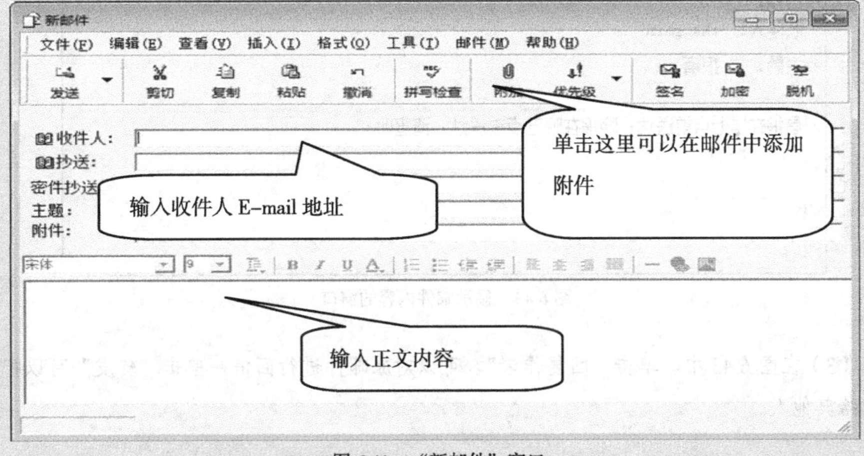

图 6.41　"新邮件"窗口

2. 接收和阅读邮件

（1）将机器连入 Internet 后，打开 Outlook Express，单击"发送/接收"按钮就可以把邮件服务器上的邮件接收到本地磁盘了。如果接收到新的邮件，Outlook Express 会提示：收件箱中有未读邮件。

（2）打开"收件箱"，如图 6.42 所示，选中需要阅读的邮件，双击可打开并阅读相应邮件，打开的邮件窗口如图 6.43 所示。

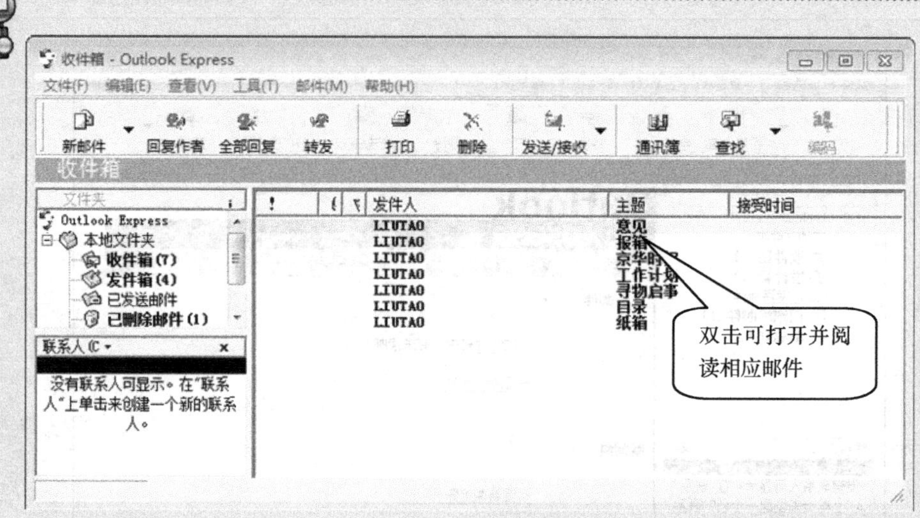

图 6.42 “收件箱”窗口

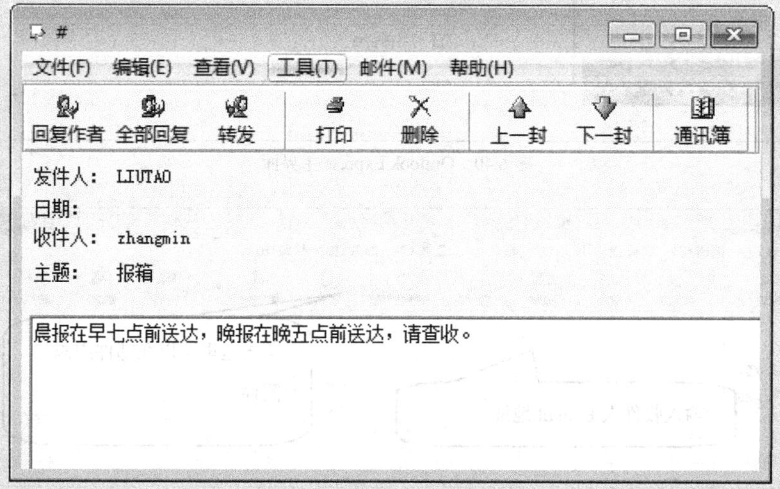

图 6.43 显示邮件内容的窗口

（3）在图 6.43 中，单击“回复作者”，可以对原邮件进行回信，单击“转发”可以把该邮件转发给其他人。

知识拓展

任务 6 使用即时通信工具

【任务描述】

李老师是毕业班的班主任，经常要接受在外地实习的学生的咨询，为了方便学生、更为了提高工作效率和降低通信开支，李老师安装了通信软件 QQ，申请了 QQ 号码，开始和同学们在网上进行即时通信，并利用 QQ 进行文件的传送。

【任务实现】

1. QQ 软件的下载与安装

（1）在浏览器地址栏中，输入腾讯网地址，页面如图 6.44 所示。

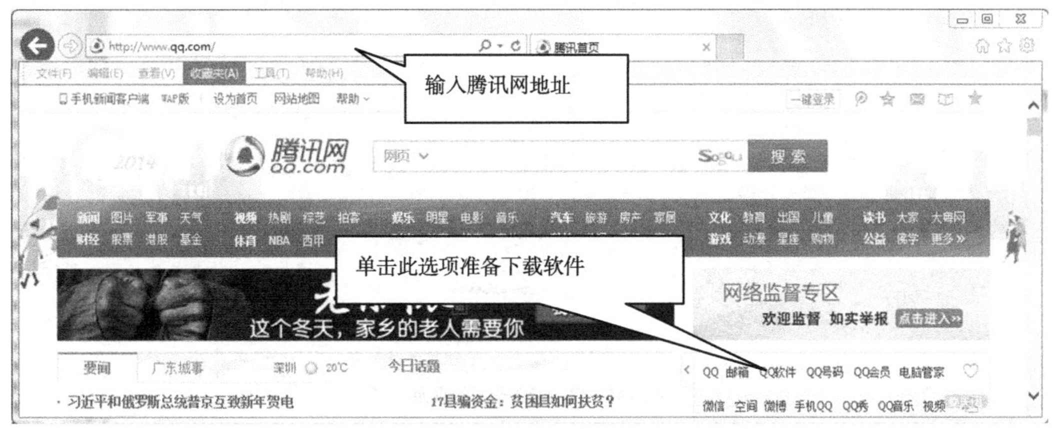

图 6.44　腾讯网首页

（2）在腾讯网首页中，单击“QQ 软件”，进入该网站的软件中心页面，进行软件下载；完成 QQ 软件下载后即可在计算机中安装。

（3）QQ 软件安装完成后，运行程序，出现如图 6.45 所示 QQ 登录页面。

图 6.45　QQ 登录页面

2. 申请 QQ 账号，实现信息交流

要真正使用 QQ 软件还要获取 QQ 账号，然后通过查找同学或朋友的 QQ 号码，建立联系，实现一对一或一对多的聊天或信息传递。

（1）在图 6.45 中单击“注册帐号”，出现如图 6.46 所示的页面，按照图 6.46 所示步骤操作，在申请过程中需要填写申请者的相关信息，如昵称、密码、性别、所在地等，应记住所输入的昵称和密码。

图 6.46 申请 QQ 账号的页面

（2）所有的信息填写完成后，单击“立即注册”按钮，申请成功，则出现如图 6.47 所示的页面。

图 6.47 QQ 申请成功界面

（3）有了 QQ 账号，在图 6.45QQ 登录页面中填入该号码，并填写刚才设置的密码，就可以登录 QQ 了，登录后界面如图 6.48 所示。

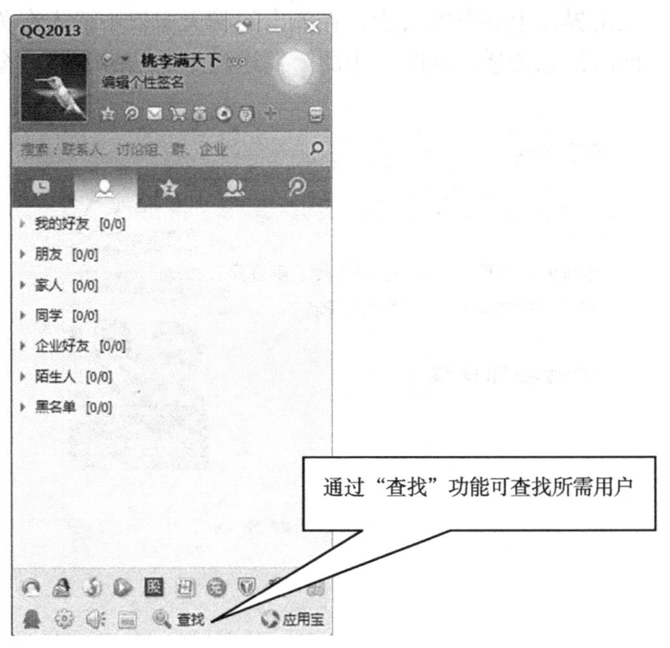

图 6.48　QQ 界面

（4）在 QQ 界面上，可以实现许多功能，如聊天、发送文件、QQ 游戏、QQ 音乐等。要和同学或朋友利用 QQ 进行聊天，可以查找他们的用户，并添加在“我的好友”之中。在图 6.48 中单击“查找”按钮，将出现如图 6.49 所示的对话框，如继续选择“精确查找”，则在“关键词”文本框中填写要寻找的 QQ 号，如“2102493020”，如图 6.50 所示。

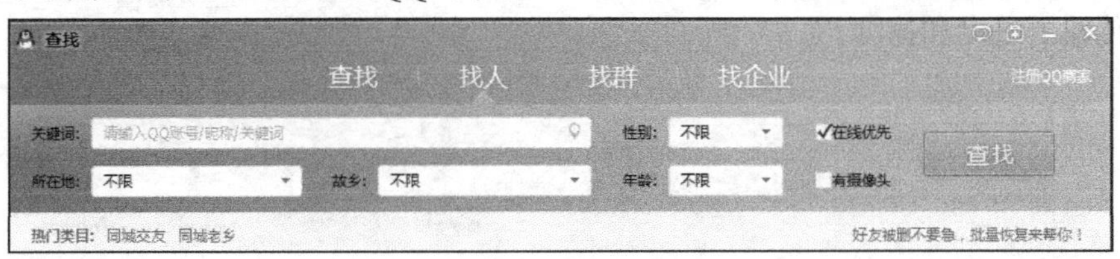

图 6.49　QQ 界面“查找”对话框

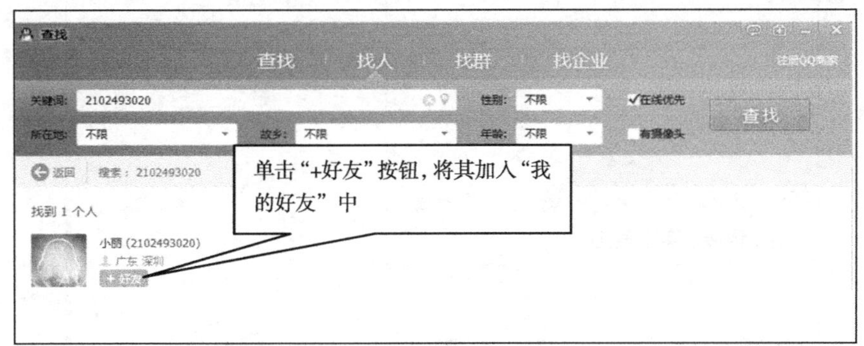

图 6.50　“精确查找”好友

（5）利用 QQ 可以进行收发消息，即通过文字交流形式进行聊天，如在图 6.48 中要和好

友“小丽”聊天，可双击界面上好友的头像，在弹出的聊天窗口中输入有关消息，单击“发送”按钮，即可进行即时信息传递，同时“小丽”发送过来的信息也将在窗口中显示出来，如图 6.51 所示。

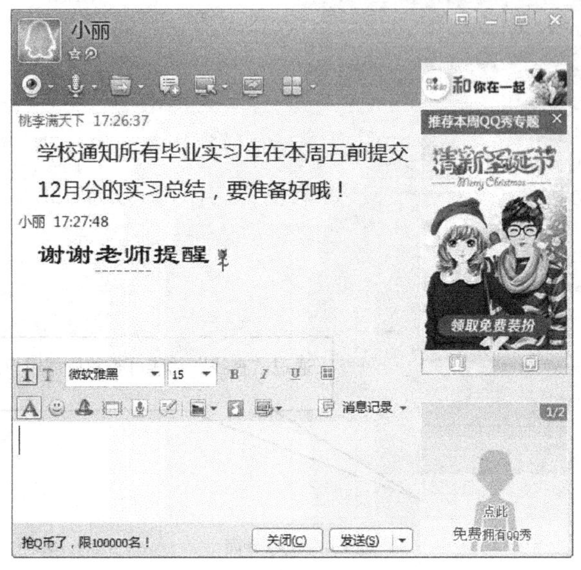

图 6.51　和好友“小丽”聊天窗口

3. 传输文件

打开与好友的聊天窗口，单击“传送文件”按钮，然后根据提示选择要传送的文件，如果对方接收就可以进行文件的传输，如图 6.52 所示。接收时可以设定保存位置，传输的时候可以看到传输的进度和速度。

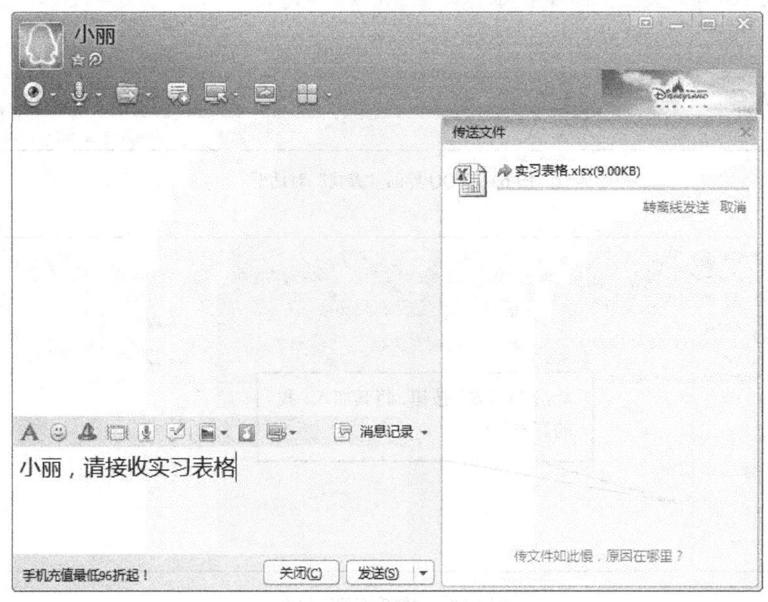

图 6.52　向好友“小丽”传送文件

4. QQ 网络硬盘的使用

登录 QQ 后在 QQ 界面中单击"打开文件管理器"按钮，在"文件管理器"窗口中选择"微云文件"，然后选择窗口左下方的"查看全部微云文件"。这时可看到已存于网络硬盘中的文件或文件夹，若要再往网络硬盘中添加新的内容，只需单击"上传"中的相关选项即可进行上传。具体操作如图 6.53 所示。

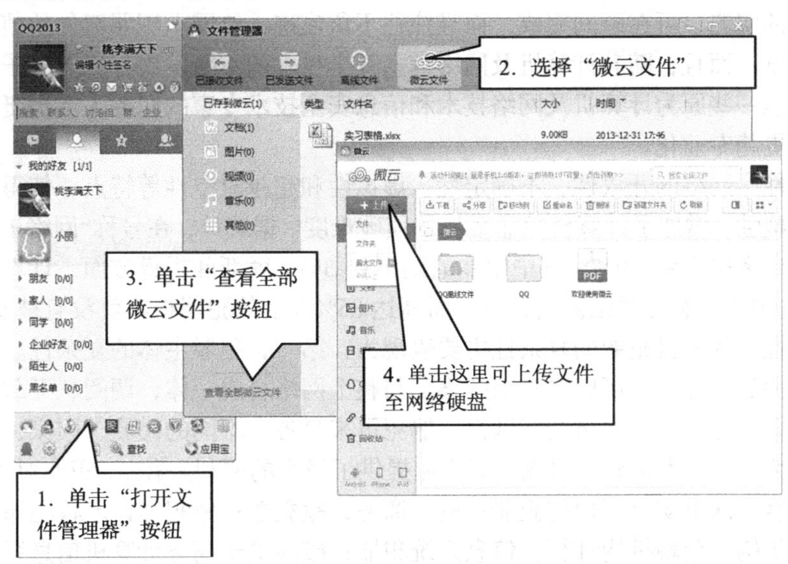

图 6.53　QQ 网络硬盘的使用

任务 7 计算机犯罪和法律法规

【任务描述】

计算机技术是当代发展速度最快、最为激动人心的高新技术之一，计算机已成为人们不可或缺的工具。对计算机的依赖程度越高，使用的计算机越多，计算机犯罪活动造成的损失就越大。在使用计算机的同时，应尽量减少计算机犯罪带来的危害。平时应当增强安全意识、提高安全保障水平；要建立符合标准的硬件运行环境；加强对软件系统的管理，一定要做到防患于未然。为了了解计算机犯罪的有关问题，本任务将学习有关计算机犯罪的知识和相对应的法律法规。

【任务实现】

1. 什么是计算机犯罪

计算机犯罪始于 20 世纪 60 年代，到了 80 年代、特别是进入 90 年代在国内外呈愈演愈烈之势。为了预防和降低计算机犯罪，给计算机犯罪合理的、客观的定性已是当务之急。我国公安部计算机管理监察司对计算机犯罪的定义是：所谓计算机犯罪，就是在信息活动领域中，利用计算机信息系统或计算机信息知识作为手段，或者针对计算机信息系统，对国家、团体或个人造成危害，依据法律规定，应当予以刑罚处罚的行为。

2. 计算机犯罪的特点

（1）智能性。计算机犯罪的犯罪手段的技术性和专业化使得计算机犯罪具有极强的智能

性。实施计算机犯罪，罪犯要掌握相当的计算机技术，需要对计算机技术具备较高专业知识并擅长实用操作技术，才能逃避安全防范系统的监控，掩盖犯罪行为。所以，计算机犯罪的犯罪主体许多是掌握了计算机技术和网络技术的专业人士。他们洞悉网络的缺陷与漏洞，运用丰富的电脑及网络技术，借助四通八达的网络，对网络系统及各种电子数据、资料等信息发动进攻，进行破坏。计算机犯罪有高技术支撑，网上犯罪作案时间短，手段复杂、隐蔽，许多犯罪行为的实施，可在瞬间完成，而且往往不留痕迹，给网上犯罪案件的侦破和审理带来了极大的困难。而且，随着计算机及网络信息安全技术的不断发展，犯罪分子的作案手段日益翻新，甚至一些原为计算机及网络技术和信息安全技术专家的职务人员也铤而走险，其采用的手段则更趋专业化。

（2）隐蔽性。网络的开放性、不确定性、虚拟性和超越时空性等特点，使得计算机犯罪具有极高的隐蔽性，增加了计算机犯罪案件的侦破难度。据统计，在号称“网络王国”的美国，计算机犯罪的破案率不到 10%，其中定罪的则不到 3%。就新闻报道方面，计算机犯罪只有 11%被报道，其中仅 1%的罪犯被侦察过，而高达 85%以上的犯罪根本就没有被发现。

（3）复杂性。计算机犯罪的复杂性主要表现为：第一，犯罪主体的复杂性。任何罪犯只要通过一台联网的计算机便可以在电脑的终端与整个网络合成一体，调阅、下载、发布各种信息，实施犯罪行为。由于网络的跨国性，罪犯可来自各个不同的民族、国家、地区，网络的“时空压缩性”的特点为犯罪集团或共同犯罪提供了极大的便利。第二，犯罪对象的复杂性。有盗用、伪造客户网上支付账户的犯罪；电子商务诈骗犯罪；侵犯知识产权犯罪；非法侵入电子商务认证机构、金融机构计算机信息系统犯罪；破坏电子商务计算机信息系统犯罪；恶意攻击电子商务计算机信息系统犯罪；虚假认证犯罪；网络色情、网络赌博、洗钱、盗窃银行、操纵股市等犯罪。

（4）严重性。计算机犯罪始于 20 世纪 60 年代，70 年代迅速增长，80 年代形成威胁。美国因计算机犯罪造成的损失已在千亿美元以上，年损失达几十亿美元，甚至上百亿美元，英国、德国的年损失也达几十亿美元。我国从 1986 年开始每年出现至少几起或几十起计算机犯罪，到 1993 年一年就发生了上百起，近几年利用计算机犯罪的案件以每年 30%的速度递增，其中金融行业发案比例占 61%，平均每起金额都在几十万元以上，单起犯罪案件的最大金额高达 1400 余万元，每年造成的直接经济损失近亿元。

3. 计算机犯罪的类型

（1）侵入计算机系统罪。侵入计算机系统罪是指违反国家规定，侵入国家事务、国防建设、尖端科学技术领域的计算机信息系统的行为。侵入计算机系统，就是非法进入自己无权进入、限制进入的计算机系统。侵入计算机系统罪，表面看起来似乎危害性不大，仅仅是进入了无权进入的计算机系统，而且侵入计算机系统，大多是一部分人为了证实自己的能力而实施的，其主观上并没有什么恶意，而且也没有造成什么伤害。据报道，每年大约有几十万人次进入美国五角大楼电脑系统，仅有极个别人造成了危害。但是其潜在的危害却是巨大的。当某个计算机系统被非法侵入后，其安全系统就可能受到破坏，从而为其他人的侵入打开一条通道，使整个系统的安全处于不确定状态，很容易造成重大的损失。

（2）破坏计算机系统罪。破坏计算机系统罪是指违反国家规定，对计算机信息系统进行删除、修改、增加、干扰，造成计算机信息系统不能正常运行的行为。破坏计算机系统可能针对软件，也可能针对硬件。破坏计算机系统罪，是计算机犯罪中最严重、危害性最大的一种犯罪。它所造成和可能造成的损害，无法估量。由一名 20 岁的荷兰人编写的库尔尼科娃病

毒感染了全球数以百万计的计算机，“爱虫”病毒给全球经济造成的直接损失以 10 亿美元计。1999 年 4 月 26 日发作的 CIH 病毒，使我国政府部门的许多计算机无法运行，严重影响了正常工作秩序，造成的经济损失以亿元计。

（3）窃取计算机系统数据及应用程序罪。窃取计算机系统数据及应用程序罪是指违反国家规定，非法窃取计算机系统中的数据及应用程序的行为。其首先要进入计算机，对无权进行观看或复制的数据、应用程序进行观看及复制，以获取不属于共享的数据和应用程序。其目的大多是为了获取财物，也有一部分是为了满足好奇心和虚荣心。无论其目的如何，其行为都令被窃取数据及应用程序的政府、公司、企业遭受巨大的损失。本罪往往伴随着违反计算机软件保护及信息系统安全保护制度等法规，侵害与计算机数据及应用程序有关的权利人的利益。

（4）利用计算机进行经济犯罪。利用计算机进行经济犯罪是指利用计算机实施金融诈骗、盗窃、贪污、挪用公款的行为。通常计算机罪犯很难留下犯罪证据，这大大刺激了经济领域计算机高技术犯罪案件的发生。世界著名的计算机犯罪研究专家帕克说过，现在几乎没有哪一种犯罪能像计算机犯罪那样轻而易举地获得巨额财产。计算机经济犯罪的低风险高效益对犯罪分子具有极强的诱惑力，并使其不断地加剧和蔓延。我国从 1986 年深圳市公安机关侦破第一起利用计算机盗窃储户存款案以来，这类案件已由利用计算机盗窃发展到了网上诈骗、网上敲诈勒索、利用网络非法传销等。我国的计算机经济犯罪正以 30%的年增长率递增，仅 1997 年和 1998 年两年，国有商业银行就发生计算机犯罪案件上百起，涉案金额上亿元。盗窃、诈骗、贪污、挪用公款等传统犯罪被犯罪分子移植到计算机网络后，具有了更大的欺骗性和隐蔽性。利用计算机进行经济犯罪，是计算机犯罪中最广泛、增长率最高的犯罪。

利用计算机实施的其他犯罪，包括利用计算机实施的窃取国家秘密的犯罪，利用计算机制作、复制、传播色情、淫秽物品的犯罪，侵犯公民人身权利和民主权利的犯罪，利用互联网危害国家安全的犯罪等。

4. 我国有关计算机犯罪的法律法规

从 1991 年开始，我国制定了一系列的法律法规来保护计算机软件著作权、计算机系统安全、互联网管理安全、域名注册管理、多媒体通信管理、信息系统保密、软件产品管理和金融安全等涉及计算机和互联网的各个方面。

下面列出和公民个人关系比较密切的法律法规。

（1）《中华人民共和国刑法》中有关计算机犯罪的条款。

第二百八十五条　违反国家规定，侵入国家事务、国防建设、尖端科学技术领域的计算机信息系统的，处三年以下有期徒刑或者拘役。

第二百八十六条　违反国家规定，对计算机信息系统功能进行删除、修改、增加、干扰，造成计算机信息系统不能正常运行，后果严重的，处五年以下有期徒刑或者拘役；后果特别严重的，处五年以上有期徒刑。

违反国家规定，对计算机信息系统中存储、处理或者传输的数据和应用程序进行删除、修改、增加的操作，后果严重的，依照前款的规定处罚。

故意制作、传播计算机病毒等破坏性程序，影响计算机系统正常运行，后果严重的，依照第一款的规定处罚。

第二百八十七条 利用计算机实施金融诈骗、盗窃、贪污、挪用公款、窃取国家秘密或者其他犯罪的，依照本法有关规定定罪处罚。

（2）《中华人民共和国治安管理处罚法》中有关计算机犯罪的条款。

第二十九条 有下列行为之一的，处五日以下拘留；情节较重的，处五日以上十日以下拘留：违反国家规定，侵入计算机信息系统，造成危害的；违反国家规定，对计算机信息系统功能进行删除、修改、增加、干扰，造成计算机信息系统不能正常运行的；违反国家规定，对计算机信息系统中存储、处理、传输的数据和应用程序进行删除、修改、增加的；故意制作、传播计算机病毒等破坏性程序，影响计算机信息系统正常运行的。

（3）《计算机病毒防治管理办法》于 2000 年 3 月 30 日公安部部长办公会议通过，2000 年 4 月 26 日发布施行。

（4）《互联网电子公告服务管理办法》，信息产业部 2000 年 10 月 8 日第 4 次部务会议通过，2000 年 11 月 7 日发布。

（5）《互联网信息服务管理办法》，2000 年 9 月 20 日国务院第 31 次常务会议通过。

5. 使用计算机网络应该遵守的行为规范

网络行为和其他社会行为一样，需要一定的规范和原则，因而一些计算机和网络组织为其用户制定了一系列相应的规范。这些规范涉及网络行为的方方面面，在这些规则和协议中，比较著名的是美国计算机伦理研究所为计算机伦理学所制定的 10 条戒律（Ten Commandments），这些规范是一个计算机用户在任何网络系统中应该遵循的最基本的行为准则，它对网民的要求如下所述。

（1）不应该用计算机去伤害别人；

（2）不应该干扰别人的计算机工作；

（3）不应该窥探别人的文件；

（4）不应该用计算机进行偷窃；

（5）不应该用计算机作伪证；

（6）不应该使用或拷贝你没有付钱的软件；

（7）不应该未经许可而使用别人的计算机资源；

（8）不应该盗用别人的智力成果；

（9）应该考虑你所编的程序的社会后果；

（10）应该以深思熟虑和慎重的方式来使用计算机。

国外有些机构还明确划定了那些被禁止的网络违规行为，即从反面界定了违反网络规范的行为类型，如《南加利福尼亚大学网络伦理声明》（The Network Ethics Statement University of Southern California）指出了 6 种不道德网络行为类型。

（1）有意地造成网络交通混乱或擅自闯入网络及其相联的系统；

（2）商业性地或欺骗性地利用大学计算机资源；

（3）偷窃资料、设备或智力成果；

（4）未经许可接近他人的文件；

（5）在公共用户场合做出引起混乱或造成破坏的行动；

（6）伪造函件信息。

作为一个奉公守法的互联网用户，在网络世界中必须具有正确的信息伦理道德修养，对媒体信息进行判断和选择，自觉地选择对学习有用的内容，不利用计算机网络从事危害他人信息系统和网络安全、侵犯他人合法权益的活动，当大家都文明上网、相互尊重，互联网世界定会变得更和谐。

项目小结

Internet 是一组全球信息资源的总汇，是符合 TCP/IP 协议的多个计算机网络组成的一个覆盖全球的网络。我们生活在 Internet 的世界里，必须要掌握一定的网络知识，这会帮助我们更好地学习、工作、娱乐和休息。在完成本项目的 7 个学习任务后，我们应该达到以下要求。

（1）掌握常用计算机网络的基本概念；
（2）掌握通过 Internet 搜索资料，下载图片、音像文件、软件；
（3）能够熟练收发电子邮件；
（4）能够在网络上与朋友即时聊天、传递信息；
（5）熟悉接入 Internet 的方法；
（6）了解有关网络的法律法规，防范计算机犯罪。

拓展实训

【任务描述】

大明从中专毕业后一直在一家公司上班，随着工作经验和客户资源的增多，他准备自己成立一家销售文具的公司。因为资金不充裕，前期推广是在网上进行，主要是通过 QQ 以及邮件方式与原来的客户联系，以及在 QQ 空间上展示公司的产品。现在他首先需要给自己的计算机连接上 Internet，然后进行资料搜索以及相关推广工作。

【任务要求】

（1）为公司申请一部电话，并将计算机连接入 Internet。
（2）从网络上搜索建立公司的相关流程。
（3）下载注册公司的相关表格。
（4）申请 QQ 账号，并把公司的产品介绍放在 QQ 空间上。
（5）通过 QQ 方式与客户进行交流。
（6）通过电子邮件的方式，发送公司的业务范围与产品介绍等资料给客户。

【思考与练习】

1. 计算机网络最突出的优点是（　　）。

A. 精度高　　B. 容量大　　C. 运算速度快　　D. 共享资源

2. 计算机网络分局域网、城域网和广域网，（　　）属于局域网。

A. ChinaDDN　　B. Novell 网络　　C. Chinanet　　D. Internet

3. 将计算机与局域网互联，需要（　　）。

A. 网桥　　B. 网关　　C. 网卡　　D. 路由器

4. 下列各指标中，（　　）是数据通信系统的主要技术指标之一。

A. 误码率　　B. 重码率　　C. 分辨率　　D. 频率

5. 下列各项中，（　　）不能作为 Internet 的 IP 地址。

A．202.96.12.14　　B．202.196.72.140　　C．112.256.23.8　　D．201.124.38.79

6．根据 Internet 的域名代码，域名中的（　　）表示商业组织的网站。

A．.net　　B．.com　　C．.gov　　D．.org

7．电话拨号连接是计算机个人用户常用的接入 Internet 的方式，称为“非对称数字用户线路”的接入技术的英文缩写是（　　）。

A．ADSL　　B．ISDN　　C．ISP　　D．TCP

8．下列关于电子邮件的说法，正确的是（　　）。

A．收件人必须有 E-mail 账号，发件人可以没有 E-mail 账号。

B．发件人必须有 E-mail 账号，收件人可以没有 E-mail 账号。

C．发件人和收件人均必须有 E-mail 账号。

D．发件人必须知道收件人的邮政编码。

9．下列各项中，（　　）能作为电子邮箱地址。

A．L202@263.NET　　B．TT202#YAHOO

C．A112.256.23.8　　D．K201&YAHOO.COM.CN

10．在计算机网络中，通常把提供并管理共享资源的计算机称为（　　）。

A．服务器　　B．工作站　　C．网关　　D．网桥

11．下列四项内容中，（　　）不属于 Internet 基本功能。

A．电子邮件　　B．文件传输　　C．远程登录　　D．实时监测控制

12．调制解调器（Modem）的主要技术指标是数据传输速率，它的度量单位是（　　）。

A．MIPS　　B．Mbit/s　　C．dpi　　D．KB

13．假设 ISP 提供的邮件服务器为 bj163.com，用户名为 XLEYE 的正确电子邮件地址是（　　）。

A．XUEJY@bj163.COM　　B．XUEJY&bj163.COM

C．XUEJY#bj163.COM　　D．XUEJY$bj163.COM

14．下列的英文缩写和中文名字的对照中，错误的是（　　）。

A．WAN——广域网　　B．ISP——因特网服务提供商

C．USB——不间断电源　　D．RAM——随机存取存储器

15．在计算机网络中，英语缩写 LAN 的中文名是（　　）。

A．局域网　　B．城域网　　C．广域网　　D．无线网

16．要想把个人计算机用电话拨号方式接入 Internet 网，除性能合适的计算机外，硬件上还应配置一个（　　）。

A．连接器　　B．调制解调器　　C．路由器　　D．集线器

17．Internet 实现了分布在世界各地的各类网络的互联，其基础和核心的协议是（　　）。

A．HTTP　　B．FTP　　C．HTML　　D．TCP/IP

18．下列传输介质中，抗干扰能力最强的是（　　）。

A．双绞线　　B．光缆　　C．同轴电缆　　D．电话线

19．Internet 中，主机的域名和主机的 IP 地址两者之间的关系是（　　）。

A．完全相同，毫无区别　　B．一一对应

C．一个 IP 地址可对应多个域名　　D．一个域名对应多个 IP 地址

20．MODEM 的主要作用是（　　）。

A．发送数字信号

B．接收数字信号

C．实现数字信号与模拟信号之间的相互转换

D．进行电信号匹配

21．TCP/IP 是 Internet 中计算机之间通信所必须共同遵循的一种（　　）。

A．信息资源

B．通信规定

C．软件

D．硬件

22．中国教育和科研计算机网的缩写为（　　）。

A．ChinaNet

B．CERNET

C．CNNIC

D．ChinaEDU